Algorithmen und Datenstrukturen

Karsten Weicker • Nicole Weicker

Algorithmen
und Datenstrukturen

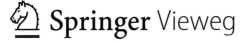 Springer Vieweg

Karsten Weicker
Nicole Weicker

Leipzig, Deutschland

ISBN 978-3-8348-1238-4   ISBN 978-3-8348-2074-7 (eBook)
DOI 10.1007/978-3-8348-2074-7

Die Deutsche Nationalbibliothek verzeichnet diese Publikation in der Deutschen Nationalbibliografie;
detaillierte bibliografische Daten sind im Internet über http://dnb.d-nb.de abrufbar.

Springer Vieweg
© Springer Fachmedien Wiesbaden 2013

Springer Vieweg ist eine Marke von Springer DE. Springer DE ist Teil der Fachverlagsgruppe Springer
Science+Business Media.
www.springer-vieweg.de

Vorwort

Es gibt bereits zahlreiche (gefühlte 100) Lehrbücher zu Algorithmen und Datenstrukturen. Vor diesem Hintergrund sollte man als Autor sehr gute Gründe haben, ein 101-stes Werk zu schreiben. *»Ich hatte ein Skript zu meiner Vorlesung und da war es ein Leichtes...«* Nóóöt. Falsche Antwort. *»Ruhm, Geld, Gold, Ländereien...?«* Nóóöt. Auch falsch. Der einzige Grund den wir hier zulassen, ist der Spaß an der Vermittlung von Wissen gepaart mit einer anderen Perspektive der didaktischen Aufbereitung, die es so bisher nicht gab. Was ist also das Besondere an dem vorliegenden Buch?

1. Der Inhalt wurde konsequent nach algorithmischen Ideen gegliedert, wodurch die Idee hinter dem Algorithmus oder der Datenstruktur stärker fokussiert wird. An einigen Stellen ergeben sich dabei Kapitel, die ganz ähnlich auch in anderen Lehrbüchern stehen könnten; bestimmte Inhalte wie die zahlreichen Sortieralgorithmen sind über insgesamt neun Kapitel verteilt und werden dort im Kontext der algorithmischen Idee präsentiert. Konkret werden am Anfang fünf Problemstellungen eingeführt, die durch alle Kapitel hinweg immer wieder aufgegriffen werden. Dieser spiralartige Ansatz ist in einem Bild auf der nächsten Seite veranschaulicht.

2. Darüber hinaus soll ein hoher Anwendungsbezug immer wieder im Lehrbuch präsent sein. So werden immer wieder praktische Konsequenzen aufgezeigt und die gesamten Inhalte werden in den Rahmen einer großen fiktiven Anwendung eingebettet.

3. Viele Konzepte der Algorithmik sind abstrakter Natur und zahlreichen Lernenden fehlt der Zugang zu den Ideen – sie können sich diese nicht auf mathematisch-formaler Ebene oder auch nur bedingt durch die reine Betrachtung eines Beispiels erarbeiten. Um gerade diese Leser auf einer weiteren Ebene zu unterstützen, werden in allen Kapiteln Bezüge zu wirklichkeitsnahen Analogien präsentiert. Dies soll dabei helfen, den Stoff aus anderen Perspektiven zu durchdringen.

Um die letzten beiden Punkte in einem Lehrbuch adäquat einzupassen, wurde eine fiktive Hauptperson, Algatha, eingeführt, die den Leser auf seiner Reise durch die wunderbare Welt der Algorithmik begleitet (bzw. der Leser begleitet Algatha.)

Der inhaltliche Aufbau ist inzwischen seit vielen Jahren auch im Vorlesungsalltag (2. Fachsemester der Bachelorstudiengänge Informatik und Medieninformatik an der HTWK Leipzig) bewährt, was uns bestärkt hat, dieses Buch zu schreiben.

Alle Algorithmen liegen auch in einer Java-Implementation vor. Sie können ebenso wie die Lösungen zu den Übungsaufgaben der Web-Seite des Verlags oder `http://ads.weicker.info` entnommen werden.

Besonders danken wir unserer Grafikerin Wera Stein, zahlreichen Studierenden, die frühe Versionen einzelner Kapitel gelesen haben, und dem sehr geduldigen Lektorat des Verlags – insbesondere auch Herrn Sandten, der uns als erster zuständiger Lektor zu diesem Buch ermutigt hat.

Leipzig, Februar 2013   *Karsten Weicker und Nicole Weicker*

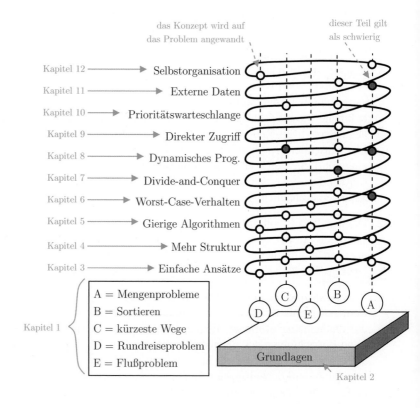

Inhaltsverzeichnis

Guten Tag! Mein Name ist Algatha Data Strukt und ich arbeite bei einer großen aufstrebenden Firma als Programmiererin. Ich bin eine Praktikerin und habe recht wenig Informatikkenntnisse in den Beruf mitgebracht. Dennoch meinen meine Kollegen, dass ich eine gute Auffassungsgabe besitze und auch sonst ganz clever bin. Nichtzuletzt diese Eigenschaften haben wohl zu dem Abenteuer geführt, von dem dieses Buch handelt: einen Auftrag für eine Software zur Verwaltung aller Filialdaten unseres stark expandierenden Unternehmens – letztes Jahr waren es noch 50 Filialen, in den kommenden Monaten wird die Niederlassung Nummer 120 eröffnet und die Geschäftsführer sprechen bereits von einer fünfstelligen Zahl in zehn Jahren.

Wir arbeiten in der Computerspielbranche. Aber in unseren Filialen werden nicht nur handelsübliche Spiele verkauft. Vielmehr haben wir eine aufwändige Hardware installiert, die Rollenspiele mit virtueller Realität für einen sehr günstigen Preis erlaubt. Das ist wohl gerade angesagt, wodurch sich unsere starke Expansion erklären lässt.

Doch zurück zu meinem Auftrag: Was soll die Verwaltungssoftware können? Einerseits geht es um typische Verwaltungsfunktionen wie Einfügen neuer und Aktualisieren vorhandener Filialdaten, andererseits sind auch unterschiedliche Rankings der Filialen gefragt. Durch die aufwändige Hardware ist eine ganze Reihe von mobilen Servicemitarbeitern im ständigen Einsatz. Die Software soll nicht nur die Routinewartungen aller Filialen planen, sondern auch im Notfall in einer Filiale den nächsten mobilen Servicemann finden. Und ein ganz zentraler Teil unseres Erfolgskonzepts ist natürlich das firmeneigene Netzwerk das ebenfalls im Rahmen der Filialveränderungen verwaltet werden muss – hier stehen auch beständig Kapazitätsfragen des Netzwerks für den reibungslosen Spielbetrieb im Mittelpunkt.

Zunächst hatte ich mich schulterzuckend an die Arbeit gemacht – ein bisschen Suchen und Sortieren kann ja jeder. . . Aber ich durfte bald feststellen, dass die Anforderungen doch wesentlich komplexer sind. . . Und mein persönliches Abenteuer der Algorithmen und Datenstrukturen begann.

1 Ein Anwendungsbeispiel

Irv: The brake drums are shot and you need a new transmission.
Stanley: What? All I wanted was an oil change!
Burt: Well, you're lucky we found these problems now
before they cause you some serious trouble.
(The Mask, 1994)

1.1 Die involvierten Daten

Die Verarbeitung der Filialdaten der Firma von Algatha Data Strukt steht als durchgängiges Leitbeispiel im Zentrum dieses Buches. Zwar kann die relativ komplexe Anwendung in den folgenden Abschnitten auf überschaubare Teilprobleme reduziert werden. Umso wichtiger ist es, zu Beginn die zentrale Rolle der Daten in ihrer vollen Komplexität zu betonen. Schnell entsteht sonst ein zu einfaches Bild und die Einbettung der Algorithmen und Datenstrukturen in eine größere Anwendungssoftware geht verloren.

Beispiel für die Menge der zu verwaltenden Firmenfilialen

```
www
IElement.java
Filiale.java
```

Konkret werden für jede Filiale unter anderem folgende (immer aktuelle) Daten gespeichert:

- Postleitzahl
- Straße mit Nummer
- Name des Filialleiters
- letzter Jahresumsatz
- Eröffnungsdatum
- monatliche Personalkosten
- monatliche Mietkosten
- aktuell eingesetzte mobile Service-Kräfte

Wenn wir im Weiteren also etwa nach einer Postleitzahl in den Daten suchen oder die Jahresumsätze sortieren, werden immer die Filialen als Einheit angesprochen.

Zusätzlich werden alle Filialen durch ein Straßennetz verbunden, um die Fahrtzeiten zwischen Filialen zu ermitteln. Für die Speicherung des Straßennetzes sind die Informationen notwendig, welche Straßen über Kreuzungen direkt miteinander verbunden sind und wie viel Zeit für das vollständige Durchfahren einer Straße benötigt wird. In unserer Anwendung würde man sich auf ein grobes Straßennetz mit Autobahnen, Bundesstraßen und den Zufahrtswegen zu den Filialen beschränken.

Ganz analog werden die Filialen auch in das firmeneigene Netz der »Datenautobahn« eingeordnet. Hier sind ebenfalls die Verbindungsleitungen zwischen den zentralen Servern, den Routern im Netzwerk und den Rechnern der Filialen von Interesse. Da die Anwendung einen beständigen Datenstrom impliziert, sind für jede Verbindung die Durchlaufzeit und die Kapazität der Leitung wichtige Informationen.

1.2   Das Mengenproblem

Zunächst steht die Manipulation der Basisdaten – in unserer Anwendung der Filialen – im Vordergrund, da sie der Ausgangspunkt für alle weiterführenden Betrachtungen sind. Dabei müssen die folgenden Operationen unterstützt werden:

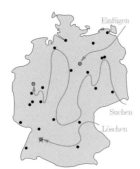

Operationen des
Suchproblems

- Neue Filialen müssen in den Datenstamm aufgenommen werden.
- Die Daten jeder Filiale müssen schnell zugreifbar sein, um sie auszulesen, zu modifizieren oder anderweitig zu verarbeiten.
- Existierende Filialen können geschlossen werden, sind dann also zu löschen.
- Für einen Überblick sollen alle Filialen aufgelistet werden.

Dabei gehen wir davon aus, dass sich die einzelnen Filialen über ein eindeutiges Kriterium wie die Postleitzahl eindeutig identifizieren lassen. Es ergibt sich die folgende formale Definition des Mengenproblems.

Definition 1.1:   Mengenproblem

Gegeben sei eine geordnete Basismenge an möglichen Schlüsselwerten $\mathcal{A}$ zur Identifikation von Datensätzen. Sei ferner $A = \{a_1, \dots, a_n\} \subset \mathcal{A}$ die Menge der in einer Datenstruktur gespeicherten Elemente. Dann müssen zur Bewältigung des Mengenproblems die folgenden Operationen effizient auf der Menge A durchführbar sein:

- EINFÜGEN: Füge den neuen Schlüssel $b \in \mathcal{A}$ in A ein,
- SUCHEN: Entscheide für ein $b \in \mathcal{A}$, ob $b \in A$ (und gib ggf. an, wo),
- LÖSCHEN: Entferne $b \in A$ aus A und
- ALLE-ELEMENTE: Alle Elemente in A werden in einer nicht genauer spezifizierten Reihenfolge ausgegeben.

www
IMenge.java

▶Mengenproblem

▶EINFÜGEN

▶SUCHEN

▶LÖSCHEN

▶ALLE-ELEMENTE

Beispiel 1.2:
Sei $\mathcal{A}$ die Menge aller fünfstelligen Zahlen und $A = \{30159, 71679, 04105\}$ die Postleitzahlen als Schlüssel dreier Firmenfilialen. Dann liefert die Anfrage Suche(71679) die Daten der zugehörigen Filiale. Suche(81671) würde zu einer Meldung führen, dass das gesuchte Element nicht enthalten ist. Nach Löschen(30159) und Einfügen(65189) enthält die Menge die Filialen mit den Schlüsseln 71679, 04105 und 65189. □

Solange es nicht anders vermerkt ist, werden wir im Weiteren davon ausgehen, dass A – wie oben beschrieben – eine echte Menge ist, d.h. Elemente mit identischem Schlüssel sind nicht zulässig.

Lässt man hingegen mehrfach vergebene Schlüssel zu, gibt es grundsätzlich zwei Ansätze zum Umgang mit den Daten:

1. Suchen liefert die Menge mit allen zugehörigen Elementen zurück. Dann müsste jedoch auch die obige Problemstellung anders formuliert werden.
2. Es wird lediglich ein Vertreter beim Suchen geliefert – i.d.R. ohne Kontrolle von Außen, um welches Element es sich handelt. Dieser Ansatz ist oft aus Anwendungssicht nicht erwünscht. Allerdings hat er auch Vorteile, da sich die zugehörigen Algorithmen häufig einfacher formulieren lassen (was wir beispielsweise in Kapitel 3 auch ausnutzen werden).

1.3 Das Sortierproblem

Die Filialen müssen gemäß unterschiedlicher Kriterien in einer sortierten Reihenfolge angezeigt werden, z.B. geordnet nach Umsatz oder Zeitpunkt der Eröffnung, aber auch nach abgeleiteten Werten wie der Summe aus Personal- und Mietkosten. Ähnlich zum Mengenproblem werden auch hier die Werte als Schlüssel bezeichnet, wobei sie nicht der eindeutigen Identifikation einer Filiale sondern der Einordnung in eine Rangliste dienen.

Definition 1.3: Sortierproblem
Eine Folge von n Objekten mit den Schlüsseln $a_1, \ldots, a_n$ ist so zu sortieren, dass die Schlüssel gemäß einer Vergleichsrelation $<$ in aufsteigender Reihenfolge stehen. Die Anordnung von Elementen mit gleichem Schlüssel ist beliebig. Eine Operation Sortieren realisiert also eine bijektive Abbildung $\pi : \{1, \ldots, n\} \to \{1, \ldots, n\}$ (eine sog. Permutation), sodass gilt:

$$a_{\pi(1)} \leq a_{\pi(2)} \leq \ldots \leq a_{\pi(n)}.$$

WWW
`ISortieren.java`

▶Sortieren

▶Permutation

In den folgenden Beispielen werden zur Vereinfachung meist ein- oder zweistellige Zahlen betrachtet. Für Algathas Anwendung sind diese durch ganzzahlige Umsatz-, Datumsangaben o.ä. zu ersetzen.

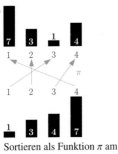

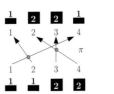

Sortieren als Funktion π am
Beispiel

▶Stabilität

Beispiel 1.4:
Wird SORTIEREN auf die Folge mit den Schlüsseln $\langle 7, 3, 1, 4 \rangle$ (bzgl. der Relation < auf den natürlichen Zahlen) angewandt, dann müssen die Elemente gemäß π wie folgt umsortiert werden:

$$\pi(1) = 3 \qquad \pi(2) = 2 \qquad \pi(3) = 4 \qquad \pi(4) = 1$$

Dies bedeutet, dass an die erste Stelle der sortierten Folge das dritte Element der unsortierten Folge geschrieben wird etc. □

Beim Sortieren können durch das Anwendungsproblem noch zusätzliche Anforderungen wie Stabilität oder Ordnungsverträglichkeit verlangt werden.

Definition 1.5:   Stabiles Sortieren
SORTIEREN heißt stabil genau dann, wenn die Reihenfolge von Elementen mit gleichem Schlüssel unverändert bleibt, d.h.

$$\forall 1 \leq i < n : a_{\pi(i)} = a_{\pi(i+1)} \Rightarrow \pi(i) < \pi(i+1).$$

Das ist ein wenig verwirrend mit den Indizes. Wie war das nochmal? i und $i + 1$ sind benachbarte Elemente in der fertig sortierten Folge. $\pi(i)$ und $\pi(i+1)$ gibt an, welche Indizes diese Elemente in der ursprünglichen Folge hatten. Sind jetzt zwei Elemente gleich, so werden sie in der sortierten Folge so aufgenommen, dass das Element aus der ursprünglichen Folge mit dem kleineren Index zuerst genommen wird.

Die Stabilitätsbedingung wird
zweimal verletzt.

Beispiel 1.6:
Ein Algorithmus, der die Schlüsselfolge $\langle 1, 2, 2, 1 \rangle$ durch

$$\pi(1) = 4 \qquad \pi(2) = 1 \qquad \pi(3) = 3 \qquad \pi(4) = 2$$

sortiert, ist nicht stabil, da die Reihenfolge der gleichen Schlüssel vertauscht wird. Stabil ist hingegen ein Algorithmus, der wie folgt sortiert:

$$\pi(1) = 1 \quad \pi(2) = 4 \quad \pi(3) = 2 \quad \pi(4) = 3.$$ □

Stabiles Sortieren der
Zahlenfolge.

▶Ordnungsverträglichkeit

▶Inversionszahl

Definition 1.7:   Ordnungsverträgliches Sortieren
SORTIEREN heißt ordnungsverträglich genau dann, wenn diese Operation im paarweisen Vergleich von möglichen Eingaben für die $A = \langle a_1, \ldots, a_n \rangle$ schneller beendet ist, die eine kleinere Unordnung gemessen durch die Inversionszahl

$$Inversionszahl(A) = \#\{(i, j) \text{ mit } 1 \leq i < j \leq n \mid a_i > a_j\}$$

aufweisen, wobei # die Anzahl der Elemente der nachfolgenden Menge bezeichnet.

Wenn ich es richtig verstehe, gibt die Inversionszahl an, wie unordentlich eine Folge ist – je größer desto mehr muss sortiert werden.

Beispiel 1.8:
Ein ordnungsverträglicher Sortieralgorithmus (z.B. INSERTIONSORT in Algorithmus 4.8) sortiert beispielsweise die Folge $\langle 7, 4, 3, 1 \rangle$ mit Inversionszahl 6 in 6 Zeiteinheiten, während die Folge $\langle 7, 3, 1, 4 \rangle$ mit Inversionszahl 4 in 5 Zeiteinheiten sortiert wird. Ein nicht-ordnungsverträglicher Sortieralgorithmus (z.B. SELECTIONSORT in Algorithmus 5.1) kann beide Male 6 Zeiteinheiten benötigen. □

Interessant ist, dass die Inversionszahl auch leicht aus den Bildern mit der Abbildung π abgeleitet werden kann: Es handelt sich um die Anzahl der Überkreuzungen. Voraussetzung ist dabei natürlich, dass keine gleichen Schlüssel vorkommen bzw. π zu einem stabilen Sortierverfahren gehört.

Knuth (1998b) liefert in seinem Buch einen sehr umfangreichen historischen Rückblick auf Sortierprobleme und -algorithmen.

Inversionszahl 4 im Beispiel

Zusammenhang der Inversionszahl mit π.

1.4 Das Kürzeste-Wege-Problem

Wenn in einer Filiale ein mobiler Service-Mitarbeiter für eine dringende Reparatur benötigt wird, muss anhand der gespeicherten Fahrtzeiten im abgelegten Straßennetz die nächstgelegene Filiale ermittelt werden, bei der sich ein derartiger Mitarbeiter aufhält.

Die grundlegende Fragestellung wird in der Problemdefinition in diesem Abschnitt so abstrahiert, dass für eine Filiale der kürzeste Weg zu allen anderen Filialen gesucht wird. Zur Beschreibung dieses und der zwei noch verbleibenden Probleme werden wir uns der Notation der Graphen bedienen.

Definition 1.9: Graph
Ein Graph $G = (V, E)$ ist definiert durch eine endliche Knotenmenge V und die Menge der Kanten $E \subseteq V \times V$, die direkte Verbindungen zwischen jeweils zwei Knoten herstellen. Der Graph heißt gerichtet, wenn jede Kante nur in eine Richtung weist. Dann schreiben wir für eine Kante $(u, v) \in E$ mit $u, v \in V$ und stellen sie bildlich als Pfeil von u nach v dar. Der Graph heißt ungerichtet, wenn die Knoten jeder seiner Kanten vertauschbar sind und

▶Graph

www
IGraph.java

▶gerichteter Graph

▶ungerichteter Graph

damit die Kanten in beide Richtungen durchlaufbar sind. Dann schreiben wir $\{u, v\} \in E$ und stellen die Kante als einen Strich dar.

Beispiel 1.10:

Der gerichtete Graph $G_1 = (V_1, E_1)$ besteht aus

> den Knoten $V_1 = \{v_1, v_2, v_3\}$ und
>
> den Kanten $E_1 = \{(v_1, v_2), (v_1, v_3), (v_2, v_2), (v_2, v_3), (v_3, v_1)\}$.

Der ungerichtete Graph $G_2 = (V_2, E_2)$ besteht aus

> den Knoten $V_2 = \{v_1, v_2, v_3, v_4, v_5\}$ und
>
> den Kanten $E_2 = \{\{v_1, v_2\}, \{v_1, v_3\}, \{v_2, v_3\}, \{v_3, v_5\}\}$.

□

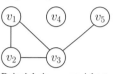

Beispiel eines gerichteten
Graphen G_1

Beispiel eines ungerichteten
Graphen G_2

> Aha! In einem Straßennetz ohne Einbahnstraßen können wir ungerichtete Graphen verwenden. Sonst brauchen wir gerichtete.

Definition 1.11:   Einfache Grapheneigenschaften

Sei ein Graph $G = (V, E)$ gegeben. Für G ungerichtet kann zu jedem Knoten v die Anzahl der zugehörigen Kanten $grad(v) = \#\{u \in V | \{u, v\} \in E\}$ als Grad des Knotens angegeben werden. Im gerichteten Graphen G wird in den Ausgangsgrad $grad^+(v) = \#\{u \in U | (v, u) \in E\}$ und den Eingangsgrad $grad^-(v) = \#\{u \in U | (u, v) \in E\}$ unterschieden.

▶Grad des Knotens
▶Ausgangsgrad
▶Eingangsgrad

Beispiel 1.12:

Im ungerichteten Graph G_2 gilt

$$grad(v_5) = 1 \qquad\qquad grad(v_4) = 0$$
$$grad(v_3) = 3 \qquad\qquad grad(v_2) = grad(v_1) = 2.$$

Im gerichteten Graph G_1 gilt

$$grad^+(v_1) = 2 \qquad grad^+(v_2) = 2 \qquad grad^+(v_3) = 1$$
$$grad^-(v_1) = 1 \qquad grad^-(v_2) = 2 \qquad grad^-(v_3) = 2. \qquad □$$

Definition 1.13:   Zusammenhang und Wege

Ein Graph $G = (V, E)$ heißt zusammenhängend, wenn es für alle Knotenpaare $v, w \in V$ mit $v \neq w$ einen Weg in G von v nach w gibt. Die Knotenfolge $u_0, \ldots, u_k \in V$ heißt dabei ein Weg (der Länge k) von u_0 nach u_k, wenn für alle $0 \leq i < k$ gilt $(u_i, u_{i+1}) \in E$ (bzw. im ungerichteten Fall $\{u_i, u_{i+1}\} \in E$). Ein Weg $u_0, \ldots, u_k \in V$ heißt knotendisjunkt, wenn alle Knoten paarwei-

▶zusammenhängend

▶Weg

▶knotendisjunkt

se verschieden sind ($u_i \neq u_j$ für alle $0 \leq i < j \leq k$), und kantendisjunkt, wenn jede Kante nur einmal durchlaufen wird ((u_i, u_{i+1}) $\neq$ (u_j, u_{j+1}) für alle $0 \leq i < j < k$ bzw. im ungerichteten Fall $\{u_i, u_{i+1}\} \neq \{u_j, u_{j+1}\}$).

Beispiel 1.14:
Im Graphen G_1 aus Beispiel 1.10 existiert beispielsweise ein Weg von v_2 nach v_1 mit der Knotenfolge $u_0 = v_2$, $u_1 = v_3$ und $u_2 = v_1$. Da sich für alle Knotenpaare ein solcher Weg finden lässt, ist G_1 zusammenhängend. Der Graph G_2 hingegen ist nicht zusammenhängend, da es keinen Weg von v_4 zu den anderen Knoten gibt.

Im Graph G_1 ist der Weg durch die Knoten v_1, v_2, v_3 knotendisjunkt und kantendisjunkt. Der Weg v_1, v_3, v_1, v_2 hingegen ist zwar kantendisjunkt aber nicht knotendisjunkt. Im Graph G_2 ist v_1, v_3, v_2 ebenfall kanten- und knotendisjunkt, während $v_5, v_3, v_1, v_2, v_3, v_5$ weder knoten- noch kantendisjunkt ist. □

Definition 1.15: Zyklen und Schleifen
Ein Graph $G = (V, E)$ heißt zyklenfrei, wenn es für keinen Knoten $v \in V$ einen kantendisjunkten Weg der Länge $k \geq 1$ von v nach v gibt. Als Sonderfall heißt ein ungerichteter Graph G schleifenfrei, wenn die Menge E keine Kante (v, v) mit $v \in V$ enthält.

▶zyklenfrei

▶schleifenfrei

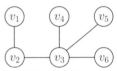

Beispiel 1.16:
Die Graphen G_1 und G_2 aus Beispiel 1.10 enthalten beide Zyklen – G_1 sogar eine Schleife. Der ungerichtete Graph G_3 hingegen ist ein Beispiel für einen zyklenfreien, zusammenhängenden Graphen. □

Beispiel eines zyklenfreien Graphen G_3

Graphentheoretische Grundlagen können hier nur oberflächlich angerissen werden. Daher sei auf Standardwerke wie das Buch von Diestel (2006) oder das eher algorithmisch ausgerichtete Buch von Krumke & Noltemeier (2005) verwiesen.

Die Daten für die Suche nach dem nächstgelegenen Service-Mitarbeiter kann nun in einem Graph abgespeichert werden. Die Knoten ergeben sich dabei als Kreuzungen (wie z.B. Autobahnkreuze) und Filialen, die Kanten als verbindende Straßen. Da uns die Fahrtzeit zwischen Filialen interessiert, speichern wir für jede Kante eine geschätzte Fahrtzeit ab.

Die Suche nach dem nächsten Service-Mann reduziert sich damit auf des Problem, für die Filiale mit Bedarf den kürzesten Weg zu allen anderen Filialen zu bestimmen, diese in aufsteigender Reihenfolge durchzugehen und bei der ersten mit einem Service-Mitarbeiter abzubrechen.

Ich muss mich korrigieren: Auch ohne Einbahnstraßen brauchen wir gerichtete Graphen, falls die Fahrtzeiten für Hin- und Rückweg unterschiedlich sind.

IKuerzesterWeg.java

▶ Kürzester-Weg

Definition 1.17: Das Kürzeste-Wege-Problem

Gegeben sei ein zusammenhängender, schleifenfreier Graph $G = (V, E)$, die Kostenfunktion $\gamma : E \to \mathbb{R}^+$ und ein Startpunkt $s \in V$. Dann berechnet die Operation Kürzester-Weg für jeden Zielpunkt $t \in V \setminus \{s\}$ einen Weg $(s =) u_0, \ldots, u_m (= t)$ beliebiger Länge $m > 0$, aber mit minimalen Kosten

$$\sum_{j=0}^{m-1} \gamma(u_j, u_{j+1}).$$

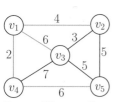

Kürzeste Wege vom Knoten v_1 aus.

Beispiel 1.18:

Im nebenstehenden Graphen ergeben sich die kürzesten Wege für den Ausgangsknoten v_1 als direkter Weg zu den Knoten v_2, v_3 und v_4 sowie als Weg über v_4 zum Knoten v_5. Die entsprechenden Wege sind orange markiert. Die Kosten der jeweiligen kürzesten Wege betragen damit 4, 6, 2 und $8 (= 2 + 6)$.   □

1.5 Das Rundreiseproblem

Ein Mitarbeiter, der »technische Inspektor«, besucht nacheinander alle Filialen. Um seine Reisekosten möglichst gering zu halten, müssen die Filialen in eine Reihenfolge gebracht werden, die unnötige lange Wege zwischen den einzelnen besuchten Filialen vermeidet. Am Ende muss jede Filiale genau einmal besucht und der Inspektor wieder an seinem Ausgangspunkt angekommen sein. Formal lässt sich dieses Problem wie folgt definieren.

IRundreise.java

▶ Rundreise

Definition 1.19: Rundreiseproblem

Gegeben sei ein zusammenhängender Graph $G = (V, E)$ mit $V = \{v_1, \ldots, v_n\}$ und die Kostenfunktion $\gamma : E \to \mathbb{R}^+$. Die Operation Rundreise soll die Knoten so als Weg durch eine Permutation $\pi : \{1, \ldots, n\} \to \{1, \ldots, n\}$ anordnen, dass die Summe der Kosten für die Rundreise

$$\left(\sum_{j=1}^{n-1} \gamma(v_{\pi(j)}, v_{\pi(j+1)}) \right) + \gamma(v_{\pi(n)}, v_{\pi(1)})$$

minimal ist.

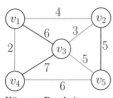

Kürzeste Rundreise.

Beispiel 1.20:

Im nebenstehenden Graphen ergibt sich die kürzeste Rundreise durch die Permutation (1, 2, 3, 5, 4), was bedeutet, dass der Reihe nach die Knoten v_1, v_2, v_3, v_5, v_4 und wieder v_1 besucht werden. Die Kosten dieser Rundreise betragen $4 + 3 + 5 + 6 + 2 = 20$.   □

Abgesehen vom identischen Start- und Zielknoten ist jede Rundreise ein knotendisjunkter Weg, d.h. jede Stadt wird genau einmal besucht.

1.6 Das Flussproblem

Die Tatsache, dass in den Läden der Firma von Algatha Online-Rollenspiele mit virtueller Realität gespielt werden, erfordert eine enorme Bandbreite des firmeneigenen Netzwerks, mit dem alle Filialen untereinander verbunden werden. Daher interessiert die Firmeneigner natürlich, ob mit wachsender Zahl der Filialen noch alle Spielplätze in den Filialen bedient werden können, oder ob das firmeninterne Netzwerk weiter auszubauen ist.

Daher wird das Firmennetzwerk ebenfalls als Graph modelliert. Die Knoten werden durch die Filialen, den zentralen Server und die Router und Switches im Netzwerk bestimmt. Die Kanten entsprechen den Leitungen. Um den Fluss der Daten durch das Netzwerk berechnen zu können, werden für jede Leitung zwei Angaben benötigt: die Kapazität als Datenmenge, die pro Zeiteinheit in die Leitung eingespeist werden kann, und die Dauer, die ein Datenpaket benötigt, um am Ende der Kante anzukommen.

Auweia! Das klingt schon umgangssprachlich kompliziert und wird in der Definition vermutlich nicht leichter... Klar, wenn viele Spieler gleichzeitig unsere Online-Spiele verwenden, kann es zu Engpässen kommen – und die sollten wir durch gute Planung vermeiden. Deshalb berechnen wir vorher, wie viel maximal über unser internes Datennetz fließen kann. Angenommen am zentralen Server stehen permanent Datenpakete zum Verschicken bereit. Dann ist die Frage, wie viele Datenpakete zum Beispiel innerhalb von einer Stunde an den Filialen ankommen können.

Definition 1.21: Dynamischer Maximaler Fluss

Sei ein schleifenfreier Graph $G = (V, E)$ mit der Kapazität pro Kante $kap : E \to \mathbb{N}_0$ und der Dauer pro Kante $\tau : E \to \mathbb{N}_0$ gegeben. Weiterhin seien $S \subset V$ die Startknoten ($S \neq \emptyset$) und $T \subset V$ die Zielknoten ($T \neq \emptyset$) zwei disjunkte Mengen ($S \cap T = \emptyset$). Der Zeithorizont $tmax \in \mathbb{N}$ bestimmt die Anzahl der betrachteten Zeitschritte.

WWW
IDynMaxFluss.java

Dann berechnet die Operation Dyn-Max-Fluss für jeden Zeitschritt die Datenmenge

▶Dyn-Max-Fluss

$$f : E \times \{0, \ldots, tmax\} \to \mathbb{N}_0,$$

die maximal auf jeder Kante transportiert werden kann. Hierfür müssen die folgenden Bedingungen gelten:

- Die Kapazität der Kanten wird nicht überschritten.

$$\forall e \in E \; \forall t \in \{0, \ldots, tmax\} : \; f(e, t) \le kap(e)$$

- Von jedem inneren Knoten, also nicht Start- oder Zielknoten, ist höchstens so viel abgeflossen, wie angekommen ist.

$$\forall x \in V \setminus (S \cup T) \; \forall t \in \{0, \ldots, tmax - 1\} : \; aktuell(x, t) \ge 0,$$

wobei *aktuell* die in einem Zeitschritt an einem Knoten verbliebenen Datenmenge bezeichnet:

$$aktuell(x, t) = \sum_{e=(v,x) \in E} \sum_{i=0}^{t-\tau(e)} f(e, i) \; - \sum_{e=(x,w) \in E} \sum_{i=0}^{t} f(e, i).$$

Die linke Doppelsumme misst die Datenmenge, die bis zum Zeitpunkt t am Knoten x angekommen ist, und die rechte Doppelsumme misst die bis zum Zeitpunkt t vom Knoten x abgeflossene Datenmenge. Bei den ankommenden Daten werden, abhängig von der Durchlaufzeit $\tau(e)$ jeder Kante e Daten nicht berücksichtigt, die noch unterwegs sind.

- Alle losgeschickten Daten sind am Ende bei den Zielknoten.

$$\sum_{x \in T} aktuell(x, tmax) = - \sum_{x \in S} aktuell(x, tmax)$$

- Der Gesamtfluss ist maximal.

$$\sum_{x \in T} aktuell(x, tmax) \text{ ist maximal}$$

Das habe ich jetzt verstanden – das Umgangssprachliche ist ja nur immer in eine Formel gegossen. Und die Gleichung mit den beiden Doppelsummen ist natürlich auch notwendig, sonst müsste man sich ja fragen »Wenn drei Leute aus einem leeren Zimmer kommen, wie viele müssen dann wieder hineingehen, dass keiner drin ist?«

Beispiel 1.22:

Das auf der nächsten Seite am Rand abgebildete Flussproblem mit dem Startknoten $S = \{v_1\}$, den Zielknoten $T = \{v_4, v_5\}$ und dem Zeithorizont $tmax = 4$ besitzt den maximalen Fluss von 10 Einheiten. Ein möglicher Ablauf ist in der Abbildung dargestellt. Interessant ist dabei die Verbindung zwischen v_1 und v_3 – dort sind zum Zeitpunkt $t = 2$ zwei »Ladungen« hintereinander unterwegs. Obwohl die Gesamtmenge auf der Verbindung die zulässige Kapazität überschreitet, ist dies korrekt, da sich die Kapazität in der Definition immer auf einen (beliebigen) Schnitt durch die Verbindung bezieht: Es darf also in jedem Zeitschritt die maximal erlaubte Menge losgeschickt werden.   □

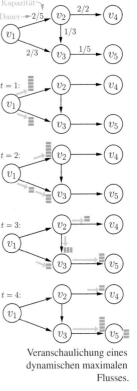

Veranschaulichung eines dynamischen maximalen Flusses.

 Die vermutlich erste »offizielle« Erwähnung eines Maximaler-Fluss-Problems war von Ford & Fulkerson (1956). Eine lesenswerte Erläuterung der Hintergründe findet man bei Schrijver (2002). Eine unserer Definition ähnliche Problemstellung wurde auch bereits von Ford & Fulkerson (1962) formuliert.

Für die algorithmische Lösung unseres recht diffusen Anwendungsszenarios wurde in diesem Kapitel die wichtigste Grundlage gelegt: Wir konnten die einzelnen Aspekte der Anwendung isolieren und formal als Problemstellungen beschreiben. Diese mathematisch exakten Beschreibungen ermöglicht die spätere Konstruktion der Algorithmen.

Übungsaufgaben

Aufgabe 1.1:   Mengenproblem

Angenommen die Menge $\{3,5,6,7,9\}$ ist bereits gespeichert und es werden die folgenden Operationen nacheinander auf der Menge ausgeführt: Einfügen(8), Löschen(5), Einfügen(6), Löschen(8), Einfügen(4), Einfügen(3), Löschen(6), Einfügen(5), Löschen(8). Geben Sie die Menge nach den Operationen an. Bei welchen Operationen würden Sie ein Fehlermeldung erwarten?

Aufgabe 1.2:   Sortierproblem

Geben Sie die Permutation $\pi : \{1, \ldots, 6\} \to \{1, \ldots, 6\}$ an, welche die Folge $\langle 4, 2, 7, 1, 8, 5 \rangle$ sortiert.

Aufgabe 1.3:   Stabiles Sortieren

Wie viele Permutationen sortieren eine Folge mit n identischen Zahlen stabil und wie viele sind nicht stabil?

Aufgabe 1.4:   Ordnungsverträgliches Sortieren

Bestimmen Sie die Inversionszahl der Folge $\langle 4, 2, 7, 1, 8, 5 \rangle$.

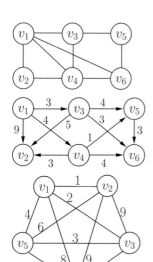

Aufgabe 1.5:   Wege und Zyklen

Betrachten Sie den nebenstehenden ungerichteten Graphen.

    a) Bestimmen Sie alle enthaltenen knotendisjunkten Zyklen.

    b) Bestimmen Sie alle knotendisjunkten Wege, die von v_1 nach v_6 führen.

Aufgabe 1.6:   Kürzeste Wege

Bestimmen Sie im nebenstehenden gerichteten Graphen die kürzesten Wege von Knoten v_1 zu allen anderen Knoten.

Aufgabe 1.7:   Rundreise

Bestimmen Sie im nebenstehenden ungerichteten Graphen die kürzeste Rundreise, die alle Knoten genau einmal besucht.

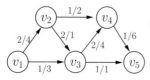

Aufgabe 1.8:   Dynamischer maximaler Fluss

Betrachten Sie das nebenstehende Problem für den dynamischen maximalen Fluss. Der Zeithorizont sei $tmax = 6$. Versuchen Sie, möglichst viele Einheiten von v_1 zu v_5 zu bringen.

Aufgabe 1.9:   Liegenbleibende Daten im Flussproblem

Betrachten Sie das nebenstehende Problem für den dynamischen maximalen Fluss. Bestimmen Sie für $tmax = 10$ wie viel Daten am Knoten v_2 höchstens zwischengespeichert werden müssen und zu welchem Zeitpunkt t dies geschieht ($aktuell(v_2, t)$). Was gilt im allgemeinen Fall?

Frohen Mutes macht sich Algatha an die neue Aufgabe. Und da Software-Entwicklung für sie bisher in erster Linie ein Handwerk war, spricht eigentlich nichts dagegen, die große Aufgabe einfach langsam Schritt für Schritt anzugehen und die ersten paar Zeilen Quelltext immer mehr zu erweitern. Ob eine Aufgabe gelöst wird, hängt am persönlichen Engagement und Durchhaltevermögen!

In bester »Geht nicht? Gibt's nicht!«-Stimmung fällt Algathas Blick auf dem Nachhauseweg auf eine mit Graffiti verzierte Mauer. Ein provokantes »Dieser Satz ist falsch.« bringt einen kleinen Stein in's Rollen. Die schnelle bejahende Antwort wird sofort im nächsten Augenblick negiert – doch auch das ist nicht richtig. Welche Aussage macht dieser Satz also eigentlich? Die bloße Erkenntnis, dass es noch etwas anderes als wahr und falsch gibt, verwandelt den kleinen Stein in einen ausgewachsenen Erdrutsch bezüglich Algathas Zuversicht. Wenn schon so ein mickriger Satz nicht vernünftig aufgelöst werden kann, dann ist es vielleicht in noch größerem Ausmaß möglich, dass die im vorigen Kapitel identifizierten Teilprobleme gar nicht gelöst werden können!

Von leichter Panik ergriffen fällt Algathas Blick auf eine andere Stelle der Wand, an der ein »Time is on my side« für bessere Laune wirbt. Eine noch größere Unruhe ergreift Algatha: Selbst wenn die Probleme lösbar sind, ist die Zeit leider nicht auf ihrer Seite. Die in der Zukunft anfallende Datenmenge wirft die Frage auf, ob diese Probleme überhaupt in akzeptabler Zeit gelöst werden können.

Nach diesem kurzen Dämpfer gewinnt Algatha schnell ihre Selbstbeherrschung zurück und nimmt sich für den nächsten Tag vor, die grundsätzliche Lösbarkeit von Problemen und Fragen der Laufzeiteffizienz genauer anzuschauen.

2 Machbarkeit und Effizienz

Nikola Tesla: Nothing is impossible, Mr. Angier.
What you want is simply expensive.
(The Prestige, 2006)

2.1 Der Algorithmusbegriff

Der Algorithmusbegriff ist ein zentrales Thema dieses Buches. Aus diesem Grund sind die folgenden klaren Definitionen und Notationen notwendig.

Definition 2.1: Algorithmus

Ein Algorithmus ist eine Vorschrift zur Bewältigung einer Aufgabe als Folge von Aktionen, wobei die folgenden Bedingungen gelten:

▶Algorithmus

- Der Algorithmus lässt sich in endlicher Form beschreiben und ist aus Elementen von endlich vielen, durch die ausführende Maschine definierten Kommandobefehlen aufgebaut.
- Der Algorithmus hat genau ein Startaktion und nach der Ausführung eines jeden Befehls ist die Menge der Folgeaktionen klar durch die Beschreibung und die bisher durchgeführten Aktionen definiert.
- Die Eingabe des Algorithmus ist eine Folge von Daten, die auch leer oder unendlich sein kann. Aber zu jedem Zeitpunkt während der Ausführung ist die bisher betrachtete Datenmenge endlich.

Diese Definition ist noch sehr allgemein und wird erst konkret, wenn ein Maschinenmodell betrachtet wird, auf dem der Algorithmus ausgeführt wird. Das Maschinenmodell definiert die zur Verfügung stehenden Operationen und Kontrollkonstrukte. Die üblichen Maschinenmodelle in diesem Zusammenhang sind:

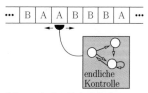

Schematisches Beispiel einer
Turing-Maschine.

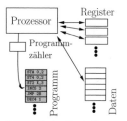

Schematische Darstellung
einer Registermaschine.

- Turing-Maschine: Als Speicher stehen endlich viele Zustände eines endlichen Automaten sowie ein potentiell unendlich langes Speicherband zur Verfügung. Als Operationen kann der Lesekopf bewegt sowie der Inhalt des Speicherbands gelesen und beschrieben werden. Die Kontrolle ist in einem endlichen Automaten abgelegt – dieser stellt quasi den implementierten Algorithmus dar. Grundsätzlich ist dieses Modell genauso mächtig wie gängige Computer. Als theoretisches Maschinenmodell können wir es sogar mit potentiell beliebig großer Parallelität ausstatten – d.h. nach einer Operation können viele Folgeoperationen gleichzeitig durchgeführt werden. Wir werden ganz kurz auf die Bedeutung der Turing-Maschine für den Algorithmusbegriff noch am Ende von Abschnitt 2.3 eingehen.

- Konkretes Hardware-nahes Maschinenmodell (Registermaschine): In einer Assemblersprache werden die konkreten Anweisungen für den Prozessor beschrieben. Ähnlich wie bei der Turing-Maschine sind die technischen Beschränkungen wie Anzahl der verfügbaren Register offensichtlicher Teil des Modells und jedes algorithmische Detail muss darauf abgebildet werden. Dadurch ist einerseits die Beschreibung des Algorithmus mit allen weiterführenden Betrachtungen in jedem Fall exakt – es kann kein aufwendiger Teil eines Algorithmus in hochsprachlichen Anweisungen »versteckt« werden –, andererseits ist die oft leicht kryptische Schreibweise schlecht lesbar und der fehlende Zwang zur strukturierten Programmierung deckt sich nicht mit heute aktuellen Programmiersprachen.

- Virtuelle Maschine einer Hochsprache (z.B. Java): Eine konkrete Programmiersprache mit all ihren Konstrukten zur Ablaufkontrolle und ihren Basisbefehlen wird benutzt. Speicher wird in der üblichen Form als Variable deklariert und man macht sich an dieser Stelle kaum Gedanken darüber, wie viel Speicher letztendlich die CPU zur Verfügung stellt, da die virtuelle Maschine diese Details verbirgt. Weiterführende Überlegungen der Effizienz und des Ressourcenbedarfs müssen allerdings teilweise sehr sorgfältig durchgeführt werden, was ein Nachteil der hochsprachlichen virtuellen Maschine ist.

Ein Vergleich der Maschinenmodelle mit den Anforderungen der Algorithmusdefinition zeigt, dass alle drei Maschinen als Grundlage für die Beschreibung eines Algorithmus benutzt werden können (vgl. Tabelle 2.1.)

Letztlich muss man sich bei der Beschreibung von Algorithmen für eines der Maschinenmodelle entscheiden. Im vorliegenden Buch ist dies die hochsprachliche virtuelle Maschine, die einerseits die Vorteile der strukturierten Programmierung mit sich bringt und anderseits sehr nah an den aktuellen Programmiersprachen ist. Dies zwingt uns allerdings nicht, alle Algorithmen tatsächlich in einer Programmiersprache wie Java zu präsentieren. Vielmehr halten wir eine etwas abstraktere Beschreibung in Javanahem Pseudo-Code für besser geeignet für das grundlegende Verständnis

Tabelle 2.1: Vergleich der Maschinenmodelle mit der Algorithmusdefinition

Definition	Turing-Maschine	Registermaschine MIX	Java-VM
endliche Programmgröße	Anzahl der Zustände im endlichen Automaten	Assemblerprogramm bestimmter Größe	Java-Programm bestimmter Größe
endliche Kommandozahl	Lesen, Schreiben, Lesekopf bewegen	LDA, LDX, STA, ADD, SUB, MUL, DIV, ...	Java-Grundbefehle
eine Startoperation	Anfangszustand	Beginn des Programms	Beginn des Programms
Folgeoperationen definiert	durch Übergangsrelation bestimmt, bei Nichtdeterminismus sogar mehrere parallel	sequentieller Ablauf und Sprünge	sequentieller Ablauf und Strukturkommandos while, if-then-else, ...
Eingabe: Datenfolge	auf dem Band	Folge von Interaktionen mit Speicher/peripheren Geräten	Folge von Interaktionen mit Speicher/peripheren Geräten

von Abläufen, da wir uns auf das Wesentliche konzentrieren und Details der Java-Syntax ausblenden können. Die Notation des Pseudo-Codes ist kompakt im Anhang A dargestellt. Die ausprogrammierte Umsetzung als Java-Quelltext kann dem Online-Begleitmaterial entnommen werden.

 Während die Turing-Maschine eher für theoretische Überlegungen herangezogen wird (Hopcroft et al., 2003), sind die anderen beiden Maschinenmodelle durchaus gebräuchlich in Lehrbüchern. Knuth (1997, 1998a,b) verfolgt beispielsweise mit dem Prozessormodell MIX einen Assembler-nahen Ansatz, während Sedgewick (2003) oder Weiss (2007) ihre Algorithmen in Java präsentieren.

Beispiel 2.2:
Algorithmus 2.1 zeigt ein Beispiel für den benutzten Pseudo-Code. Links sind die Einzelschritte detailliert beschrieben, während rechts die logischen Schritte und Phasen in Orange auf einer höheren Abstraktionsebene erläutert werden. Für eine Beschreibung der Notation siehe: Anhang A.   □

Definition 2.3:   Determiniert und deterministisch
Ein Algorithmus heißt genau dann determiniert, wenn er für dieselbe Eingabe immer dasselbe Ergebnis liefert. Ein Algorithmus heißt ferner deterministisch, wenn sein innerer Ablauf immer identisch ist, es also zu jedem Zeitpunkt immer nur eine Folgeoperation gibt. Gilt dies nicht, so kann der Algorithmus

- randomisiert sein, falls (Pseudo-)Zufallszahlen benutzt werden und diese den Ablauf unabhängig von den Eingaben beeinflussen,

▸determiniert

▸deterministisch

▸randomisiert

Algorithmus 2.1 Ineffizienter Algorithmus zur Textsuche als Beispiel für die Pseudo-Code-Notation

EINFACHE-TEXTSUCHE(Gesamttext $T[]$, Suchtext $S[]$)

    Rückgabewert: Startpositionen *index*

1   *anzahl* ← 0
2   **for** *startpos* ← 0, ..., *T.länge* − *S.länge*
3   **do** ⌐ i ← 1
4   **while** i ≤ *S.länge* und $S[i] = T[startpos + i]$ ⎱ Test, ob S ab Zeichen
5   **do** ⌐ i ← i + 1   ⎰ *startpos* in T steht
6   **if** $i = S.länge + 1$
7   **then** ⌐ *anzahl* ← *anzahl* + 1   ⎱
8   ∟ *index*[*anzahl*] ← *startpos*   ⎰ Ausgabe im Erfolgsfall
9   **return** *index*

- nicht-deterministisch sein, falls durch eine Anweisung »rate richtig« parallel alle Möglichkeiten durchprobiert werden, oder
- asynchron sein, falls in parallelen Berechnungen unterschiedliche Bearbeitungs- oder Kommunikationszeiten den Ablauf und das Ergebnis beeinflussen.

Im Rahmen dieses Buches ist Nicht-Determinismus nur von marginalem Interesse und Asynchronität kommt überhaupt nicht vor. Die anderen Begriffe werden uns noch genauer beschäftigen.

Definition 2.4:   Terminiert

Ein Algorithmus terminiert auf eine Eingabe x genau dann, wenn er nach endlich vielen Schritten anhält. Er terminiert stets, wenn er auf alle möglichen Eingaben terminiert.

Definition 2.5:   Korrektheit

Ein Algorithmus heißt partiell korrekt, wenn in allen Fällen, in denen der Algorithmus terminiert, seine Ausgabe der Spezifikation (in der Problembeschreibung) genügt. Falls der Algorithmus zusätzlich für alle Eingaben

terminiert, heißt er total korrekt.

Mit diesen Eigenschaften lassen sich die Algorithmen in verschiedene Klassen einteilen. Klassische Algorithmen sind immer korrekt, determiniert und terminieren stets. Randomisierte Algorithmen dürfen zusätzliche Zufallszahlen benutzen, sind aber trotzdem korrekt und terminieren stets. Approximationsalgorithmen zeichnen sich dadurch aus, dass sie eine garantiert gute Näherung der Lösung liefern – meist gibt es einen Beweis für den maximalen Fehler. Probabilistische Algorithmen besitzen keine Garantie für die Lösungsqualität, sondern können sich mit einer gewissen Wahrscheinlichkeit »irren«. Und schließlich zeichnet sich die Heuristik dadurch aus, dass sie genau dann gute Ergebnisse liefert, wenn die Eingaben zu einer

Tabelle 2.2: Klassifikation von Algorithmen (nach Rawlins, 1992)

	korrekt	terminiert	Zufallszahlen
klassischer Algorithmus	ja	ja	nein
randomisierter Algorithmus	ja	ja	ja
Approximationsalgorithmus	nah dran	ja	manchmal
probabilistischer Algorithmus	meist	ja	manchmal
Heuristik	nicht sicher	nicht sicher	manchmal

Grundannahme der Heuristik passen. Die verschiedenen Algorithmen sind im Vergleich in Tabelle 2.2 dargestellt.

In den weiteren Kapiteln werden Beispiele für die verschiedenen Algorithmenarten vorgestellt. Eine Quicksortvariante (Abschnitt 7.3) und die Skipliste aus Abschnitt 4.2 stehen für randomisierte Algorithmen. Als Approximationsalgorithmus lernen wir die Rundreise-Approximation in Abschnitt 5.4 kennen. Beispiel für die probabilistischen Algorithmen ist der evolutionäre Ansatz zur Lösung des Rundreiseproblems in Abschnitt 12.2. Ein Beispiel für eine Heuristik wird ebenfalls für das Rundreiseproblem (Abschnitt 5.4) vorgestellt, aber auch für ein anderes Problem in der Übungsaufgabe 5.8.

Das ist ja soweit alles ganz nett, doch was bedeutet das jetzt für meine Frage, ob unsere Probleme lösbar sind?

Definition 2.6:   Lösbarkeit eines Problems

Ein Problem wird als lösbar bezeichnet, wenn es einen Algorithmus gibt, der für jede Instanz des Problems in endlicher Zeit eine Lösung berechnet.

►lösbares Problem

Eng verwandt mit unserem Begriff der »Lösbarkeit« ist der Begriff der »Berechenbarkeit« aus der theoretischen Informatik. Dort geht es zunächst um die Berechnung mathematischer Funktionen auf abstrakten Maschinenmodellen. Auch hier sei auf entsprechende Lehrbücher verwiesen (Schöning, 2008; Davis, 1982).

2.2   Grenzen der Algorithmik

In den folgenden Kapiteln wird eine Vielfalt an algorithmischen Techniken »aus dem Ärmel geschüttelt«, die dem Leser vermeintlich Unmögliches nahe bringt. Es könnte also leicht der Eindruck entstehen, dass grundsätzlich alles algorithmisch gelöst werden kann. Daher wollen wir uns an dieser Stelle kurz den Grenzen der Algorithmik nähern und mit dem sog. Halteproblem ein unlösbares Problem betrachten.

►Halteproblem

Satz 2.7:

Es existiert kein Algorithmus, der für einen beliebigen Algorithmus und eine beliebige Eingabe entscheiden kann, ob der Algorithmus auf der Eingabe terminiert.

Beweis 2.8:

Wir beweisen den Satz per Widerspruch, indem wir annehmen, dass es einen solchen Algorithmus A gäbe, der für alle Algorithmen B und beliebige Eingabe w entscheidet, ob B auf w hält oder nicht.

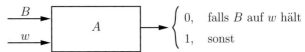

$$\begin{cases} 0, & \text{falls } B \text{ auf } w \text{ hält} \\ 1, & \text{sonst} \end{cases}$$

Erster Schritt des Widerspruchbeweises.

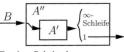

Zweiter Schritt des Widerspruchbeweises.

Gehen wir ferner davon aus, dass der zu testende Algorithmus B in einer geeigneten Kodierung vorliegt – z.B. als Java-Bytecode, der dann von der virtuellen Maschine auch ausgeführt werden könnte. Zur Vereinfachung können wir also davon ausgehen, dass sowohl B als auch die Eingabe w in binärer Form vorliegen. Dann können wir einen Algorithmus A' konstruieren, der eine einzelne binäre Eingabe B erhält und diese sowohl als Algorithmus B als auch als Eingabe $w = B$ interpretiert. Das ist so machbar, da w beliebig war und somit auch für das spezielle $w = B$ gilt.

In der Variante A'' führen wir einfach A' wie oben aus und gehen genau dann in eine unendliche Schleife, wenn A' die Ausgabe **true** erzeugt. Damit haben wir den folgenden Algorithmus konstruiert:

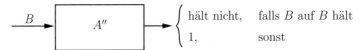

$$\begin{cases} \text{hält nicht}, & \text{falls } B \text{ auf } B \text{ hält} \\ 1, & \text{sonst} \end{cases}$$

Wenn man nun allerdings A'' auf sich selbst als Eingabe anwendet, dann geht A'' mit der Eingabe A'' genau dann in eine unendliche Schleife, wenn A'' in endlich vielen Schritten auf A'' hält. Dies ist ein logischer Widerspruch und die Annahme zu Beginn des Beweises war falsch. ∎

Der Kern des Beweises ist ganz analog geführt zu den bekannten Paradoxien wie dem einführenden »Dieser Satz ist falsch.«, der in einer streng logischen Welt nicht existieren dürfte. Genau dasselbe gilt für einen Algorithmus, der das Halteproblem löst.

 Der Beweis für das Halteproblem wurde zum ersten Mal von Turing (1936) für die Turing-Maschine als Maschinenmodell geführt. Tatsächlich gilt diese Unentscheidbarkeit noch für wesentlich mehr Eigenschaften von Algorithmen, wie Rice (1953) gezeigt hat. Eng damit verknüpft ist auch der Unvollständigkeitssatz von Gödel (1931), der die zwingende Unvollständigkeit bzw. Widersprüchlichkeit von hinreichend mächtigen formalen Systemen bewiesen hat.

Obiger Satz steht allerdings nicht im Konflikt mit einer Untersuchung eines fest gegebenen Algorithmus, in welcher bewiesen wird, dass dieser Algorithmus terminiert. Der Satz bedeutet lediglich, dass es kein automatisierbares Verfahren für einen solchen Beweis gibt und für bestimmte Algorithmen die Termination auch (noch) nicht bekannt ist.

So weit, so gut. Aber hat dies irgendetwas mit den fünf Basisproblemen meiner Anwendung zu tun? Wenn ich es mir recht überlege, sollten die alle lösbar sein, denn zu jedem dieser Probleme gibt es nur eine endliche Anzahl möglicher Kandidaten als Lösung. Ein Algorithmus, der diese alle der Reihe nach durchprobiert, findet sicher die gesuchte Lösung.

Neben der Tatsache, dass manche Probleme sich überhaupt nicht durch einen Algorithmus lösen lassen, birgt allein die Problemgröße eine weitere Grenze der Algorithmik: Sind wir immer in der Lage, durch Aufzählen aller Möglichkeiten, ein Problem zu lösen?

Beispiel 2.9:
Für das Rundreiseproblem (Definition 1.19) erhalten wir alle möglichen Rundreisen, wenn wir alle Permutationen erzeugen. Für n Städte sind dies $n! = 1 \cdot 2 \cdot 3 \cdots n$ Stück. Also bei $n = 101$ Städten rund $9{,}426 \cdot 10^{159}$ Permutationen – wenn wir Symmetrien und zyklische Verschiebungen jeder Rundreise vermeiden, bleiben es immer noch $\frac{1}{2} \cdot 100! = 4{,}666 \cdot 10^{157}$ Rundreisen. Unter der Annahme, wir könnten 10^6 Rundreisen pro Sekunde testen, folgt eine Laufzeit von etwa $8{,}878 \cdot 10^{151}$ Jahren.   □

Das bedeutet einerseits, dass die im Weiteren vorgestellten Algorithmen grundsätzlich sehr geschickt vorgehen müssen, aber andererseits auch, dass den Laufzeitbetrachtungen der Algorithmen eine besondere Bedeutung als beschränkender Faktor in der Algorithmik zufällt.

2.3   Laufzeitüberlegungen

Möchte man die Laufzeit eines Algorithmus angeben, gibt es drei verschiedene Ansätze mit zunehmendem Abstraktionsgrad:

- Echtzeitmessungen – diese sind nur bedingt für grundsätzliche Vergleiche und Einordnungen von Algorithmen geeignet, da sie abhängig von der genutzten Hardware unterschiedlich ausfallen können,

- exakte Anzahl der Rechenschritte/Schlüsselvergleiche/... – können sowohl für Beispiele berechnet als auch experimentell ermittelt werden, oder

- die sog. asymptotische Laufzeitkomplexität, die ausgehend von der exakten Anzahl lediglich eine Einordnung bzgl. einer wachsenden Problemgröße n vornimmt.

Zunächst schauen wir uns an, wie die exakte Anzahl der Schritte mithilfe der folgenden Basisregeln ermittelt werden kann:

- eine Sequenz von Anweisungen resultiert in der Summe der Laufzeiten der Anweisungen,

- bei einer Verzweigung kann man zunächst mit dem aufwändigeren Teil rechnen und

- in Schleifen wird der Aufwand der Anweisungen für einen Schleifendurchlauf mit der Anzahl der Durchläufe multipliziert.
  Bei einer For-Schleife zählt zusätzlich für die Zählvariable bei jeder Iteration eine Zuweisung und das Inkrementieren des Werts sowie der Vergleich, ob das Ende der Schleife erreicht ist (d.h. allein für die Zählvariable 3 Operationen in jedem Schleifendurchlauf) – ferner wird die Zählvariable initialisiert und der Vergleich wird auch beim Abbruch der Schleife durchgeführt (d.h. 2 Operationen außerhalb der Schleife).

for $i \leftarrow 1, \ldots, n$
do ⌐ something
$=$
ein Schritt am Anfang
ein Schritt am Ende
$i \leftarrow 1$
while $i \leq n$
do ⌐ something
    ⌐ $i \leftarrow i + 1$
drei Schritte pro Iteration

Beispiel 2.10:

Für den Beispielalgorithmus 2.2 werden alle Schritte gezählt – dabei zählt jede Zuweisung, jede Rechenoperation und jeder Vergleich. Vereinfachend wird hier auch angenommen, dass jeder dieser Schritte den gleichen Aufwand besitzt, also gleich lange dauert. Damit erhalten wir 1 Operation für die Initialisierung von s, 2 Operationen für die Initialisierung und die Abbruchüberprüfung von k, in jedem Schleifendurchlauf der For-Schleife 3 Operationen für die Zählvariable (2 für das Inkrementieren von k und 1 für den Vergleich auf das Schleifenende) sowie 2 Operationen für $s + k$ bzw. die Zuweisung dieses Wertes zu s. Insgesamt ergibt sich:

$$T(n) = 1 + \Big(2 + \underbrace{\sum_{k=1}^{n}(3+2)}_{=n \cdot 5} \Big) = 5 \cdot n + 3$$

$\square$

Algorithmus 2.2 Erster Algorithmus für die Laufzeitanalyse

EIN-LAUFZEITBEISPIEL(n)
    Rückgabewert: –
1   $s \leftarrow 0$
2   **for** $k \leftarrow 1, \ldots, n$ ⎤
3   **do** ⌐ $s \leftarrow s + k$ ⎦ wird n Mal durchlaufen

Beispiel 2.11:

Im Beispielalgorithmus 2.3 ist die Schrittanzahl im Körper der äußeren Schleife nicht mehr jedes Mal gleich. Daher kann man entweder grob abschätzen, indem man mit dem Maximum für jeden Schleifendurchlauf rechnet, oder – wie folgt – die Schrittzahl genau ausrechnen:

$$T(n) = 1 + (2 + \sum_{k=1}^{n} (3 + (2 + \underbrace{\sum_{m=k}^{n} (3+2)}_{=(n-k+1)\cdot 5}))))$$

$$= 3 + \sum_{k=1}^{n} (5 + (n-k+1) \cdot 5)$$

$$= 3 + \underbrace{\sum_{k=1}^{n} 5}_{=5\cdot n} + 5 \cdot \underbrace{\sum_{k=1}^{n} (n-k+1)}_{=n+(n-1)+\ldots+1}$$

$$= 3 + 5 \cdot n + 5 \cdot \underbrace{\sum_{j=1}^{n} j}_{=\frac{n\cdot(n+1)}{2}}$$

$$= 3 + \frac{15}{2} \cdot n + \frac{5}{2} \cdot n^2 \qquad \square$$

Beispiel 2.12:

Für den Beispielalgorithmus 2.4 lässt sich die exakte Schrittanzahl nicht mehr so einfach bestimmen, da die Anzahl der Schleifendurchläufe unklar

---

Algorithmus 2.3 Zweiter Algorithmus für die Laufzeitanalyse

WEITERES-LAUFZEITBEISPIEL(n)

    Rückgabewert: –

```
1   s ← 0
2   for k ← 1,...,n
3   do ⌈ for m ← k,...,n      ⎤ Durchläufe hängen  ⎤ wird n Mal durchlaufen
4      ⌊ do ⌈ s ← s + m        ⎦ von k ab           ⎦
```

Algorithmus 2.4 Dritter Algorithmus für die Laufzeitanalyse

LETZTES-LAUFZEITBEISPIEL(n)

    Rückgabewert: –

```
1   while n > 0        ⎤ 1 Vergleich (pro Iteration und beim Abbruch)  ⎤ höchstens
2   do ⌈ s ← s · n      ⎦ 1 Operation und 1 Zuweisung                   ⎥ n + 1
3      if n ist gerade  ⎤ 1 Vergleich                                   ⎥ Iterationen
4      then ⌈ n ← n − 3                                                 ⎦
5         ⌊ else ⌈ n ← n + 1  ⎤ 1 Operation und 1 Zuweisung
```

ist. Leicht sieht man jedoch ein, dass durch die Anweisung in Zeilen 4 und 5 n wechselweise gerade und ungerade ist. Dadurch wird n maximal auf $n + 1$ erhöht und nach jeweils zwei Iterationen wird n in der Summe um 2 verringert. Dadurch lässt sich die Anzahl der Iterationen nach oben durch $n + 1$ abschätzen. Und wie im vorherigen Beispiel lässt sich zumindest für die obere Grenze die Schrittzahl ermitteln.

$$T(n) \leq 1 + \underbrace{\sum_{k=1}^{n+1} 6}_{= 6 \cdot (n+1)} = 6 \cdot n + 7$$

□

Das ist ja klasse, dass ich die Schrittanzahl so direkt ausrechnen kann. Das macht Spaß! Allerdings funktioniert das wohl nur bei kleinen Algorithmen...

Für die Laufzeitbestimmung sind zwei Dimensionen eines Problems interessant: einerseits die Größe des Problems – also z. B. die Anzahl n der Schlüssel beim Sortierproblem – und andererseits die konkret möglichen Probleminstanzen für diese Größe – beispielsweise die möglichen Permutationen der Schlüsselmenge $\{1, \ldots, n\}$ (liegt die Schlüsselmenge sortiert, umgekehrt sortiert oder völlig unsortiert vor?).

In der Regel hängt die Schwierigkeit für die Lösung eines Problems nicht nur von der Größe n ab. Vielmehr gibt es einfache und schwierige Probleminstanzen gleicher Größe. Um zu asymptotischen Aussagen zu kommen, müssen wir in der folgenden Definition den Laufzeitbegriff für eine Problemgröße genauer fassen.

Definition 2.13:   Best-, Worst- und Average-Case

▶Best-Case

▶Worst-Case

▶Average-Case

Betrachtet man für ein Problem immer diejenige Probleminstanz einer Größe, die die geringste Laufzeit hat, spricht man vom Best-Case (oder günstigsten Fall). Betrachtet man die längste Laufzeit, handelt es sich um den Worst-Case (oder ungünstigsten Fall). Untersucht man alle Probleminstanzen derselben Größe und ermittelt die durchschnittliche Laufzeit, bezeichnet man dies als Average-Case.

Beispiel 2.14:

In Bild 2.1 werden verschiedene Laufzeiten dreier Algorithmen für mehrere Probleminstanzen angezeigt. Es sind mit drei Linien jeweils der Best-Case, der Average-Case und der Worst-Case markiert. Je nachdem welchen der drei Fälle wir als Entscheidungsgrundlage heranziehen, würden wir jeweils einen anderen Algorithmus wählen.

□

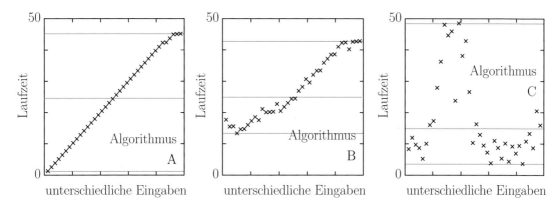

Bild 2.1: Die Laufzeit von drei Algorithmen wird für mehrere Probleminstanzen angezeigt. Die drei farbigen Linien markieren den Worst-Case (oben), Average-Case (mittig) und Best-Case (unten). Beim Vergleich der Best-Case Ergebnisse schneidet Algorithmus A am besten ab. Für den besten Average-Case wählen wir Algorithmus C. Algorithmus B wird verwendet, wenn der Worst-Case möglichst kleine Laufzeit liefern soll.

 Das ist ja spannend. Je nachdem, was wir betrachten, sind jeweils andere Algorithmen gut!

Für einen konkreten Algorithmus lässt sich die Best-Case, Average-Case und Worst-Case Laufzeit als Funktion $T : \mathbb{N} \to \mathbb{R}^+$ darstellen, wobei $n \in \mathbb{N}$ die Problemgröße ist. Dabei soll im Weiteren nur die »Stärke« des Wachstums mit zunehmender Problemgröße interessieren. Typische Funktionen mit unterschiedlich starkem Wachstum sind in Bild 2.2 dargestellt. Ebenso gibt Tabelle 2.3 einen Einblick in das Wachstum der Funktionen, indem die Anzahl der benötigten Dezimalziffern angegeben wird – hier sogar für noch stärker wachsende Funktionen.

Da uns häufig lediglich die Zuordnung zu diesen Funktionen ausreicht, führen wir die sogenannten Landau-Symbole O (Groß-O), Ω (Omega) und Θ (Theta) ein, welche eine grobe Einordnung in Funktionsklassen bzgl. des asymptotischen Wachstums erlauben.

▶Landau-Symbole

Definition 2.15: Landau-Notation

Für $f : \mathbb{N} \to \mathbb{N}$ werden die folgenden Funktionsklassen definiert.

$$O(f) = \{g : \mathbb{N} \to \mathbb{N} \mid \exists c \in \mathbb{R}^+ \ \exists n_0 \in \mathbb{N} \ \forall n \geq n_0 : \ g(n) \leq c \cdot f(n)\}$$
$$\Omega(f) = \{g : \mathbb{N} \to \mathbb{N} \mid \exists c \in \mathbb{R}^+ \ \exists n_0 \in \mathbb{N} \ \forall n \geq n_0 : \ g(n) \geq c \cdot f(n)\}$$
$$\Theta(f) = O(f) \cap \Omega(f).$$

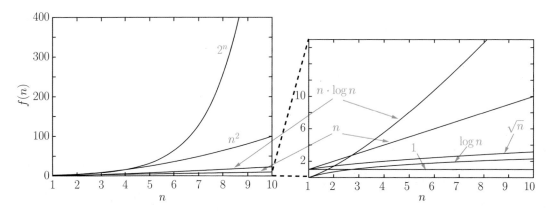

Bild 2.2: Bei der Laufzeitanalyse von Algorithmen treten häufig die hier angeführten Funktionen auf, die vergleichend dargestellt sind.

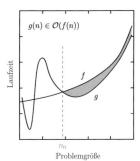

Bedeutung des n_0 in der Definition.

Also nochmal in Worte gefasst: Ein Algorithmus ist beispielsweise in $O(n^2)$, wenn sich seine Laufzeit unter bestimmten Bedingungen nach oben durch n^2 beschränken lässt. Aber da brauche ich erstmal ein paar Beispiele, um das vollständig zu verstehen...

Beispiel 2.16:

Auf dem nebenstehenden Bild sind für kleine Werte n die Funktionen $f(n)$ und $g(n)$ wechselseitig kleiner. Ab der Problemgröße n_0 allerdings bleibt

Tabelle 2.3: Anzahl der Dezimalziffern für die ersten Werte unterschiedlich stark wachsender Funktionen.

	\multicolumn{11}{c}{Wert n}
	1	2	3	4	5	6	7	8	9	10...	1023
$\lg n$	1	1	1	1	1	1	1	1	1	1	1
n	1	1	1	1	1	1	1	1	1	2	4
$n \cdot \lg n$	1	1	1	1	2	2	2	2	2	2	5
n^2	1	1	1	2	2	2	2	2	2	3	7
2^n	1	1	1	2	2	2	3	3	3	4	308
$n!$	1	1	1	2	3	3	4	5	6	7	2636
2^{n^2}	1	2	3	5	8	11	15	20	25	31	?
2^{2^n}	1	2	3	5	10	20	39	78	155	309	?
$\left. 2^{\cdot^{\cdot^{\cdot^2}}} \right\} n$	1	1	2	5	19728	?	?	?	?	?	?

die Funktion $f(n)$ oberhalb der Funktion $g(n)$ – für alle Werte $n \to \infty$ (hier nur sichtbar bis $n = 50$). Damit gilt $g(n) \in O(f(n))$, da obige Bedingung für $c = 1$ erfüllt ist. Man sagt: $g(n)$ wächst höchstens so stark wie $f(n)$.   □

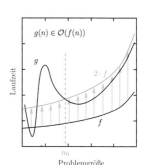

$g(n) \in \mathcal{O}(f(n))$

Beispiel 2.17:
Im zweiten nebenstehenden Bild ist die Funktion $g(n)$ im sichtbaren Bereich im Wesentlichen deutlich langsamer, hat also eine höhere Laufzeit, als die Funktion $f(n)$. Da aber nur das asymptotische Wachstum ohne konstante Faktoren interessant ist, kann durch einen geeigneten Wert $c = 2$ die Funktion $f(n)$ in die Situation des ersten Bilds übertragen werden, womit wieder $g(n) \in O(f(n))$ gezeigt werden kann.   □

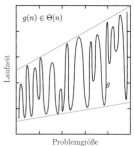

Bedeutung des c in der Definition.

Beispiel 2.18:
Im dritten Bild ist eine Funktion zu sehen, deren Minimal- und Maximalwerte sich durch die angezeigten linearen Funktionen beschränken lassen. Da die Steigung der linearen Funktionen als konstanter Faktor irrelevant ist und auch die Verschiebung der Funktionen am Nullpunkt das asymptotische Wachstum nicht beeinflusst, gilt $g(n) \in O(n)$ durch die obere Grenze und $g(n) \in \Omega(n)$ durch die untere Grenze. Daraus folgt direkt laut Definition $g(n) \in \Theta(n)$.   □

Beispiel für Θ.

 Das Symbol O wurde vom Mathematiker Bachmann (1894) eingeführt. Die Bezeichnung »Landau-Notation« geht auf das Buch von Landau (1909) zurück, welches der Verbreitung der Notation Vorschub geleistet hat. In der Informatik wurde die Notation durch Knuth (1976) um die anderen Symbole erweitert und durchgesetzt.

Bei der asymptotischen Laufzeitanalyse möchte man einen einfachen Ausdruck für das Laufzeitverhalten haben, der eng an den exakten Werten ist. Es gelten die folgenden Regeln.

Lemma 2.19:   Komplementäre Symbole
O und Ω sind komplementär zueinander:

$$f(n) \in O(g(n)) \Leftrightarrow g(n) \in \Omega(f(n)).$$

Beweis 2.20:
Wir zeigen zunächst die Richtung »⇒«. Gilt $f(n) \in O(g(n))$, dann existieren Werte $c > 0$ und n_0, sodass für alle $n \ge n_0$ gilt: $f(n) \le c \cdot g(n)$. Dann lässt sich die Gleichung umstellen, sodass (ebenfalls für alle $n \ge n_0$) gilt: $g(n) \ge \frac{1}{c} \cdot f(n)$. Das bedeutet: Wir können $c' = \frac{1}{c}$ und $n_0' = n_0$ wählen, wofür dann $g(n) \ge c' \cdot f(n)$ $(n \ge n_0')$ gilt. Damit sind die Bedingungen der Definition von $g(n) \in \Omega(f(n))$ direkt erfüllt. Die Rückrichtung »⇐« lässt sich analog zeigen.   ■

Korollar 2.21:   Reflexivität

$f(n) \in \Theta(g(n)) \Leftrightarrow g(n) \in \Theta(f(n))$.

Das Korollar folgt direkt aus Lemma 2.19.

Lemma 2.22:   Transitivität

> *Es gilt:* $f(n) \in O(g(n))$ *und* $g(n) \in O(h(n)) \Rightarrow f(n) \in O(h(n))$
>
> $f(n) \in \Omega(g(n))$ *und* $g(n) \in \Omega(h(n)) \Rightarrow f(n) \in \Omega(h(n))$
>
> $f(n) \in \Theta(g(n))$ *und* $g(n) \in \Theta(h(n)) \Rightarrow f(n) \in \Theta(h(n))$.

Beispiel 2.23:

Sei $f(n) = 5 \cdot n + 17 \cdot \log n$ eine exakte Laufzeit. Dann gilt für $g(n) = n^2$ und $h(n) = n^3$ die Voraussetzung der ersten Gleichung aus Lemma 2.22: $5 \cdot n + 17 \cdot \log n \in O(n^2)$ und $n^2 \in O(n^3)$. Dann folgt aus Lemma 2.22, dass auch $5 \cdot n + 17 \cdot \log n \in O(n^3)$ gilt.   □

Beweis 2.24:   (der ersten Gleichung des Lemmas)

Sei $c' \in \mathbb{R}^+$ und $n'_0 \in \mathbb{N}$ so gewählt, dass $f(n) \leq c' \cdot g(n)$ für $n \geq n'_0$. Ebenso gilt $g(n) \leq c'' \cdot h(n)$ für $n \geq n''_0$ mit Werten $c'' \in \mathbb{R}^+$ und $n''_0 \in \mathbb{N}$. Dann können wir $n'''_0 = \max\{n'_0, n''_0\}$ wählen und es gilt für $n \geq n'''_0$:

$$f(n) \leq c' \cdot g(n) \leq c' \cdot c'' \cdot h(n).$$

Mit $c''' = c' \cdot c''$ ist also die Definition von $f(n) \in O(h(n))$ erfüllt.   ∎

Auf die weiteren Beweise der anderen Teile des Lemmas und der folgenden Lemmata verzichten wir.

Lemma 2.25:   Vereinfachung von Ausdrücken

> $f(n) \in O(g(n)) \Rightarrow O((f+g)(n)) = O(g(n))$
>
> $f(n) \in \Omega(g(n)) \Rightarrow \Omega((f+g)(n)) = \Omega(f(n))$
>
> $g(n) \in \Theta(f(n)) \Rightarrow \Theta(f+g) = \Theta(g) = \Theta(f)$.

Beispiel 2.26:

In einer Abschätzung nach oben können wir in einer Summe die schwächer wachsenden Summanden entfallen lassen, z.B. bei $f(n) = n$ und $g(n) = n \cdot \log n$ gilt $O(n + n \cdot \log n) = O(n \cdot \log n)$ wegen $f(n) \in O(g(n))$. Analog können die stärker wachsenden Summanden bei einer Abschätzung nach unten entfallen.   □

Beispiel 2.27:

In Beispiel 2.11 wurde die exakte Laufzeit $T(n) = 3 + \frac{27}{2} \cdot n + \frac{15}{2} \cdot n^2$ für Algorithmus 2.3 ermittelt. Da $3 + \frac{27}{2} \cdot n \in O(\frac{15}{2} \cdot n^2)$ gilt, folgt $T(n) \in O(\frac{15}{2} \cdot n^2)$. Und damit folgt letztendlich: $T(n) \in O(n^2)$. □

Lemma 2.28:   **Berechnungsregel**

$$\lim_{n \to \infty} \frac{f(n)}{g(n)} \in \mathbb{R}^+ \Rightarrow f(n) \in \Theta(g(n))$$

$$\lim_{n \to \infty} \frac{f(n)}{g(n)} = 0 \Rightarrow f(n) \in O(g(n)).$$

Beispiel 2.29:

Betrachten wir $f(n) = \log n$ und $g(n) = \sqrt{n}$.

$$\lim_{n \to \infty} \frac{\log n}{\sqrt{n}} = \lim_{n \to \infty} \underbrace{\frac{\frac{1}{n}}{\frac{1}{2} \cdot n^{-\frac{1}{2}}}}_{= \frac{\sqrt{n}}{2 \cdot n}} \qquad \text{(Regel von l'Hôptial)}$$

$$= \lim_{n \to \infty} \frac{1}{2 \cdot \sqrt{n}} = 0.$$

Daraus folgt $\log n \in O(\sqrt{n})$. □

Korollar 2.30:   **Hierarchie der Polynome**

$$m \in \mathbb{N} \Rightarrow O(n^m) \subset O(n^{m+1}).$$

Zum Abschluss dieses Abschnitts zu Laufzeitanalysen, wollen wir noch kurz untersuchen, welche Aussagen bei der Kombination von Landau-Symbolen mit Betrachtungen zum Worst-Case, Average-Case etc. entstehen. Wie Tabelle 2.4 zeigt muss man dabei insbesondere unterscheiden, ob man über die exakte Laufzeit oder bereits einen Extremfall spricht. Aussagen wie »der Worst-Case wird großzügig nach oben abgeschätzt« können insbesondere dann sinnvoll sein, wenn bestimmte Eigenschaften, wie etwa die Struktur der gespeicherten Daten beim Mengenproblem, offen gelassen werden.

Prima: jetzt kann ich verschiedene Algorithmen tatsächlich sinnvoll vergleichen. Besonders die Vereinfachungen von der

Tabelle 2.4: Mögliche Aussagen mit der Landau-Notation

	$O(\cdot)$	$\Theta(\cdot)$	$\Omega(\cdot)$
exakte Zeit	obere Schranke, d.h. Beschränkung des Worst-Case	asymptotisch fallen Worst-Case und Best-Case zusammen	untere Schranke, d.h. Beschränkung des Best-Case
Worst-Case	obere Schranke als eventuell großzügige Abschätzung, d.h. der Worst-Case kann auch besser sein	asymptotisch exakte Analyse des Worst-Case	untere Schranke, d.h. der Worst-Case kann noch schlechter sein
Average-Case	Average-Case ist asymptotisch nicht langsamer	asymptotisch exakte Beschreibung des Average-Case	Average-Case ist asymptotisch nicht schneller
Best-Case	obere Schranke, d.h. der Best-Case kann noch besser sein	asymptotisch exakte Analyse des Best-Case	untere Schranke als eventuell großzügige Abschätzung, d.h. der Best-Case kann auch schlechter sein

exakten Zählung der Operationen zu einer grundsätzlichen Aussage gefällt mir gut!
Jetzt frage ich mich nur noch, ob meine Probleme alle gleich schwierig sind?

2.4   Schwierigkeit von Problemen

Im letzten Unterkapitel wurde das Handwerkszeug für theoretische Laufzeitvergleiche von Algorithmen vorgestellt. Dies ist ein sinnvolles Mittel für die Bewertung verschiedener Algorithmen als Lösung für dasselbe Problem. Man kann daraus allerdings kaum Aussagen über die Schwierigkeit von Problemen ableiten.

Stellen wir uns zum Beispiel vor, wir wollen eine Aussage darüber treffen, ob das Sortierproblem schwieriger oder leichter als das Rundreiseproblem ist. Dann könnten wir die besten uns bekannten Algorithmen für beide Probleme heranziehen und diese vergleichen. Da uns bisher nur die Aufzählung aller Möglichkeiten eingefallen ist, wären dies beim Sortierproblem mit n Zahlen insgesamt $n!$ mögliche Anordnungen – ebenso wie beim Rundreiseproblem der Größe n. Mit einem jeweils ganz naiven Algorithmus wären also die Problem etwa gleich schwer. Allerdings können wir uns hier nicht sicher sein, ob es nicht noch schnellere Algorithmen gibt, die uns zu einem anderen Ergebnis des Vergleichs führen.

Letztendlich bleibt diese Unsicherheit, ob es keinen schnelleren Algorithmus geben kann, ohne genauere mathematische Beweise bestehen. Daher eignet sich eine derartige Betrachtung der Laufzeit nicht für eine Einordnung der Probleme bezüglich ihrer Schwierigkeit.

Im Weiteren wird die Grundidee eines besser geeigneten Ansatzes vorgestellt, bei dem tatsächlich die Probleme algorithmisch zueinander in Bezug gesetzt werden. Dieses Thema gehört in das Gebiet der Komplexitätstheorie und wird hier nur knapp und anschaulich angerissen. Für die Einordnung von Problemen vereinfachen wir zunächst von der Berechnung der Lösung zu sog. Entscheidungsproblemen.

Definition 2.31:   Entscheidungsproblem

Bei einem Entscheidungsproblem wird zu einer Probleminstanz und einer Eigenschaft durch einen Algorithmus entschieden, ob eine entsprechende Lösung mit der Eigenschaft existiert.

▸Entscheidungsproblem

Beispiel 2.32:

Das Rundreiseproblem lässt sich als Entscheidungsproblem formulieren, indem eine maximal zulässige Länge *maxL* der Rundreise vorgeben wird. Ein Algorithmus zur Lösung dieses Problems muss genau dann wahr zurückgeben, falls eine Rundreise existiert, die nicht länger als *maxL* ist.   □

Ein Entscheidungsproblem liefert uns zwar nicht die Lösung, die wir eigentlich haben wollen. Doch für die Einordnung unserer Probleme in Klassen bzgl. ihrer Schwierigkeit lässt sich sicher sagen, dass das Finden der Lösung nicht leichter sein kann als das dazugehörige Entscheidungsproblem.

Definition 2.33:   Klasse P

Ein Entscheidungsproblem ist genau dann in der Klasse P enthalten, wenn es einen klassischen Algorithmus gibt, der die Antwort in polynomieller Zeit berechnet. Dabei bedeutet polynomielle Zeit, dass es ein $k \in \mathbb{N}$ gibt, so dass der Algorithmus in $O(n^k)$ ist.

▸Klasse P

Innerhalb der Klasse P ist es irrelevant, ob ein Algorithmus die Laufzeit $O(n^2)$, $O(n^3)$ oder $O(n^8)$ aufweist.

Definition 2.34:   Klasse NP

Ein Entscheidungsproblem ist genau dann in der Klasse NP, wenn es für sie einen Algorithmus mit Polynomialzeit gibt, der zusätzlich einen Teil der Lösung »raten« darf und dann gleichzeitig für alle geratenen Teillösungen die Eigenschaft überprüft.

▸Klasse NP

Trivialerweise ist jedes Problem aus P auch in NP enthalten – es gilt also P⊆NP, da zusätzlich zur geforderten Polynomialzeit noch geraten werden darf aber nicht muss.

Üblicherweise werden die Klassen P und NP mit Turing-Maschinen definiert. Für die Klasse NP wird dabei der Ratevorgang über nicht-deterministische Übergänge im Zustandsautomaten realisiert. Das N steht dabei für »nicht-deterministisch«, das P für »polynomiell«. Details können Standardlehrbüchern wie dem von Reischuk (1990) entnommen werden.

Derzeit ist nicht bekannt, ob die Klasse NP tatsächlich mehr Probleme als die Klasse P enthält. Es fehlt also ein Beweis, der für ein Problem aus NP zeigt, dass dieses nicht in P sein kann – oder dass P = NP gilt. Für einen entsprechenden Beweis wurde im Jahr 2000 vom Clay-Mathematics-Institute ein Preis über 1 Million US-\$ ausgesetzt. Derzeit sind für die schwierigen Probleme in NP nur klassische Algorithmen mit exponentieller Laufzeit bekannt.

 Die Klasse NP ist dabei noch nicht die schwierigste Klasse – so gibt es etwa Probleme, die tatsächlich nicht mit einer nicht-deterministischen Turingmaschine in polynomieller Zeit lösbar sind. Ein Beispiel wäre die Klasse PSPACE, welche diejenigen Probleme zusammenfasst, die polynomiell viel Speicherplatz benötigen. Beispiele hierfür wären Spiele wie Gobang oder eine Schachvariante, bei der ein Bauer nach einer bestimmten Anzahl an Zügen bewegt werden muss (siehe ebenfalls Reischuk, 1990).

Beispiel 2.35:

Ganz offensichtlich ist das SUCHEN des Mengenproblems – d.h. ist ein Element enthalten oder nicht – in P, da wir nur alle n Elemente kontrollieren müssen und damit eine Laufzeit $O(n)$ erreichen. Offensichtlich ist SUCHEN auch in NP, da wir das Element raten können und anschließend in $\Theta(1)$ überprüfen, ob es das gesuchte ist.

Analog kann man auch argumentieren, dass KÜRZESTER-WEG und RUNDREISE in NP sind, da wir den Weg oder die Rundreise raten und anschließend in $O(n)$ überprüfen, ob sie kurz genug sind. Tatsächlich werden wir in den weiteren Kapiteln sehen, dass KÜRZESTER-WEG sogar in P ist, was nicht für RUNDREISE gilt. $\qquad\square$

 Ok! Alles, was man raten und dann in vernünftiger Zeit überprüfen kann, ist in NP.

Da P⊆NP gilt, stellt sich nun die Frage, wie wir denn nun die richtig schwierigen Probleme in NP charakterisieren können. Dies geschieht in

der folgenden Definition mit einem wichtigen Konzept der Algorithmik –
nämlich der Technik, ein Problem auf ein anderes Problem abzubilden.

Definition 2.36:   NP-Vollständigkeit

Ein Problem p heißt NP-vollständig, wenn es in NP enthalten ist und sich
für jedes Problem $p' \in$ NP jede Probleminstanz aus p' durch einen Algorithmus in polynomieller Zeit auf eine Probleminstanz aus p abbilden lässt,
sodass man von der Lösung für p auf die Lösung für p' schließen kann.

►NP-vollständig

Die Abbildung eines Problems auf ein anderes in polynomieller Zeit bedeutet, dass wir aus der Schwierigkeit des ersten Problems auf die Schwierigkeit des zweiten Problems schließen können. Das zweite Problem kann
damit nicht grundsätzlich leichter sein als das erste.

Beispiel 2.37:

An einem Beispiel soll kurz erläutert werden, wie eine solche Abbildung
von einem in ein anderes Problem funktioniert. Hierfür soll das Problem
Kürzester-Weg (ohne Beschränkung der Allgemeinheit mit nur einem Zielknoten) auf das Problem Rundreise abgebildet werden.

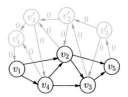

Ursprüngliches
Kürzester-Weg-Problem.

Hierfür doppeln wir die Knoten (außer dem Start- und dem Zielknoten)
und führen die rechts orange abgebildeten Kanten mit dem Gewicht 0 ein.

Offensichtlich ergibt sich eine Rundreise, wenn man den kürzesten Weg
vom Start zum Ziel nimmt und anschließend über die orangefarbigen Kanten die restlichen Knoten »abholt«. Wie man auch leicht einsieht, können
orangefarbige Knoten nicht auf dem Weg zum Zielknoten vorkommen, da
diese nur dann, wenn sie in der vorgegebenen Reihenfolge durchlaufen werden, zurück zum Startknoten führen. Wird ein orangefarbiger Knoten schon
früher besucht, kann derjenige Knoten, der auf dem Rückweg direkt davor
liegt, nicht mehr besucht werden, da es keine Kante mehr gibt, die von dem
Knoten wieder zu einem noch freien Knoten weg führt. Folglich enthält die
kürzeste Rundreise auch den kürzesten Weg.   □

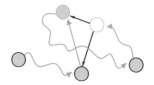

Transformiertes
Rundreise-Problem.

Damit ist Rundreise mindestens so schwierig wie Kürzester-Weg. Da die
andere Richtung allerdings nicht gezeigt werden kann, liegen die Probleme nicht in derselben Problemklasse – das Problem Rundreise fällt in die
Klasse der NP-vollständigen Probleme, während Kürzester-Weg in P liegt.
Alle anderen hier betrachteten Problem liegen ebenfalls in P.

Vorzeitiges Einschwenken auf
den Rückweg führt zu keiner
Rundreise.

Die NP-Vollständigkeit wurde als erstes für die Erfüllbarkeit logischer Formeln gezeigt. Für andere Probleme reicht es, zu zeigen, dass
sich ein NP-vollständiges Problem darauf reduzieren lässt und dass es
in NP ist. Eine umfassende Übersicht liefert das Buch von Garey &
Johnson (1979).

2.5   Zutaten für effiziente Algorithmen

Faktoren beim
Algorithmenentwurf.

▶MEDIAN

Der Entwurf eines effizienten Algorithmus steht in einer starken Wechselbeziehung zur benutzten Datenstruktur. Zudem wird der Algorithmus stark von der »genialen« algorithmischen Idee sowie von Annahmen und Randbedingungen beeinflusst. Das Ziel ist dabei in der Regel nicht nur ein korrekter Algorithmus, sondern auch ein möglichst sparsamer Umgang mit den Ressourcen Zeit und Speicherplatz.

Die unterschiedlichen Aspekte werden im Weiteren für das folgende dem Sortierproblem verwandten Problem beispielhaft illustriert.

Definition 2.38:   Medianproblem

Für eine unsortierte Folge von n Objekten mit den Schlüsseln $a_1, \ldots, a_n$ ist der MEDIAN als dasjenige Element $a_{\pi(m)}$ gesucht, das nach einer Sortierung π genau in der Mitte $m = \lceil \frac{n}{2} \rceil$ der Folge $a_{\pi(1)} \leq \ldots \leq a_{\pi(n)}$ stünde.

Das Medianproblem lässt sich einfach dadurch lösen, dass wir das Sortierproblem lösen (vgl. Algorithmus 2.5). Der Sortieralgorithmus bestimmt die benötigte Datenstruktur. Wie wir in den folgenden Kapiteln sehen werden, ist damit die Mediansuche mit Laufzeit $O(n^2)$ oder $O(n \cdot \log n)$ möglich.

Nehmen wir im Gegenzug an, dass die Datenstruktur fest ist – z.B. eine Liste, in der nur sequentiell von vorn nach hinten lesend auf die Elemente zugegriffen wird (oder gar ein Datenstrom, bei dem jedes Element nur einmal gelesen wird). Dann muss ein zur Datenstruktur passender Algorithmus gesucht werden – der Ansatz über das Sortieren funktioniert hier nicht.

Wenn wir allerdings zusätzliches Wissen über Randbedingungen und Annahmen über Eigenschaften der vorliegenden Daten besitzen, lässt sich dieses Wissen natürlich auch beim Algorithmenentwurf berücksichtigen. Gehen wir etwa bei der Mediansuche davon aus, dass nur $k \in \mathbb{N}$ verschiedene Werte vorkommen können, lässt sich der Median durch reines Abzählen der verschiedenen Werte bestimmen. Algorithmus 2.6 (MEDIAN-ZÄHLEN) bestimmt zu jedem Schlüsselwert die Häufigkeit des Vorkommens und errechnet daraus den Median. Unter der stark einschränkenden Randbedingung der endlichen Werte, kann man hier eine lineare Laufzeit $\Theta(n + k)$ erreichen. Sind diese Randbedingungen erfüllt, können wir auch bei einem Nur-Lesen-Zugriff auf die Daten den Median schnell (sogar schneller als bei normalem Zugriff durch Sortieren) bestimmen.

Algorithmus 2.5 Medianbestimmung durch Sortieren und Rückgabe des mittleren Elements der sortierten Folge

MEDIAN-SORTIERT(Feld A)
   Rückgabewert: Wert des mittleren Elements
1   SORTIERE(A)
2   **return** $A[\lceil \frac{A.länge}{2} \rceil]$

Algorithmus 2.6 Medianbestimmung durch Zählen bei endlichen Wertemengen

---

www
MedianCount.java

MEDIAN-ZÄHLEN(Feld A, größter Schlüssel k)

    Rückgabewert: Wert des mittleren Elements

```
1  for i ← 1,...,k          ⎫ Zähler initialisieren
2  do ⌈ anzahl[i] ← 0       ⎭
3  for j ← 1,...,A.länge              ⎫ Anzahl für jeden
4  do ⌈ anzahl[A[j]] ← anzahl[A[j]] + 1  ⎭ Schlüssel bestimmen
5  anzahlKleiner ← 0                  ⎫ den Median
6  i ← 0                              ⎪ aus den
7  while anzahlKleiner < A.länge/2    ⎬ Zählern
8  do ⌈ i ← i + 1                     ⎪ ableiten
9     ⌊ anzahlKleiner ← anzahlKleiner + anzahl[i] ⎭
10 return i
```

Beispiel 2.39:

Das nebenstehende Bild zeigt ein Feld der Länge $n = 8$, dessen Einträge $k = 4$ unterschiedliche Schlüssel ($\{1,2,3,4\}$) sind. Der Algorithmus bestimmt für jeden Schlüssel die Anzahl seines Vorkommens. In der While-Schleife werden diese Anzahlen nacheinander addiert und überprüft, ob das jeweilige Ergebnis kleiner n ist. Bei der Schlüsselmenge $\{1,2,3\}$ wird die Hälfte der Feldlänge erreicht. Das bedeutet, dass der letzte zur Menge hinzugefügte Schlüssel, hier die 3, der Median sein muss. □

Medienbestimmung durch Abzählen.

Dass die lineare Laufzeit grundsätzlich auch im allgemeinen Fall möglich ist, werden wir im weiteren Verlauf des Buchs (in Abschnitt 7.4) sehen. Dem dort beschriebenen Algorithmus liegt der letzte der Faktoren des Algorithmenentwurfs zugrunde: eine geniale Idee, wie auf besonders raffinierte Art und Weise die gesuchte Information berechnet werden kann. Solche Ideen fußen häufig auf den sogenannte Entwurfsparadigmen, die einen generischen Ansatz für die Entwicklung von Algorithmen beschreiben, oder auch auf mathematisch/theoretischen Überlegungen.

▶Entwurfsparadigma

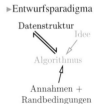

Da jedes Kapitel in diesem Lehrbuch einem speziellen Entwurfsgedanken gewidmet ist, könnte man an dieser Stelle die Kapitel zu den verschiedenen Faktoren des Algorithmenentwurfs wie folgt zuordnen:

Datenstrukturen: Grundsätzliche Datenstrukturen werden in Kapitel 3 und Kapitel 4 vorgestellt. Die spezielle Datenstruktur der Prioritätswarteschlange wird in Kapitel 10 entwickelt.

Annahmen und Randbedingungen: In Kapitel 6 sind Laufzeiterwägungen die treibende Kraft. Die Menge der zu speichernden Daten ist in Kapitel 11 thematisiert. In beiden Kapiteln werden aus den betrachteten Aspekten heraus auch neue Datenstrukturen entwickelt.

Ideen: Große Ideen in Form von Entwurfsparadigmen ziehen sich durch die Algorithmik und sind explizit in den Kapiteln 5, 7 und 8 dargestellt.

Weitere Ideen, wie Algorithmen arbeiten können, werden in den Kapiteln 9 und 12 betrachtet.

Wir haben gesehen, dass alle Probleme aus Kapitel 1 grundsätzlich algorithmisch lösbar sind – es bleibt jedoch die Frage offen, ob dies mit effizienter Laufzeit möglich ist. Als Grundlage für die kommenden Kapitel wurden Begriffe und Notationen zur Beschreibung der Algorithmen und ihrer Laufzeit eingeführt. Am Beispiel des Medianproblems haben wir auch die Faktoren und Wechselwirkungen beim Entwurf eines Algorithmus beleuchtet.

Übungsaufgaben

Aufgabe 2.1:   Textsuche

Führen Sie Einfache-Textsuche (Algorithmus 2.1) auf den folgenden Eingaben durch: $T = aababbaaaab$ und $S = aaab$. Dokumentieren Sie alle Teilschritte. Wie oft wird der Vergleich von zwei Zeichen in Zeile 4 erfolgreich bzw. erfolglos durchgeführt?

Aufgabe 2.2:   Exakte Laufzeit

Betrachten Sie die folgenden beiden Algorithmen.

LinkerAlg(n)

Rückgabewert: Wert *sum*

1   *sum* $\leftarrow 0$
2   **for** $i \leftarrow 1, \ldots, n$
3   **do** $\ulcorner$ **for** $k \leftarrow i, \ldots, n$
4      $\llcorner$ **do** $\lfloor$ *sum* $\leftarrow$ *sum* $+ k$
5   **return** *sum*

RechterAlg(n)

Rückgabewert: Wert *sum*

1   *sum* $\leftarrow 0$
2   **for** $k \leftarrow 1, \ldots, n$
3   **do** $\lfloor$ *sum* $\leftarrow$ *sum* $+ k \cdot k$
4   **return** *sum*

a) Bestimmen Sie die exakte Anzahl der Zuweisungen *sum* $\leftarrow \ldots$ für beide Algorithmen in Abhängigkeit von n.

b) Zeigen Sie, dass beide Algorithmen dasselbe Ergebnis berechnen. Betrachten Sie hierfür zunächst für einen kleinen Wert von n, welche Terme addiert werden.

c) Bestimmen Sie die exakte Schrittzahl der beiden Algorithmen, wobei jede Wertzuweisung, jede Addition und jede Multiplikation als ein Schritt zählen – berücksichtigen Sie dabei auch die versteckten Operationen der Schleifen. Zur Vereinfachung der Terme können Sie Satz B.1 (Seite 339) benutzen.

Aufgabe 2.3:   Konstante Faktoren

Gegeben seien fünf Algorithmen mit der jeweiligen *Worst-Case* Laufzeit (in Mikrosekunden): $5000 \cdot \log_2 n$, $500 \cdot n$, $50 \cdot n \cdot \log_2 n$, $5 \cdot n^2$ und 2^{n-1}.

a) Falls eine Stunde Rechenzeit zur Verfügung steht, welche Problemgröße n wäre für die einzelnen Algorithmen noch berechenbar?

b) Geben Sie für jeden Algorithmus das Intervall der Werte für n an, für die der Algorithmus eine bessere Worst-Case Laufzeit als die anderen Algorithmen besitzt.

Es reicht, wenn Sie die Aufgaben durch »Probieren« lösen.

Aufgabe 2.4:   Beweis der Lemmata

Beweisen Sie die zweite und dritte Aussage von Lemma 2.22 und Lemma 2.25, indem sie die Definition der Landau-Notation benutzen.

Aufgabe 2.5:   Asymptotische Komplexität

Zeigen Sie die folgenden Aussagen:

a) $n \in O(20 \cdot n \cdot \log n)$ b) $40 \cdot n \cdot \log n \in O(n^2)$

c) $\sqrt{20 \cdot n} \in \Omega(7 \cdot \log n)$ d) $5 \cdot n^2 + 37 \cdot n \in \Theta(n^2)$.

Aufgabe 2.6:   Asymptotische Komplexität und Logarithmen

Zeigen Sie unter Nutzung der Logarithmengesetze (Abschnitt B.3), dass $O(\log_2 n) = O(\ln n)$ gilt.

Aufgabe 2.7:   Vergleich von Laufzeiten

Algorithmus A habe polynomielle Laufzeit $T_A(n) = 200 \cdot n^2$. Algorithmus B habe exponentielle Laufzeit $T_B(n) = 2^n$. Für welche Werte von n sind Algorithmus A bzw. Algorithmus B jeweils schneller? Zeigen und beweisen Sie, wie sich die Algorithmen asymptotisch zueinander verhalten.

Nachdem Algatha nun sicher ist, dass sie sich keine »unlösbaren« Probleme eingehandelt hat, beginnt die große Diskussion in ihrer Abteilung: Wie gehen wir vor? Wie speichern wir die Daten im Computer? Wenn Algatha fünf Kollegen um ihre Meinung bittet, bekommt Sie wenigstens sieben Lösungsideen an den Kopf geworfen.

Also entschließt sie sich, nach dem Motto »Erst tun, dann denken!« zu handeln. Sie beginnt einfach mit den einfachsten Ansätzen für die Lösung der Probleme.

3 Einfache Ansätze

Joe Turner: These things are really pretty simple
– they just look complicated.
(Three Days of the Condor, 1975)

3.1 Datenstrukturen für das Mengenproblem

Bei dem Mengenproblem müssen verschiedene Datenelemente so gespeichert werden, dass die Menge leicht verwaltbar ist. In Definition 1.1 wurde dieses Problem so eingeführt, dass doppelte Schlüssel nicht erlaubt sind. Zur Vereinfachung wollen wir in diesem Kapitel diese Forderung nicht beachten. Andernfalls müsste bei jedem Einfügen geprüft werden, dass das Element noch nicht enthalten ist – was gerade bei den einfachen Verfahren den Blick auf die wesentliche Vorgehensweise der Algorithmen verstellt. Stattdessen nehmen wir einfach an, dass der Nutzer die vorgestellten Datenstrukturen korrekt benutzt und doppelte Schlüssel vermeidet.

3.1.1 Unsortierte Ablage in einem Feld

Zunächst betrachten wir die in den meisten Sprachen schon vorgesehene Datenstruktur des Felds (engl. *Array*). Um den Ansatz zunächst möglichst einfach zu halten, legen wir die gespeicherten Elemente in einer beliebigen, unsortierten Reihenfolge ab – füllen unser Feld aber immer lückenlos von vorn.

Von vorn gefülltes Feld.

Neben dem eigentlichen Feld A wird die Anzahl der gespeicherten Einträge in einer Variablen *belegteFelder* abgelegt. Für einen Feldeintrag $A[i]$ bezeichnen ferner $A[i].wert$ den Schlüssel des Elements und $A[i].daten$ das zugehörige Datenobjekt.

Die Suche nach einem bestimmten Element gestaltet sich so, dass nacheinander von vorn nach hinten jedes Element betrachtet wird (Algorithmus 3.1). Sobald das Element gefunden ist, bricht die Suche ab. Falls es

1 2 3 4 5 6 7 8

| 3 | 9 | 5 | 1 | | | | |

Suche nach der 5.

nicht vorhanden ist, werden alle *belegteFelder* Elemente betrachtet und eine entsprechende Fehlermeldung zurückgegeben.

Beispiel 3.1:

Der Ablauf von Algorithmus 3.1 ist beispielhaft für die Suche nach dem Element mit dem Schlüssel 5 rechts dargestellt. □

Satz 3.2:

Die Laufzeit für SUCHEN-FELD *beträgt im Worst-Case und im Average-Case* $\Theta(n)$.

Beweis 3.3:

Im ungünstigsten Fall ist das gesuchte Element ganz rechts (oder gar nicht enthalten). Dann müssen alle n Elemente der Reihe nach überprüft werden. Für den Average-Case bilden wir den Mittelwert der Laufzeit über alle enthaltenen Elemente:

$$T(n) = \frac{1}{n} \cdot \sum_{i=1}^{n} i = \frac{1}{n} \cdot \frac{n \cdot (n+1)}{2} \in \Theta(n) \quad \blacksquare$$

belegteFelder = 4

1 2 3 4 5 6 7 8

| 3 | 9 | 5 | 1 | | | | |

Einfügen

belegteFelder = 5

1 2 3 4 5 6 7 8

| 3 | 9 | 5 | 1 | 7 | | | |

Ablauf von Algorithmus 3.2.

In EINFÜGEN-FELD (Algorithmus 3.2) wird das neue Element an die erste freie Stelle im Feld eingefügt – sofern das Feld nicht voll ist. Diese Stelle kann man direkt mittels der Variablen *belegteFelder* identifizieren. Die Laufzeit beträgt $\Theta(1)$.

Beispiel 3.4:

Im nebenstehenden Beispiel fügen wir das Element mit dem Schlüssel 7 ein. □

Beim Löschen (LÖSCHEN-FELD in Algorithmus 3.3) muss zunächst das zu löschende Element gesucht werden, welches dann durch das ganz rechts stehende Element ersetzt wird. Die Laufzeit ergibt sich wie bei der Suche als $O(n)$.

Algorithmus 3.1 Suchen in der Datenstruktur Feld

SUCHEN-FELD(Schlüssel *gesucht*)

Rückgabewert: gesuchte Daten bzw. Fehler falls nicht enthalten

1   *index* ← 1
2   **while** *index* ≤ *belegteFelder* und *gesucht* ≠ A[*index*].wert   Prüfe Elemente
3   **do** ⌐ *index* ← *index* + 1   von links nach rechts
4   **if** *index* > *belegteFelder*
5   **then** ⌐ **error** "Element nicht gefunden"   Ausgabe
6   **else** ⌐ **return** A[*index*].daten

Algorithmus 3.2 Einfügen in die Datenstruktur Feld

EINFÜGEN-FELD(Schlüssel *neuerWert*, Daten *neueDaten*)

    Rückgabewert: nichts falls erfolgreich bzw. Fehler sonst

1 **if** *belegteFelder* = *A.länge*

2 **then** ⌐ **error** "Feld ist voll"

3 **else** ⌐ *A*[*belegteFelder* + 1]*.wert* ← *neuerWert*

4   *A*[*belegteFelder* + 1]*.daten* ← *neueDaten*   hinten anfügen

5   ⌐ *belegteFelder* ← *belegteFelder* + 1

www
Feld.java

Algorithmus 3.3 Löschen in der Datenstruktur Feld

LÖSCHEN-FELD(Schlüssel *löschWert*)

    Rückgabewert: nichts falls erfolgreich bzw. Fehler sonst

1 *index* ← 1

2 **while** *index* ≤ *belegteFelder* und *löschWert* ≠ *A*[*index*]*.wert*   schon enthalten?

3 **do** ⌐ *index* ← *index* + 1

4 **if** *index* > *belegteFelder*

5 **then** ⌐ **error** " Element nicht gefunden "

6 **else** ⌐ *A*[*index*] ← *A*[*belegteFelder*]   Element entfernen

7   ⌐ *belegteFelder* ← *belegteFelder* − 1

www
Feld.java

Beispiel 3.5:

Im nebenstehenden Beispiel löschen wir das Element mit dem Schlüssel 9 ein. Das letzte Element wird an die frei gewordene Stelle kopiert.   □

Sollen alle Elemente des Felds ausgegeben werden, kann dies wie in Algorithmus 3.4 ebenfalls durch sequentielle Ausgabe der Elemente von links nach rechts geschehen. Die Laufzeit ist ebenfalls $\Theta(n)$.

belegteFelder = 5

1	2	3	4	5	6	7	8
3	9	5	1	7			

Suchen   Ersetzen mit

belegteFelder = 4

1	2	3	4	5	6	7	8
3	7	5	1				

Ablauf von Algorithmus 3.3.

3.1.2   Unsortierte Ablage in einer verketteten Liste

Während die Anzahl der speicherbaren Elemente beim Feld anfangs einmal festgelegt wird, können in den meisten Programmiersprachen über sog. Zeiger dynamische Datenstrukturen für theoretisch unbegrenzt viele Elemente definiert werden.

Algorithmus 3.4 Alle Elemente der Datenstruktur Feld ausgeben

---

ALLE-FELD()

    Rückgabewert: nichts, da direkte Ausgabe

1 *index* ← 1

2 **while** *index* ≤ *belegteFelder*

3 **do** ⌐ **drucke:** *A*[*index*]*.daten*

4   ⌐ *index* ← *index* + 1

www
Feld.java

Definition 3.6:   Dynamische Datenstruktur

►dynamische Datenstruktur

Eine dynamische Datenstruktur ist dadurch charakterisiert, dass der Speicher für jedes Element wenn benötigt einmal angelegt wird und zusätzlich die Anordnung/Struktur der Elemente durch Verweise (oder Zeiger) jederzeit änderbar ist.

Wir betrachten in diesem Abschnitt die verkettete Liste als ein Beispiel für eine dynamische Datenstruktur.

Definition 3.7:   Verkettete Liste

►verkettete Liste

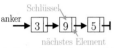

Aufbau einer verketteten Liste.

Eine verkettete Liste ist eine dynamische Datenstruktur, in der die Elemente linear angeordnet sind. Jedes Element $e\ell$ der Liste enthält einen Schlüssel $e\ell.wert$, die zugehörigen Daten $e\ell.daten$ sowie einen Verweis, den sog. Zeiger, auf das nächste Element $e\ell.nächstes$. Eine Liste besteht dann aus dem Verweis $anker$ auf das erste Element der Liste und allen Elemente, die durch die Verweise erreichbar sind.

►Zeiger

Um die Operationen der verketteten Liste vorzustellen, betrachten wir einige Besonderheiten der Zeiger. Während »normale« Variablen einen in sich abgeschlossenen Wert, z.B. eine ganze Zahl, aufnehmen können, verweisen Zeiger auf eine Information, die an einer anderen Stelle im Speicher liegt. Da dies in den Algorithmen, insbesondere bei Zuweisungen, immer wieder zu Verständnisproblemen führen kann, möchten wir in der Notation des Pseudo-Codes die Art der Zuweisung reflektieren. So wird eine normale Wertzuweisung wie in den bereits vorgestellten Algorithmen durch den Pfeil nach links dargestellt.

$$wert \leftarrow 127$$
$$summe \leftarrow wert + 42$$

Der links stehenden Variable wird der Wert zugewiesen, der sich bei der Auswertung des rechts stehenden Ausdrucks ergibt. Bekommt $wert$ später einen anderen Wert zugewiesen, ändert sich der Inhalt von $summe$ nicht.

Bei Variablen, die einen Zeiger enthalten, ist dies nicht so einfach: Da es sich nur um Verweise handelt, können verschiedene Zeigervariablen auf dieselben Speicherstellen zeigen und es kann passieren, dass sich durch einen Zeiger die Speicherstelle ändert, ohne dass der andere Zeiger angefasst wird. Als Konsequenz kann sich der durch die andere Zeigervariable erreichbare »Wert« ändern. Daher wird in diesem Buch im Weiteren eine Zuweisung an eine Zeigervariable durch einen Pfeil nach rechts dargestellt.

$$anker \rightarrow \textbf{allokiere } \text{Element}(5, daten, \textbf{null})$$
$$anker \rightarrow \textbf{allokiere } \text{Element}(7, daten', anker)$$
$$e\ell \rightarrow anker$$
$$e\ell.nächstes \rightarrow \textbf{null}$$

Algorithmus 3.5 Suchen eines Elements in einer verketteten Liste

Suche-Liste(Schlüssel *gesucht*)

    Rückgabewert: gesuchte Daten bzw. Fehler falls nicht enthalten

1    $el \rightarrow anker$

2   **while** $el \neq$ NULL $\rbrace$ Ende der Liste erreicht?

3   **do** $\ulcorner$ **if** $el.wert = gesucht$

4   **then** $\llbracket$ **return** $el.daten$ $\rbrace$ gefundenes Element zurückgeben

5      $\llcorner$ **else** $\llbracket$ $el \rightarrow el.nächstes$ $\rbrace$ nächstes Element untersuchen

6   **error** "Element nicht gefunden"

www
Liste.java

Nach der Zuweisung zeigt die links stehende Variable auf die Speicherstelle, die sich aus der Auswertung des rechts stehenden Ausdrucks ergibt. In der ersten Zeile wird eine neue Speicherstelle für ein Listenelement angefordert und mit dem Wert 5, den *daten* und der Zeigervariable **null** belegt, wobei der spezielle Wert **null** bedeutet, dass diese Variable im Moment auf keine Speicherstelle verweist. *anker* zeigt auf dieses Listenelement. Der Ablauf des kleinen Beispiels wird in vier Bildern auf dem Rand veranschaulicht.

Beispiel nach Zeile 1.

In der zweiten Zeile wird ein weiteres Listenelement mit dem Wert 7, den *daten'* und dem Zeiger auf den alten *anker* angelegt. *anker* zeigt jetzt auf dieses Element. In diesem Fall ist sofort deutlich, dass sich das Element, auf das *anker* zeigt, geändert hat.

Beispiel nach Zeile 2.

In der dritten Zeile jedoch wird eine weitere Zeigervariable el eingeführt, die auf dasselbe Element zeigt wie *anker*. In der vierten Zeile wird über den Zeiger el der Zeiger des Elements mit dem Wert 7 auf **null** gesetzt. Hierdurch ändert sich das Element, auf das *anker* verweist, ohne dass es direkt für *anker* deutlich wird.

Beispiel nach Zeile 3.

Beispiel nach Zeile 4.

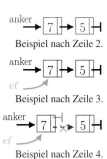

 Das kenne ich aus dem echten Leben! Wenn ich ein Textdokument per E-Mail an meinen Chef schicke, dann ist das wie eine »Zuweisung« – ich kann seine Änderungen nicht direkt sehen. Aber als ich in der Firma zum Projektleiter befördert wurde, wurde wie bei einer Zeigervariablen nur ein neuer Alias »Projektleiterin Algatha« eingeführt – und wenn ich mir die Haare schneide, ändert sich der Zustand sowohl aus der Sicht »Projektleiterin Algatha« als auch aus der Sicht meines Freundes (und wie er mich nennt, werde ich hier nicht verraten!)

Das Suchen eines Elements in einer verketteten Liste wird hier in zwei Versionen behandelt. Wir betrachten zunächst Algorithmus 3.5 (Suche-Liste). Dieser geht iterativ vor, d.h. in einer Schleife wird eine Variable el immer so weiter gesetzt, dass sie nacheinander auf die einzelnen Elemente zeigt.

▶iterativ

Beispiel 3.8:

Im nebenstehenden Beispiel wird bei einer Suche nach dem Element 9 die Variable el auf die angezeigten Elemente gesetzt.   □

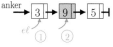

Ablauf von Algorithmus 3.5.

Die Laufzeit ist in $O(n)$ bei einer Liste mit n Elementen, da die Zahl der Iterationen der While-Schleife durch die Länge der Liste begrenzt ist.

Der zweite Ansatz zum Suchen in einer Liste arbeitet rekursiv. Da dies ein sehr wichtiges Konzept der Informatik und auch insbesondere der Algorithmik ist, wollen wir uns genauer damit beschäftigen. Im weiteren Verlauf des Buchs viele der Algorithmen sind rekursiv formuliert.

Definition 3.9:   Rekursive Algorithmen

▶rekursiv

Ein Algorithmus heißt rekursiv, wenn er sich (direkt oder indirekt) selbst aufruft.

Die zwei wichtigen Bestandteile eines rekursiven Algorithmus sind

- die eigentliche Berechnung, die insbesondere auch den rekursiven Aufruf enthält, – diese Berechnung entspricht inhaltlich einer Iteration im äquivalenten iterativen Algorithmus – und
- die Abbruchbedingung, die prüft, ob überhaupt noch eine Berechnung notwendig ist, und ggf. die Rekursion beendet.

Soll also das Suchen in einer Liste rekursiv umgesetzt werden, entspricht der Aufruf der Funktion dem Überprüfen eines einzelnen Elements in der Liste. Die Abbruchbedingung berücksichtigt zwei verschiedene Situationen: Falls erstens das Ende der Liste erreicht ist, kann der gesuchte Schlüssel gar nicht mehr überprüft werden – die Suche bricht mit einer entsprechenden Misserfolgsmeldung ab. Falls zweitens das betrachtete Element den gesuchten Schlüssel aufweist, kann die Suche ebenfalls beendet werden – allerdings jetzt mit einer Erfolgsmeldung. Stimmt der Schlüssel nicht überein, kommt die Rekursion zum Tragen, die in diesem Algorithmus denkbar einfach ist: Durch den rekursiven Aufruf wird die Suche beim nächsten Element fortgesetzt.

SUCHE-LISTE-REK (Algorithmus 3.6) zeigt die rekursive Beschreibung im Detail. Die eigentlich Rekursion steckt dabei im Algorithmus SUCHE-LISTE-R, der den Verweis auf das nächste zu betrachtende Element als Parameter übergeben bekommt. Der Algorithmus SUCHE-LISTE-REK stellt lediglich die einheitliche Schnittstelle wie bei den anderen Such-Algorithmen zur Verfügung, in dem die Daten des in SUCHE-LISTE-R gefundenen Elements ausgegeben werden.

Es schwieriger ist, einen rekursiven als einen iterativen Algorithmus nachzuvollziehen, da man den Überblick über mehrere Aufrufe des Algorithmus behalten muss. Wir möchten daher in den Erklärungen des nachfolgenden Beispiels darauf zurückgreifen, wie der Computer selbst die verschiedenen Aufrufe verwaltet. Jeder Aufruf wird auf einem sog. Laufzeit-

▶Laufzeitstapel

stapel abgelegt – einschließlich der übergebenen Parameterwerte, der Werte der lokalen Variablen und der Information, welche Anweisung zuletzt bearbeitet wurde. Wird aus einem Algorithmus A ein anderer Algorithmus B

Algorithmus 3.6 Rekursives Suchen eines Elements in einer verketteten Liste

SUCHE-LISTE-REK(Schlüssel *gesucht*)
    Rückgabewert: gesuchte Daten bzw. Fehler falls nicht enthalten
1   **return** SUCHE-LISTE-R(*gesucht*, *anker*).*daten*

SUCHE-LISTE-R(Schlüssel *gesucht*, Element *el*)
    Rückgabewert: Element mit gesuchten Daten bzw. Fehler
1   **if** $el \neq$ NULL   ⌉ Ende der Liste erreicht?
2   **then** ⌐ **if** *el.wert* = *gesucht*
3   **then** ⌐ **return** *el*   ⌉ gefundenes Element zurückgeben
4   ∟ **else** ⌐ **return** SUCHE-LISTE-R(*gesucht*, *el.nächstes*)   ⌉ nächstes
5   **else** ⌐ **error** "Element nicht gefunden"   Element untersuchen

---

aufgerufen, liegen die Informationen übereinander, wie bei einem Papier-stapel (vgl. nebenstehende Abbildung). Wird der Algorithmus B beendet, setzt Algorithmus A seine Ablauf nach dem Aufruf von B fort. Bei einem rekursiven Algorithmus befinden sich also mehrere Aufrufinstanzen des Algorithmus mit unterschiedlichem Status der Variablen etc. auf dem Laufzeitstapel.

Laufzeitstapel.

Beispiel 3.10:
Wir setzen das Beispiel 3.8 fort und betrachten die rekursive Suche nach dem Element 9. Bild 3.1 zeigt von links nach rechts, welche Aufrufe auf dem Laufzeitstapel abgelegt werden: Der Aufruf SUCHE-LISTE-REK reicht den Verweis auf das erste Element als Parameter des ersten Aufrufs von SUCHE-LISTE-R weiter. Da das Element nicht übereinstimmt, folgt ein zweiter Aufruf von SUCHE-LISTE-R, der das Nachfolgeelement mit dem Schlüssel 9 übergeben bekommt. Da der Schlüssel mit dem gesuchten Schlüssel übereinstimmt, bricht die Rekursion ab. Der Verweis auf das gesuchte Element

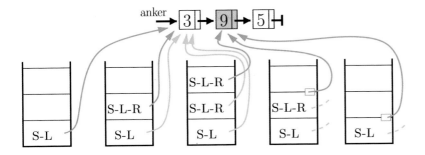

Bild 3.1: Für SUCHE-LISTE-REK (Algorithmus 3.6) werden die Veränderungen auf
        dem Laufzeitstapel dargestellt. Die Zeit schreitet von links nach rechts
        voran und S-L steht für SUCHE-LISTE-REK während S-L-R eine Abkür-
        zung für SUCHE-LISTE-R ist. Der Aufrufparameter wird jeweils direkt mit
        angegeben, die Rückgabewerte in den orangefarbigen Kästchen.

Algorithmus 3.7 Einfügen in eine verkettete Liste

EINFÜGEN-LISTE(Schlüssel *neuerWert*, Daten *neueDaten*)

Rückgabewert: nichts falls erfolgreich bzw. Fehler sonst

1    $e\ell \rightarrow$ **allokiere** Element(*neuerWert*, *neueDaten*, *anker*) $\Big]$ neues Element mit Zeiger auf Restliste

2   *anker* $\rightarrow e\ell$ $\Big]$ vorn einfügen

---

wird als Rückgabewert über die Return-Anweisung an den vorherigen Algorithmusaufruf auf dem Laufzeitstapel zurückgegeben. ◻

> Auch das kenne ich! Wenn ich ein Kochrezept nicht finde, rufe ich bei meiner Mutti an – die dann bei meiner Tante fragt, die wiederum bei ihrer Nachbarin...

Da die Elemente bei der rekursiven Variante in genau der gleichen Reihenfolge wie beim iterativen Algorithmus besucht werden, ergibt sich auch hier eine Laufzeit in $O(n)$. Im Worst-Case muss bis zum Ende der Liste gesucht werden, wodurch sich Laufzeit $\Theta(n)$ ergibt.

> Als technologische Grundlage für rekursive Programmierung wurde der Laufzeitstapel – auch als Keller, Kellerspeicher oder Stack bezeichnet – von Samelson & Bauer (1959) erfunden. Darauf basiert auch die Datenstruktur des Stacks, die in den Übungsaufgaben 3.6 und 3.7 behandelt wird und in den weiteren Kapiteln immer wieder als Hilfsdatenstruktur benutzt wird.

Auch beim Einfügen in die Liste lassen wir in diesem Kapitel zunächst doppelte Schlüssel zu. Dadurch können wir ein neues Element ungeachtet des Rests der Liste vorn einhängen. EINFÜGEN-LISTE in Algorithmus 3.7 zeigt, wie dies umgesetzt wird. Die Laufzeit ist $\Theta(1)$.

Ablauf von Algorithmus 3.7.

Beispiel 3.11:

Im nebenstehenden Beispiel für den Algorithmus 3.7 wird das Element 8 in die Liste eingefügt. ◻

Beim Löschen muss zunächst das zu entfernende Element gesucht werden. Anschließend kann es aus der Liste entfernt werden, indem der Zeiger *nächstes* des Vorgängerelements auf das Nachfolgerelement gesetzt wird.

Ablauf von Algorithmus 3.8.

Beispiel 3.12:

Dies ist im nebenstehenden Beispiel für das Löschen des Elements 9 gut zu erkennen. ◻

Hierfür betrachten wir eine iterative und eine rekursive Variante des Algorithmus, um beide im Vergleich sehen zu können. Insbesondere soll ein

Gefühl für die rekursive Vorgehensweise entstehen, da im weiteren Verlauf des Buches viele Algorithmen rekursiv formuliert sind.

Der iterative Algorithmus 3.8 behandelt zunächst zwei Sonderfälle: einerseits den Fall, dass die Liste leer ist, und andererseits das Löschen des ersten Elements, wodurch sich der Verweis in der Variablen *anker* ändert. Anschließend wird der Zeiger *el* durch die Liste geschoben und sucht den Vorgänger des zu löschenden Elements.

Die Behandlung von Sonderfällen ist immer ärgerlich. Wie wir im nachfolgenden Kapitel bei der sortierten Liste sehen werden, kann die gesonderte Behandlung des ersten Elements entfallen, wenn wir ein leeres Blindelement am Anfang einfügen.

Der rekursive Algorithmus 3.9 ist etwas eleganter als obige iterative Variante, da er den Sonderfall des ersten Elements durch den Aufruf in Löschen-Liste-Rek abdeckt und der Fall der leeren Liste durch dieselbe Anweisung wie der Abbruch der Suche behandelt wird.

Beide Algorithmen besitzen die Laufzeit $O(n)$.

Algorithmus 3.8 Löschen in einer verketteten Liste

Löschen-Liste(Schlüssel *löschWert*)   www / Liste.java

    Rückgabewert: nichts falls erfolgreich bzw. Fehler sonst

1   **switch**

2   **case** *anker* = NULL : **error** "Element nicht enthalten" ⎫ Sonderfall: leere Liste

3   **case** *anker* ≠ NULL und *anker.wert* = *löschWert* : ⎫ Sonderfall:

4   *anker* → *anker.nächstes* ⎭ erstes Element

5   **case** *anker* ≠ NULL und *anker.wert* ≠ *löschWert* :

6   *el* → *anker* ⎫ Element suchen

7   **while** *el.nächstes* ≠ NULL und *el.nächstes.wert* ≠ *löschWert*

8   **do** ⌐ *el* → *el.nächstes* ⎭

9   **if** *el.nächstes* ≠ NULL

10   **then** ⌐ *el.nächstes* → *el.nächstes.nächstes* ⎭ Element entfernen

11   **else** ⌐ **error** "Element nicht gefunden"

Algorithmus 3.9 Rekursives Löschen in einer verketteten Liste

---

Löschen-Liste-Rek(Schlüssel *löschWert*)   www / Liste.java

    Rückgabewert: nichts falls erfolgreich bzw. Fehler sonst

1   *anker* → Löschen-Liste-R(*löschWert*, *anker*) ⎫ erster Aufruf der rekursiven Funktion setzt ggf. den Anker neu

Löschen-Liste-R(Schlüssel *löschWert*, Element *el*)

    Rückgabewert: neues erstes Element bzw. Fehler sonst

1   **if** *el* ≠ NULL

2   **then** ⌐ **if** *el.wert* = *löschWert*

3   **then** ⌐ **return** *el.nächstes* ⎭ Element entfernen

4   **else** ⌐ *el.nächstes* → Löschen-Liste-R(*löschWert*, *el.nächstes*)

5   ∟ ∟ **return** *el* ⎭ rekursiv im Rest der Liste

6   **else** ⌐ **error** "Element nicht gefunden"

Algorithmus 3.10 Ausgabe aller Elemente einer verketteten Liste

ALLE-LISTE()
    Rückgabewert: nichts, da direkte Ausgabe
1   $e\ell \rightarrow anker$
2   **while** $e\ell \neq$ NULL
3   **do** ⌐ **drucke:** $e\ell.daten$
4   ⌊ $e\ell \rightarrow e\ell.nächstes$

Algorithmus 3.10 zur Ausgabe aller Elemente ist der Vollständigkeit halber ebenfalls mit angeführt.

3.1.3   Unsortierte Ablage in einem dynamischen Feld

Felder haben gegenüber Listen den großen Vorteil, dass man direkt mit konstantem Aufwand $\Theta(1)$ auf jedes beliebige Element $A[i]$ mit seinem Index i zugreifen kann. Einzig die vorgegebene Feldgröße wurde im Abschnitt 3.1.1 als nachteilig erkannt. Daher soll in diesem Abschnitt das Standardfeld so modifiziert werden, dass sich die Größe dynamisch anpasst.

Dabei ändert sich am Aufbau der Datenstruktur zunächst nichts – wir machen uns lediglich die in der Programmiersprache Java typische Eigenschaft der Felder zu nutzen, welche dort als Objekte behandelt werden. Das bedeutet, ein Feld A ist eigentlich ein Zeiger auf einen dynamisch angelegten Speicherbereich. Dieser kann folglich auch gegen einen größeren oder kleineren Speicherbereich ausgetauscht werden.

Das Einfügen ist in Algorithmus 3.11 beschrieben: Wenn für ein neues Element kein Platz vorhanden ist, wird ein größeres Feld angelegt, die alten Werte umkopiert und das neue Element hinten angehängt. In der Version des Algorithmus in diesem Buchs wird das Feld um 50% vergrößert.

Ablauf von Algorithmus 3.11.

Beispiel 3.13:

Im nebenstehenden Beispiel ist das Feld der Länge 6 voll, sodass das Element mit dem Schlüssel 2 nicht eingefügt werden kann. Daher wird ein neues Feld der Länge 9 angelegt und alle Elemente umkopiert. Anschließend kann das neue Element problemlos eingefügt werden.   □

Algorithmus 3.11 Einfügen in ein dynamisches Feld

EINFÜGEN-DYNFELD(Schlüssel *neuerWert*, Daten *neueDaten*)
    Rückgabewert: nichts falls erfolgreich bzw. Fehler sonst
1 **if** $belegteFelder = A.länge$
2 **then** ⌐ $B \leftarrow$ **allokiere** Feld der Länge $\lceil \frac{3}{2} \cdot A.länge \rceil$ ⌉   Lege ein größeres Feld an
3   **for** $index \leftarrow 1, \dots, belegteFelder$
4   **do** ⌐ $B[index].wert \leftarrow A[index].wert$ Kopieren der
5   ⌊ $B[index].daten \leftarrow A[index].daten$ bisherigen Werte
6   ⌊ $A \rightarrow B$ ⌉ neues Feld ersetzt altes
7 EINFÜGEN-FELD(*neuerWert*, *neueDaten*)

Moment mal, der Name »dynamisches Feld« ist aber schlecht gewählt: Da meint man ja gleich, dass es eine dynamische Datenstruktur ist! Aber das gilt ja gar nicht, weil immer wieder alle Werte umkopiert werden.

Es bleibt hier die Frage, inwieweit das Umkopieren in ein größeres Feld, die Laufzeit für das Einfügen verändert.

Satz 3.14:
Werden n Elemente in ein dynamisches Feld eingefügt, so ist der Gesamt-aufwand für das Umkopieren in O(n).

Beweis 3.15:
Nehmen wir zunächst an, dass beim letzten Element das Feld vergrößert und $n-1$ Elemente umkopiert wurden. Vorausgesetzt, dass zuvor des Feld auch schon vergrößert wurde, so wurden beim Mal davor $\lfloor \frac{2}{3} \cdot (n-1) \rfloor$ Elemente kopiert. Damit können wir die gesamten umkopierten Elemente wie folgt nach oben abschätzen.

$$T(n) \le \sum_{i=0}^{\infty} \lfloor \left(\frac{2}{3}\right)^i \cdot (n-1) \rfloor \le (n-1) \cdot \underbrace{\sum_{i=0}^{\infty} \left(\frac{2}{3}\right)^i}_{\text{geometrische Reihe}}$$

$$= (n-1) \cdot \frac{1}{1-\frac{2}{3}} = 3 \cdot (n-1) \in O(n).$$

Das benutzte Ergebnis der geometrischen Reihen kann Satz B.3 (Seite 339) entnommen werden. ∎

Der Faktor 3 vor dem $n-1$ (bei n Elementen) zeigt an, dass sich die Laufzeit im Durchschnitt für jedes Einfügen eines Elements nur um einen konstanten Faktor erhöht.

Beim Löschen in Algorithmus 3.12 verfahren wir genau umgekehrt: Wird der Füllgrad des Felds zu gering, wird es verkleinert, um den belegten Speicherplatz wieder frei zu geben. In dem hier präsentierten Algorithmus wird das Feld um $\frac{1}{3}$ verkleinert, wenn es weniger als 50% gefüllt ist.

Beispiel 3.16:
Wird im nebenstehenden Feld das Element mit dem Schlüssel 4 gelöscht, fällt der Füllgrad auf $\frac{4}{9}$. Dadurch wird das Feld von der Länge 9 auf ein Feld der Länge 6 verkleinert. □

Ablauf von Algorithmus 3.12.

Bezüglich der Laufzeit gelten ähnliche Überlegungen wie beim Vergrößern des Felds. Zusätzlich sieht man leicht ein, dass die Konstanten für das Verkleinern so gewählt wurden, dass nach einem Verkleinern des Felds erst

---

Algorithmus 3.12 Löschen im dynamischen Feld

LÖSCHEN-DYNFELD(Schlüssel *löschWert*)
    Rückgabewert: nichts falls erfolgreich bzw. Fehler sonst

1   LÖSCHEN-FELD(*löschWert*)   Füllgrad zu gering?
2   **if** *belegteFelder* $< \frac{1}{2} \cdot A.länge$ und $A.länge > 5$
3   **then** $\ulcorner$ $B \to$ **allokiere** Feld der Länge $\lfloor \frac{2}{3} \cdot A.länge \rfloor$ Lege ein kleineres Feld an
4   **for** *index* $\leftarrow 1, \ldots, belegteFelder$
5   **do** $\ulcorner$ $B[index].wert \leftarrow A[index].wert$ Kopieren der
6          $\llcorner$ $B[index].daten \leftarrow A[index].daten$ bisherigen Werte
7      $\llcorner$ $A \to B$ neues Feld ersetzt altes

$\frac{1}{6} \cdot n$ Elemente eingefügt werden müssen, bis das Feld wieder vergrößert wird. Daher kann der mittlere Aufwand auch bei beliebiger Anordnung von Einfüge- und Löschvorgängen auf einen konstanten Faktor pro Operation beschränkt werden.

Die Algorithmen 3.1 (SUCHEN-FELD) für die Suche eines Elements und 3.4 (ALLE-FELD) für die Ausgabe aller Elemente werden unverändert aus Abschnitt 3.1.1 übernommen.

So wie die Firma expandiert, wissen wir oft nicht im Voraus, wie viele Daten anfallen. Dann sind natürlich Datenstrukturen mit variabler Größe eine tolle Sache! Das bietet sowohl die verkettete Liste (als dynamische Datenstruktur) als auch das dynamische Feld.

3.1.4 Laufzeitvergleich von Feld und Liste

Bisher lässt sich aus den Beschreibungen der Datenstrukturen keine vergleichende, qualitative Aussage ableiten. Daher wollen wir in diesem Abschnitt ein kleines Laufzeitexperiment durchführen, um die Stärken und Schwächen der verschiedenen Verfahren auszuloten.

Hierzu benutzen wir einen Prozessor mit 1,6 GHz und eine Java-Runtime-Umgebung mit 512MB Heap-Speicher – das ist der frei verfügbare Speicher, aus dem Blöcke (nahezu) beliebiger Größe durch eine Speicherverwaltung für neue Datenobjekte wie Felder oder Listenelemente zur Verfügung gestellt werden.

In dem Experiment speichern wir eine große Anzahl an ganzen Zahlen vom Typ `long`, d.h. mit 8 Bytes darstellbare Zahlen.

Betrachten wir zunächst Datenstrukturen, die bereits mit 21 500 000 Elementen befüllt wurden. Im letzten Element des Feldes bzw. der Liste befindet sich derjenige Schlüsselwert, der gesucht wird. Wir messen die Zeit, die benötigt wird, um alle Elemente mit dem gesuchten Wert zu vergleichen. Die gemessenen Laufzeiten sind in Tabelle 3.1 dargestellt. Man erkennt, dass das Feld mit 164,8 ms die deutlich schnellste Variante darstellt. Bei der Liste unterscheiden wir zwei Fälle:

1. Die einzelnen Datenobjekte wurden so alloziert, dass die Verkettung der Elemente linear wie eine Perlenkette im Speicher liegt. Dann beträgt die Laufzeit 243,2 ms. Der Unterschied zum Feld rührt daher, dass man neben dem Zugriff auf die eigentliche Speicherstelle jedesmal noch den Zeiger zum nächsten Element auswerten muss.

2. Die Datenobjekte der Liste sind so verzeigert, dass aufeinanderfolgende Elemente der Liste in unterschiedlichen Bereichen des Heap-Speichers liegen und nur durch größere Sprünge erreicht werden. Da dann häufiger neue Speicherblöcke in den Hauptspeicher des Computers geladen werden müssen, erhöht sich die Laufzeit auf 2,151 Sekunden.

Wir halten fest: Die Liste ist von der Laufzeit her teurer und die konkrete Laufzeit hängt maßgeblich davon ab, an welchen Stellen die Objekte im Speicher liegen.

Ferner hat uns interessiert, wie es sich mit den Laufzeiten beim Einfügen von 15 000 000 Elementen verhält. Die gemessenen Werte sind in der oberen Zeile von Tabelle 3.2 dargestellt. Bei den Laufzeiten zeigt erneut das Feld die beste Laufzeit mit 380,6 ms, da dort nur einmal ein Feld entsprechender Größe im Speicher alloziert wird. Beim dynamischen Feld verfünffacht sich in unserem Beispiel der Laufzeitaufwand durch die mehrfache Allokation von Speicher und das Umkopieren der bereits gespeicherten

Tabelle 3.1: Laufzeiten beim kompletten Durchsuchen der Datenstruktur mit 21 500 000 Elementen.

Datenstruktur	Feld	Liste (linear alloziert)	Liste (anders verzeigert)
Laufzeit	164,8 ms	243,2 ms	2,151 sec

Tabelle 3.2: Laufzeiten beim Einfügen von 15 000 000 Elementen und die Größenordnung der im Heap-Speicher speicherbaren Elemente.

Datenstruktur	Feld	Liste	dynamisches Feld
Laufzeit beim Einfügen von 15 000 000 Elementen	380,6 ms	14,881 sec	1,819 sec
insgesamt speicherbare Anzahl an Elementen	43 000 000	21 619 000	20 767 725

Elemente. Bei der Liste jedoch wird mit 14,881 Sekunden eine fast nicht mehr akzeptierbare Größenordnung erreicht, die durch den Aufwand für die Speicherallokation für jedes einzelne Element erklärbar ist. Hierbei ist es im Wesentlichen egal, wie die Speicherallokation der Liste strukturiert ist.

Die untere Zeile von Tabelle 3.2 zeigt, wie viele Elemente mit der jeweiligen Datenstruktur überhaupt im Speicher abgelegt werden konnten. Dabei gehen wir von einem noch völlig unbenutzten Speicher aus. Dann kann ein Feld für 43 000 000 Elemente allokiert werden. Bei der Liste sinkt die Anzahl auf 21 619 000, da für jedes Element durch die Verzeigerung mehr Platz benötigt wird. Beim dynamischen Feld, kann ein Feld für 20 767 725 Elemente allokiert werden, da für die nächste Feldvergrößerung zwischenzeitlich dieses und ein um 50% größeres Feld im Speicher Platz finden müssten, wozu der Speicherplatz nicht ausreicht.

 Das sieht ja, wie eine Bankrotterklärung für die Liste aus. In jeder Hinsicht ist das Feld überlegen! Eine lineare Liste werde ich nur für wenige Elemente benutzen.

Der wesentliche Vorteil der verketteten Liste ist die Flexibilität. Die Reihenfolge der Elemente in einer Liste lässt sich mit wenig Aufwand ändern, solange die Stellen durch Zeiger direkt erreicht werden. Solche Änderungen benötigen in einem Feld oft mehr Zeit, da dann Elemente umkopiert werden müssen.

Ein zweiter Vorteil der Liste ist der kleinteilige Speicherbedarf. Ist in einer laufenden Anwendung der Speicher bereits stark fragmentiert, dann kann oft nur durch großen Aufwand ein passender zusammenhängender Speicherbereich für ein großes Feld bereit gestellt werden. Die Liste hat den Vorteil, dass sie sich aus vielen einzelnen verteilt im Speicher liegenden Datenobjekten zusammensetzt und damit weniger häufig Probleme mit der Speicherverwaltung hat.

Letztendlich muss ein Programmierer entscheiden, ob er für die Vorteile der Liste mit der erhöhten Laufzeit bezahlen möchte oder ob er die möglichen Nachteile des Felds für die Laufzeitvorteile in Kauf nimmt.

3.2   Ein einfaches Sortierverfahren: Bubblesort

Eines der einfachsten Sortierverfahren, das sowohl auf Feldern als auch auf Listen mit gleichem Aufwand arbeitet, ist Bubblesort (Sortieren durch Vertauschen von Nachbarn). Im Folgenden ist es für ein Feld formuliert.

Im Algorithmus 3.13 wird in den Zeilen 2–5 das Feld von links nach rechts nach benachbarten Feldern durchsucht, deren Inhalt falsch sortiert ist. Diese Inhalte werden durch Aufruf von Algorithmus 3.14 vertauscht. Die Repeat-Until-Schleife wiederholt dies solange, bis das Feld sortiert ist.

Algorithmus 3.13 Sortieren durch Vertauschen von Nachbarn

BUBBLESORT(Feld A)

   Rückgabewert: nichts; Seiteneffekt: A ist sortiert

1   **repeat** $\ulcorner$ *warSortiert* $\leftarrow$ **true**
2   **for** $i \leftarrow 1, \ldots, A.länge - 1$
3   **do** $\ulcorner$ **if** $A[i].wert > A[i+1].wert$
4   **then** $\ulcorner$ *warSortiert* $\leftarrow$ **false** $\quad$ unsortierte Nachbarn tauschen
5               $\llcorner \quad \llcorner \quad \llcorner$ VERTAUSCHE$(A, i, i+1)$
6   **until** *warSortiert* $\quad$ Ende, wenn keine Vertauschung mehr

---

WWW
Bubblesort.java

Algorithmus 3.14 Vertauschen zweier Einträge im Feld

VERTAUSCHE$(A[], i, j)$

   Rückgabewert: nichts; Seiteneffekt: A ist verändert

1   $h \leftarrow A[i]$
2   $A[i] \leftarrow A[j]$
3   $A[j] \leftarrow h$

Beispiel 3.17:

Bild 3.2 zeigt den Ablauf für zehn Elemente. Jede Zeile stellt das Feld nach einem Durchlauf durch die Zeilen 2–5 dar. In diesem Beispiel wird die Repeat-Until-Schleife 9 Mal durchlaufen, wodurch sich $9 \cdot 9 = 81$ Schlüsselvergleiche ergeben. Zudem wird 60 Mal schreibend auf das Feld zugegriffen. $\quad\square$

Beispiel 3.18:

Bild 3.3 zeigt mehrere Momentaufnahmen beim Sortieren von 80 Zahlen. Deutlich erkennt man, wie die größeren Elemente nach rechts »durchgeschoben« werden. $\quad\square$

Trotz der Einfachheit des Algorithmus ist ein Korrektheitsbeweis von BUBBLESORT nicht gänzlich trivial. Bei iterativen Algorithmen, d.h. Abläufen, die durch eine oder mehrere Schleifen organisiert sind, bietet sich der Beweis über sog. Invarianten an.

▶Invariante

Definition 3.19:   Schleifeninvariante

Eine Schleifeninvariante ist eine logische Aussage, die vor dem Betreten der Schleife und nach jedem Durchlauf des Schleifenkörpers wahr ist.

▶Schleifeninvariante

Aus einer geeignet gewählten Schleifeninvariante und der Abbruchbedingung der Schleife kann i.d.R. die Korrektheit bewiesen werden. Dies wird im folgenden Satz für BUBBLESORT beispielhaft gezeigt.

Satz 3.20:   Korrektheit

BUBBLESORT *(Algorithmus 3.13) sortiert die Elemente in A aufsteigend.*

1	2	3	4	5	6	7	8	9	10	Schlüssel-vergleiche	Schreib-zugriffe
20	54	28	31	5	24	39	14	1	15		
20	28	31	5	24	39	14	1	15	54	9	16
20	28	5	24	31	14	1	15	39	54	9	10
20	5	24	28	14	1	15	31	39	54	9	10
5	20	24	14	1	15	28	31	39	54	9	8
5	20	14	1	15	24	28	31	39	54	9	6
5	14	1	15	20	24	28	31	39	54	9	6
5	1	14	15	20	24	28	31	39	54	9	2
1	5	14	15	20	24	28	31	39	54	9	2
1	5	14	15	20	24	28	31	39	54	9	0

Bild 3.2: Der Ablauf von Algorithmus 3.13 wird an einem Beispiel demonstriert. Die farbigen Doppelpfeile markieren die Vertauschungsoperationen, die von links nach rechts durchgeführt werden.

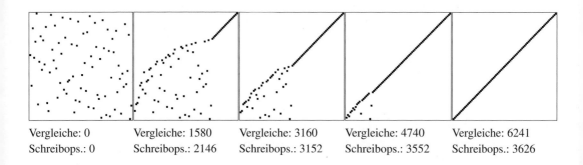

Vergleiche: 0	Vergleiche: 1580	Vergleiche: 3160	Vergleiche: 4740	Vergleiche: 6241
Schreibops.: 0	Schreibops.: 2146	Schreibops.: 3152	Schreibops.: 3552	Schreibops.: 3626

Bild 3.3: BUBBLESORT (Algorithmus 3.13) wird auf ein Feld mit 80 Elementen angewandt. Die einzelnen Bilder zeigen von links nach rechts das Feld vor dem Sortieren, nach 20, nach 40 und nach 60 Iterationen sowie nach dem Sortieren. Die X-Achse entspricht den Feldindizes und die Y-Achse dem gespeicherten Wert.

Beweis 3.21:

Betrachten wir zunächst die For-Schleife in den Zeilen 2–5: Die Invariante lautet »Das größte Element aus $A[1], \dots, A[i+1]$ befindet sich in $A[i+1]$«. Dies gilt trivialerweise vor Beginn der Schleife für $i = 0$, da es sich nur um ein Element handelt. Für jeden beliebigen Durchlauf durch den Schleifenkörper mit dem Index i gilt nun: Wenn beim Eintritt die Invariante galt, steht das größte Element aus $A[1], \ldots, A[i]$ in $A[i]$. Dann wird $A[i]$ mit $A[i+1]$ verglichen. Ist das Element $A[i+1]$ größer, wird nichts weiter durchgeführt und die Invariante gilt auch nach diesem Schleifendurchlauf. Ist $A[i+1]$ kleiner, werden beide Elemente vertauscht und das größere Element steht jetzt ebenfalls in $A[i+1]$.

Die äußere (Repeat-Until-)Schleife besitzt nun die Invariante »nach dem k-ten Durchlauf stehen die k größten Elemente in $A[n-k+1], \ldots, A[n]$«. Dies gilt wieder trivialerweise für $k=0$ vor dem ersten Schleifendurchlauf. Im allgemein k-ten Durchlauf, wissen wir wegen der Invariante aus dem vorhergehenden Schleifendurchlauf, dass die $k-1$ größten Elemente hinten im Feld stehen. Nun gilt mit der Invariante des $(n-k)$-ten Durchlaufs der inneren Schleife, dass das größte Element der $n-k+1$ ersten Feldeinträge nach $A[n-k]$ geschoben wurde. Da auf den hinteren Plätzen keine kleineren Elemente folgen können, muss dies auch noch am Ende des Schleifendurchlaufs in Zeile 6 gelten. Es folgt damit die äußere Schleifeninvariante.

Aus der Schleifeninvariante folgt sofort, dass spätestens nach dem $(n-1)$-ten Durchlauf das Feld sortiert ist. Dann ist die Variable *warSortiert* wahr und der Algorithmus terminiert. ∎

Die Laufzeit von Sortierverfahren wird häufig mit der Anzahl der Schlüsselvergleiche angegeben. Aus obigem Beweis der Korrektheit ergeben sich maximal n Durchläufe durch die äußere Schleife, woraus die Laufzeit $O(n^2)$ folgt.

Da gleiche Element sich beim nach rechts Schieben nicht überholen, ist Bubblesort ein stabiles Sortierverfahren. Allerdings ist es nicht ordnungsverträglich, weil die Folge $\langle 2, 3, 4, \ldots, n, 1 \rangle$ die Inversionszahl $n-1$ hat, der Algorithmus aber Laufzeit $\Theta(n^2)$ benötigt.

Algorithmus 3.13 kann noch verbessert werden, was in Übungsaufgabe 3.2 thematisiert wird.

Die Geschichte von Bubblesort wird in der Arbeit von Astrachan (2003) sehr ausführlich »rekonstruiert«. Die erste bekannte Referenz stammt demnach von Friend (1956).

Das ist zwar nicht unbedingt das Verfahren, nach dem ich selbst etwas sortieren würde, doch für den Computer, dem der Überblick fehlt, ist dies sehr einfach umzusetzen.

3.3 Backtracking als allgemeine Lösungsstrategie

Für die Graphenprobleme Rundreise, kürzester Weg und maximaler Fluss verfallen wir hier zunächst auf den sogenannten Backtracking-Ansatz, der alle möglichen Rundreisen, Wege und Flüsse erzeugt, sodass die beste Alternative gewählt werden kann.

Um allgemein einen Backtracking-Algorithmus umsetzen zu können, muss sich ein Lösungskandidat Schritt für Schritt konstruieren lassen. Falls durch alle möglichen Entscheidungen die Gesamtheit aller Lösungskandidaten aufgespannt wird, kann man wie folgt, am Beispiel des Rundreiseproblems gezeigt, vorgehen: Ausgehend von einer fest gewählten Startstadt trifft man für den ersten Konstruktionsschritt eine Entscheidung (z.B. die erste zu besuchende Stadt) und konstruiert rekursiv alle Lösungskandidaten, die auf diese Entscheidung aufbauen. Danach nimmt man diese Entscheidung zurück und versucht es mit einer Alternative. Algorithmus 3.15 (BACKTRACKING-TSP) setzt dies für das Handlungsreisendenproblem um.

rundreise

Anfang der Rundreise   freie Städte

Zwischenstand der konstruierten Rundreise.

Dabei wird in der global sichtbaren Variable *rundreise* eine Rundreise aufgebaut. Der Aufrufparameter i für die Tiefe in BACKTRACKING-TSP-R bezeichnet den Index der nächsten zu wählenden Stadt. Daher ist immer (wie nebenstehend dargestellt) der linke Teil von *rundreise* bereits gewählt, ab dem Index i stehen die noch frei verfügbaren Städte.

Beispiel 3.22:

Im nebenstehenden Graphen soll die kürzeste Rundreise gesucht werden – die auch schon farbig gekennzeichnet ist. Dann ergibt sich der in Bild 3.4 dargestellte Entscheidungsbaum. Jeder Knoten entspricht einem Funktionsaufrufe von BACKTRACKING-TSP-R und jeder Weg von der Wurzel zu einem Blatt konstruiert eine Rundreise. Der Algorithmus erzeugt die möglichen Wege von links nach rechts. Die farbig markierten Längen der Rundreisen

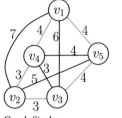

Graph für das Rundreiseproblem.

Algorithmus 3.15 Vollständige Aufzählung aller Rundreisen

BACKTRACKING-TSP(Graph G mit n Knoten)
    Rückgabewert: Reihenfolge der Knoten in *kürzesteRundreise*
1   *minLänge* $\leftarrow \infty$
2   **for** $k \leftarrow 1, \ldots, n$ ⎤
3   **do** ⌐ *rundreise*[k] $\leftarrow k$ ⎦ initialisiere erste Rundreise
4   BACKTRACKING-TSP-R(n,2) ⎤ suche ab 2. Stadt
5   **return** *kürzesteRundreise*

BACKTRACKING-TSP-R(Anzahl n, Tiefe i)
    Rückgabewert: nichts; Seiteneffekt: Änderung in *kürzesteRundreise*
1   **if** $i \leq n$ ⎤ Rundreise noch nicht komplett?
2   **then** ⌐ **for** $a \leftarrow i, \ldots, n$ ⎤ probiere alle noch
3   **do** ⌐ VERTAUSCHE(*rundreise*, i, a) ⎦ freien Städte
4   BACKTRACKING-TSP-R(n, $i+1$)
5   ∟   ∟ VERTAUSCHE(*rundreise*, i, a) ⎦ setze Stadt zurück
6   **else** ⌐ **if** (Kosten von *rundreise*) $<$ *minLänge*
7   **then** ⌐ *minLänge* $\leftarrow$ Kosten von *rundreise* ⎤ speichere neu
8   **for** $i \leftarrow 1, \ldots, n$ ⎥ gefundene
9   ∟   ∟ **do** ⌐ *kürzesteRundreise*[i] $\leftarrow$ *rundreise*[i] ⎦ kürzeste Reise

---

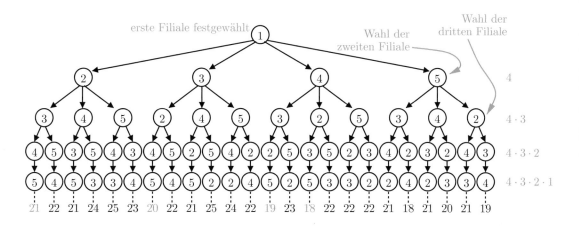

Bild 3.4: Entscheidungsbaum von Algorithmus 3.15. Rechts ist jeweils farbig die Anzahl der Funktionsaufrufe pro Ebene eingetragen und zu jedem Blatt wird die resultierende Länge der Rundreise unten angezeigt.

entsprechen den von links nach rechts jeweils als aktuell kürzeste bekannte Rundreise übernommenen Routen. □

Backtracking ist damit das systematische Durchsuchen aller Möglichkeiten. Das kenne ich auch, wenn mein Freund mal wieder etwas »verlegt« hat und das dann irgendwo wieder auftaucht. Die Suche danach ist in aller Regel sehr aufwendig.

Satz 3.23:
Die Laufzeit von BACKTRACKING-TSP *ist in* $\Theta((n-1)!)$.

Beweis 3.24:
Wir schätzen die Laufzeit über die Anzahl der Aufrufe von BACKTRACKING-TSP-R ab, da der Aufwand jedes Aufrufs (bei geschickter Implementierung) in $\Theta(1)$ ist. Damit ergibt sich:

$$T(n) = 1 + \sum_{i=1}^{n-1} ((n-1)\cdots i) = \sum_{i=1}^{n-1} \frac{(n-1)!}{i!}$$

Im Weiteren schätzen wir $T(n)$ nach oben und nach unten ab. Durch das größte Summenglied gilt nach unten $T(n) > (n-1)!$ und damit: $T(n) \in \Omega((n-1)!)$. Für die Abschätzung nach oben, schreiben wir die Summe zunächst als

$$T(n) = \frac{(n-1)!}{1!} + \frac{(n-1)!}{2!} + \frac{(n-1)!}{3!} + \ldots + \frac{(n-1)!}{(n-1)!}$$
$$= (n-1)! \cdot \left(\frac{1}{1} + \frac{1}{2!} + \frac{1}{3!} + \ldots + \frac{1}{(n-1)!} \right)$$

und schätzen jeden Summanden nach oben ab, indem wir nur durch die beiden jeweils größten Faktoren teilen.

$$< (n-1)! \cdot \left(\frac{1}{1} + \frac{1}{1 \cdot 2} + \frac{1}{2 \cdot 3} + \ldots + \frac{1}{(n-2) \cdot (n-1)} \right).$$

Jeder Term wird dann als Subtraktion formuliert

$$= (n-1)! \cdot \left(\frac{1}{1} + \left(\frac{1}{1} - \frac{1}{2} \right) + \left(\frac{1}{2} - \frac{1}{3} \right) + \ldots + \left(\frac{1}{n-2} - \frac{1}{n-1} \right) \right)$$

und durch eine geschickte andere Klammerung fallen die meisten Terme weg (eine sog. Teleskopsumme).

$$= (n-1)! \cdot \left(1 + 1 + \underbrace{\left(-\frac{1}{2} + \frac{1}{2} \right)}_{=0} + \underbrace{\left(-\frac{1}{3} + \frac{1}{3} \right)}_{=0} + \ldots - \frac{1}{n-1} \right)$$
$$< 2 \cdot (n-1)!$$

Damit gilt für $T(n) \in O((n-1)!)$, woraus mit obiger Abschätzung nach unten sofort die Aussage folgt (gemäß der Definition von Θ). ∎

 Die Laufzeit kann z.T. drastisch verkürzt werden, wenn frühzeitig in einem Teil des Entscheidungsbaums zu erkennen ist, dass kein Weg zu einem Blatt des Baums zu einer Verbesserung des aktuell besten bekannten Lösungskandidaten führen kann. Dann werden ganze Teile des Entscheidungsbaums abgeschnitten und das Verfahren in der Literatur entsprechend auch als *Branch-and-Bound* bezeichnet. Frühe Veröffentlichungen zu Backtracking gibt es von Walker (1960) und Golomb & Baumert (1965). Die Namensgebung »Backtrack« wird dabei immer wieder Derrick H. Lehmer aus Berkley zugesprochen.

3.4   Bedeutung für das Anwendungsszenario

Da es für einen Einsteiger auf dem Gebiet der »Algorithmen und Datenstrukturen« sehr schwierig ist, diese hier vorgestellten Lösungen einzuordnen und zu bewerten, wollen wir uns hierfür an dieser Stelle die Zeit und den Platz nehmen.

Dabei soll es nicht auf einen exakten Vergleich der verschiedenen Techniken untereinander (dynamisches Feld vs. verkettete Liste) ankommen als auf die Frage, wie sich die Laufzeiten bei zunehmender Problemgröße ändern. Dabei gehen wir vereinfachend davon aus, dass die Dauer der Einzelschritte der Algorithmen jeweils genau 0,01 Millisekunden beträgt. Die betrachteten Einzelschritte sind:

- Vergleich eines Schlüsselwerts mit einem Element in einer verketteten Liste,
- Vergleich und ggf. Vertauschen zweier Elemente in BUBBLESORT und und
- der lokale Berechnungsaufwand für einen Aufruf von BACKTRACKING-TSP-R ohne die Zeit der rekursiven Aufrufe.

Ferner rufen wir uns die Anzahl der Filialen in's Gedächtnis zurück, die ja die betrachtete Problemgröße bestimmt: letztes Jahr 50, heute 120, in eine paar Jahren 10 000. Und zusätzlich schauen wir uns noch 1 Million an.

Dann ergeben sich die geschätzten Laufzeiten in Tabelle 3.3.

Beim Mengenproblem sehen wir, dass für kleine Problemgrößen eine verkettete Liste mit Laufzeiten im Millisekundenbereich völlig ausreichend ist. Auch die Laufzeit von einer Sekunde mag noch akzeptabel sein, aber erfahrungsgemäß regt sich schon ab einigen wenigen Sekunden der Unmut beim potentiellen Nutzer einer Software.

Das Sortierproblem ist ebenfalls für kleine Problemgrößen durch BUBBLESORT leicht bewältigbar. Durch die quadratische Laufzeit benötigt der Algorithmus allerdings für wenig mehr als $n = 10\,000$ Elemente über eine Stunde. Dies ist für einen praktischen Einsatz nicht geeignet.

Und beim Rundreiseproblem erweist sich BACKTRACKING-TSP als gänzlich ungeeignet: Selbst ein kleines Problem mit $n = 50$ Städten wäre nicht in der seit dem Urknall verstrichenen Zeit gelöst worden – dies ergibt sich auch bereits aus den Überlegungen in Beispiel 2.9.

Auweia! Dann bin ich ja tatsächlich mit der Lösung meiner Probleme noch gar nicht weiter gekommen!

Tabelle 3.3: Geschätzte Laufzeiten der einfachen Algorithmen.

	$n = 50$	$n = 120$	$n = 10^4$	$n = 10^6$
Operation auf der verketteten Liste (Worst-Case)	0,5 ms	1,2 ms	100 ms	10 s
Bubblesort (Worst-Case)	24,5 ms	142,8 ms	16 min 39 s	ca. 57 Tage
Rundreiseproblem mit Backtracking	$>10^{50}$ Jahre	?	?	?

Eine Reihe an eher intuitiven bzw. in ihrer Herangehensweise sehr einfach gehaltenen Algorithmen wurde präsentiert und bezüglich ihrer Laufzeit analysiert. Besonders sei hier nochmals auf das Prinzip des Back-
trackings verwiesen, welches für nahezu alle Probleme geeignet ist – eine
Aufzählbarkeit der möglichen Lösungen vorausgesetzt. In den weiteren
Kapiteln werden wir uns bemühen, durch algorithmische Ideen die hier
vorgelegten, für große Anwendungen inakzeptablen Laufzeiten zu schlagen.

Übungsaufgaben

Aufgabe 3.1:   Verkettete Listen vereinigen

Beschreiben Sie einen Algorithmus im Pseudo-Code der Vorlesung, der
zwei Listen in eine Liste überführt. Welche asymptotische Laufzeit ergibt sich?

Aufgabe 3.2:   Bubblesort anwenden

Sortieren Sie das folgende Feld mit BUBBLESORT (Algorithmus 3.13) aufsteigend. Dokumentieren Sie alle Teilschritte. Wie viele Schlüsselvergleiche und Schreibzugriffe auf das Feld werden durchgeführt?

4	19	11	2	5	20	1	15

Aufgabe 3.3:   Bubblesort verbessern

Formulieren Sie BUBBLESORT (Algorithmus 3.13) so um, dass in jeder
Iteration diejenigen Elemente, die sicher an ihrem Platz stehen, nicht
mehr verglichen werden.

Wie viele Vergleiche resultieren für das Beispiel aus Aufgabe 3.2.
Bestimmen Sie die exakte Anzahl an Vergleichen für n Elemente im
Worst-Case, d.h. einer absteigend sortierten Liste, und vergleichen Sie
diese mit dem ursprünglichen Algorithmus.

Aufgabe 3.4:   Dynamische Felder

Betrachten Sie ein dynamisches Feld, das Anfangs mit der Größe 8 an-
gelegt wurde und das immer auf die Länge $\lceil \frac{3}{2} \cdot alteLänge \rceil$ »vergrößert«
wird (d.h. neuen Speicher anlegen und vollständigen Inhalt – einschließ-
lich leerer Einträge – kopieren), wenn der Zugriffsindex zu groß ist.

Vollziehen Sie nach, was in den folgenden Algorithmen passiert –
wie groß ist jeweils die Laufzeit, d.h. die Anzahl der Speicherzugriffe
auf das Feld einschließlich des Umkopierens?

VARIANTE1()

    Rückgabewert: –

1 $A[\,] = $ neues dynamisches Feld
2 **for** $i \leftarrow 1, \ldots, 20$
3 **do** $\llcorner A[i] \leftarrow i$

VARIANTE2()

    Rückgabewert: –

1 $A[\,] = $ neues dynamisches Feld
2 **for** $i \leftarrow 1, \ldots, 10$
3 **do** $\llcorner A[i * i] \leftarrow i$

Aufgabe 3.5:   Programmierung: Liste implementieren

Programmieren Sie eine verkettete Liste mit einer Einfügeoperation und je einer Methode für das rekursive und das iterative Suchen eines Elements. Erzeugen Sie eine Liste mit n Elementen und messen Sie die Laufzeiten der beiden Suchvarianten. Was beobachten Sie für unterschiedlich großes n?

Aufgabe 3.6:   Stack mit verketteter Liste

Die Datenstruktur Stack bzw. Kellerspeicher ist eine sog. LIFO-Schlange: Mit der Operation Push können neue Elemente addiert werden, mit der Operation Pop werden Elemente in der umgekehrten Reihenfolge des Einfügens wieder entfernt. Dabei steht LIFO für »Last in, first out«. Überlegen Sie, wie Sie den Stack über eine einfach verkettete Liste realisieren können, sodass die Operationen konstante Zeit benötigen.

▶Stack

Aufgabe 3.7:   Stack mit dynamischem Feld

Realisieren Sie den Stack aus Aufgabe 3.6 mit einem dynamischen Feld. Argumentieren Sie, ob im Durchschnitt ebenfalls konstante Zeit möglich ist.

Aufgabe 3.8:   Warteschlange mit verketteter Liste

Die Datenstruktur Warteschlange ist eine sog. FIFO-Schlange. Mit der Operation Enqueue werden neue Elemente in der Warteschlange hinten »angestellt« und mit der Operation Dequeue können Elemente wieder herausgenommen werden – sofern die Warteschlange nicht leer ist. Aus der Bezeichnung FIFO (»first in, first out«) folgt, dass die Elemente in genau derselben Reihenfolge entfernt werden, mit der sie eingestellt wurden. Skizzieren Sie, wie eine Warteschlange über eine einfach verkettete Liste realisiert wird. Auch hier sollen die Operationen in konstanter Zeit ablaufen.

▶Warteschlange

Aufgabe 3.9:   Warteschlange mit dynamischem Feld

Realisieren Sie die Warteschlange aus Aufgabe 3.6 mit einem dynamischen Feld. Erneut soll die Laufzeit im Durchschnitt konstant sein und der Platzbedarf nur um einen multiplikativen konstanten Faktor vom Platzbedarf der verketteten Liste abweichen.

Aufgabe 3.10:   Backtracking für Graphfärbung

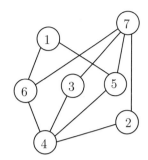

Betrachten Sie das folgende Problem der Zweifärbbarkeit eines Graphen. Jedem Knoten soll eine der Farben {*rot*, *blau*} zugeordnet werden, sodass keine Kante zwei Knoten der gleichen Farbe verbindet. Passen Sie den Backtracking-Algorithmus aus der Vorlesung für dieses Problem an, wobei der erste Rekursionsaufruf eine Farbentscheidung für Knoten 1, der zweite für Knoten 2 etc. trifft. Wenden Sie den Algorithmus auf den folgenden Graphen an und brechen Sie die Rekursion dann ab, wenn eine Färbung gegen obige Regel der Färbbarkeit verstößt oder eine gültige Färbung gefunden wurde. Die Reihenfolge, in der die zwei Farben ausprobiert werden, ist dabei immer gleich.

Aufgabe 3.11:   Entwurf eines rekursiven Algorithmus

Durch einen rekursiven Algorithmus soll eine Liste umgedreht werden, sodass das bisher letzte Element vorn steht etc. Überlegen Sie, wie beim rekursiven Abstieg die Zeiger verändert werden können.

Aufgabe 3.12:   Alle Permutationen aufzählen

Als alternative Lösung zum Backtracking gibt es zahlreiche Algorithmen, die alle Permutationen aufzählen. So können ebenfalls z.B. alle Rundreisen geprüft werden. Vollziehen Sie folgenden Algorithmus von Heap (1963) für $n = 3$ auf dem Startfeld $A = \langle 1,2,3 \rangle$ nach.

ERZEUGE-ALLE-PERMUTATIONEN(n)

   Rückgabewert: –
```
1   if n = 1
2   then ⌐ drucke: Inhalt von A
3   else ⌐ for index ← 1, . . . , n
4           do ⌐ ERZEUGE-ALLE-PERMUTATIONEN(n − 1)
5               if n ist gerade
6               then ⌐ VERTAUSCHE(A, index, n)
7          ∟  ∟ else ⌐ VERTAUSCHE(A, 1, n)
```

Nach einer harten Arbeitswoche und der Ernüchterung, dass die einfachste Lösung nicht immer akzeptabel ist, erholt sich Algatha bei einem Wochenendausflug nach New York. Da sie häufig schon in ihrer heimischen Kleinstadt unter massiven Orientierungsproblemen leidet, begegnet Algatha der fremden Millionenstadt mit großem Respekt. Nach gewissen Anfangsschwierigkeiten hat unsere Programmiererin den Dreh jedoch schnell heraus: In Manhatten sind die Straßen nummeriert und sogar in sortierter Reihenfolge angeordnet! Dadurch erübrigt sich mühsames Suchen von Straßennamen auf dem Stadtplan und auch die Ermittlung eines kürzesten Wegs ist in strikt rechtwinklig angeordneten Straßen ein Kinderspiel.

Auf dem Rückflug beschließt sie, die gerade gewonnene Erfahrung in ihrem Softwareprojekt umzusetzen. Offensichtlich erleichtert Struktur das Leben. Also müssen passende Strukturen für die Speicherung der relevanten Daten gefunden werden.

4 Verbesserung durch mehr Struktur

4.1 Sortiertes Ablegen der Daten

Als ersten Schritt, um mehr Struktur in die aus dem vorherigen Kapitel bekannten Datenstrukturen zu bekommen, legen wir die Daten sortiert ab.

4.1.1 Sortiert in einem Feld (Array)

Wie bereits bei der unsortierten Variante bezeichnet *belegteFelder* die Anzahl der Elemente und für jedes Elements an der Position i sei $A[i].wert$ der Schlüssel und $A[i].daten$ die zugehörigen Daten. Zusätzlich gilt in jedem Fall für $2 \leq i \leq belegteFelder$ die Bedingung $A[i-1].wert \leq A[i].wert$.

Die Sortierung können wir nun vor allem beim Suchen eines Elements geschickt benutzen: Wo bisher jedes Element der Reihe nach untersucht werden musste, können wir nun einfach zunächst das Element in der Mitte des belegten Teils des Feldes anschauen. Handelt es sich um das gesuchte Element sind wir fertig. Im anderen Fall müssen wir nur in der Hälfte weitersuchen, in der das Element von der Sortierung her zu liegen hat. Dies ist in Algorithmus 4.1 (Binäre-Suche) dargestellt.

Beispiel 4.1:

Der Ablauf von Algorithmus 4.1 (Binäre-Suche) ist beispielhaft für die Suche nach dem Element mit dem Schlüssel 7 nebenstehend dargestellt. In der

Sortiertes Feld.

Suche nach der 7.

Algorithmus 4.1 Binäre Suche im Feld

BINÄRE-SUCHE(Schlüssel *gesucht*)

   Rückgabewert: gesuchte Daten bzw. Fehler falls nicht enthalten

1   *links ← 1*   ⎤ Initialisierung des Suchbereichs
2   *rechts ← belegteFelder* ⎦
3   **while** *links ≤ rechts*
4   **do** ⌈ *mitte ←* $\lfloor \frac{links+rechts}{2} \rfloor$ ⎤ nächste Stichprobe bestimmen
5   **switch**
6   **case** *A[mitte].wert = gesucht* :   ⎤ gefunden
7   **return** *A[mitte].daten*   ⎦
8   **case** *A[mitte].wert > gesucht* :   ⎤ links von Stichprobe weitersuchen
9   *rechts ← mitte − 1*   ⎦
10   **case** *A[mitte].wert < gesucht* :   ⎤ rechts von Stichprobe weitersuchen
11   ⌊   *links ← mitte + 1*   ⎦
12   **error** "Element nicht gefunden"

---

ersten Iteration wird das Element am Index $\lfloor \frac{1+8}{2} \rfloor = 4$ untersucht. Danach sind nur noch die Indizes 5, 6, 7 und 8 für die Suche interessant. In zwei weiteren Iterationen wird der gesuchte Schlüssel gefunden.   □

Satz 4.2:   Korrektheit

BINÄRE-SUCHE *liefert das gesuchte Element und terminiert in jedem Fall.*

Beweis 4.3:

Wir betrachten eine Invariante der While-Schleife:

   »$A[i]$ < *gesucht* für alle i mit $1 \leq i < links$ und

   gesucht < $A[i]$ für alle i mit *rechts* < $i \leq n$«.

Dies gilt trivialerweise vor dem Betreten der While-Schleife, da es keine entsprechenden Indizes i gibt. Aus der Sortierung der Elemente und den beiden Fällen in den Zeilen 8–11 folgt die Invariante auch am Ende der einzelnen Schleifendurchläufe. Da die als Lösung mögliche Menge innerhalb der Indizes *links* und *rechts* mit jedem Durchlauf kleiner wird, muss irgendwann entweder das Element in den Zeilen 6–7 gefunden werden oder es wird der Zustand *rechts* + 1 = *links* erreicht – dies ist laut Invariante gleichbedeutend damit, dass das Element nicht enthalten ist.   ■

Satz 4.4:   Laufzeit

Die Laufzeit für BINÄRE-SUCHE *beträgt im Worst-Case* $\Theta(\log n)$.

Beweis 4.5:

Der Algorithmus iteriert im Worst-Case bis nur noch ein Element im noch zu durchsuchenden Bereich ist. Nach jeder Iteration wird dieser Bereich etwa halbiert. Genauer bei k Elementen: Die rechte Hälfte enthält mit $\lfloor \frac{k}{2} \rfloor$

immer größer oder gleich viele Elemente als die linke Hälfte. Damit können die Kosten rekursiv formuliert werden als Kosten für die verbleibende Hälfte plus den einen Vergleich in dieser Iteration:

$$T(k) = \begin{cases} T(\lfloor \frac{k}{2} \rfloor) + 1 & \text{falls } k > 1 \\ 1 & \text{sonst.} \end{cases}$$

Unter Nutzung der leicht beweisbaren Gleichung $\lfloor \frac{\lfloor \frac{k}{m} \rfloor}{2} \rfloor = \lfloor \frac{k}{2m} \rfloor$ gilt:

$$\begin{aligned} T(n) &= T(\lfloor \frac{n}{2} \rfloor) + 1 \\ &= T\left(\left\lfloor \frac{\lfloor \frac{n}{2} \rfloor}{2} \right\rfloor\right) + 2 = T(\lfloor \frac{n}{4} \rfloor) + 2 \\ &= T\left(\left\lfloor \frac{\lfloor \frac{n}{4} \rfloor}{2} \right\rfloor\right) + 3 = T(\lfloor \frac{n}{8} \rfloor) + 3 = \cdots = \\ &= T(\lfloor \frac{n}{2^j} \rfloor) + j. \end{aligned}$$

Damit ist spätestens bei $j = \log_2 n$ der interessante Bereich auf $\frac{n}{2^{\log_2 n}} = \frac{n}{n} = 1$ geschrumpft und die Gesamtkosten betragen $T(n) = \lfloor \log_2 n \rfloor + 1$. ∎

Die Algorithmen zum Einfügen und Löschen bieten nichts wesentlich Neues: Die richtige Stelle kann ebenfalls mit binärer Suche angesteuert werden und dann werden die größeren Elemente entsprechend verschoben, um Platz für ein neues Element zu schaffen bzw. die Lücke nach dem Löschen zu schließen. Das Einfügen wird als iterative Variante (Algorithmus 4.2) und das Löschen als rekursiver Algorithmus (Algorithmus 4.3) präsentiert. Dabei gehen wir davon aus, dass beim Einfügen hinreichend viel Platz vorhanden ist bzw. durch die Mechanismen aus Abschnitt 3.1.3 geschaffen wird (ohne diese im Pseudo-Code auszuführen).

Auch ohne einen exakten Beweis sieht man sehr schnell, dass bei beiden Algorithmen die Laufzeit durch das Verschieben der Elemente dominiert wird, was zu einer Worst-Case und Average-Case Laufzeit von $O(n)$ führt.

Zur Ausgabe aller Elemente kann wieder Algorithmus 3.4 unverändert übernommen werden.

4.1.2 Sortiert in einer Liste

In einer verketteten Liste hat man im Gegensatz zu den Feldern keinen beliebigen Zugriff auf die Elemente – daher ändert sich an den Algorithmen durch die Sortierung nur wenig. Da wir sie der Vollständigkeit halber hier dennoch präsentieren, kombinieren wir die sortierte Liste mit dem bereits auf Seite 51 angesprochenen Konzept des Blindelements.

Ein Blindelement ist ein inhaltsloses Element am Beginn jeder Liste. Jede neue, leere Liste wird direkt mit dem Blindelement erzeugt. Dadurch ent-

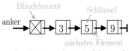

Sortierte verkettete Liste mit Blindelement.

▶Blindelement

Algorithmus 4.2 Iteratives Einfügen im sortierten Feld

EINFÜGEN-SORTFELD(Schlüssel *neuerWert*, Daten *neueDaten*)
    Rückgabewert: nichts falls erfolgreich bzw. Fehler sonst

```
1   links ← 1
2   rechts ← belegteFelder
3   while links ≤ rechts
4   do ⌜ mitte ← ⌊ links+rechts/2 ⌋
5       switch
6       case A[mitte].wert = neuerWert :
7           error "Element schon enthalten"
8       case A[mitte].wert > neuerWert :
9           rechts ← mitte – 1
10      case A[mitte].wert < neuerWert :
11   ⌞    links ← mitte + 1
12  for index ← belegteFelder, . . . , links
13  do ⌜ A[index + 1].wert ← A[index].wert
14   ⌞ A[index + 1].daten ← A[index].daten
15  A[links].wert ← neuerWert
16  A[links].daten ← neueDaten
17  belegteFelder ← belegteFelder + 1
```

- analog zum Suchen Finden der passenden Einfügestelle
- Elemente hinter der Einfügestelle um 1 verschieben
- neues Element speichern
- Anzahl der Elemente erhöhen

Algorithmus 4.3 Rekursives Löschen im sortierten Feld

LÖSCHEN-SORTFELD(Schlüssel *löschWert*)
    Rückgabewert: nichts falls erfolgreich bzw. Fehler sonst

```
1   LÖSCHEN-SORTFELD-R(löschWert, 1, belegteFelder)
```

LÖSCHEN-SORTFELD-R(Schlüssel *löschWert*, Index *links*, Index *rechts*)
    Rückgabewert: nichts falls erfolgreich bzw. Fehler sonst

```
1   if links ≤ rechts
2   then ⌜ mitte ← ⌊ links+rechts/2 ⌋
3        switch
4        case A[mitte].wert = löschWert :
5            for index ← mitte + 1, . . . , belegteFelder
6            do ⌜ A[index – 1].wert ← A[index].wert
7                 B[index – 1].daten ← A[index].daten
8             ⌞ belegteFelder ← belegteFelder – 1
9        case A[mitte].wert > löschWert :
10           return LÖSCHEN-SORTFELD-R(löschWert, links, mitte – 1)
11       case A[mitte].wert < löschWert :
12    ⌞      return LÖSCHEN-SORTFELD-R(löschWert, mitte + 1, rechts)
13  else ⌊ error "Element nicht gefunden"
```

- Elemente hinter der Löschstelle nach vorn schieben
- Suchbereich eingrenzen

---

fallen in den Algorithmen die Sonderfälle für das erste Element und die leere Liste. Alternative Bezeichnungen sind Dummy-Element oder Wächter.

Für jedes Element *eℓ* der Liste bezeichnen analog zum vorherigen Kapitel *eℓ.wert* den Schlüssel, *eℓ.daten* die Daten sowie *eℓ.nächstes* den Verweis auf das nachfolgende Element. Der Anfang der Liste (hier: das Blindelement) wird durch den Verweis *anker* markiert.

Zunächst beschreiben wir in Algorithmus 4.4 INIT-SORTLISTE die Initialisierung einer leeren Liste. Das Symbol ⊥ (genannt *»bottom«*) bezeichne dabei einen leeren Eintrag.

Wird ein nicht enthaltener Schlüsselwert gesucht, hat die sortierte Anordnung den Vorteil, dass die Suche früher als in der unsortierten Liste abgebrochen wird: Sobald ein zu großer Schlüsselwert gefunden wird, kann danach das gesuchte Element nicht mehr vorkommen. Algorithmus 4.5 (SUCHEN-SORTLISTE) folgt direkt.

Damit ändert sich die asymptotische Laufzeit des Algorithmus nicht. Allerdings lässt sich zeigen, dass die Suche nach einem nicht enthaltenen Element im Durchschnitt nur 50% der Laufzeit des unsortierten Falls benötigt – dabei wird jedoch eine Gleichverteilung der Schlüsselwerte vorausgesetzt.

Für das Einfügen eines Elements wird in Algorithmus 4.6 die richtige Position für das neue Element analog zum SUCHEN-SORTLISTE (Algorithmus 4.5) gesucht. Dabei wird für die richtige Verzeigerung allerdings (wie beim Löschen in der unsortierten Liste) das Vorgängerelement *el* benötigt.

Beispiel 4.6:
Im nebenstehenden Beispiel wird ein neues Element mit dem Schlüssel 8 in eine Liste eingefügt. Der Verweis *el* zeigt auf das Vorgängerelement und die Verzeigerung wird entsprechend umgesetzt. □

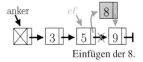

Einfügen der 8.

Das Löschen läuft analog zum Löschen in einer unsortierten Liste ab (Algorithmus 3.8) – lediglich der Abbruch beim erfolglosen Löschversuch kann früher geschehen. Der Vollständigkeit halber wird der Ablauf in Algorithmus 4.7 dargestellt.

Algorithmus 4.4 Initialisieren einer sortierten verketteten Liste

INIT-SORTLISTE()
    Rückgabewert: nichts
1   *anker* → **allokiere** Element(⊥, ⊥, NULL) ⎤ Blindelement anlegen

---

Algorithmus 4.5 Suchen in einer sortierten Liste mit Blindelement

SUCHEN-SORTLISTE(Schlüssel *gesucht*)
    Rückgabewert: gesuchte Daten bzw. Fehler falls nicht enthalten
1   *el* → *anker.nächstes*
2   **while** *el* ≠ NULL ⎤ Ende der Liste noch nicht erreicht?
3   **do** ⌐ **switch**   größere Werte
4   **case** *el.wert* = *gesucht* : **return** *el.daten*   als der gesuchte
5   **case** *el.wert* < *gesucht* : *el* → *el.nächstes*   wurden erreicht
6   ⌊ **case** *el.wert* > *gesucht* : **error** "Element nicht gefunden" ⎤
7   **error** "Element nicht gefunden"

Algorithmus 4.6 Einfügen in eine sortierte Liste mit Blindelement

EINFÜGEN-SORTLISTE(Schlüssel *neuerWert*, Daten *neueDaten*)

    Rückgabewert: nichts falls erfolgreich bzw. Fehler sonst

1   $el \to anker$
2   **while** el.nächstes ≠ NULL und el.nächstes.wert < *neuerWert*
3   **do** [$el \to el$.nächstes
4   **if** el.nächstes = NULL oder el.nächstes.wert > *neuerWert*
5   **then** [el.nächstes → **allokiere** Element(*neuerWert*, *neueDaten*, el.nächstes)]
6   **else** [**error** "Element schon enthalten"

Suche nach dem Vorgänger-element

neues Element nach dem Vorgänger einhängen

Algorithmus 4.7

LÖSCHEN-SORTLISTE(Schlüssel *löschWert*)

    Rückgabewert: nichts falls erfolgreich bzw. Fehler sonst

1   $el \to anker$
2   **while** el.nächstes ≠ NULL und el.nächstes.wert < *löschWert*
3   **do** [$el \to el$.nächstes
4   **if** el.nächstes ≠ NULL und el.nächstes.wert = *löschWert*
5   **then** [el.nächstes → el.nächstes.nächstes
6   **else** [**error** "nicht enthalten"

Suche nach dem Vorgänger-element

Element aushängen

Naja, insgesamt scheint die sortierte Speicherung der Elemente für das Mengenproblem noch nicht den gewünschten »großen« Effekt gebracht zu haben. Die binäre Suche in den Feldern wurde asymptotisch verbessert. Bei den anderen Algorithmen kann man bestenfalls von einem Faktor 2 ausgehen.

4.1.3   Sortieren durch sortiertes Einfügen

Auch wenn die sortierte Ablage der Element in den beiden vorherigen Abschnitten zu keinem wesentlichen Durchbruch beim Mengenproblem geführt hat, impliziert sie zumindest einen sehr simplen neuen Sortieralgorithmus: Die Elemente werden mit Algorithmus 4.2 (EINFÜGEN-SORTFELD) der Reihe nach in die Datenstruktur eingefügt und es liegt die gewünschte sortierte Liste vor. Dieser erste Ansatz ist einfach, jedoch zeit- und platzintensiv (vgl. Übungsaufgabe 4.4).

sortiert   unsortiert
Grundschritt des Insertionsort.

In einer Abwandlung dieser Grundidee machen wir uns die Tatsache zunutze, dass die Elemente bereits in einem Feld vorliegen und vertauschen daher die Elemente direkt im Feld selbst. Wir gehen dabei die Elemente von links nach rechts durch und fügen sie in eine sortierte Teilfolge links von dem jeweils betrachteten Element ein. Hierfür suchen wir die Einfügeposition immer von rechts nach links und schaffen auch gleichzeitig die benötigte Lücke in der sortierten Teilfolge, indem die zu großen Elemente jeweils um ein Feld nach rechts geschoben werden.

Der Ablauf ist in Algorithmus 4.8 (INSERTIONSORT) dargestellt.

Beispiel 4.7:
In Bild 4.1 ist das Sortieren eines 10-elementigen Felds mittels Algorithmus 4.8 (INSERTIONSORT) dargestellt. Der Algorithmus benötigt auf diesem Beispiel 37 Vergleiche und 39 Schreibzugriffe. □

Algorithmus 4.8 Sortieren durch Einfügen

INSERTIONSORT(Feld A)

www
Insertionsort.java

Rückgabewert: nichts; Seiteneffekt: A ist sortiert

1 **for** $i = 2, \ldots, A.länge$
2   **do** $\ulcorner neu \leftarrow A[i]$ $\urcorner$ nächstes Element merken
3      $k \leftarrow i$
4   **while** $k > 1$ und $A[k-1].wert > neu.wert$ ⎫ größere Elemente
5   **do** $\ulcorner A[k] \leftarrow A[k-1]$ ⎬ nach hinten
6          $\llcorner k \leftarrow k - 1$ ⎭ schieben
7      $\llcorner A[k] \leftarrow neu$ $\urcorner$ gemerktes Element speichern

---

1	2	3	4	5	6	7	8	9	10	Schlüssel-vergleiche	Schreib-zugriffe
20	54	28	31	5	24	39	14	1	15		
20	54	28	31	5	24	39	14	1	15	1	1
20	28	54	31	5	24	39	14	1	15	2	2
20	28	31	54	5	24	39	14	1	15	2	2
5	20	28	31	54	24	39	14	1	15	4	5
5	20	24	28	31	54	39	14	1	15	4	4
5	20	24	28	31	39	54	14	1	15	2	2
5	14	20	24	28	31	39	54	1	15	7	7
1	5	14	20	24	28	31	39	54	15	8	9
1	5	14	15	20	24	28	31	39	54	7	7

Bild 4.1: Der Ablauf von Algorithmus 4.8 wird an einem Beispiel demonstriert. Die Doppelpfeile markieren die Vergleiche von rechts nach links und die dicken Pfeile die daraus resultierenden Verschiebungen. Das jeweils eingefügte Element ist orange hinterlegt. Bis zum aktuell betrachteten Element ist der Anfang der Folge jeweils sortiert.

Satz 4.8:   **Korrektheit**

INSERTIONSORT *sortiert das Feld A aufsteigend.*

Beweis 4.9:

Wir betrachten die Schleifeninvariante der For-Schleife nach dem Durchlauf mit i: »$A[1] \leq A[2] \leq \ldots \leq A[i]$«. Vor dem Eintritt in die Schleife gilt die Invariante trivialerweise für $i = 1$. In der inneren While-Schleife wird jeweils das nächste Element mit Index $i + 1$ richtig einsortiert, sodass die Invariante auch für $i + 1$ wieder gilt. Beim Verlassen der Schleife ist das komplette Feld laut Schleifeninvariante sortiert.   ∎

Satz 4.10:   **Ordnungsverträglichkeit**

Beim Sortieren eines Felds A der Länge n werden genau

$$Inversionszahl(A) + (n - 1)$$

Schreiboperationen durchgeführt. Die Zahl der Schlüsselvergleiche ist ebenfalls durch obige Formel nach oben beschränkt.

Damit gilt die Ordnungsverträglichkeit von Insertionsort, da die Laufzeit direkt von der Inversionszahl (bis auf einen kleinen Faktor in $O(n)$) bestimmt wird: Vorsortierte Felder werden also schneller sortiert als unsortierte Felder.

Beweis 4.11:

Wie wir bereits im Beispiel 1.8 auf Seite 7 gesehen haben, tragen genau diejenigen Elemente zur Inversionszahl bei, die links stehen und einen größeren Schlüssel haben. Wenn ein neues Element in die sortierte Teilliste eingefügt wird, stehen all diejenigen Elemente links davon, die auch im Ausgangsfeld dort waren – allerdings stehen die für die Inversionszahl relevanten Elemente durch die Sortierung direkt beim einzufügenden Element. D.h. diese werden alle in jeweils einem Schreibzugriff umkopiert, was in der Summe *Inversionszahl(A)* Operationen macht. Für die $n - 1$ einzufügenden Elemente selbst ist ebenfall jeweils ein Schreibzugriff notwendig. Hinsichtlich der Vergleiche kann neben den zu großen Elementen jeweils noch ein Vergleich mit dem ersten kleineren Element dazukommen.   ∎

Aus den möglichen Inversionszahlen folgen damit sofort die Laufzeitschranken:

- im Best-Case ist die Folge bereits sortiert: $\Theta(n)$ und
- im Worst-Case ist die Folge umgekehrt sortiert: $\Theta(n^2)$.

 Genauere Untersuchungen (Knuth, 1998b) zeigen, dass die Laufzeit auch im Average-Case bei $\Theta(n^2)$ bleibt.

Ohne Beweis halten wir hier ebenfalls fest, dass INSERTIONSORT ein stabiles Sortierverfahren ist. Wie auch schon bei Bubblesort werden Elemente mit gleichem Schlüssel nicht in ihrer Reihenfolge vertauscht.

Beispiel 4.12:
Bild 4.2 zeigt noch mehrere Momentaufnahmen beim Sortieren von 80 Zahlen mit INSERTIONSORT (Algorithmus 4.8). □

4.2 Skiplisten (Listen mit Abkürzungen)

Während die sortierten Felder durch den direkten Zugriff auf Elemente die binäre Suche ermöglichen, hat die verkettete Liste den großen Vorteil, dass das Einfügen und Löschen von Elementen sehr einfach ist – wenn man sich bereits an der richtigen Stelle in der Liste befindet. Diese beiden Vorteile werden in diesem Abschnitt in einer gemeinsamen Datenstruktur für das Mengenproblem miteinander vereint.

Die Grundidee ist in Bild 4.3 dargestellt: Wir versehen die Liste mit einer mehrschichtigen Zugriffsstruktur, in der durch Abkürzungen ein der binären Suche ähnlicher Suchpfad in der Liste erreicht wird. Die dabei entstehende Gesamtstruktur bezeichnen wir als Skipliste.

▶Skipliste

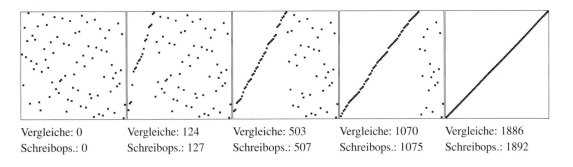

| Vergleiche: 0 | Vergleiche: 124 | Vergleiche: 503 | Vergleiche: 1070 | Vergleiche: 1886 |
| Schreibops.: 0 | Schreibops.: 127 | Schreibops.: 507 | Schreibops.: 1075 | Schreibops.: 1892 |

Bild 4.2: INSERTIONSORT (Algorithmus 4.8) wird auf ein Feld mit 80 Elementen angewandt. Die einzelnen Bilder zeigen von links nach rechts das Feld vor dem Sortieren, nach 20, nach 40 und nach 60 Iterationen sowie nach dem Sortieren. Die X-Achse entspricht den Feldindizes und die Y-Achse dem gespeicherten Wert.

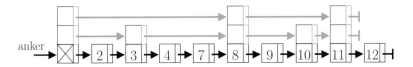

Bild 4.3: Die Skipliste stülpt eine Zugriffsstruktur in Form von Abkürzungen über die verkettete Liste.

Wir benötigen zwar mehr Platz für die zusätzliche Zugriffs-struktur. Doch auf der anderen Seite können wir so mit größe-ren Sprüngen suchen. Das klingt recht vielversprechend.

Die Skipliste ist unter dem Einstiegszeiger *anker* gespeichert. Die An-zahl der Ebenen der Verzeigerung sind unter *anzEbenen* gespeichert. Je-des Element *el* der Liste speichert unter *el.wert* den Schlüssel sowie unter *el.nächstes* ein Feld mit den Zeigern der Folgeelemente der verschiedenen Ebenen. Die Größe des Felds ist für die Elemente individuell – es kann ein Element nur auf der untersten Ebene verzeigert sein, während ein ande-res die untersten drei Ebenen nutzt. Das erste Element in der Liste ist ein Blindelement, das als Einstiegspunkt für alle *anzEbenen* Verzeigerungsebe-nen dient.

Beispiel 4.13:

Die Skipliste in Bild 4.3 hat *anzEbenen* = 3. Das Element *el* mit dem Schlüssel 3 hat ein zweielementiges Feld *el.nächstes*, wobei *el.nächstes*[1] auf das Element mit dem Schlüssel 4 und *el.nächstes*[2] auf das Element mit dem Schlüssel 8 zeigt.   □

Soll nun in der Skipliste gesucht werden, beginnt man auf der obersten Ebene der Verzeigerung und sucht in dieser Ebene das größte Element, das kleiner dem gesuchten Element ist. Dies ist in Algorithmus 4.9 (Suchen-Skipliste) in der While-Schleife realisiert. Ausgehend von diesem Element wird die Suche durch die For-Schleife in der jeweils nächsten Ebene ver-feinert. Das Verfahren endet, sobald auf der untersten Ebene kein Element mehr kleiner als das gesuchte Elemente gefunden wird. Gibt es kein Folge-element oder ist das nächste Element größer dem gesuchten, wird ein Feh-ler zurückgemeldet. Gilt dies beides nicht, so muss das nächste Element das gesuchte sein und es wird zurückgegeben.

Algorithmus 4.9 Suchen in der Skipliste

WWW
Skipliste.java

Suchen-Skipliste(Schlüssel *gesucht*)

    Rückgabewert: gesuchte Daten bzw. Fehler falls nicht enthalten

1   *el* → *anker*   suche in jeder Ebene bis zu weit oder Treffer

2   **for** *ebene* ← *anzEbenen*, . . . ,1

3   **do** ⌐ **while** *el.nächstes*[*ebene*] ≠ NULL und *el.nächstes*[*ebene*].*wert* < *gesucht*

4   ⌊ **do** ⌞ *el* → *el.nächstes*[*ebene*]

5   **if** *el.nächstes*[1] = NULL oder *el.nächstes*[1].*wert* ≠ *gesucht*

6   **then** ⌐ **error** "Element nicht gefunden"

7   **else** ⌐ **return** *el.nächstes*[1] gesuchtes Element zurückgeben

---

Beispiel 4.14:

Wird mit SUCHEN-SKIPLISTE das Element mit dem Schlüssel 9 in der Skipliste aus Bild 4.3 gesucht, dann wird im ersten Schritt das Element mit dem Schlüssel 8 geprüft. Da es kleiner als 9 ist, wird der Knoten zum aktuellen Knoten $e\ell$. Anschließend werden die Nachfolgeelemente der Ebenen 3 und 2 geprüft: Sie sind jeweils zu groß, was zur nächstniedrigeren Ebene führt. Auf Ebene 1 wird schließlich das gesuchte Element gefunden.　　□

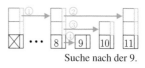

Suche nach der 9.

Wie man leicht einsieht, entspricht bei geeigneter Anordnung der Ebenen der Ablauf etwa der binären Suche, was einer Laufzeit von $O(\log n)$ entspricht. Ist allerdings nur die unterste Zugriffsebene vorhanden, entspricht die Skipliste der normalen verketteten Liste und es folgt ein Aufwand von $O(n)$.

Insbesondere beim Einfügen eines Elements ist es also wichtig, dass die Anzahl der Knoten einer Ebene zu den unteren Ebenen hin zunimmt – von der binären Suche können wir sogar lernen, dass sie sich etwa verdoppeln sollte – und dass die Knoten einer Ebene möglichst gleichmäßig verteilt sind. Gilt dies, dann lässt sich ein Aufwand von $O(\log n)$ im Average-Case zeigen. Dies erreichen wir durch einen Trick: Jedem Element wird zufällig seine »Höhe« (sprich: die Anzahl der Ebenen) zugewiesen – und zwar entsprechend der nebenstehenden Wahrscheinlichkeitsverteilung: Ein Knoten hat mit Wahrscheinlichkeit $\frac{1}{2^i}$ die Ebene i. Die maximal mögliche Anzahl der Ebenen wird im Voraus als *maxEbenen* festgelegt.

Wahrscheinlichkeiten für die Zuweisung der Ebene zum Knoten.

Da ein neues Element auf allen betroffenen Ebenen in die Verzeigerung eingehängt werden muss, wird zunächst mit Algorithmus 4.10 (VORGÄNGER-IN-SKIPLISTE) der Vorgänger auf allen Ebenen ermittelt. Das eigentliche Umhängen der Zeiger sowie die Bestimmung der Höhe des Knotens ist in Algorithmus 4.11 (EINFÜGEN-SKIPLISTE) beschrieben.

Beispiel 4.15:

Im nebenstehenden Beispiel wird das neue Element mit dem Schlüssel 6 in den unteren beiden Ebenen der Verkettung eingehängt.　　□

Einfügen eines Elements in die Skipliste.

Algorithmus 4.10 Die Vorgänger eines vorhandenen oder (noch) fehlenden Elements in der Skipliste werden auf allen Ebenen ermittelt.

VORGÄNGER-IN-SKIPLISTE(Schlüssel *gesucht*)

　　Rückgabewert: Feld mit den Verweisen auf die Vorgänger auf allen Ebenen

1　$e\ell \rightarrow anker$

2　$vorgänger \rightarrow$ **allokiere** Feld vom Typ *Knoten* der Länge *maxEbenen*

3　**for** $ebene \leftarrow anzEbenen, \ldots, 1$　　analog zum Suchen

4　**do** ⌐ **while** $e\ell.nächstes[ebene] \neq$ NULL und $e\ell.nächstes[ebene].wert < gesucht$ ⌐

5　　　**do** ⌊ $e\ell \rightarrow e\ell.nächstes[ebene]$

6　　　⌊ $vorgänger[ebene] \rightarrow e\ell$ ⌋ Vorgängerelement der Ebene speichern

7　**return** *vorgänger*

www
Skipliste.java

Algorithmus 4.11 Einfügen eines Elements in die Skipliste mit zufälliger Zuweisung der Ebene

EINFÜGEN-SKIPLISTE(Schlüssel *neuerWert*, Daten *neueDaten*)

    Rückgabewert: nichts falls erfolgreich bzw. Fehler sonst

```
 1   vorgänger → VORGÄNGER-IN-SKIPLISTE(neuerWert)
 2   eℓ → vorgänger[1]
 3   if eℓ.nächstes[1] ≠ NULL und eℓ.nächstes[1].wert = neuerWert
 4   then ⌐ error "Element schon enthalten"
 5   else ⌐ knotenEbene ← 1                          Ebene des neuen Knotens bestimmen
 6          while random(0 . . . 1) < ½ und knotenEbene < maxEbenen ⌉
 7          do ⌐ knotenEbene ← knotenEbene + 1                      ⌟
 8          if knotenEbene > anzEbenen
 9          then ⌐ for ebene ← anzEbenen + 1, . . . , knotenEbene ⌉
10                  do ⌐ vorgänger[ebene] → anker              Anzahl
11                      ∟ anker.nächstes[ebene] → NULL        der Ebenen
12                  ∟ anzEbenen ← knotenEbene                erhöhen ⌟
13          neuesElem → allokiere Element(neuerWert, neueDaten)
14          neuesElem.nächstes → allokiere Feld der Länge knotenEbene
15          for ebene ← 1, . . . , knotenEbene   Element auf allen Ebenen einhängen ⌉
16          do ⌐ neuesElem.nächstes[ebene] → vorgänger[ebene].nächstes[ebene]
17      ∟    ∟ vorgänger[ebene].nächstes[ebene] → neuesElem                      ⌟
```

Beispiel 4.16:

Die Wirkung der zufälligen Zuweisung der Ebenen wird an einem großen Beispiel in Bild 4.4 illustriert. 200 Elemente wurden in die Skipliste eingefügt. Die Obergrenze für die Ebenen ist *maxEbenen* = 10. Wie man deutlich erkennt, wurden bei der zufälligen Zuweisung nur lediglich Elemente mit maximal 7 Ebenen erzeugt und eingehängt. Die entstehende Struktur ist nicht regelmäßig. Doch man kann sich aber leicht verdeutlichen, wie nach wenigen Vergleichen in den oberen 4 Ebenen nur noch in den hell unterlegten Teillisten gesucht werden muss. Die Längste solche Teilliste hat 29 Elemente. □

Der Löschalgorithmus birgt keine weiteren Überraschungen und ist der Vollständigkeit halber in Algorithmus 4.12 angeführt: In der For-Schleife

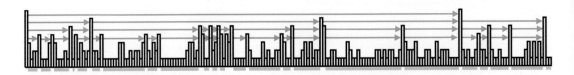

Bild 4.4: Die entstehende Struktur einer Skipliste ist hier beispielhaft nach 200-maligem Durchführen von EINFÜGEN-SKIPLISTE (Algorithmus 4.11) gezeigt. Für die oberen 4 Ebenen wird die Verzeigerung angezeigt und die dadurch gefundenen Teilliste sind unten farbig markiert.

Algorithmus 4.12 Löschen eines Elements in der Skipliste.

LÖSCHEN-SKIPLISTE(Schlüssel *löschWert*)

   Rückgabewert: nichts falls erfolgreich bzw. Fehler sonst

1   *vorgänger* → VORGÄNGER-IN-SKIPLISTE(*löschWert*)

2   *el* → *vorgänger*[1]

3   **if** *el.nächstes*[1] = NULL oder *el.nächstes*[1].*wert* ≠ *löschWert*

4   **then** ⌐ **error** " Element nicht gefunden "

5   **else** ⌐ **for** *ebene* ← 1, ..., *el.nächstes*[1].*länge*

6   **do** ⌐ *vorgänger*[*ebene*].*nächstes*[*ebene*] →

           vorgänger[*ebene*].*nächstes*[*ebene*].*nächstes*[*ebene*]

7   **while** *anzEbenen* > 1 und *anker.nächstes*[*anzEbenen*] = NULL

8   ⌐ **do** ⌐ *anzEbenen* ← *anzEbenen* − 1

Element auf allen Ebenen aushängen

Ebenenzahl verringern

---

wird das Element auf allen Ebenen herausgenommen und gegebenenfalls am Ende in der While-Schleife leere Ebenen komplett entfernt.

Ein Beweis für die logarithmische Laufzeit im Average-Case kann in der Originalpublikation von Pugh (1990) nachgelesen werden. Bei einer später von Munro et al. (1992) entwickelten deterministischen Variante kommen ähnliche Techniken wie bei den in Kapitel 11 behandelten B-Bäumen zum Einsatz.

4.3　Abkürzungen beim Sortieren (Shellsort)

Nachdem wir Abkürzungen sinnvoll in die sortierte Liste integrieren und damit das Mengenproblem besser angehen konnten, stellt sich die Frage, ob wir nicht mit einem ähnlichen Trick Sortieren mit INSERTIONSORT (Algorithmus 4.8) beschleunigen können.

Da Insertionsort auf einem Feld eingeführt wurde, können Abkürzungen sehr einfach eingeführt werden. Zu diesem Zweck werden Teilfolgen erstellt, die das Feld in festgelegten Schrittweiten »durchschreiten« – wie im nebenstehenden Bild für die Schrittweite 3 dargestellt. Die wesentliche Idee ist nun, dass zunächst die Elemente entlang von Teilfolgen mit längeren Abkürzungen mittels Insertionsort vorsortiert werden; anschließend werden die Abkürzungen kleiner und das Verfahren iteriert, bis wir bei Insertionsort auf dem gesamten Feld ankommen.

Beispiel für die Unterlisten, die durch Schrittweite 3 entstehen.

Hier ist die Feldstruktur wirklich notwendig. Auf den verketteten Listen wäre es nicht so einfach zu realisieren, da wir nicht direkt auf ein Folgeelement in festem Schrittweitenabstand zugreifen können.

Der Ablauf dieses Sortierverfahrens ist in SHELLSORT (Algorithmus 4.13) dargestellt. In den Zeilen 1–3 wird zunächst die größte Schrittweite mit

---

Algorithmus 4.13 Shellsort mit der Folge $h_k = 3 \cdot h_{k-1} + 1$

SHELLSORT(Feld A)

    Rückgabewert: nichts; Seiteneffekt: A ist sortiert

1   *schrittweite* $\leftarrow 1$

2   **while** $3 \cdot$ *schrittweite* $+ 1 <$ *A.länge*   ⎤ Anfangsschrittweite bestimmen

3   **do** ⌈ *schrittweite* $\leftarrow 3 \cdot$ *schrittweite* $+ 1$ ⎦

4   **while** *schrittweite* > 0

5   **do** ⌈ **for** $i \leftarrow$ *schrittweite* $+ 1, \ldots,$ *A.länge*

6   **do** ⌈ *neu* $\leftarrow A[i]$ nächstes Element

7            $k \leftarrow i$ wie bei Insertion-

8   **while** $k >$ *schrittweite* und $A[k -$ *schrittweite*$]$.*wert* $>$ *neu.wert*   sort einsortieren

9   **do** ⌈ $A[k] \leftarrow A[k -$ *schrittweite*$]$

10   ⌊ $k \leftarrow k -$ *schrittweite*

11   ⌊ $A[k] \leftarrow$ *neu*

12   ⌊ *schrittweite* $\leftarrow \lfloor \frac{schrittweite}{3} \rfloor$ ⎤ Schrittweite verkleinern

---

$s_1 = 1$ und der Regel $s_{i+1} = 3 \cdot s_i + 1$ bestimmt. So ergeben sich die Werte: 1, 4, 13, 40, 121, … Mit der größten Schrittweite kleiner der Länge des Felds wird begonnen. Zunächst wird für den Bereich des Feldes ab dem Element mit Index Schrittweite $+1$ verglichen, ob das jeweiligen Element ggf. um die akutelle Schrittweite nach links getauscht wird (For-Schleife). Anschließend wird die Schrittweite verkleinert (While-Schleife). Durch diese Vorgehensweise werden die Unterlisten, die durch die aktuelle Schrittfolge entstehen, wie bei Insertionsort sortiert. Allerdings passiert dies nicht für jede Unterliste isoliert. Vielmehr werden alle sortierten Unterlisten einer Schrittweite quasi »parallel« bis zum aktuell betrachteten Element aufgebaut.

Beispiel 4.17:

Ein Beispiel für die Sortierung mit SHELLSORT (Algorithmus 4.13) auf einem Feld der Länge 10 ist in Bild 4.5 dargestellt. Als erstes wird die Schrittweite 4 benutzt, die Verfeinerung ist dann bereits die Sortierung mit Schrittweite 1 (wie in INSERTIONSORT). Besonders deutlich wird die quasi parallele Sortierung der Unterliste durch die Schrittweite 4: Es werden zunächst für alle Unterlisten die ersten beiden Elemente verglichen und gegebenenfalls vertauscht. Ab dem Element mit Index 9 wird bzgl. der bereits zweielementigen Unterliste der jeweils richtige Platz gefunden. Obwohl mehr Iterationen durchgeführt werden als in Beispiel 4.7 mit INSERTIONSORT, benötigt der Algorithmus in der Summe weniger Vergleiche (28 statt 37) und Schreibzugriffe (33 statt 39).   □

Satz 4.18:   **Laufzeit im Worst-Case**

SHELLSORT *hat in der Version von Algorithmus 4.13 eine Laufzeit von* $O(\sqrt{n^3})$ *im Worst-Case.*

	1	2	3	4	5	6	7	8	9	10	Schlüssel-vergleiche	Schreib-zugriffe
	20	54	28	31	5	24	39	14	1	15		
Schrittweite 4	5	54	28	31	20	24	39	14	1	15	1	2
	5	24	28	31	20	54	39	14	1	15	1	2
	5	24	28	31	20	54	39	14	1	15	1	1
	5	24	28	14	20	54	39	31	1	15	1	2
	1	24	28	14	5	54	39	31	20	15	2	3
	1	15	28	14	5	24	39	31	20	54	2	3
Schrittweite 1	1	15	28	14	5	24	39	31	20	54	1	1
	1	15	28	14	5	24	39	31	20	54	1	1
	1	14	15	28	5	24	39	31	20	54	3	3
	1	5	14	15	28	24	39	31	20	54	4	4
	1	5	14	15	24	28	39	31	20	54	2	2
	1	5	14	15	24	28	39	31	20	54	1	1
	1	5	14	15	24	28	31	39	20	54	2	2
	1	5	14	15	20	24	28	31	39	54	5	5
	1	5	14	15	20	24	28	31	39	54	1	1

Bild 4.5: Der Ablauf von Algorithmus 4.13 wird an einem Beispiel demonstriert. Die Doppelpfeile markieren die Vergleiche von rechts nach links und die dicken Pfeile die daraus resultierenden Verschiebungen. Das jeweils in die aktuelle Unterliste eingefügte Element ist orange hinterlegt.

Beweis 4.19:

Das Feld wird iterativ mit immer kleineren Schrittweiten s_i sortiert. Die erste Iteration nutze dabei die größte Schrittweite s_ℓ, die letzte Iteration die Schrittweite $s_1 = 1$. Im Folgenden soll k so gewählt sein, dass $s_k \leq \sqrt{n}$ und $s_{k+1} > \sqrt{n}$. Für die Iterationen mit $i \geq k+1$ ist offensichtlich, dass jedes Element maximal um $\frac{n}{s_i}$ Schritte weit verschoben werden kann. Für die n Elemente ergibt sich also pro Iteration ein Aufwand von $\leq n \cdot \frac{n}{s_i}$.

Für die späteren Iterationen reicht diese einfache obere Schranke für die Verschiebungen nicht aus. Hier benutzen wir zwei interessante Eigen-

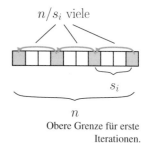

n/s_i viele

s_i

n

Obere Grenze für erste Iterationen.

schaften (beide ohne Beweis): Wurde nämlich ein Feld mit der Schrittweite s_{i+1} sortiert, so bleibt diese Sortierung nach einer Iteration mit kleinerer Schrittweite erhalten. Darüberhinaus lässt sich dank der Teilerfremdheit der Schrittweiten s_{i+1} und s_{i+2} zeigen, dass vor dem Sortieren mit s_i der Abstand von unsortierten Elementen maximal

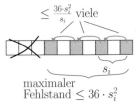

$\leq \frac{36 \cdot s_i^2}{s_i}$ viele

s_i

maximaler
Fehlstand $\leq 36 \cdot s_i^2$

Obere Grenze für spätere
Iterationen.

$$
\begin{aligned}
(s_{i+1} - 1) \cdot (s_{i+2} - 1) &= (3 \cdot s_i) \cdot (9 \cdot s_i + 3) \\
&= 27 \cdot s_i^2 + 9 \cdot s_i \\
&\leq 36 \cdot s_i^2
\end{aligned}
$$

beträgt. Das bedeutet bei der Schrittweite s_i, dass jedes Element um maximal $36 \cdot s_i$ Schritte geschoben wird.

Daraus lässt sich die Gesamtlaufzeit im Worst-Case als Summe über alle Iterationen beschreiben:

$$
\begin{aligned}
T(n) &= \sum_{i=1}^{k} n \cdot (36 \cdot s_i) + \sum_{i=k+1}^{\ell} n \cdot \frac{n}{s_i} \\
&= 36 \cdot n \cdot \underbrace{\sum_{i=1}^{k} s_i}_{\leq^* 2 \cdot s_k} + n^2 \cdot \underbrace{\sum_{i=k+1}^{\ell} \frac{1}{s_i}}_{\leq^* 2 \cdot \frac{1}{s_{k+1}}} \qquad * \text{ wegen } \frac{s_k - 1}{3} < \frac{s_k}{3} \text{ und} \\
& \qquad\qquad\qquad\qquad\qquad\qquad\qquad\quad x + \frac{x}{3} + \frac{x}{9} + \ldots + 1 < 2 \cdot x \\
&\in O(n \cdot \sqrt{n}) \qquad\qquad\qquad\qquad \text{wegen } s_k \leq \sqrt{n} \text{ und} \\
& \qquad\qquad\qquad\qquad\qquad\qquad\quad s_{k+q} > \sqrt{n} \text{ für } q \in \mathbb{N} \quad \blacksquare
\end{aligned}
$$

Das war jetzt ja gar nicht so einfach! Besonders die Abschätzungen der Summen haben es in sich. Dabei wird die Eigenschaft $s_{i+1} = 3s_i + 1$ mehrfach genutzt. Die erste Summe wird mit der größten Schrittweite s_k abgeschätzt und die zweite mit der kleinsten Schrittweite s_{k+1}, da hier die Schrittweiten im Nenner stehen.

Satz 4.20: **Laufzeit im Best-Case**

SHELLSORT *(Algorithmus 4.13) hat im Best-Case eine Laufzeit in* $\Omega(n \cdot \log n)$.

Beweis 4.21:

Wir betrachten die vollständig sortierte Folge. Dort werden ab Zeile 4 die While-Schleife und ab Zeile 5 die For-Schleife so durchlaufen, wie bei allen anderen Eingaben auch. Lediglich die Zeilen 9 und 10 werden überhaupt nicht ausgeführt.

Die Schrittweiten lassen sich mit $s_i \leq 4^i$ nach oben abschätzen. Daraus folgt, dass mit mindestens $k = \lfloor \log_4 n \rfloor$ unterschiedlichen Schrittweiten das

Feld sortiert wird. Da das Feld sortiert ist, wird jedes Element genau einmal mit dem nächsten links stehenden Element verglichen. Bei Schrittweite s_i sind das $n - s_i$ Vergleiche. Es ergibt sich die untere Grenze für die Anzahl der Vergleiche als

$$T(n) \geq \sum_{i=1}^{k} (n - s_i) = \sum_{i=1}^{k} n - \sum_{i=1}^{k} \underbrace{s_i}_{\leq 4^i} \geq k \cdot n - \underbrace{\sum_{i=1}^{k} 4^i}_{=* \frac{4^{k+1}-1}{4-1}}$$

$$= \lfloor \log_4 n \rfloor \cdot n - \underbrace{\frac{1}{3} \cdot (4^{\lfloor \log_4 n \rfloor + 1} - 1)}_{\leq 2 \cdot n} \in \Omega(n \cdot \log n).$$

Dabei kommt in der dritten Zeile bei $*$ die geometrische Reihe (Satz B.2) zur Anwendung. ∎

Im Gegensatz zu INSERTIONSORT hat SHELLSORT die Stabilität verloren: Wie im nebenstehenden Beispiel gezeigt wird, kann durch die größeren Schrittweiten die Reihenfolge von Elementen mit gleichem Schlüssel verändert werden.

Auch ist SHELLSORT nicht mehr ordnungsverträglich. Dazu betrachten wir die Eingaben, in denen die erste Stelle mit der letzten bzw. vorletzten Stelle vertauscht sind. Im nebenstehenden Bild werden durch die orangenen Pfeile jeweils die durchgeführten Verschiebungen angezeigt: Obwohl im obere Beispiel nur dreimal ein Element verschoben wird, weißt es mit der Inversionszahl 15 eine größere Unordnung auf als das untere Beispiel, bei dem 13 Verschiebungen und Inversionszahl 13 zu Buche schlagen.

Beispiel 4.22:
Bild 4.6 zeigt mehrere Momentaufnahmen beim Sortieren von 80 Zahlen. Durch die unterschiedlichen, kleiner werdenden Schrittweiten verengen sich die Punktwolken um die sortierte Diagonale immer mehr. Im Vergleich mit INSERTIONSORT (Beispiel 4.12) zeigt sich, dass SHELLSORT deutlich weniger Vergleiche (594 statt 1886) und auch weniger Schreiboperationen (639 statt 1892) benötigt. □

Shellsort wurde von Shell (1959) entwickelt – allerdings mit den ursprünglichen Schrittweiten 1, 2, 4, 8, 16, ... Das hier vorgestellte Schema geht auf Knuth (1973) zurück. Weitere Vorschläge für die Schrittweite sind in Tabelle 4.1 zusammengetragen. Diese sind immer das Ergebnis eines mathematischen Beweises für die Laufzeit. Ein umfassender Überblick – auch über die theoretischen Grenzen von Shellsort – kann der Arbeit von Sedgewick (1996) entnommen werden.

Ausgangssituation:

Nach $s_2 = 2$:

Beispiel für fehlende Stabilität bei Shellsort.

Zwei Beispiele demonstrieren die fehlende Ordnungsverträglichkeit bei Shellsort.

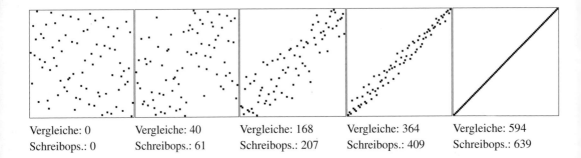

| Vergleiche: 0 | Vergleiche: 40 | Vergleiche: 168 | Vergleiche: 364 | Vergleiche: 594 |
| Schreibops.: 0 | Schreibops.: 61 | Schreibops.: 207 | Schreibops.: 409 | Schreibops.: 639 |

Bild 4.6: SHELLSORT (Algorithmus 4.13) wird auf ein Feld mit 80 Elementen angewandt. Die einzelnen Bilder zeigen von links nach rechts das Feld vor dem Sortieren und nach den Schrittweiten 40, 13, 4 und 1. Die X-Achse entspricht den Feldindizes und die Y-Achse dem gespeicherten Wert.

Tabelle 4.1: Schrittweitenvariationen für Shellsort

Urheber	Formel	Zahlenfolge	Worst-Case
Shell (1959)	$s_i = 2^{i-1}$	1, 2, 4, 8, 16, 32, 64, 128, …	$O(n^2)$
Hibbard (1963)	$s_i = 2^i - 1$	1, 3, 7, 15, 31, 63, 127, …	$O(\sqrt{n^3})$
Knuth (1973)	$s_1 = 1$ und $s_i = 3 \cdot s_{i-1} + 1$ $(i > 1)$	1, 4, 13, 40, 121, 364, …	$O(\sqrt{n^3})$
Pratt (1971)	aufsteigend sortierte Werte		
	$s_i \in \{2^k \cdot 3^j \mid j, k \geq 0\}$	1, 2, 3, 4, 6, 8, 9, 12, 18, …	$O(n \cdot (\log n)^2)$
Sedgewick (1986)	$s_1 = 1$ und $s_i = 4^{i-1} + 3 \cdot 2^{i-2} + 1$ $(i > 1)$	1, 8, 23, 77, 281, 1073, …	$O(\sqrt[3]{n^4})$

4.4   Binäre Suchbäume

Wenden wir uns nochmals dem Mengenproblem zu: Listen und Felder wiesen für irgendeine Operation immer eine Laufzeit von $\Theta(n)$ auf. Daher war die Skipliste ein Schritt in die richtige Richtung – alle Operationen sind in $O(\log n)$ (Average-Case) durchführbar. Allerdings ist die Datenstruktur der Skipliste unhandlich und verbraucht viel Speicherplatz.

Nehmen wir zur Motivation für eine günstigere Datenstruktur einfach eine »ideale« Skipliste an, bei der immer nur ein Knoten der nächsttieferen Ebene zwischen zwei Knoten derselben Ebene steht (siehe oberer Teil von Bild 4.7). Da jetzt bei einer Suche nur das eine passende Element der nächsten Ebene betrachtet werden muss, kann die horizontale Verkettung der Elemente entfallen. Diese wird durch eine Verzeigerung zwischen den Ebenen ersetzt, die den unterschiedlichen Alternativen der binären Suche entsprechen. Die dabei entstehende Struktur wird in der Informatik Baum genannt. Dies ist im unteren Teil von Bild 4.7 veranschaulicht.

▶Baum

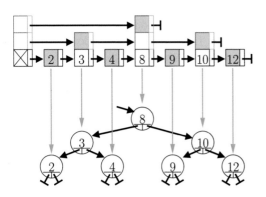

Bild 4.7: Aus der Skipliste im oberen Teil der Abbildung wird die Struktur des binären Baums abgeleitet.

 Soso, das ist also ein Baum!?! Und ich dachte immer die vielen Zweige und Astgabeln wären bei einem Baum oben... Dieser Baum ist ein umgedrehter Baum. Ich bin gespannt, wie weit die Parallelen zur Natur noch getrieben werden.

Definition 4.23:   Binärer Baum

Ein binärer Baum ist ein gerichteter Graph, der entweder   ▶binärer Baum

- leer ist oder
- aus einem Knoten mit Verweisen auf zwei binäre Bäume als rechten Unterbaum bzw. linken Unterbaum besteht (wobei immer nur ein Verweis auf jeden Knoten zeigt).

Knoten, die auf zwei leere Unterbäume verweisen (bzw. Ausgangsgrad 0 besitzen), werden Blatt genannt. Der eine ausgezeichnete Knoten mit Eingangsgrad 0 wird als Wurzel des Baums bezeichnet.   ▶Blatt   ▶Wurzel

Die Tiefe eines Knotens $e\ell$ im Baum b ist definiert als   ▶Tiefe eines Knotens

$$Tiefe(b, e\ell) = 1 + \#\text{Kanten zwischen } e\ell \text{ und der Wurzel von } b.$$

Die Tiefe eines Baums ist die maximale Tiefe seiner Knoten: ▶Tiefe eines Baums

$$Baumtiefe(b) = \max\{Tiefe(b, e\ell) \mid \text{alle Knoten } e\ell \text{ in } b\}.$$

 Also nicht nur Baum sondern auch Blatt und Wurzel, wobei die Wurzel oben hängt.
Doch weg von der Parallele zur Natur: die Definition ist für einen binären Baum... Das liegt vermutlich daran, dass es stets zwei eventuell auch leere Unterbäume gibt.

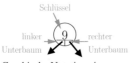

▶Höhe eines Baums

Graphische Notation eines
Knotens im Baum.

Die Bezeichnungen der Baumeigenschaften können manchmal sehr verwirrend sein. So spricht man statt der Tiefe auch häufig von der Höhe eines Baums oder Unterbaums (wie beim natürlichen Vorbild). Wir benutzen im Weiteren Höhe und Tiefe synonym. Dagegen meint man bei der Tiefe eines Knotens immer, wie tief er im Baum von der Wurzel aus verborgen ist.

Der Verweis in der Variablen *anker* zeigt im Weiteren stets auf den Wurzelknoten des Baums. Für jeden Knoten *el* bezeichnen *el.wert* den Schlüssel, *el.daten* die Daten, *el.links* den linken und *el.rechts* den rechten Unterbaum der dynamischen Datenstruktur.

Beispiel 4.24:

Bild 4.8 zeigt drei Beispiele für binäre Bäume. Der Baum in (a) hat die Wurzel mit dem Schlüssel 8 – er wird von außerhalb des Baums über die Variable Anker erreicht, hat aber im Baum den Eingangsgrad 0. Denkt man sich den linken Unterbaum aus dem Gesamtbaum herausgelöst, dann spricht man auch hier von der Wurzel 5 des Unterbaums. Beim Baum in (b) sind hier die Ebenen für die Tiefe der Knoten dargestellt – der gesamte Baum hat die Tiefe 3. In (c) ist ein leerer Baum dargestellt, bei dem der Nullzeiger direkt im Anker gespeichert ist. Der leere Baum hat die Tiefe 0. □

Diese Definition der Bäume ist eng an der Darstellung in Datenstrukturen ausgerichtet. In der Graphentheorie (vgl. Diestel, 2006) werden Bäume meist als ungerichtete Graphen mit bestimmten Eigenschaften definiert – z.B. als zusammenhängender und zyklenfreier Graph oder als zusammenhängender Graph $G = (V, E)$ mit $\#V - 1 = \#E$.

In den weiteren Abbildungen von Bäumen werden wir den Bezeichner der Ankervariablen im Regelfall weglassen. Ferner sind wir hier zunächst an speziellen Bäumen interessiert, die eine sortierte Ablage der Elemente erlauben, was die folgende Definition reflektiert.

Definition 4.25:   Binärer Suchbaum

▶binärer Suchbaum

Ein binärer Baum ist ein binärer Suchbaum, wenn für jeden Knoten im Baum gilt, dass alle Knoten im linken Unterbaum einen kleineren Schlüssel

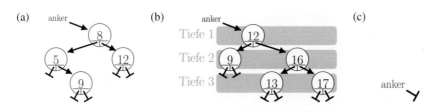

Bild 4.8: Beispiele für (a) einen binären Baum, (b) einen binären Suchbaum der Tiefe 3 und (c) einen leeren
Baum.

und alle Knoten im rechten Unterbaum einen Schlüssel größergleich dem Wurzelknoten besitzen.

Beispiel 4.26:
Bild 4.8 (a) zeigt einen Baum, der die Suchbaumeigenschaft nicht erfüllt: Der Knoten mit dem Schlüssel 9 darf nicht im linken Unterbaum vom Wurzelknoten mit dem Schlüssel 8 vorkommen. Im Unterbaum mit der Wurzel 5 wiederum ist die Suchbaumeigenschaft erfüllt. Beim Baum in (b) ist die Suchbaumeigenschaft an allen Knoten erfüllt. Im leeren Baum (c) ist die Suchbaumeigenschaft trivialerweise erfüllt. □

Der Algorithmus für die Suche eines Elements ergibt sich ganz analog zu den Algorithmen BINÄRE-SUCHE und SUCHEN-SKIPLISTE und ist in Algorithmus 4.14 (SUCHEN-BAUM) in einer iterativen Version dargestellt.

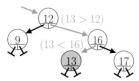

Suche nach dem Knoten mit Schlüssel 13.

Beispiel 4.27:
Im nebenstehenden Suchbaum wird nach dem Knoten mit Schlüssel 13 gesucht. Abhängig von den Schlüsselvergleichen folgt die Suche dem linken bzw. rechten Verweis auf den entsprechenden Unterbaum. Wie man leicht sieht, sind hier nur maximal drei Vergleiche in eine Menge von 5 Elemente notwendig, um das gesuchte Element auf jeden Fall zu finden oder die Suche erfolglos abzubrechen. □

Ein neuer Knoten wird beim ersten Nullzeiger im Suchpfad eingefügt.

Auch das Einfügen von Elementen gestaltet sich in einem binären Suchbaum recht einfach: Wir führen den Suchalgorithmus durch und sobald ein leerer Verweis gefunden wird, kann der neue Knoten dort eingefügt werden (wie nebenstehend dargestellt). Da die Fallunterscheidungen im Suchpfad genau der Suchbaumeigenschaft entspricht, erfüllt der Baum nach dem Einfügen des Knotens selbige. Der Ablauf EINFÜGEN-BAUM ist in einer rekursiven Version in Algorithmus 4.15 dargestellt.

Beispiel 4.28:
Im nebenstehenden Suchbaum wird der Knoten mit Schlüssel 14 eingefügt. Im Suchpfad stößt der Algorithmus auf den Nullzeiger im rechten

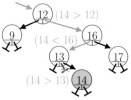

Einfügen des Knotens mit dem Schlüssel 14.

Algorithmus 4.14 Suchen nach einem Element im binären Suchbaum

SUCHEN-BAUM(Schlüssel *gesucht*)
    Rückgabewert: gesuchte Daten bzw. Fehler falls nicht enthalten
1   $el \rightarrow anker$
2   **while** $el \neq$ NULL und *gesucht* $\neq el.wert$
3   **do** $\ulcorner$ **if** *gesucht* $< el.wert$
4   **then** $\lfloor el \rightarrow el.links$ beim richtigen Unterbaum fortfahren
5      $\llcorner$ **else** $\lfloor el \rightarrow el.rechts$
6   **if** $el =$ NULL   erst durch Nullzeiger gestoppt?
7   **then** $\lfloor$ **error** "Element nicht gefunden"
8   **else** $\lfloor$ **return** $el.daten$

www
Baum.java

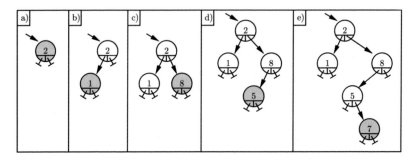

Bild 4.9: EINFÜGEN-BAUM (Algorithmus 4.15) wird iterativ auf einem anfangs leeren Baum mit den orange hinterlegten Schlüsselwerten aufgerufen.

Verweis des Knotens mit dem Schlüssel 13. Dort wird der neue Knoten eingehängt.   □

Beispiel 4.29:

In Bild 4.9 wird nochmals in einem ausführlicheren Beispiel gezeigt, wie ein Baum durch iteratives Einfügen der Knoten mit den Schlüsselwerten 2, 1, 8, 5 und 7 aufgebaut wird.   □

Zur Liste degradierter Baum.

Diese Technik garantiert allerdings keine schön ausgeglichenen Bäume – wenn beispielsweise nacheinander die Schlüssel 1, 2, 3, 4,... in einen anfangs leeren Baum eingefügt werden, entsteht der nebenstehend gezeigte Baum. Da solche extremen, quasi zur Liste degradierten Bäume unvermeid-

---

Algorithmus 4.15 Rekursives Einfügen im binären Suchbaum

EINFÜGEN-BAUM(Schlüssel *neuerWert*, Daten *neueDaten*)
    Rückgabewert: nichts falls erfolgreich bzw. Fehler sonst
1   *anker* → EINFÜGEN-BAUM-R(*neuerWert, neueDaten, anker*)

EINFÜGEN-BAUM-R(Schlüssel *neuerWert*, Daten *neueDaten*, Element *eℓ*)
    Rückgabewert: neues erstes Element bzw. Fehler sonst
1   **switch**
2   **case** *eℓ* = NULL :
3   **return allokiere** Element(*neuerWert*, NULL, NULL)   ⎱ neues Blatt erzeugen
4   **case** *neuerWert* = *eℓ.wert* :
5   **error** "Element schon enthalten"
6   **case** *neuerWert* < *eℓ.wert* :
7   *eℓ.links* → EINFÜGEN-BAUM-R(*neuerWert, neueDaten, eℓ.links*) ⎱
8   **return** *eℓ*   modifizierten linken Unterbaum übernehmen
9   **case** *neuerWert* ≥ *eℓ.wert* :   (dieser hat evtl. eine neue Wurzel)
10   *eℓ.rechts* → EINFÜGEN-BAUM-R(*neuerWert, neueDaten, eℓ.rechts*) ⎱
11   **return** *eℓ*   analog für rechten Unterbaum

bar entstehen können, ergibt sich daraus für den Worst-Case die folgende Laufzeit für die Hauptoperationen beim Mengenproblem.

Satz 4.30: **Laufzeit für binäre Bäume**

Das Suchen, Einfügen (und Löschen) im binären Suchbaum hat die Laufzeit $T(n) \in O(n)$.

Obige Laufzeit im Worst-Case wird durch eine ganze Reihe an theoretischen Ergebnissen relativiert, die zeigen, dass »zufällige« Bäume (Average-Case) tatsächlich im Durchschnitt in $O(\log n)$ durchsuchbar sind (z.B. Knuth, 1998b, S. 430). Nichtsdestotrotz kann der Worst-Case im Einzelfall eintreten.

Im Vergleich zum Einfügen erfordert das Löschen einige zusätzliche Überlegungen, da immer die Suchbaumeigenschaft erfüllt bleiben muss. Dies ist noch relativ einfach, wenn der zu löschende Knoten einen Nullzeiger als Unterbaum besitzt. Dann kann der Knoten einfach durch den anderen Unterbaum ersetzt werden.

Beispiel 4.31:

Im nebenstehenden Baum wird beim Löschen des Knotens mit dem Schlüssel 13 der Knoten durch die Wurzel seines nichtleeren Unterbaums ersetzt. Hierfür muss im darüberliegenden Knoten (mit Schlüssel 16) der Verweis neu gesetzt werden. □

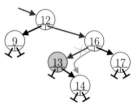

Löschen des Knotens mit dem Schlüssel 13.

Der Fall, dass ein Blatt gelöscht wird, ist letztendlich ein Sonderfall des bisher Beschriebenen: Der zu löschende Knoten wird im darüber liegenden Knoten durch einen Nullzeiger ersetzt.

Soll jedoch ein Knoten mit zwei nichtleeren Unterbäumen im Baum gelöscht werden, muss sein Platz durch einen anderen Knoten eingenommen werden, damit beide Unterbäume wieder richtig verankert werden können. Da die Suchbaumeigenschaft erhalten bleiben muss, kommt hierfür nur der Knoten mit dem nächstgrößeren (oder nächstkleineren) Schlüssel in Frage – wird etwa der übernächstgrößere genommen, wäre der nächstgrößere Schlüssel als kleinerer Wert im rechten Unterbaum falsch platziert.

Wir benutzen im Weiteren stets den Knoten mit dem nächstgrößeren Schlüssel, den sog. Inorder-Nachfolger. Diesen erhält man, indem man im rechten Unterbaum immer dem linken Verweis folgt, bis ein Nullzeiger erreicht ist. Dies ist schematisch in der nebenstehenden Abbildung dargestellt. Der letzte passierte Knoten, in der Skizze der weiße Knoten mit orangefarbigem Rand, ist der Inorder-Nachfolger. Er wird aus dem Baum entfernt und ersetzt den gelöschten Knoten.

▶Inorder-Nachfolger

Suche nach dem Inorder-Nachfolger.

Inorder-Nachfolger? Moment mal: Inorder heißt wohl so viel wie »in Ordnung«, sprich: in der sortierten Reihenfolge. Das war bei der Skipliste die unterste Reihe…

Beispiel 4.32:

Im nebenstehenden Baum wird der orangefarben hinterlegte Knoten mit dem Schlüssel 12 gelöscht. Der Inorder-Nachfolger ist der markierte Knoten mit dem Schlüssel 13. Dieser Knoten ersetzt den Knoten 12 und wird entsprechend von seiner bisherigen Position entfernt. Es resultiert der ebenfalls am Rand dargestellte Baum. □

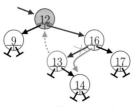

Löschen des Knotens mit dem Schlüssel 12.

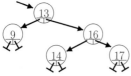

Resultierender Baum.

In Löschen-Baum (Algorithmus 4.16) ist der Ablauf beim Löschen eines Knotens dargestellt: Dort werden sowohl die Suche nach dem zu löschenden Knoten als auch die einfachen Fälle mit leeren Unterbäumen realisiert. Die Suche nach dem Inorder-Nachfolger ist in den Algorithmus 4.17 (Suche-Nachfolger) ausgelagert.

Beispiel 4.33:

Das Bild 4.10 verdeutlicht, wie mit Löschen-Baum (Algorithmus 4.16) verschiedene Knoten gelöscht werden. In den Fällen (a) und (b) wird der Knoten jeweils durch den Inorder-Nachfolger ersetzt. In (c) wird das Blatt mit dem Schlüssel 5 direkt gelöscht. Und in (d) hat der zu löschende Knoten einen leeren Unterbaum. □

Algorithmus 4.16 Rekursives Löschen eines Elements in einem binären Suchbaum

www
Baum.java

Löschen-Baum(Schlüssel *löschWert*)
  Rückgabewert: nichts falls erfolgreich bzw. Fehler sonst
  1   *anker* → Löschen-Baum-R(*löschWert, anker*)

Löschen-Baum-R(Schlüssel *löschWert*, Element *el*)
  Rückgabewert: neues erstes Element bzw. Fehler sonst
  1   **switch**
  2   **case** *el* = NULL :
  3   **error** "Element nicht gefunden"
  4   **case** *löschWert* < *el.wert* :   ⎫
  5   *el.links* → Löschen-Baum-R(*löschWert, el.links*)   rekursive
  6   **return** *el*   Suche
  7   **case** *löschWert* > *el.wert* :   nach dem
  8   *el.rechts* → Löschen-Baum-R(*löschWert, el.rechts*)   Element
  9   **return** *el*   ⎭
  10 **case** *löschWert* = *el.wert* :
  11   **if** *el.links* = NULL   ⎫
  12   **then** ⌐ **return** *el.rechts*   einfache Fälle mit leerem Unterbaum
  13   **else** ⌐ **if** *el.rechts* = NULL   ⎭
  14   **then** ⌐ **return** *el.links*
  15   **else** ⌐ *ersatz* → Suche-Nachfolger(*el*)   ⎫ Knoten durch
  16   *ersatz.links* → *el.links*   den Inorder-
  17   *ersatz.rechts* → *el.rechts*   nachfolger
  18   ∟   ∟ **return** *ersatz*   ersetzen

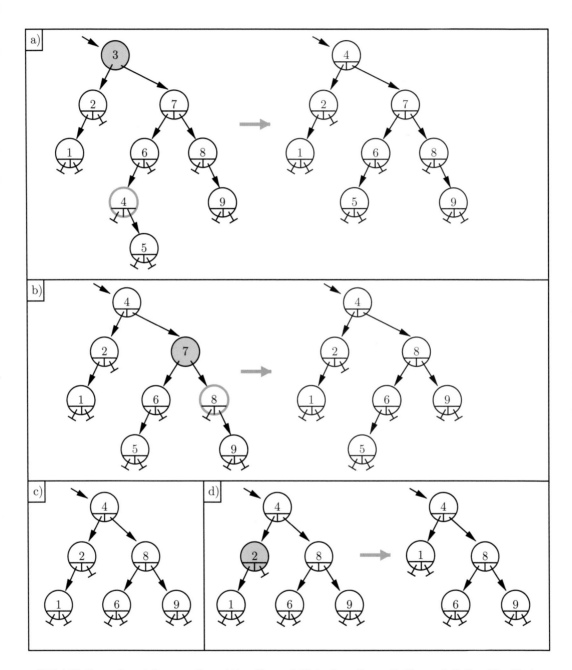

Bild 4.10: Es werden mit Löschen-Baum (Algorithmus 4.16) in einem Baum die Knoten 3, 7, 5 und 2 gelöscht.

Algorithmus 4.17 Ermittelung des Inorder-Nachfolgers im binären Suchbaum

---

SUCHE-NACHFOLGER(Element el)

    Rückgabewert: Verweis auf Ersatzknoten

1 **if** $el.rechts.links =$ NULL

2 **then** $\ulcorner$ $ersatz \rightarrow el.rechts$ Wurzel des Unterbaums ist Nachfolger

3       $\llcorner$ $el.rechts \rightarrow el.rechts.rechts$

4 **else** $\ulcorner$ $el \rightarrow el.rechts$

5   **while** $el.links.links \neq$ NULL   im Unterbaum ganz nach links gehen

6   **do** $\lfloor$ $el \rightarrow el.links$

7        $ersatz \rightarrow el.links$

8        $\llcorner$ $el.links \rightarrow el.links.rechts$ Inorder-Nachfolger aushängen

9 **return** $ersatz$

Sollen alle im Baum gespeicherten Daten ausgegeben werden, muss ein Algorithmus jeden Knoten des Baums einmal besuchen. Hierfür wird in der Regel ein rekursiver Ansatz benutzt, der die folgenden drei Teilschritte durchführt: die (rekursive) Ausgabe des linken Unterbaums, den Wert des Knotens selbst ausgegeben sowie die (rekursive) Ausgabe des rechten Unterbaums. So wird die sortierte Reihenfolge, auch Inorder-Ausgabe genannt, der Schlüsselwerte erzeugt. Der zugehörige Ablauf ALLE-BAUM-INORDER ist in Algorithmus 4.18 angegeben.

▶Inorder-Ausgabe

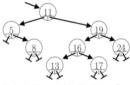

Beispielbaum für die Ausgabe aller Knoten.

Beispiel 4.34:

ALLE-BAUM-INORDER (Algorithmus 4.18) erzeugt für den nebenstehenden Suchbaum die Ausgabe 5, 8, 11, 13, 16, 17, 19, 24.   □

Da jeder Knoten und jede Kante genau einmal bearbeitet wird und bei n Knoten genau $n-1$ Kanten existieren, ist die Laufzeit der Ausgabe in $\Theta(n)$.

    Eine andere Reihenfolge der Teilschritte führt zu einer anderen unsortierten Ausgabe. Wird etwa wie in ALLE-BAUM-PRÄORDER (Algorithmus 4.19) zunächst der Knoten selbst und dann die Unterbäume von links nach rechts ausgegeben, erhält man die sog. Präorder-Ausgabe. Eine Anwendung der Präorder-Ausgabe besteht darin, dass sich daraus das genaue Aussehen eines binären Suchbaums rekonstruieren lässt.

▶Präorder-Ausgabe

Beispiel 4.35:

ALLE-BAUM-PRÄORDER (Algorithmus 4.19) führt beim Baum aus Beispiel 4.34 zur Reihenfolge 11, 5, 8, 19, 16, 13, 17, 24.   □

Algorithmus 4.18 Inorder-Ausgabe aller Knoten im binären Suchbaum

---

ALLE-BAUM-INORDER(Element el)

    Rückgabewert: nichts, da direkte Ausgabe

1 **if** $el \neq$ NULL

2 **then** $\ulcorner$ ALLE-BAUM-INORDER($el.links$)

3   **drucke:** $el.daten$ Wurzel zwischen linkem und

4      $\llcorner$ ALLE-BAUM-INORDER($el.rechts$) rechtem Unterbaum ausgeben

---

Algorithmus 4.19 Präorder-Ausgabe aller Knoten im binären Suchbaum

ALLE-BAUM-PRÄORDER(Element $e\ell$)
   Rückgabewert: nichts, da direkte Ausgabe
1 **if** $e\ell \neq$ NULL
2   **then** ⌐ **drucke:** $e\ell$.daten
3   ALLE-BAUM-PRÄORDER($e\ell$.links)
4   ∟ ALLE-BAUM-PRÄORDER($e\ell$.rechts)

Unterbäume nach der
Wurzel ausgeben
(erst links, dann rechts)

Die Laufzeit ist analog zur Inorder-Ausgabe in $\Theta(n)$.

> Die Idee von diesen Bäumen ist ja recht nett und einfach.
> Doch die Algorithmen haben es zum Teil schon ganz schön
> in sich! Wenn ich allerdings diese Strukturen programmieren
> will, komme ich ohne die Algorithmen nicht aus.

4.5 Strukturierte Verarbeitung von Graphen

Neben dem Mengen- und dem Sortierproblem gab es noch Graphenprobleme, bei denen Struktur ebenfalls hilfreich ist.

Um Algorithmen auf Graphen effizient formulieren zu können, muss in einer passenden Datenstruktur die Strukturinformation der Graphen gespeichert werden. Im Weiteren werden drei unterschiedliche Möglichkeiten vorgestellt.

4.5.1 Datenstrukturen für Graphen

Mit unserem bildlichen Vorstellungsvermögen können wir Menschen Graphen in einer bildlichen Form schnell erfassen und Zusammenhänge erkennen. Für den Computer ist eine andere, maschinell leicht verarbeitbare Darstellung notwendig.

Die einfachste Datenstruktur hierfür ist die Adjazenzmatrix, die für jede mögliche Kante speichert, ob sie vorhanden ist.

Definition 4.36: Adjazenzmatrix
Eine Adjazenzmatrix für einen Graphen $G = (V, E)$ mit $V = \{1, \ldots, n\}$ ist eine $n \times n$-Matrix A, in der

$$A[i, j] = 1 \Leftrightarrow (i, j) \in E.$$

Beispiel 4.37:
Nebenstehend ist die Adjazenzmatrix für den auf der vorherigen Seite stehenden Graphen G abgebildet. Ein Eintrag in der Diagonalen entspricht einer Schleife, wie hier im Beispiel $(4,4) \in E$. □

Gerichteter Graph G

▶ Adjazenzmatrix

	j=1	2	3	4
i=1	0	1	1	0
2	0	0	0	0
3	0	1	0	0
4	0	0	1	1

Adjazenzmatrix für Graph G

Aus so einer Adjazenzmatrix kann man einiges schnell ablesen: Sind $A[i,j] = A[j,i] = 1$, so gibt es eine Doppelkante zwischen den Knoten i und j. Ist $A[i,j] = A[j,i] = 0$, sind die Knoten nicht direkt miteinander verbunden.

Für ungerichtete Graphen werden entweder die Einträge doppelt, d.h. an der Diagonalen gespiegelt, abgelegt – oder es wird nur die linke untere Hälfte genutzt, wobei für eine Kante (i,j) mit $j > i$ der Eintrag $A[j,i]$ benutzt wird.

Zum besseren Vergleich der Datenstrukturen betrachten wir jeweils einen Algorithmus, der alle Kanten eines Graphen ausgibt – für die Adjazenzmatrix ist Alle-Kanten-Adjazenzmatrix in Algorithmus 4.20 dargestellt. Die Laufzeit ist $\Theta((\#V)^2)$, da beide ineinander geschachtelte Schleifen $\#V$-mal durchlaufen werden und der Zugriff auf eine Kante in konstanter Zeit erfolgt.

Andere typische Operationen auf Graphen sind:

- der Test, ob eine Kante existiert, bzw. das Setzen oder Löschen einer Kante (in $\Theta(1)$),
- die Ausgabe aller ausgehenden Kanten eines Knotens (in $\Theta(\#V)$, da auch alle ungesetzten Kanten in der Matrix geprüft werden müssen) und
- das Hinzufügen oder das Löschen eines Knotens zu der Menge V (in $\Theta((\#V)^2)$, da dann eine neue Matrix angelegt wird und die Werte umkopiert werden).

Der Speicherbedarf ist bei der Adjazenzmatrix für jeden Graphen mit $\#V$ Knoten gleich groß – unabhängig von der Anzahl der Kanten. Dies ist
▶dünner Graph insbesondere bei sog. dünnen Graphen mit wenigen Kanten ärgerlich, da sich der Aufwand vieler Operationen aus der Größe und nicht dem Füllgrad der Adjazenzmatrix ergibt. Die Datenstruktur der Adjazenzliste bietet hier eine Verbesserung.

Definition 4.38:   Adjazenzliste

▶Adjazenzliste Eine Adjazenzliste für einen Graphen $G = (V, E)$ mit $V = \{1, \ldots, n\}$ besteht aus einem Feld mit einem Eintrag für jeden Knoten, welcher auf eine Liste der beim jeweiligen Knoten startenden Kanten verweist.

Algorithmus 4.20 Ausgabe aller Kanten bei der Adjazenzmatrix

---

www
GraphAdjM.java

Alle-Kanten-Adjazenzmatrix(Graph G mit n Knoten und Adjazenzmatrix A)
    Rückgabewert: keiner
1 **for** $i \leftarrow 1, \ldots, n$ ⎫ alle möglichen Kanten durchgehen
2 **do** ⌈ **for** $j \leftarrow 1, \ldots, n$ ⎭
3   **do** ⌈ **if** $A[i,j] = 1$ ⌉ Test, ob Kante vorhanden
4   ∟ ∟ **then** ⌈ **drucke** »Kante (i,j)«

Beispiel 4.39:
Nebenstehend ist die Adjazenzliste für den Graphen G von Seite 95 abgebildet. Abhängig vom Ausgangsgrad jedes Knotens sind die Listen unterschiedlich lang – von Knoten 2 beispielsweise führt keine Kante zu einem anderen Knoten, d.h. die entsprechende Liste ist leer. □

Adjazenzliste für Graph G

 Aber ist diese Adjazenzliste nun wirklich sinnvoll? Dort kann ich ja zum Beispiel gar nicht so direkt Ablesen, welche Kanten alle in einen Knoten münden – das stand bei der Adjazenzmatrix einfach in jeder Spalte.

Die Ausgabe aller Knoten ALLE-KANTEN-ADJAZENZLISTE ist für die Adjazenzliste in Algorithmus 4.21 dargestellt. Die Laufzeit lässt sich wie folgt abschätzen: Die For-Schleife wird genau n mal durchlaufen. Die darin enthaltene While-Schleife wird nun über alle Iterationen der For-Schleife hinweg für jede Kante des Graphen genau einmal durchlaufen. Daraus folgt ein Gesamtaufwand von $\Theta(\#V + \#E)$. Der erste Teil der Summe ($\#V$) ist notwendig, falls der Graph gar keine Kanten besitzt – dann bestimmt die For-Schleife die Laufzeit. Der zweite Teil ($\#E$) gibt an, wie oft die Zeilen 3–5 insgesamt durchlaufen werden. Sobald $\#E > \#V$ überwiegt dieser Anteil der Laufzeit.

Für andere Operationen, wie das Einfügen/Löschen einer Kante oder die Ausgabe aller Kanten eines Knotens, hängt die Laufzeit von der jeweiligen Länge der Liste ab. Das Einfügen oder Löschen von Knoten wiederum geht in $O(\#V)$, da ggf. ein Feld mit veränderter Größe angelegt wird und die Verweise auf die Listen umkopiert werden – die Listen selbst können unverändert übernommen werden.

Da auf jede einzelne Kanten nicht mehr in konstanter Zeit zugegriffen werden kann, bietet es sich an, Kanten $\{i, j\}$ eines ungerichtete Graphen als zwei Kanten (i, j) und (j, i) einzutragen – nur dann können alle Kanten eines Knotens in $O(d)$ (mit dem maximalen Ausgangsgrad d eines Knotens) ausgegeben werden.

Adjazenzmatrix und Adjazenzliste haben den großen Nachteil, dass auf einen Knoten über seine Nummer zugegriffen wird. Das ist kritisch, wenn

---

Algorithmus 4.21 Ausgabe aller Kanten bei der Adjazenzliste

ALLE-KANTEN-ADJAZENZLISTE(Graph G mit n Knoten und Adjazenzliste A)
    Rückgabewert: keiner
1   **for** $i \leftarrow 1, \ldots, n$ ⌐ alle Knoten durchgehen
2   **do** ⌐ $e\ell \rightarrow A[i]$
3   **while** $e\ell \neq$ NULL   Liste der ausgehenden
4   **do** ⌐ **drucke** »Kante ($i, e\ell.wert$)«   Kanten durchlaufen
5   ∟ ∟ $e\ell \rightarrow e\ell.nächster$

www
GraphAdjL.java

Algorithmus 4.22 Ausgabe aller Kanten bei der doppelt verketteten Pfeilliste

---

ALLE-KANTEN-PFEILLISTE(Graph G mit n Knoten und dopp.v. Pfeilliste A)

Rückgabewert: keiner

1   *knoten → anker*
2   **while** *knoten ≠ NULL*   } Liste der Knoten durchlaufen
3   **do** ⌐ *el → knoten.kanten*
4   **while** *el ≠ NULL*   Kantenliste durchlaufen
5   **do** ⌐ **drucke** »Kante (*knoten.nummer,el.zielknoten.nummer*)«
6   └ *el → el.nächster*
7   └ *knoten → knoten.nächster*

---

sich die Knotenmenge während der Lebenszeit eines Graphen stark ändert – beim Löschen muss entweder ein Index unbesetzt bleiben oder alle Knotennummern müssen (auch in den Kanteninformationen) angepasst werden. Für solche Einsatzszenarien ist die dritte Datenstruktur für Graphen, die doppelt verkettete Pfeilliste, besser geeignet.

Definition 4.40:   Doppelt verkettete Pfeilliste

▶doppelt verkettete Pfeilliste

Bei einer doppelt verketteten Pfeilliste sind die Knoten in einer doppelt verketteten Liste organisiert. Für jeden Knoten gibt es eine doppelt verkettete Liste der Knoten, zu denen dieser Ausgangsknoten eine Kante besitzt. Diese zweite Liste bezeichnen wir als Kantenliste des Knotens. Jeder Knoten der Kantenliste enthält einen Verweis auf seine Entsprechung in der Knotenliste.

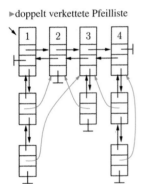

Doppelt verkettete Pfeilliste für Graph G

Beispiel 4.41:

Nebenstehend ist die doppelt verkettete Pfeilliste für Graph G von Seite 95 dargestellt. Die Verweise aus den Kantenlisten in die Knotenliste sind orange gedruckt.   □

Anders als bei der Adjazenzmatrix oder -liste kann bei der doppelt verketteten Pfeilliste nicht mehr in konstanter Zeit auf einen beliebigen Knoten zugegriffen werden – stattdessen muss die Knotenliste durchlaufen werden, bis der Knoten gefunden wird. Durch die Verweise von jeder Kanteliste in die Knotenliste wird dieses Manko wettgemacht, da bei den meisten Algorithmen ein Knoten v genau dann bearbeitet wird, nachdem er über eine Kante (u, v) erreicht wurde.

Die Operationen haben weitestgehend die gleiche Laufzeit wie die Operationen der Adjazenzliste – nur in dem Fall, dass ein Knoten nicht direkt durch einen Zeiger erreicht wird, sondern erst in der Liste gesucht werden muss, fällt ein zusätzlicher Aufwand von $O(\#V)$ an. Ein Vergleich der Laufzeiten ist in Tabelle 4.2 für die drei Datenstrukturen dargestellt. Die Ausgabe aller Knoten ALLE-KANTEN-PFEILLISTE ist für die doppelt verkettete Pfeilliste in Algorithmus 4.22 dargestellt.

Tabelle 4.2: Laufzeitenvergleich der Basisoperationen für Graphen. d bezeichnet den maximalen Ausgangsgrad der Knoten im Graphen. Bei der doppelt verketteten Pfeilliste wird unterschieden zwischen dem Fall, dass man direkt über einen Zeiger zum Knoten gelangt, und den Fall, dass der Knoten erst noch gesucht werden muss.

Operation	Adjazenzmatrix	Adjazenzliste	doppelt verkettete Pfeilliste
Kante prüfen/einfügen/löschen	$\Theta(1)$	$O(d)$	$O(d)$ bzw. $O(\#V + d)$
alle ausgehenden Kanten eines Knotens ausgeben	$\Theta(\#V)$	$O(d)$	$O(d)$ bzw. $O(\#V + d)$
alle Kanten ausgeben	$\Theta((\#V)^2)$	$\Theta(\#V + \#E)$	$\Theta(\#V + \#E)$
Knoten einfügen/löschen	$\Theta((\#V)^2)$	$O(\#V)$	$O(\#V)$

Also nochmal zusammengefasst: Die Adjazenzliste ist ideal für »dünne« Graphen und kann meistens verwendet werden. Die Adjazenzmatrix geht bei kleinen Graphen oder solchen mit sehr vielen Kanten. Und die doppelt verkettete Pfeilliste nehme ich, wenn sich die Größe des Graphen immer wieder ändert.

4.5.2 Kürzeste Wege – ein vereinfachter Versuch

Nachdem die verschiedenen Datenstrukturen im vorigen Abschnitt zunächst »trocken« vorgestellt wurden, wollen wir uns nun den Einsatz in einem konkreten Algorithmus anschauen. Hierfür dient uns eine vereinfachte Version des Kürzeste-Wege-Problems. Anstatt »echte« Kosten γ an den Kanten zu berücksichtigen, interessiert uns momentan nur die Anzahl der Kanten vom Start- zum Zielknoten.

Klar, wenn ich an den Stadtplan von Manhatten denke, dann ist die Anzahl der »Blocks«, die ich auf einem Weg entlang laufe, auch eine ganz gute Näherung für die echte Entfernung. Und: Vielleicht lässt sich dieses Problem ja einfacher lösen als die ursprüngliche Fragestellung.

Diese Fragestellung löst direkt die sog. Breitensuche im Graphen. Ausgehend vom Startknoten werden zunächst die direkt benachbarten Knoten berücksichtigt. Anschließend werden die von diesen Knoten direkt erreichbaren Knoten angeschaut, danach die mit drei Schritten erreichbaren etc. Damit dieser Prozess effizient abläuft, müssen die neu entdeckten Knoten so gespeichert werden, dass in der nächsten Runde (nachdem alle Knoten mit der aktuell betrachteten Entfernung abgearbeitet sind) ihre ausgehenden

▶Breitensuche

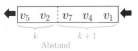

Beispielhafte Warteschlange in der Breitensuche

Kanten direkt geprüft werden können – ohne dass diese Knoten nochmals gesucht werden müssen. Dies lässt sich leicht durch eine Warteschlange (vgl. Übungsaufgaben 3.8 und 3.9) als Hilfsdatenstruktur realisieren: Jeder über eine Kante neu entdeckte Knoten wird hinten angefügt und der nächste zu bearbeitende Knoten wird vorn entnommen. Wie man im nebenstehenden Bild beispielhaft sieht, garantiert diese Vorgehensweise, dass die Knoten mit Abstand $k + 1$ erst nach dem letzten Knoten mit Abstand k in der Warteliste stehen.

In BREITENSUCHE (Algorithmus 4.23) wird dies ohne Bezug auf eine konkrete Datenstruktur umgesetzt. Anschließend werden wir für die vorher vorgestellten Graphdatenstrukturen die Laufzeiten abschätzen.

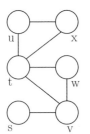

Ausgangsgraph für die Breitensuche.

Beispiel 4.42:

Wird die BREITENSUCHE auf den nebenstehenden ungerichteten Graphen mit Startknoten s angewandt, ergibt sich der in Bild 4.11 protokollierte Verlauf. Es fehlen die letzten beiden Schritte, in der die Knoten u und x abgearbeitet, d.h. grau gefärbt, werden. Dabei werden weder neue Knoten entdeckt, noch kann sich die bereits gesetzte kürzeste Entfernung in den bekannten Knoten ändern. □

Satz 4.43: Korrektheit

BREITENSUCHE *berechnet den Abstand jedes Knotens vom Startknoten gemessen an der Anzahl der minimal zu beschreitenden Kanten.*

Algorithmus 4.23 Berechnung der kürzesten Wege (Anzahl der Kanten) vom Startknoten

---

www
Breitensuche.java

BREITENSUCHE(Knoten V, Kanten E, Knoten *start*)
　　Rückgabewert: Distanzen *abstand*, Weg *vorgänger*

```
 1  for alle Knoten u ∈ V \ {start}
 2  do ⌈ istBekannt[u] ← false          die noch unbekannten
 3       abstand[u] ← ∞                  Knoten initialisieren
 4     ⌊ vorgänger[u] → NULL
 5  abstand[start] ← 0
 6  istBekannt[start] ← true             Startknoten ist als
 7  Q → allokiere Warteschlange          einziger bekannter Knoten
 8  Q.EINFÜGEN(start)                     in der Warteschlange
 9  while ¬Q.ISTLEER
10  do ⌈ u → Q.NÄCHSTESELEMENT           nächsten Knoten bearbeiten
11       Q.ENTFERNEN
12       for alle v ∈ V mit (u, v) ∈ E   alle erreichbaren Knoten betrachten
13       do ⌈ if ¬istBekannt[v]
14            then ⌈ abstand[v] ← abstand[u] + 1
15                   vorgänger[v] → u    neu entdeckten Knoten in
16                   istBekannt[v] ← true  Warteschlange einfügen
17     ⌊     ⌊     ⌊ Q.EINFÜGEN(v)
18  return (abstand, vorgänger)
```

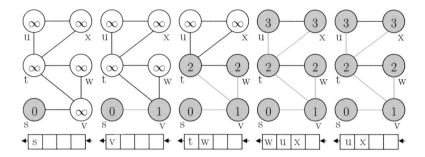

Bild 4.11: BREITENSUCHE (Algorithmus 4.23) wird auf einen Graphen angewandt. Abgearbeitete Knoten sind grau, bekannte Knoten in der Warteschlange orange. Die Vorgängerkante des kürzesten Wegs ist ebenfalls orange markiert. Unterhalb der Graphen ist die aktuelle Warteschlange gezeigt, in der die orange markierten Knoten in der Reihenfolge ihrer anstehenden Abarbeitung eingetragen sind.

Beweis 4.44:

Die Korrektheit lässt sich in zwei Schritten beweisen. Als Invariante ergibt sich zu jedem Zeitpunkt der While-Schleife, dass für die in der Warteschlange Q enthaltenen Knoten $u_1, \ldots, u_k$ gilt:

$$abstand[u_1] \leq \ldots \leq abstand[u_k].$$

Da der Wert *abstand* gemäß der Anzahl der benutzten Kanten gesetzt wurde, bedeutet dies jedoch zunächst nur, dass es zu den Knoten in der resultierenden Reihenfolge Wege im Graphen mit größer werdender Länge gibt – es heißt nicht, dass diese Wege zwangsläufig die kürzesten Wege sind.

Wenn wir also annehmen, es gäbe zu einem Knoten v mit $abstand[v] = m$ einen kürzeren Weg mit $m - 1$ Kanten. Dann muss der direkte Vorgänger u auf diesem Weg mit $abstand[u] = m - 2$ vor dem bisherigen Vorgänger von v aus der Warteschlange Q entfernt worden sein. Gemäß der Aktualisierung von Q in den Zeilen 12–17 hätte dann aber bereits v früher in Q mit dem Abstand $m - 1$ eingefügt werden müssen. Dies ist ein Widerspruch, woraus folgt, dass es keinen kürzeren Weg zu v geben kann. ∎

Satz 4.45:   **Laufzeit**

Die Laufzeit für BREITENSUCHE *wird bestimmt durch die Anzahl der Knoten #V sowie für jeden Knoten die Zeit, alle ausgehenden Kanten zu prüfen.*

Beweis 4.46:

Die Initialisierung liegt offensichtlich in $\Theta(\#V)$. Die While-Schleife wird höchstens $\#V$ mal durchlaufen, da jedes Mal ein Knoten entfernt wird und jeder Knoten nur einmal aufgenommen wird – wenn $istBekannt[v] = $ **false**, welches sofort auf **true** gesetzt wird. Die innere For-Schleife wiederum prüft für den betrachteten Knoten alle Kanten; der Aufwand in jeder Iteration durch die For-Schleife ist konstant. ∎

Daraus ergibt sich für die Breitensuche mit der Adjazenzmatrix ein Aufwand von $O(\#V + (\#V)^2) = O((\#V)^2)$. Für die Adjazenzliste und die doppelt verkettete Pfeilliste ist der Aufwand $O(\#V + \#E)$. Dabei ist bei der Pfeilliste zu beachten, dass in der Warteschlange Q die Zeiger auf den jeweiligen Knoten im Speicher verwaltet werden – dadurch kann in der inneren For-Schleife direkt mit der verketteten Liste der Kanten begonnen werden und es muss nicht erst der betroffene Knoten in der Knotenliste gesucht werden.

Die BREITENSUCHE wurde von Moore (1959) entwickelt und zunächst auf die kürzeste Wegesuche in Labyrinthen angewandt.

4.5.3 Ableiten von Strukturinformation

Bisher lag der Fokus auf der Speicherung des Graphen (mit effizienten Zugriffsoperationen). In diesem Abschnitt wollen wir uns jetzt darum kümmern, wie ein Computerprogramm erkennen kann, ob der Graph bestimmte Eigenschaften wie »zusammenhängend« oder »zyklenfrei« hat.

▶Tiefensuche

Hierfür führen wir im Weiteren eine spezielle Variante der Tiefensuche ein. Im Gegensatz zur Breitensuche aus dem vorherigen Abschnitt werden nicht sofort alle direkt benachbarten Knoten besucht. Vielmehr konzentriert sich die Suche zuerst auf alle Knoten, die vom ersten besuchten Nachbarknoten aus erreichbar sind, anschließend wird mit dem nächsten direkt benachbarten Knoten weiter gemacht. Da dies rekursiv an jedem Knoten gemacht wird, verfolgt der Algorithmus zunächst einen Weg in die Tiefe (deshalb: Tiefensuche), bis dieser nicht mehr verlängert werden kann. Erst dann werden andere Abzweigungen auf diesem Weg betrachtet.

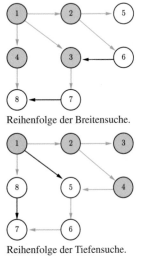

Reihenfolge der Breitensuche.

Reihenfolge der Tiefensuche.

Beispiel 4.47:
Der Unterschied zwischen Breiten- und Tiefensuche ist nebenstehend anhand eines kleinen Beispiels dargestellt. Die Zahlen in den Knoten zeigen die Reihenfolge, in der sie besucht werden. Die Kanten, über die ein Knoten zum ersten Mal erreicht wird, sind orange dargestellt. □

Breitensuche und Tiefensuche... Tiefensuche scheint mir das Gegenteil der Breitensuche zu sein. Es erinnert mich an die Gegensätzlichkeit von Warteschlange und Stack. Während bei der Breitensuche stets der Knoten als nächstes behandelt wird, der als erstes gefunden wurde, wird bei der Tiefensuche der letzte gefundene und noch nicht bearbeitete Knoten betrachtet.

Die hier vorgestellte TIEFENSUCHE (Algorithmus 4.24) arbeitet rekursiv durch Aufruf der Operation EXPANDIERE. Dadurch dass EXPANDIERE sich selbst rekursiv der Reihe nach für alle durch eine Kante erreichbaren Knoten aufruft, werden erst in der Tiefe alle erreichbaren Knoten abgesucht, bevor der nächste Nachbarknoten dran ist. Dabei werden für alle Knoten die Zeitpunkte registriert, wann der jeweilige Knoten *entdeckt* bzw. *fertig* abgearbeitet wurde. Aus Effizienzgründen werden diese Informationen in zwei Feldern abgelegt, die jeweils mit der Knotennummer indiziert sind. Zusätzlich enthält ein weiteres ebenso indiziertes Feld die Information, von welchem Knoten aus der jeweilige Knoten entdeckt wurde. Aus der letztgenannten Information kann der Tiefensuchbaum – bestehend aus den benutzten Wegen zu jedem Knoten – rekonstruiert werden. Die gespeicherten Zeitstempel werden verwendet, um andere Strukturinformationen über den Baum ablesen zu können.

▶Tiefensuchbaum

Beispiel 4.48:
Ein beispielhafter Ablauf der TIEFENSUCHE (Algorithmus 4.24) ist in Bild 4.12 dargestellt. Für zwölf Zeitschritte ist jeweils in den Knoten der Zustand der Felder *entdeckt* und *fertig* dargestellt. Der Laufzeitstapel gibt an, für wel-

---

Algorithmus 4.24 Ableitung von Information bzgl. der Struktur des Graphen

TIEFENSUCHE(Knoten V, Kanten E)

www
Tiefensuche.java

Rückgabewert: Zeiten *entdeckt*, *fertig*, Kanten des Tiefensuchbaums *vorgänger*

```
1   for alle Knoten u ∈ V
2   do ⌐ istBekannt[u] ← false          ⌐
3        entdeckt[u] ← 0                  │ Knoten initialisieren
4        fertig[u] ← 0                    │
5      ∟ vorgänger[u] → NULL              ⌐
6   zeit ← 0
7   for alle Knoten u ∈ V                 ⌐
8   do ⌐ if ¬istBekannt[u]               │ von allen Knoten aus werden die
9      ∟ then ⌐ EXPANDIERE(u)            │ erreichbaren noch unbekannten Knoten entdeckt
10  return (entdeckt, fertig, vorgänger)
```

EXPANDIERE(Knoten u)

Rückgabewert: nichts; Seiteneffekte in *entdeckt*, *fertig*, *vorgänger*

```
1   istBekannt[u] ← true
2   zeit ← zeit + 1                      ⌐ ersten Zeitstempel setzen
3   entdeckt[u] ← zeit                   ⌐
4   for alle v ∈ V mit (u, v) ∈ E         ⌐ alle ausgehenden Kanten betrachten
5   do ⌐ if ¬istBekannt[v]
6      then ⌐ vorgänger[v] → u           ⌐ unbekannte Knoten rekursiv bearbeiten
7    ∟   ∟ EXPANDIERE(v)
8   zeit ← zeit + 1                      ⌐ zweiten Zeitstempel setzen
9   fertig[u] ← zeit                     ⌐
```

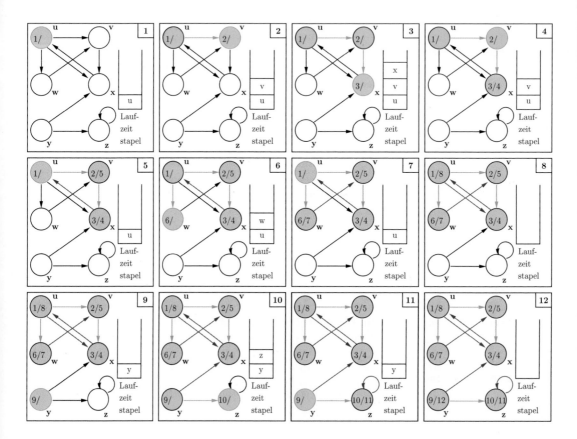

Bild 4.12: Tiefensuche (Algorithmus 4.24) wird auf einen Graphen angewandt. Der aktuell betrachtete Knoten ist orange umrandet, entdeckte Knoten sind orange hinterlegt – bis sie als fertig abgearbeitete Knoten grau hinterlegt werden. Aus Gründen der Übersichtlichkeit sind die Informationen aus den Feldern *entdeckt* und *bearbeitet* direkt bei den Knoten notiert: links die Entdeckungszeit, sowie rechts die Zeit, wann der Knoten fertig bearbeitet wurde. Kanten im Tiefensuchbaum sind orange, betrachtete und unberücksichtigte Kanten sind grau.

che Knoten die Funktionsaufrufe noch offen sind und erst in den späteren Schritten vollends abgearbeitet werden. Der Tiefensuchbaum besteht aus den orange markierten Kanten. □

 Also wird die Tiefensuche hier tatsächlich mit einem Stack – einem Laufzeitstapel realisiert.

Werden die Knoten in einer anderen Reihenfolge als Startknoten herangezogen, sieht auch der Tiefensuchbaum entsprechend anders aus.

Satz 4.49: Laufzeit der Tiefensuche

Die Laufzeit der Tiefensuche *ist $O(\#V + \#E)$, wenn der Graph als Adjazenzliste gespeichert ist.*

Beweis 4.50:
Die Initialisierung in Zeilen 1–6 der Tiefensuche ist in $\Theta(\#V)$. Der Teilalgorithmus Expandiere wird sowohl in Tiefensuche als auch rekursiv in Expandiere selbst aufgerufen. Da dies jedoch nur geschieht, wenn der Knoten noch nicht bekannt ist ($\neg istBekannt[u]$) und in Expandiere in Zeile 1 der entsprechende Eintrag in *istBekannt* auf **true** gesetzt wird, kann Expandiere höchstens $\#V$ Mal aufgerufen werden – für jeden Knoten genau einmal. Dadurch wird insgesamt in Zeile 4 von Expandiere jede ausgehende Kante genau einmal geprüft. Wegen der Speicherung als Adjazenzliste entsteht kein zusätzlicher Aufwand. Es folgt direkt die angegebene asymptotische Laufzeit. ∎

Wenn der Graph als Adjazenzmatrix gespeichert ist, beträgt der Aufwand $\Theta((\#V)^2)$, da für jeden Knoten auch die leeren Felder als mögliche ausgehende Kanten geprüft werden müssen.

Mittels der an den Knoten gespeicherten Zeiten lassen sich nun verschiedene Informationen über einen Graphen ableiten. So kann man diese beispielsweise benutzen, um die Kanten in vier verschiedene Kategorien einzuteilen. Dabei schauen wir den Zustand des Graphen in dem Augenblick an, wenn die Kante im Algorithmus berücksichtigt wird.

Am einfachsten ist der Fall mit den Kanten (u, v), die zum Tiefensuchbaum gehören: Zum Bearbeitungszeitpunkt ist der Knoten v noch nicht bekannt, sprich es ist noch keine Zeit *entdeckt*$[v]$ gesetzt. Diese Kanten werden auch als Baumkanten bezeichnet.

▶Baumkanten

Beispiel 4.51:
In Beispiel 4.48 ist die Kante (u, v) eine Baumkante. Wie nebenstehend gezeigt, ist der Knoten v im ersten Schritt noch weiß, also noch nicht entdeckt. Im nächsten Schritt ist diese Kante (u, v) orange gefärbt. □

Entdeckung einer Baumkante.

Führt eine Kante (u, v) zu einem bereits entdeckten, aber noch nicht fertig abgearbeiteten Knoten v, so handelt es sich um eine sog. Rückwärtskante.

▶Rückwärtskante

Beispiel 4.52:
In Beispiel 4.48 ist die Kante (x, u) eine Rückwärtskante. Wie nebenstehend in einem Ausschnitt aus dem dritten Schritt der Tiefensuche gezeigt, ist der Knoten u bereits orange hinterlegt, wenn die Kante das erste Mal betrachtet wird. □

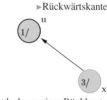

Entdeckung einer Rückkante.

Bei den Kanten (u, v), die zu einem bereits fertig abgearbeiteten Knoten v führen, müssen wir zwei Fälle unterscheiden. Gilt *entdeckt*$[u]$ < *entdeckt*$[v]$,

▶Vorwärtskante

Entdeckung einer
Vorwärtskante.

▶Querkante

Entdeckung einer Querkante
zwischen Tiefensuchbäumen.

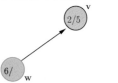

Entdeckung einer Querkante
als alternativer Weg.

dann ist die Kante eine direkte Abkürzung für einen längeren Weg im Tiefensuchbaum. Man spricht von einer Vorwärtskante.

Beispiel 4.53:

In Beispiel 4.48 ist die Kante (u, x) eine Vorwärtskante. Wie nebenstehend in einem Ausschnitt aus Schritt 8 gezeigt, ist der Knoten x bei Betrachtung der Kante (u, x) grau hinterlegt und wurde nach dem Knoten u entdeckt. □

Gilt wiederum *entdeckt*$[v]$ < *entdeckt*$[u]$ für (u, v), wenn eine Kante zu einem bereits abgearbeiteten Knoten v betrachtet wird, dann handelt es sich um eine Querkante. Das ist genau dann der Fall, wenn entweder ein Querverbindung zwischen Tiefensuchbäumen unterschiedlicher Startknoten oder ein alternativer Weg (über mehrere Knoten) im Tiefensuchbaum eines Startknotens gefunden wurde.

Beispiel 4.54:

In Beispiel 4.48 ist die Kante (y, x) eine Querkante zwischen den beiden Tiefensuchbäumen mit den Startknoten u und y. Wie nebenstehend gezeigt, ist der Knoten x grau hinterlegt und wurde vor dem Knoten y entdeckt. Die Kante (w, v) ist ein Beispiel für eine Querkante als Teil des Wegs u, w, v als Alternative zum Weg bestehend aus der Kante (u, v). □

Abschließend wollen wir zur Motivation dieses Abschnitts zurückkommen, dass Strukturinformation aus der Tiefensuche abgeleitet werden kann. Die folgenden zwei Lemmata ergeben sich direkt aus den obigen Ausführungen.

Lemma 4.55: Zyklen detektieren (ohne Beweis)
Ein Graph enthält genau dann wenigstens einen Zyklus, wenn die Tiefensuche eine oder mehrere Rückwärtskanten findet.

Lemma 4.56: Zusammenhang ungerichteter Graphen (ohne Beweis)
Ein ungerichteter Graph $G = (V, E)$ ist genau dann zusammenhängend, wenn im Tiefensuchbaum vom ersten Startknoten #V − 1 Baumkanten gefunden werden.

4.6 Rückführung auf ein einfacheres Problem

Bei der in Abschnitt 4.5.2 vorgestellten Breitensuche hatten wir bereits mit der Vereinfachung des Kürzeste-Wege-Problems argumentiert. In diesem Abschnitt möchten wir einen Schritt weiter gehen. Wir vereinfachen das Problem des dynamischen maximalen Flusses (Def. 1.21) zu einem statischen maximalen Fluss. Wir lösen das originale Problem, indem wir es auf das einfachere Problem zurückführen.

Das bisher behandelte Flussproblem ist insbesondere wegen des Zeitfaktors relativ kompliziert und lässt sich daher auch nur schwer algorithmisch bearbeiten. Daher führen wir eine einfachere Variante ein und betrachten im Weiteren, was die beiden Probleme miteinander zu tun haben.

Definition 4.57: Maximaler Fluss

Sei ein schleifenfreier Graph $G = (V, E)$ mit der Kapazität pro Kante $kap : E \to \mathbb{N}_0$ gegeben. Weiterhin seien $s \in V$ der Startknoten und $t \in V$ der Zielknoten mit $s \neq t$.

```
www
IMaxFluss.java
```

Dann berechnet die Operation MAX-FLUSS die Datenmenge

▶MAX-FLUSS

$$f : E \to \mathbb{N}_0,$$

die maximal auf jeder Kante transportiert werden kann. Hierfür müssen die folgenden Bedingungen gelten:

• Die Kapazität der Kanten wird nicht überschritten.

$$\forall e \in E : f(e) \leq kap(e)$$

• An jedem inneren Knoten fließt gleich viel ab, wie ankommt.

$$\forall x \in V \setminus \{s, t\} : \sum_{e=(v,x)\in E} f(e) = \sum_{e=(x,v)\in E} f(e)$$

• Der Gesamtfluss ist maximal.

$$\sum_{e=(x,t)\in E} f(e) \text{ ist maximal}$$

Beispiel 4.58:

Nebenstehend ist ein Graph mit Startknoten v_1 und Zielknoten v_5 für das maximale Flussproblem dargestellt – die Zahlen an den Kanten entsprechen der Kapazität. Darunter ist eine mögliche Lösung mit einem maximalen Fluss von 6 Einheiten dargestellt – die Zahlen an den Kanten entsprechen dem Fluss über die Kante. □

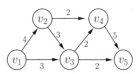

Ausgangsgraph.

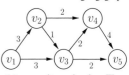

Lösung mit maximalem Fluss.

> Das Bild von Fahrzeugen, die sich im Straßennetz bewegen, funktioniert hier nicht mehr. Aber ich kann mir so einen Graphen als mit Wasser gefülltes Röhrensystem vorstellen.

Soll nun eine Instanz des dynamischen maximalen Flussproblems ($G = (V, E), kap, \tau, S, T, tmas$) mit einem Algorithmus für das maximale Flussproblem gelöst werden, muss zunächst die Probleminstanz in eine Instanz

Schritt 1.

Schritt 2.

$t = 0$

$t = 1$

$t = 2$

Schritt 3.

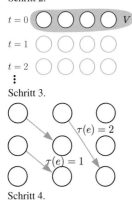

Schritt 4.

Schritt 5.

des einfacheren Problems $(G' = (V', E'), kap', s', t')$ überführt werden. Dies geschieht mit den folgenden fünf Schritten.

1. Bei mehreren Quellen ($\#S > 1$) wird V um einen neuen Startknoten s erweitert. Es wird eine Kante $e = (s, x)$ für jeden Knoten $x \in S$ eingeführt und es gilt $kap(e) = \infty$ und $\tau(e) = 0$.

2. Analog wird für mehrere Zielorte ($\#T > 1$) die Menge V um einen neuen Zielknoten t erweitert. Die Kanten $e = (x, t)$ $(x \in T)$ besitzen $kap(e) = \infty$ und $\tau(e) = 0$.

3. Für den so gebildeten Graphen werden jetzt die Knoten vervielfacht – einmal für jeden Zeittakt $0, \ldots, tmax$: Damit erhalten wir die Menge

$$V' = \left\{ v^{(t)} | v \in V \land t \in \{0, \ldots, tmax\} \right\}$$

4. Für jede Kante $e = (u, v) \in E$ mit Fahrtzeit $\tau(e)$ wird eine Menge an Kanten konstruiert:

$$neuE_{(u,v)} = \left\{ (u^{(t)}, v^{(t+\tau(e))}) \mid 0 \leq t \leq tmax - \tau(e) \right\}$$

Dann ergibt sich $E'' = \bigcup_{e \in E} neuE_e$, wobei für jede Kante $(u^{(t)}, v^{(t')})$ gilt: $kap'(u^{(t)}, v^{(t')}) = kap(u, v)$.

5. Zum Abschluss müssen wir noch das Liegenlassen von Waren für einen späteren Takt erlauben, indem wir E' wie folgt erweitern:

$$E' = E'' \cup \left\{ (v^{(t)}, v^{(t+1)}) | v \in V \land t \in \{0, \ldots, tmax - 1\} \right\}$$

Die Kapazität dieser Kanten sei $kap'(v^{(t)}, v^{(t+1)}) = \infty$.

Damit wurde eine Probleminstanz des maximalen Flusses mit $s' = s^{(0)}$ und $t' = t^{(tmax)}$ konstruiert.

Beispiel 4.59:

Das nebenstehende Beispiel eines dynamischen maximalen Flussproblems ist identisch zu dem in Beispiel 1.22 betrachteten Problem. Wenden wir die Konstruktion darauf an, erhalten wir den Graphen in Bild 4.13. Wenn man in diesem Graphen nun den maximalen Fluss sucht, gelangt man beispielsweise bei der Lösung in Bild 4.14 an. Dies ist dieselbe Lösung wie in Beispiel 1.22.   □

Instanz des dynamischen maximalen Flussproblems

Wie man am Beispiel leicht erkennt, kann man sowohl die dynamische Lösung leicht im konstruierten Graphen darstellen als auch anders herum. Tatsächlich bietet eine Darstellung wie in Bild 4.14 eine größere Übersichtlichkeit als die Visualisierung in Kapitel 1. Auf einen formalen Beweis für die Transformation der jeweiligen Lösungen ineinander verzichten wir hier.

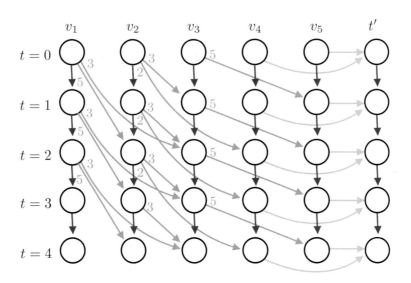

Bild 4.13: Dieser Graph entsteht gemäß der angegebenen Konstruktion aus dem Graphen in Beispiel 4.59. Zur besseren Übersichtlichkeit wurden die Kanten mit unendlicher Kapazität grau bzw. hellorange gezeichnet.

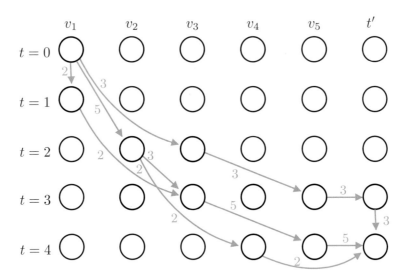

Bild 4.14: Ein möglicher maximaler Fluss des in Bild 4.13 gezeigten Graphen.

Die Abbildung des dynamischen maximalen Flussproblems auf ein statisches Flussproblem durch Vervielfachung der Knoten entsprechend der Zeitebenen stammt von Ford & Fulkerson (1958).

Mit der Strukturierung wurde ein mächtiges Instrument zur Gestaltung von Datenstrukturen eingeführt. Während die Sortierung beim Mengenproblem zunächst nur kleine Vorteile gebracht hat, konnten darauf aufbauend bereits eher komplexe Strukturen wie die Skipliste oder die binären Bäume eingeführt werden. Besonders interessant ist auch die algorithmische Nutzung, die in diesem Kapitel mit Shellsort sicher ihren Höhepunkt erreicht hat, da dort durch Kombination von Sortierung und Abkürzungen ein hochgradig wettbewerbsfähiger Algorithmus entstanden ist. Zum Abschluss wurde noch auf die kreative Macht des Erkennens von einfachen Strukturen in komplexen Problemen verwiesen: Die Abbildung schwieriger Probleme auf einfachere stellt ein ausgesprochen wichtiges Konzept des informatischen Problemlösens dar.

Übungsaufgaben

Aufgabe 4.1:   Binäre Suche

Wenden Sie die Binäre-Suche (Algorithmus 4.1) auf das Feld

1	4	7	8	13	15	16	17	22	29

an und suchen Sie die Einträge mit den Schlüsseln 4, 8 und 22. Dokumentieren Sie alle Schritte.

Aufgabe 4.2:   Suchen in Feld und Liste

Wir betrachten die Datenstrukturen sortierte verkettete Liste und sortiertes Feld. Es seien jeweils 8 Elemente, z.B. die Werte {1,2, . . . ,8}, darin gespeichert. Mit wie vielen Schlüsselvergleichen werden die einzelnen Elemente jeweils gefunden? Welche Datenstruktur ist bei welchen Elementen schneller? Wiederholen Sie die Überlegung für 16 Elemente.

Aufgabe 4.3:   Rekursive binäre Suche

Formulieren Sie den Algorithmus Binäre-Suche (Algorithmus 4.1) in einer rekursiven Variante in der Pseudo-Code-Notation des Lehrbuchs.

Aufgabe 4.4:   Intuitives Insertionsort

Formulieren Sie einen Algorithmus, der mit Einfügen-Sortfeld (Algorithmus 4.2) aus einem unsortierten Feld ein sortiertes erzeugt.

Schätzen Sie den Aufwand für die Sortierung mit diesem Algorithmus bei Eingabe eines bereits sortierten Feldes.

Aufgabe 4.5: Insertionsort

Sortieren Sie das folgende Feld mit INSERTIONSORT (Algorithmus 4.8). Dokumentieren Sie alle Teilschritte, die Anzahl der Schlüsselvergleiche und die Schreibzugriffe.

| 5 | 19 | 1 | 20 | 2 | 18 | 13 | 4 | 3 | 11 |

Aufgabe 4.6: Skipliste

Fügen Sie in eine anfangs leere Skipliste die folgenden Elemente ein: 10, 13, 11, 5, 24, 17. Als Ebenen für diese Elemente werden der Reihe nach die folgenden Werte per Zufall bestimmt: 1, 1, 2, 1, 2, 3. Dokumentieren Sie alle Teilschritte. Anschließend werden die Elemente 10 und 24 entfernt.

Aufgabe 4.7: Shellsort

Führen Sie SHELLSORT (Algorithmus 4.13) auf dem Feld aus Aufgabe 4.5 durch. Dabei sollen die folgenden Schrittweiten benutzt werden: zunächst 7, dann 3 und zuletzt 1. Dokumentieren Sie alle Teilschritte und die Anzahl der Schlüsselvergleiche.

Aufgabe 4.8: Shellsort mit anderen Schrittweiten

Für Shellsort sollen verschiedene Schrittweiten-Varianten auf dem folgenden Feld verglichen werden.

| 10 | 3 | 4 | 6 | 7 | 5 | 9 | 1 | 8 | 2 |

Wenden Sie zunächst die Schrittweiten 7 und 3 an und notieren Sie alle paarweisen Schlüsselvergleiche. Wenden Sie anschließend die Schrittweiten 8 und 4 (als erste beide Phasen der ursprünglichen Folge von Shell) auf demselben Ausgangsfeld an. Notieren Sie auch hier die paarweisen Schlüsselvergleiche. Was fällt Ihnen auf, was auch die schlechte Laufzeit der Schrittweitenfolge 2^i erklärt?

Aufgabe 4.9: Binäre Suchbäume

a) Zeigen Sie schrittweise, wie ein Suchbaum aus den Zahlen 6, 1, 4, 5, 2, 9, 3, 7, 8 aufgebaut wird. Löschen Sie dann schrittweise die Zahlen in der Reihenfolge: 6, 9, 1, 7, 4, 8, 5, 2, 3.

b) Der auf der nächsten Seite links dargestellte Baum soll durch die Operationen in der Mitte in den rechts stehenden Baum überführt werden. Ergänzen Sie die Schlüsselwerte der am Rand angeführten Operationen.

1. Löschen(·)
2. Einfügen(·)
3. Löschen(·)
4. Einfügen(·)
5. Löschen(·)

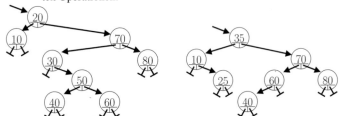

Aufgabe 4.10:   Ersatzknoten beim Löschen im Baum

Für das Löschen eines Knotens im binären Baum (mit zwei nichtleeren Unterbäumen) wurde in diesem Kapitel das Element mit dem nächstgrößeren Schlüssel (Suche-Nachfolger bzw. Algorithmus 4.17) als Ersatzknoten bestimmt. Schreiben Sie einen alternativen Algorithmus, der das Element mit dem nächstkleineren Schlüssel wählt. Demonstrieren Sie die Arbeitsweise mit dem Beispiel aus der Aufgabe 4.9 a).

Aufgabe 4.11:   Breitensuche

Wenden Sie die Breitensuche (Algorithmus 4.23) beginnend beim Knoten 1 auf den nebenstehenden Graphen an. Berücksichtigen Sie die Knoten in der Reihenfolge ihrer Nummerierung und geben Sie alle Teilschritte an.

Aufgabe 4.12:   Modifizierte Breitensuche

Ersetzen Sie in der Breitensuche (Algorithmus 4.23) die Warteschlange durch einen Stack. Testen Sie den Algorithmus auf dem Beispiel aus Aufgabe 4.11. In welcher Reihenfolge werden jetzt die Knoten besucht?

Aufgabe 4.13:   Tiefensuche

Wenden Sie die Tiefensuche (Algorithmus 4.24) auf den nebenstehenden Graphen an. Berücksichtigen Sie die Knoten in der Reihenfolge ihrer Nummerierung und geben Sie alle Teilschritte an. Klassifizieren Sie die Kanten.

Aufgabe 4.14:   Kantenkategorien

Geben Sie jeweils einen Graph an, bei dem eine Kante abhängig vom Startknoten einer Tiefensuche (Algorithmus 4.24) als

    a) Baumkante bzw. Rückwärtskante
    b) Baumkante bzw. Vorwärtskante
    c) Baumkante bzw. Querkante

klassifiziert wird. Dabei soll die Reihenfolge, in der die ausgehenden Kanten eines Knotens bei der Tiefensuche berücksichtigt werden, immer gleich sein.

Aufgabe 4.15:   Durchmesser eines Graphen

Der Abstand von zwei Knoten ist durch die Länge (d.h. Anzahl der Kanten) des kürzesten Wegs im Graphen definiert. Dann kann man den Durchmesser eines Graphen als den maximal vorkommenden Abstand zweier Knoten definieren. Geben Sie einen Algorithmus an, der den Durchmesser eines Graphen berechnet. Können Sie auf einem Algorithmus dieses Kapitels aufbauen?

Aufgabe 4.16:   Topologische Sortierung

In einem Graphen ohne Zyklen können die Knoten topologisch sortiert werden – d.h. es ist eine Reihenfolge der Knoten mit der folgenden Eigenschaft gesucht: Gilt $(x, y) \in E$ dann steht x vor y. Geben Sie einen Algorithmus zur Berechnung einer topologischen Sortierung an. Betrachten Sie hierfür die TIEFENSUCHE (Algorithmus 4.24) und leiten Sie aus den Bearbeitungszeiten die gewünschte Information ab. Testen Sie Ihren Algorithmus anhand des nebenstehenden Graphen.

Aufgabe 4.17:   Level-Order-Baumausgabe

Neben den in diesem Kapitel eingeführten Ausgabereihenfolgen für die Knoten eines Baums kann der nebenstehende Baum auch in der Reihenfolge 11, 5, 19, 8, 16, 24, 13, 17 ausgegeben werden, die als Level-Order bezeichnet wird. Geben Sie einen Algorithmus an, der diese Reihenfolge erzeugt.

Aufgabe 4.18:   Maximales Flussproblem umwandeln

Überführen Sie das nebenstehende dynamische Maximalfluss-Problem (mit Startknoten s und Zielknoten t) in ein Maximalfluss-Problem mit $T = 5$ und lösen Sie dieses Problem. Zur Vereinfachung können Sie davon ausgehen, dass bei den inneren Knoten v und w keine Ware liegen bleiben darf – d.h. dort können die senkrechten Pfeile vernachlässigt werden.

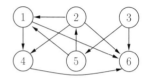

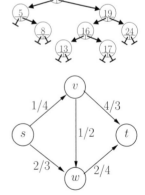

Aufgabe 4.19:   Programmierung: Speicherung von Graphen

a) Schreiben Sie je eine Java-Klasse, die einen ungerichteten Graphen als Adjazenzmatrix bzw. als Adjazenzliste speichern. Dabei sollen die öffentlichen Methoden die folgenden Operationen anbieten:

  • Hinzufügen einer Kante,

  • Löschen einer Kante,

  • Abfragen, ob eine Kante existiert, und

- die Möglichkeit, alle ausgehenden Kanten eines Knotens der Reihe nachdurchzugehen (z.B. in Form eines Iterators – oder als Methoden `initAusgabeDerKantenVonKnoten(v)`, `existiertEineWeitereKante()` und `zielknotenDerNaechstenKante()`).

b) Führen Sie für Graphen mit unterschiedlich vielen Knoten Zeitmessungen durch, wie lange jeweils die folgenden beiden Szenarien dauern:

- Es werden alle Kanten eines vollständigen Graphen in einer zufälligen Reihenfolge abgefragt.
- Es werden alle Kanten eines Graphen, bei dem jeder Knoten den Grad 3 hat, mit dem Iterator besucht.

Glücklich über die Errungenschaften des letzten Kapitels kommt Algatha zur Überzeugung, dass der Abschluss ihres Projekts nur noch eine Frage der Zeit ist – denn durch die größere Strukturierung der Probleme scheint alles viel einfacher zu werden. Aber konkrete Lösungsideen stehen noch aus. Zur Anregung der eigenen Kreativität lässt sich Algatha bei einer Bergwanderung viel frische Luft um die Ohren pusten. Doch Algatha zählt nicht unbedingt zur Klasse der geduldigen Menschen und ist daher recht schnell von Serpentinen genervt, die sich scheinbar unendlich die unterschiedlichsten Berghänge hinaufwinden – nur um dann wieder in einem neuen Tal zu landen. Unsere Heldin will den Blick vom Gipfel genießen! Und so trifft sie rasch die Entscheidung, dass der Weg, der am steilsten nach oben führt, auch derjenige sein muss, der am schnellsten an einem Gipfel ankommt. Während sie den Weg auf das erhoffte Ziel zusteuert, hat sie einen Gedankenblitz: Das ist jetzt wie Tiefensuche im echten Gelände – naja, eigentlich Höhensuche –, nur geht sie an einer Kreuzung nicht irgendwohin, sondern trifft immer eine ganz gezielte Entscheidung. Und langsam reift der Gedanke, dass sich so vielleicht auch ihre algorithmischen Probleme auf der Arbeit lösen lassen. Schneller als erwartet kommt sie auf einem Gipfel an und erfreut sich am phantastischen Panorama. Da sie anschließend auch wieder rasch in ihr Büro zurück möchte, um die neue Idee umzusetzen, stört sich Algatha kaum daran, dass so mancher der Berge um sie herum noch viel höher ist...

5 Gierige Algorithmen

Monsieur Hood: I steal from the rich and give to the needy...
Merry Man: He takes a wee percentage...
Monsieur Hood: But I'm not greedy –
I rescue pretty damsels, man I'm good!
(Shrek, 2001)

5.1 Idee der gierigen Algorithmen

Wie wir bereits im Abschnitt 3.3 diskutiert haben, lassen sich viele Probleme durch Aufzählen aller möglichen Elemente eines Lösungsraums bewältigen. Dies wurde dort mit dem sog. Backtracking für das Rundreiseproblem gezeigt, funktioniert allerdings genauso für die beiden anderen auf Graphen definierten Probleme oder – wenn auch sehr ineffizient – für das Sortieren.

Konkret wurde dazu ein Entscheidungsbaum durchlaufen (wie beispielhaft in Bild 3.4 auf Seite 61 dargestellt). Dort werden der Reihe nach über eine Menge an Entscheidungen alle Punkte des Lösungsraums konstruiert – jedes Blatt im Entscheidungsbaum entspricht einem Element des Lösungsraums. Indem alle möglichen Kombinationen an Entscheidungen abgedeckt werden, betrachtet das Backtracking tatsächlich den vollständigen Lösungsraum.

Die gierigen Algorithmen (engl. *greedy algorithm*) konstruieren ebenfalls ein Element des Lösungsraums anhand einer Reihe sukzessiver Entscheidungen. Allerdings wird jede Entscheidung nur einmal getroffen – nämlich für diejenige Alternative, die auf Basis der vorhandenen Informationen das beste End- (oder zumindest Zwischen-)ergebnis verspricht – der Algorithmus versucht gierig bei jeder Entscheidung den maximalen Fortschritt zu erreichen. Da insbesondere zu Anfang nur lokale Informationen

▶gieriger Algorithmus

über die Entscheidungsalternativen vorhanden sind, können deren Auswirkungen auf spätere Entscheidungen und damit auch auf die Qualität des konstruierten Endergebnis nicht berücksichtigt werden.

Beispiel 5.1:

Im nebenstehend abgebildeten Bild wird angelehnt an den Entscheidungsbaum aus Bild 3.4 auf Seite 61 die Arbeitsweise eines gierigen Algorithmus im Entscheidungsbaum gezeigt. Bei der ersten Entscheidung wird die zweite von vier Alternativen gewählt – die Teilbäume unter den drei anderen Alternativen werden dabei und im Weiteren nicht berücksichtigt. Die Suche konzentriert sich auf den ausgewählten Teil des Entscheidungsbaums. □

Weg einer gierigen
Vorgehensweise im
Entscheidungsbaum.

Wie man sich leicht vorstellen kann, hängt es vom jeweiligen Problem ab, ob dieser Ansatz tatsächlich zum gesuchten Optimum führt.

> Das ist wie bei meiner Wanderung neulich: meine Strategie immer den steilsten Anstieg zu nehmen, kann zum höchsten Gipfel führen, muss es jedoch nicht. Falls für einige meiner Probleme eine Greedy-Strategie stets zum Optimum führen sollte, wäre das natürlich toll.

5.2 Sortieren durch Auswählen

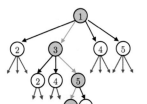

Idee von Selectionsort.

Der gierige Ansatz kann für das Sortieren sehr schnell und einfach umgesetzt werden: Der hintere Teil des Felds ist sortiert und wird bei jeder Entscheidung (bzw. jedem Konstruktionsschritt) um ein Element vergrößert, indem gierig aus dem unsortierten Teil das größte Element gesucht und mit dem auf der letzten unsortierten Position vertauscht wird. SELECTIONSORT (Algorithmus 5.1) zeigt den Ablauf in Pseudo-Code.

Beispiel 5.2:

Bild 5.1 zeigt den Ablauf für zehn Elemente. Jede Zeile stellt das Feld nach einem Durchlauf durch die Zeilen 2–7 des Algorithmus 5.1 dar. Es wurden

---

Algorithmus 5.1 Sortieren durch Auswählen

www
SelSort.java

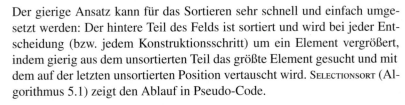

SELECTIONSORT(Feld A)
  Rückgabewert: nichts; Seiteneffekt: A ist sortiert
1 **for** $i \leftarrow A.länge, \dots, 2$ } alle ausgehenden Kanten betrachten
2 **do** $\ulcorner pos \leftarrow i$
3   **for** $j \leftarrow 1, \dots, i-1$
4   **do** $\ulcorner$ **if** $A[j] > A[pos]$ } größtes Element suchen
5          $\llcorner$ **then** $\lbrack pos \leftarrow j$
6   **if** $pos \neq i$ } ggf. nach hinten tauschen
7      $\llcorner$ **then** $\lbrack$ VERTAUSCHE(A, pos, i)

1	2	3	4	5	6	7	8	9	10	Schlüssel-vergleiche	Schreib-zugriffe
20	54	28	31	5	24	39	14	1	15		
20	15	28	31	5	24	39	14	1	54	9	2
20	15	28	31	5	24	1	14	39	54	8	2
20	15	28	14	5	24	1	31	39	54	7	2
20	15	1	14	5	24	28	31	39	54	6	2
20	15	1	14	5	24	28	31	39	54	5	0
5	15	1	14	20	24	28	31	39	54	4	2
5	14	1	15	20	24	28	31	39	54	3	2
5	1	14	15	20	24	28	31	39	54	2	2
1	5	14	15	20	24	28	31	39	54	1	2

Bild 5.1: Der Ablauf von SELECTIONSORT (Algorithmus 5.1) wird an einem Beispiel demonstriert. Die orange hinterlegten Felder zeigen an, welche Elemente miteinander vertauscht wurden. Die farbige Treppenlinie markiert den bereits sortierten Bereich.

insgesamt 45 Schlüsselvergleiche sowie 16 Schreibzugriffe auf dem Feld durchgeführt.   □

Beispiel 5.3:
Bild 5.2 zeigt mehrere Momentaufnahmen beim Sortieren von 80 Zahlen. Im rechten Teil der Bilder sieht man die sortierte Folge wachsen, während viele Elemente im unsortierten Teil unverändert bleiben. Im Gegensatz zu Bubblesort (Bild 3.3 auf Seite 58) bildet sich auch keine Vorsortierung im linken unsortierten Teil heraus. Im Gegenzug sieht man, dass deutlich weniger Schreibzugriffe als bei Bubblesort anfallen.   □

Satz 5.4:   **Korrektheit**
SELECTIONSORT *sortiert das Feld A aufsteigend.*

Beweis 5.5:
Die innere For-Schleife in den Zeilen 3–5 wählt den Index des größten Elements aus. Damit ergibt sich für die äußere For-Schleife die Invariante

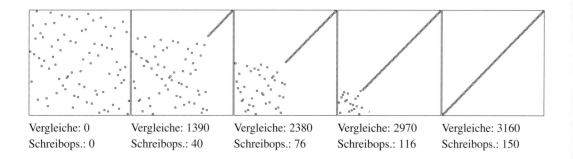

| Vergleiche: 0 | Vergleiche: 1390 | Vergleiche: 2380 | Vergleiche: 2970 | Vergleiche: 3160 |
| Schreibops.: 0 | Schreibops.: 40 | Schreibops.: 76 | Schreibops.: 116 | Schreibops.: 150 |

Bild 5.2: SELECTIONSORT (Algorithmus 5.1) wird auf ein Feld mit 80 Elementen angewandt. Die einzelnen Bilder zeigen von links nach rechts das Feld vor dem Sortieren, nach 20, nach 40 und nach 60 Iterationen sowie nach dem Sortieren. Die X-Achse entspricht den Feldindizes und die Y-Achse dem gespeicherten Wert.

»Die $n - i + 1$ größten Elemente stehen sortiert in $A[i], \ldots, A[n]$« nach dem Schleifendurchlauf mit Index i. Die Invariante gilt vor der For-Schleife für den Wert $i = n + 1$, da dort eine Aussage über eine leere Elementmenge getroffen wird. Innerhalb der Schleife wird das größte Element ausgewählt und an die nächste Stelle getauscht, sodass die Invariante für den um 1 verkleinerten Wert i wieder gilt.   ■

Satz 5.6:   **Laufzeit**

SELECTIONSORT *(Algorithmus 5.1) hat eine Laufzeit in* $\Theta(n^2)$.

Beweis 5.7:

In SELECTIONSORT wird die Zeile 4 am häufigsten ausgeführt und bestimmt damit die asymptotische Laufzeit des Algorithmus. Im i-ten Durchlauf der äußeren For-Schleife werden $i - 1$ Vergleiche in Zeile 4 durchgeführt. Mit Satz B.1 folgt die Gesamtanzahl der Schlüsselvergleiche:

$$\sum_{i=2}^{n}(i-1) = \sum_{i=1}^{n-1} i = \frac{(n-1) \cdot n}{2} \in \Theta(n^2) \quad ■$$

Aus der garantiert quadratischen Laufzeit folgt direkt, dass SELECTIONSORT nicht ordnungsverträglich ist, da die Laufzeit nicht von einer Vorsortierung beeinflusst wird.

Auch die Stabilität ist nicht gegeben, wie man dem nebenstehenden Beispiel direkt entnehmen kann. Im ersten Durchgang wird das Element mit dem Schlüssel 2 nach hinten getauscht, wodurch die beiden Elemente mit Schlüssel 1 ihre Reihenfolge vertauschen. Da im Weiteren nicht mehr getauscht wird, kann der Algorithmus nicht stabil sein.

Beispiel für die fehlende Stabilität von Selectionsort.

Wie bei allen einfachen Sortierverfahren ist die Zuordnung des Algorithmus zu seinem Erfinder schwierig. Die erste bekannte Referenz stammt hier von Friend (1956), der in seiner Arbeit sogar eine verbesserte Auswahl mit der resultierenden Gesamtlaufzeit $O(n \cdot \sqrt{n})$ präsentiert.

Im Vergleich zu INSERTIONSORT stellt SELECTIONSORT eher einen Rückschritt dar – wird aber später durch einen anderen Auswahlmechanismus in Kapitel 10 zu einem wettbewerbsfähigen Sortieralgorithmus weiter entwickelt.

5.3 Kürzeste Wege: Dijkstra-Algorithmus

Im Abschnitt 4.5.2 hatten wir die Breitensuche als Algorithmus für den Spezialfall der Kürzeste-Wege-Suche kennengelernt, in dem jede Kante $e \in E$ die Kosten $\gamma(e) = 1$ besitzt. Zur Erinnerung: Während des Ablaufs des Algorithmus konnte zu jedem Zeitpunkt jeder Knoten einer der folgenden Klassen zugeordnet werden:

- der kürzeste Weg ist bereits bekannt und alle ausgehenden Kanten wurden berücksichtigt (graue Knoten),
- die Knoten sind entdeckt, aber sie wurden noch nicht abgearbeitet (orange Knoten) oder
- die Knoten sind noch nicht entdeckt (weiße Knoten).

Welcher der orangefarbenen Knoten als nächster grau wird, wurde über eine Warteschlange organisiert: Der älteste Knoten wird gewählt. An dieser Stelle machen wir den Algorithmus gierig, sodass er auch das allgemeine Kürzeste-Wege-Problem löst. Dafür speichern wir für jeden Knoten seinen aktuell bekannten kürzesten Weg (vom Startknoten aus) und wählen denjenigen orangefarbenen Knoten mit der kürzesten Distanz zum Startknoten.

Beispiel 5.8:
In der nebenstehenden Bild sind die kürzesten Wege der grauen Knoten sowie die kürzesten Wege der orangefarbenen Knoten (über die grauen Knoten) eingetragen. Die Knoten enthalten die entsprechenden Distanzwerte. Als nächsten Knoten würde der Knoten mit Distanz 5 bearbeitet und zum grauen Knoten werden.   □

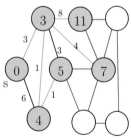

Auswahl des nächsten Knotens
im Dijkstra-Algorithmus.

Der resultierende Ablauf DIJKSTRA ist in Algorithmus 5.2 dargestellt. Im Vergleich zur BREITENSUCHE wird der nächste Knoten nicht gemäß einer Warteschlange gewählt. Vielmehr wird über die Operation NÄCHSTER-KNOTEN-DIJKSTRA (Algorithmus 5.4) derjenigen Knoten mit dem kleinsten Abstand geliefert. Hierfür wird die Distanz der Knoten im Feld *abstand* sowie der Status, ob der endgültige Abstand des Knotens bereits berechnet ist, im Feld

---

Algorithmus 5.2 Dijkstra-Algorithmus zur Bestimmung der kürzesten Wege

DIJKSTRA(Knoten V, Kanten $E \subset V \times V$, Kosten $\gamma : E \to \mathbb{R}$, Startknoten $s \in V$)
    Rückgabewert: Distanzen *abstand*, Wege *vorgänger*

```
 1  for alle Knoten u ∈ V            Knoten initialisieren
 2  do ⌜ abstand[u] ← ∞                                          für die direkt
 3       vorgänger[u] → NULL          denjenigen Knoten          über eine
 4     ∟ istFertig[u] ← false         mit dem kleinsten          Kante
 5  abstand[s] ← 0                    Abstand als                erreichbaren
 6  while KNOTEN-VORHANDEN-DIJKSTRA() nächsten Knoten            Knoten wird
 7  do ⌜ nächster ← NÄCHSTER-KNOTEN-DIJKSTRA() wählen            der minimale
 8       istFertig[nächster] ← true                              Abstand
 9       for alle  v ∈ V mit (nächster, v) ∈ E                   aktualisiert
10       do ⌜ if abstand[v] > abstand[nächster] + γ[nächster, v]
11            then ⌜ abstand[v] ← abstand[nächster] + γ[nächster, v]
12     ∟   ∟     ∟ vorgänger[v] → nächster
13  return abstand, vorgänger
```

---

istFertig gespeichert. Die noch nicht entdeckten, weißen Knoten haben eine Distanz $abstand[u] = \infty$. Der Abstand eines Knotens wird dann aktualisiert, wenn ein neuer kürzerer Weg zu diesem Knoten gefunden wurde.

Die Abfrage, ob entdeckte und noch nicht fertig bearbeitete Knoten vorhanden sind, KNOTEN-VORHANDEN-DIJKSTRA (Algorithmus 5.3) wie die Operationen zur Auswahl des nächsten Knotens NÄCHSTER-KNOTEN-DIJKSTRA (Algorithmus 5.4) ermitteln diese Information aus den Feldern *abstand* und *istFertig*.

Algorithmus 5.3 Test, ob noch Knoten im Dijkstra-Algorithmus zu bearbeiten sind.

KNOTEN-VORHANDEN-DIJKSTRA()
    Rückgabewert: Info, ob noch Knoten auswählbar sind

```
 1  for v ∈ V                                    suche Knoten, der
 2  do ⌜ if abstand[v] < ∞ und istFertig[v] = false   erreichbar und noch
 3     ∟ then ⌞ return true                       nicht bearbeitet ist
 4  return false
```

Algorithmus 5.4 Liefert den Knoten mit minimalem Abstand.

NÄCHSTER-KNOTEN-DIJKSTRA()
    Rückgabewert: nächster Knoten oder Nullzeiger

```
 1  minimumWert ← ∞
 2  nächster → NULL
 3  for alle  v ∈ V
 4  do ⌜ if ¬istFertig[v] und abstand[v] < minimumWert    hat der Knoten einen
 5       then ⌜ minimumWert ← abstand[v]                  kleineren Abstand?
 6     ∟   ∟ nächster → v                                  merke den Knoten
 7  return nächster
```

Beispiel 5.9:

Für den nebenstehenden Graphen mit Startknoten v_1 wird der Dijkstra-Algorithmus durchgeführt. Der Ablauf ist in Tabelle 5.1 und in Bild 5.3 dargestellt: Nach dem Knoten v_1 wird v_4 mit dem kürzesten Abstand 5 gewählt. Es folgen die Knoten v_5, v_2 und schließlich v_3. □

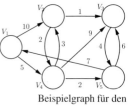

Beispielgraph für den Dijkstra-Algorithmus.

Für dieses Problem ist die gierige Vorgehensweise ja richtig gut geeignet. Hier scheint es keine unterschiedlichen Gipfel zu geben, bei denen die Gefahr besteht, dass die lokal optimale Verbesserung in eine Sackgasse führt.

Satz 5.10: Korrektheit des Dijkstra-Algorithmus

Falls für alle Kanten $e \in E$ die Kosten positiv sind ($\gamma(e) \geq 0$), berechnet der Algorithmus DIJKSTRA *korrekt die kürzesten Wege.*

Beweis 5.11:

Aus den in der nebenstehenden Abbildung orange markierten und damit auswählbaren Knoten habe der in kräftigem Orange dargestellte Knoten u den kleinsten Distanzwert zum Startknoten. Es gilt also insbesondere $abstand[u] \leq abstand[v]$. Damit wird u als nächster Knoten bearbeitet und grau gefärbt. Wir wollen den Satz per Widerspruch beweisen, d.h. wir nehmen zunächst an, dass es einen kürzeren Weg zu u gibt. Da die grauen Knoten mit all ihren Kanten bereits berücksichtigt wurden, kann der kürzere Weg nicht ausschließlich durch die grauen Knoten führen. Also muss er über einen der anderen orangefarbigen Knoten (und eventuell noch weitere weiße Knoten) gehen, z.B. den Knoten v. Der Weg kann direkt von v nach u oder über einige der unbekannten weißen Knoten führen. Im Fall einer direkten Kante $e = (v, u)$ gilt dann

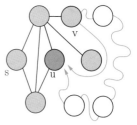

Korrektheit des Dijkstra-Algorithmus.

$$abstand[v] + \gamma(e) < abstand[u].$$

Da aber laut Voraussetzung $\gamma(e) \geq 0$ gilt, muss bereits

$$abstand[v] < abstand[u]$$

gegolten haben, was zu einem Widerspruch mit der Voraussetzung führt, dass u den kleinsten Distanzwert der orangefarbenen Knoten hatte. Falls der Weg über einige der unbekannten weißen Knoten führt, werden statt $e = (v, u)$ mehrere andere Kanten durchlaufen, die ebenfalls alle positiv sein müssen. Damit folgt, dass unsere Annahme falsch gewesen ist und damit der Satz gilt. ∎

Tabelle 5.1: Ablauf aus Bild 5.3 in tabellarischer Form. Dabei steht »abst.« für *abstand* und »vorg.« für *vorgänger*. Fertige Knoten sind nicht mehr im jeweiligen Zeitschritt der Tabelle aufgeführt.

Itera-tion	Knoten									
	v_1		v_2		v_3		v_4		v_5	
	abst.	vorg.	abst.	vorg.	abst.	vorg.	abst.	vorg.	abst.	vorg.
1	0	–	∞	–	∞	–	∞	–	∞	–
2			10	v_1	∞	–	5	v_1	∞	–
3			8	v_4	14	v_4			7	v_4
4			8	v_4	13	v_5				
5					9	v_2				

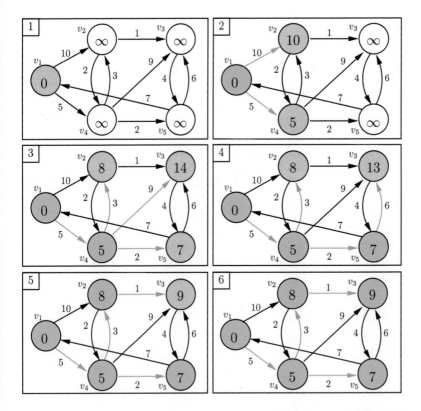

Bild 5.3: DIJKSTRA (Algorithmus 5.2) wird auf einen Graphen angewandt. Fertige Knoten sind grau hinterlegt und entdeckte Knoten sind orange. Die Knoten enthalten die aktuelle Entfernung von v_1; die zugehörigen Kanten sind orange markiert.

Satz 5.12:   **Laufzeit des Dijkstra-Algorithmus**

DIJKSTRA *(Algorithmus 5.2) hat eine Laufzeit in $O((\#V)^2)$, wenn der Graph als Adjazenzliste gespeichert wird.*

Beweis 5.13:

Die Zeilen 1–4 des Algorithmus sind in $\Theta(\#V)$ und die Zeilen 5 und 6 laufen in konstanter Zeit. Die anschließende Repeat-Schleife wird (bei einem zusammenhängenden Graphen) genau $\#V$ mal durchlaufen, da der Zeiger *nächster* in den Zeilen 13–17 immer nur auf einen noch nicht fertigen Knoten gesetzt wird, der dann anschließend sofort als fertig markiert wird (Zeile 7). Daraus folgt, dass die Zeilen 7, 12 und 13 genau $\#V$ mal ausgeführt werden. Die Zeilen 15–17 werden höchstens $(\#V)^2$ mal durchlaufen. Für die Zeilen 8–11 können wir wiederum wie bei der Breitensuche damit argumentieren, dass jede Kante genau einmal angefasst wird (und auch durch die Adjazenzliste kein zusätzlicher Aufwand entsteht), womit die Zeilen insgesamt $\#E$ oft ausgeführt werden. Der Gesamtaufwand ergibt sich also als $O(\#V + (\#V)^2 + \#E) = O((\#V)^2)$, da immer $\#E \leq (\#V)^2$ gilt.   ■

DIJKSTRA (Algorithmus 5.2) wurde zum ersten Mal von Dijkstra (1959) vorgestellt. Die in diesem Kapitel präsentierte Laufzeit ist noch nicht optimal, da durch andere Datenstrukturen Verbesserungen möglich sind. Wir diskutieren diese in Kapitel 10.

5.4   Minimale Spannbäume zur Approximation von Rundreisen

In diesem Abschnitt soll das Rundreiseproblem mit einem gierigen Algorithmus angegangen werden. Nachdem für das Kürzeste-Wege-Problem so schnell ein effizienter Algorithmus gefunden wurde, betrachten wir zunächst einen ganz ähnlichen Ansatz.

Für das Kürzeste-Wege-Problem wurden die kürzesten Wege sukzessiv gierig aufgebaut. Anders als bei diesem Problem dürfen in einer Rundreise jedoch keine Verzweigungen auftauchen. Es müssen nacheinander alle Knoten eines Graphen besucht werden. Deshalb kann bei einer iterativen Konstruktion eine partielle Lösung nur an den bisherigen Endpunkten des Wegs wachsen. Daher untersuchen wir vom zuletzt gewählten Knoten die ausgehenden Kanten und wählen denjenigen bisher unbesuchten Knoten mit dem geringsten Kosten an der Kante. Wurden alle Knoten einmal besucht, ergibt sich die letzte Kante automatisch aus dem Startknoten und dem Endknoten des Wegs. Algorithmus 5.5 (RUNDREISE-GREEDY) zeigt den Ablauf.

Algorithmus 5.5 Einfacher gieriger Algorithmus für das Rundreiseproblem (Wahl des nächstgelegenen Nachbarknoten)

RUNDREISE-GREEDY(Knoten V, Kanten E, Kosten $\gamma : E \to \mathbb{R}$)

    Rückgabewert: Reihenfolge der Knoten in *rundreise*

```
 1  for alle Knoten u ∈ V
 2  do ⌈ istFertig[u] ← false                          ⎫
 3     rundreise[1] → wähle einen Knoten aus V          ⎬ Initialisierung
 4     istFertig[rundreise[1]] ← true                   ⎭
 5  for index ← 1, ..., #V − 1
 6  do ⌈ minAbstand ← ∞              freien Knoten über die Kante
 7       for alle  v ∈ V              mit dem kleinsten Gewicht wählen
 8       do ⌈ if ¬istFertig[v] ∧ γ[rundreise[index], v] < minAbstand
 9            then ⌈ nächster → v
10        ∟     ∟ minAbstand ← γ[rundreise[index], v]
11     ∟ rundreise[index + 1] → nächster
12  return rundreise
```

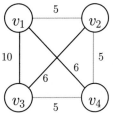

Fehlerhafter gieriger Algorithmus für das Rundreiseproblem.

Beispiel 5.14:

Im nebenstehenden Graphen starten wir mit der Konstruktion eines Rundweges in Knoten v_1. Anschließend wählen wir der Reihe nach die Kanten (v_1, v_2), (v_2, v_4) und (v_4, v_3), da sie jeweils mit 5 die kleinsten Kosten besitzen. Der Weg ist orange markiert. Anschließend muss mit (v_3, v_1) als letzte Kante die Rundreise geschlossen werden, wodurch sich die Gesamtkosten $5 + 5 + 5 + 10 = 25$ ergeben. Wie man schnell erkennt, handelt es sich dabei nicht um die optimale Rundreise, die mit den Kosten $5 + 6 + 5 + 6 = 22$ über die Knoten v_1, v_4, v_3 und v_2 führt. □

Das Beispiel zeigt, dass der Algorithmus nicht in der Lage ist, die optimale Rundreise zu berechnen. Schauen wir uns im folgenden Beispiel eine Benchmark-Probleminstanz mit 101 Knoten an.

Beispiel 5.15:

In Bild 5.4 wird links die Lage der Knoten in einer zweidimensionalen Ebene gezeigt. Die Kosten zwischen zwei Knoten ergeben sich als euklidischer Abstand. Im mittleren Teil der Abbildung ist die durch RUNDREISE-GREEDY erstellte Rundreise mit den Gesamtkosten 822,34 dargestellt – man erkennt deutlich, wie am Anfang immer der nächstgelegene Nachbarknoten ausgewählt wird. An verschiedenen Stellen ergibt sich dann ein größerer Sprung, wenn der Algorithmus quasi in eine »Sackgasse« gelaufen ist. Zum Vergleich: Die kürzeste Rundreise (rechter Teil der Abbildung) hat die Gesamtkosten 642,31. Damit ist die Rundreise des gierigen Algorithmus etwa 28% länger als die korrekte Lösung. □

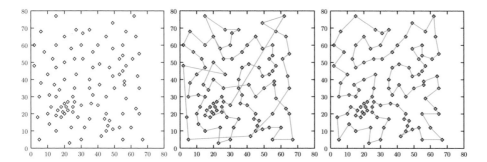

Bild 5.4: RUNDREISE-GREEDY (Algorithmus 5.5) wird auf die links dargestellte Anordnung von Knoten (mit dem euklidischen Abstand als Kosten zwischen zwei Knoten) angewandt. Es resultiert die Rundreise in der Mitte. Rechts die optimale Rundreise zum Vergleich.

 Die hier benutzte Probleminstanz eil101.tsp entstammt der TSPLIB (http://www.iwr.uni-heidelberg.de/groups/comopt/ software/TSPLIB95/) von Reinelt (1991) und wurde erstmals von Christofides & Eilon (1969) präsentiert – dort mussten 100 Kunden von einem Lager aus beliefert werden. Padberg & Rinaldi (1991) hatten das Problem als Rundreiseproblem formuliert.

In Anbetracht der Laufzeiten von Backtracking-Algorithmen (vgl. Abschnitt 3.3) kann für viele Anwendungen ein Fehler von 28% akzeptabel sein. Allerdings gibt es beim Algorithmus RUNDREISE-GREEDY keine Garantie, dass man höchstens einen bestimmten Prozentsatz von der kürzesten Rundreise abweicht. Das folgende konstruierte Beispiel weist eine wesentlich größere Abweichung auf.

Beispiel 5.16:
Bild 5.5 zeigt links einen Graphen (wieder mit euklidischem Abstand als Kostenfunktion), der RUNDREISE-GREEDY in die Irre führt. In der Mitte ist die resultierende Rundreise mit Kosten 368,87 dargestellt. Aber die rechts gezeigt optimale Rundreise hat lediglich die Kosten 177,44. Damit hat der Algorithmus einen mehr als doppelt so langen Weg produziert. □

Tatsächlich können Graphen konstruiert werden, bei denen der gierige Algorithmus Rundtouren erzeugt, die um einen noch größeren Faktor die optimale Rundreise übertreffen.

 Schade! Beim Kürzeste-Wege-Problem hatte es so gut geklappt! Das Rundreise-Problem hat es wirklich in sich. Wenn wir wenigstens eine gute Annäherung garantieren könnten…

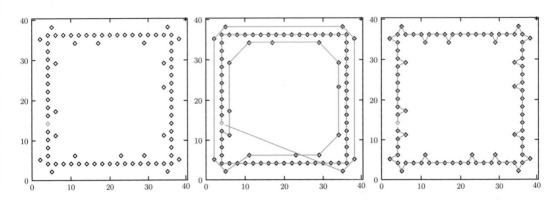

Bild 5.5: GREEDY-TSP (Algorithmus 5.5) wird auf die links dargestellte Anordnung von Knoten angewandt (mit dem euklidischen Abstand als Kosten zwischen zwei Knoten). Es resultiert die mittlere Rundreise. Rechts die optimale Rundreise zum Vergleich.

Insgesamt ist GREEDY-TSP ein schöner Vertreter für eine Heuristik, da in der Praxis oft passende Ergebnisse erzeugt werden, es aber keine Garantie bzgl. der Lösungsqualität gibt.

Gibt es eine solche Garantie hinsichtlich der Qualität der errechneten Rundreise, handelt es sich um einen Approximationsalgorithmus. Ein solcher Algorithmus wird im Weiteren entwickelt. Wir betrachten dafür zunächst einen Greedy-Algorithmus für ein verwandtes Problem, auf dem wir danach den Approximationsalgorithmus aufbauen.

In Abschnitt 4.6 hatten wir ein Problem dadurch gelöst, dass wir es auf ein einfacheres Problem abgebildet haben – dies ist beim Rundreiseproblem jedoch nicht so einfach, wie in Beispiel 2.37 auf Seite 35 kurz andiskutiert wurde. Daher ist der folgende, eng verwandte Gedanke der Ausgangspunkt unseres Ansatzes: Vielleicht können wir ein einfacheres Problem lösen und anschließend daraus eine Näherungslösung für das Rundreiseproblem konstruieren.

Als erste Idee scheint das Kürzeste-Wege-Problem für unseren Zweck geeignet, allerdings: Das Kriterium für die Konstruktion des Kürzesten-Wege-Baums ist die Entfernung zu einem ausgezeichneten Startknoten. Dieser Bias ist ungünstig für das Rundreiseproblem, da hier jeder Knoten auf der Rundreise gleichberechtigt in die Bewertung der Rundreise eingeht. Aber wir können dieser Anforderung folgend ein ganz ähnliches Problem wie folgt definieren.

Definition 5.17:   Minimaler Spannbaum

WWW
IMinSpannbaum.java

▶Spannbaum

Für einen ungerichteten, zusammenhängenden Graphen $G = (V, E)$ und Kostenfunktion $\gamma : E \to \mathbb{R}^+$ heißt eine Teilmenge $T \subseteq E$ ein Spannbaum, wenn $G' = (V, T)$ zusammenhängend und zyklenfrei ist. Gilt zusätzlich, dass die

Kosten der Kanten $\sum_{e \in T} \gamma(e)$ minimal sind, heißt T ein minimaler Spann-baum.

▶minimaler Spannbaum

Beispiel 5.18:

Die nebenstehende Abbildung zeigt einen Graphen mit seinem minimalen Spannbaum Die resultierenden Gesamtkosten betragen $1+2+3+4+5+8+10+12 = 45$. Wird eine beliebige Kante aus dem minimalen Spannbaum entfernt, zerfällt der Graph in zwei Zusammenhangskomponenten. Wird der Zusammenhang durch eine beliebige andere Kante wieder hergestellt, erhöhen sich die Gesamtkosten.   □

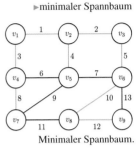

Minimaler Spannbaum.

 Spannbäume sind vor allem für Netzwerke von großer Bedeutung. So entspricht ein minimaler Spannbaum einem möglichst kostengünsti-gen Netz z. B. für Telekommunikation. (Nicht unbedingt minimale) Spannbäume werden beim Management von Netzwerkverbindungen im sog. »Spanning Tree Protocol« benutzt (Perlman, 1985).

Doch wie können wir nun einen minimalen Spannbaum für die Berech-nung einer Rundtour benutzen? Dafür werden zunächst zwei Voraussetzun-gen an das Rundreiseproblem formuliert:

1. Der Graph $G = (V, E)$ sei ungerichtet, schleifenfrei und vollständig, d. h. $E = (V \times V) \setminus \{\{u, u\} | u \in V\}$.

▶vollständig

2. Es gelte die Dreiecksungleichung bezüglich der Kosten im Graphen, d. h. für alle beliebigen Knoten $u, v, w \in V$ mit $u \neq v$, $v \neq w$ und $u \neq w$ gelte: $\gamma(u, w) \leq \gamma(u, v) + \gamma(v, w)$.

▶Dreiecksungleichung

 Gut, das sind ja keine ernstzunehmenden Einschränkungen! Vollständig kann ich einen Graphen machen, indem ich nicht-existente Kanten mit dem einem extrem großen Gewicht neu hinzunehme. Und die Dreiecksungleichung gilt doch in einem Straßennetz sowieso immer, oder?

Tatsächlich erfüllen alle in diesem Abschnitt betrachteten Beispiele die-se Bedingungen.

Zwischen dem minimalen Spannbaum und der kürzesten Rundreise las-sen sich nun interessante Beziehungen zeigen.

Lemma 5.19:

Die Kosten des minimalen Spannbaums sind kleiner als die Kosten der kür-zesten Rundreise.

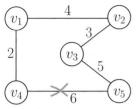

Konstruktion eines Spannbaums durch Streichen einer Kante in der Rundreise.

Beweis 5.20:

Wir beweisen das Lemma per Widerspruch und nehmen zunächst an, die Rundreise wäre kürzer (oder gleich lang). Dann lässt sich durch Streichen einer Kante aus der Rundreise ein Spannbaum machen, der in jedem Fall noch kürzer als die betrachtete Rundreise ist. Dies ist aber ein Widerspruch zur Ausgangssituation, dass wir den minimalen Spannbaum betrachtet haben. Also muss die Annahme falsch gewesen sein. ∎

Das ist zwar noch nicht die gewünschte Aussage, wird im Weiteren aber von Nutzen sein, wenn wir den Fehler der Approximation beschränken wollen. Die Kernfrage ist jedoch, wie wir aus dem minimalen Spannbaum eine Rundreise generieren – wir wollen uns an der Struktur des Spannbaums orientieren, aber wie bei der Rundreise üblich jeden Knoten nur einmal besuchen. Und da ein allgemeiner Spannbaum auch nur ein Spezialfall eines Graphen ist, haben wir mit der Tiefensuche (Algorithmus 4.24 auf Seite 103) einen Algorithmus an der Hand, der den minimalen Spannbaum abläuft und dabei bereits besuchte Knoten auslässt.

Der Ablauf zur Ableitung einer Rundreise aus einem minimalem Spannbaum mit anschließender Tiefensuche ist in RUNDREISE-APPROXIMATION (Algorithmus 5.6) dargestellt. Der dort benutzte Algorithmus PRIM berechnet den minimalen Spannbaum als Vorgängerknoten zu jedem Knoten außer der Wurzel. PRIM wird ab Seite 131 vorgestellt. In RUNDREISE-APPROXIMATION wird in Zeile 3 die Kantenmenge aus der Vorgängerinformation errechnet, da die Tiefensuche diese benötigt.

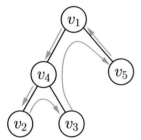

Beispielhafter Spannbaum und die Reihenfolge der Tiefensuche.

Beispiel 5.21:

Im nebenstehenden Spannbaum ist die Reihenfolge der Entdeckung der Knoten eingetragen: Es werden alle Teilbäume immer komplett besucht, bevor der nächste benachbarte Teilbaum »entdeckt« wird. Daraus ergibt sich die Rundreise in der nächsten Abbildung. Statt von v_2 zurück zu v_4 zu gehen, wird der direkte Weg von v_2 nach v_3 genommen. Ebenso wird von v_3 zu v_5 abgekürzt und die dazwischen liegenden Knoten v_4 und v_1 nicht nochmals besucht. Die »Abkürzungen« sind orange eingezeichnet. □

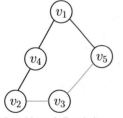

Resultierende Rundreise.

Weil die Dreiecksungleichung im Graphen gilt, kann bezüglich der Approximationsgüte der folgende Satz gezeigt werden.

Algorithmus 5.6 Approximation einer kürzesten Rundreise anhand des minimalen Spannbaums

---

RUNDREISE-APPROXIMATION(Knoten V, Kanten E, Kosten $\gamma : E \to \mathbb{R}$)

    Rückgabewert: Reihenfolge der Knoten in *kürzesteRundreise*

1   *wurzel* → wähle einen Knoten aus V

2   PRIM(V, Adj, γ, *wurzel*) ⎤ Minimalen Spannbaum

3    $E' \leftarrow \{(u,v) | v \in V \setminus \{wurzel\} \wedge u = vorgänger[v]\}$ ⎦ als Graph bestimmen

4   **return** Knoten aufsteigend nach Entdeckungszeit in TIEFENSUCHE(V, E')

Satz 5.22:   **Fehlergarantie der Rundreise-Approximation**

Die durch RUNDREISE-APPROXIMATION *erzeugte Rundreise ist höchstens doppelt so lang wie die optimale Rundreise.*

Beweis 5.23:

Wird der minimale Spannbaum mit den $Kosten_{MSB} = \sum_{e \in T} \gamma(e)$ direkt abgelaufen, wird jede Kante einmal beim Betreten des darüber erreichbaren Teilbaums durchlaufen – und ein zweites Mal beim Verlassen des Teilbaums. Ein solcher Weg durch den Graphen hat also die Länge $2 \cdot Kosten_{MSB}$. Wegen der Dreiecksungleichung ist die konstruierte Rundreise w_{konstr} sogar kürzer, da die Kosten eines direkten Wegs zwischen zwei Knoten immer kleiner oder gleich den Kosten eines Umwegs sind. Wegen Lemma 5.19 gilt insgesamt bzgl. der kürzesten Rundreise $w_{optimal}$:

$$w_{konstr} \leq 2 \cdot Kosten_{MSB} < 2 \cdot w_{optimal}. \quad \blacksquare$$

Für die Berechnung des minimalen Spannbaums greifen wir auf den DIJKSTRA-Algorithmus (Algorithmus 5.2) zurück, der einen Baum bestehend aus den kürzesten Wegen von einem Startknoten zu allen anderen Knoten berechnet. Anstatt nun eine Kante genau dann in den Baum aufzunehmen, wenn sie den kürzesten bekannten Weg zu einem noch unverbundenen Knoten abschließt, beschränken wir hier die Auswahl auf die Kosten der Kante selbst: Es wird diejenige Kante mit dem kleinsten Gewicht gewählt, die einen neuen Knoten mit dem Baum verbindet. Es resultiert Algorithmus 5.7 (PRIM). Dort ist im Feld *abstand* jetzt der Abstand von der Menge der fertigen Knoten gespeichert, d.h. das bisher gefundene kleinste Kantengewicht, das den Knoten anbindet.

Algorithmus 5.7 Prim-Algorithmus zur Berechnung des minimalen Spannbaums

---

PRIM(Knoten V, Kanten $E \subset V \times V$, Kosten $\gamma : E \to \mathbb{R}$, Startknoten $s \in V$)

Rückgabewert: Kanten des Baums *vorgänger*

```
 1  for alle Knoten u ∈ V
 2  do ⌐ abstand[u] ← ∞
 3       vorgänger[u] → NULL
 4     ∟ istFertig[u] ← false
 5  abstand[s] ← 0
 6  while KNOTEN-VORHANDEN-DIJKSTRA()
 7  do ⌐ nächster ← NÄCHSTER-KNOTEN-DIJKSTRA()       fertige Knoten dürfen
 8       istFertig[nächster] ← true                  nicht nachträglich
 9       for alle  v ∈ V mit (nächster, v) ∈ E       modifiziert werden
10       do ⌐ if ¬istFertig[v] und abstand[v] > γ[nächster, v] ⌝
11          then ⌐ abstand[v] ← γ[nächster, v]  ⌝ nur das Kantengewicht wird
12     ∟   ∟     ∟ vorgänger[v] → nächster          berücksichtigt
13  return vorgänger
```

---

www
Prim.java

Tabelle 5.2: Ablauf aus Bild 5.6 in tabellarischer Form. Dabei steht »abst.« für *abstand* und »vorg.« für *vorgänger*. Fertige Knoten sind nicht mehr im jeweiligen Zeitschritt der Tabelle aufgeführt.

Itera-tion	Knoten									
	v_1		v_2		v_3		v_4		v_5	
	abst.	vorg.	abst.	vorg.	abst.	vorg.	abst.	vorg.	abst.	vorg.
1	0	–	∞	–	∞	–	∞	–	∞	–
2			6	v_1	4	v_1	6	v_1	6	v_1
3			5	v_3			6	v_1	4	v_3
4			5	v_3			3	v_5		
5			5	v_3						

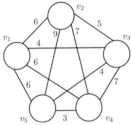

Beispielgraph für den
Prim-Algorithmus.

Beispiel 5.24:

Für den nebenstehenden Graphen mit Startknoten v_1 wird der Prim-Algorithmus durchgeführt. Der Ablauf ist in Tabelle 5.2 und in Bild 5.6 dargestellt.   □

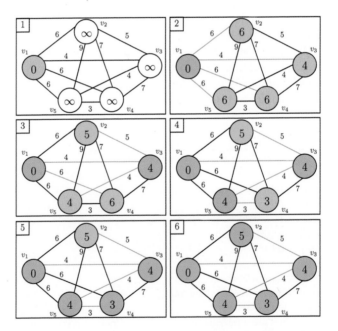

Bild 5.6: PRIM (Algorithmus 5.7) wird auf einen Graphen angewandt. Fertige Knoten sind grau hinterlegt und entdeckte Knoten sind orange. Die Knoten enthalten das Gewicht der kleinsten bekannten Kante zu dem jeweiligen Knoten; die zugehörigen Kanten sind orange markiert.

Da nur minimale Änderungen zwischen DIJKSTRA und PRIM durchgeführt wurden, ergibt sich die Laufzeit des Prim-Algorithmus in der vorliegenden Form als $O((\#V)^2)$ (analog zu Satz 5.12). Ähnlich verhält es sich mit der Korrektheit im folgenden Satz, dessen Beweis wir in Übungsaufgabe 5.6 dem Leser überlassen.

Satz 5.25: **Korrektheit des Prim-Algorithmus**
Falls für alle Kanten $e \in E$ die Kosten positiv sind ($\gamma(e) \geq 0$), berechnet der Algorithmus PRIM korrekt den minimalen Spannbaum.

Der Algorithmus PRIM wurde erstmals in der Arbeit von Prim (1957) publiziert, in der er auch auf das kürzeste Wegeproblem eingeht.

Für die vollständige Approximation der kürzesten Rundreise in Algorithmus 5.6 folgt damit aus den benutzten Algorithmen die folgende Laufzeit.

Korollar 5.26: **Laufzeit der Rundreise-Approximation**
Mit den bisher vorgestellten Implementierungen folgt die Laufzeit von RUND-REISE-APPROXIMATION als $O((\#V)^2)$.

Jetzt haben wir doch eine Approximation für das Rundreise-problem gefunden! Ich bin mal gespannt, wie sich die auf den bisherigen Beispielen verhält.

Beispiel 5.27:
Der Graph aus Beispiel 5.24 wird hier fortgesetzt, indem aus dem berechneten minimalen Spannbaum eine Rundreise abgeleitet wird. Bild 5.7 zeigt links nochmals den minimalen Spannbaum; mittig und rechts werden zwei mögliche resultierende Rundreisen gezeigt. Welche der Varianten erzeugt

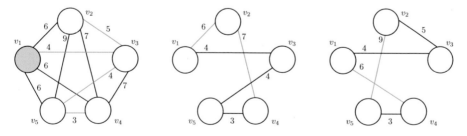

Bild 5.7: RUNDREISE-APPROXIMATION (Algorithmus 5.6) wird mit dem links dargestellten minimalen Spannbaum und dem markierten Startknoten v_1 durchgeführt. Die in der Mitte dargestellte Rundreise resultiert aus der Wahl von v_5 als dritten Knoten, die rechte Rundreise aus der Wahl von v_2 als dritten Knoten.

wird, hängt davon ab, wie der Spannbaum gespeichert wird und damit ob von v_3 aus die Kante zu v_5 (Mitte) oder zu v_2 (rechts) in den Spannbaum aufgenommen wird. Die restlichen Kanten ergeben sich jeweils zwangsläufig. Mit der Kante (v_3, v_5) hat die Rundreise die Länge $4 + 4 + 3 + 7 + 6 = 24$; mit der Kante (v_3, v_2) ist die Länge $4 + 5 + 9 + 3 + 6 = 27$. Die kürzere der beiden Rundreisen entspricht auch der minimalen Rundreise.   □

Beispiel 5.28:
In Bild 5.8 wird links nochmals die Lage der Knoten aus Beispiel 5.15 gezeigt. Die Kosten zwischen zwei Knoten ergeben sich als euklidischer Abstand. RUNDREISE-APPROXIMATION (Algorithmus 5.6) berechnet zunächst einen minimalen Spannbaum mit einem Gesamtgewicht von 562,26, der in der Mitte der Abbildung dargestellt ist. Der Startknoten für die Tiefensuche ist markiert, von dem aus die rechts dargestellte Rundreise erzeugt wird. Diese Rundreise ist zwar garantiert höchstens doppelt so lang wie die Gesamtkosten des minimalen Spannbaums, aber mit einer Länge von 860,86 ist die Rundreise dennoch länger als die Rundreise aus Beispiel 5.15, die mit dem einfachen gierigen Algorithmus ermittelt wurde.   □

Wie sind nun die Daten dieses Beispiels zu interpretieren? Einerseits können wir daraus erkennen, dass eine Approximationsgarantie nicht zwangsläufig einen überlegenen Algorithmus nach sich zieht. Darüberhinaus liefert die Heuristik des einfachen Algorithmus RUNDREISE-GREEDY bei sog. »realworld«-Daten in der Regel ordentliche (wenn auch nicht unbedingt gute) Ergebnisse. Betrachten wir zum Abschluss noch das konstruierte Rundreiseproblem aus Beispiel 5.16.

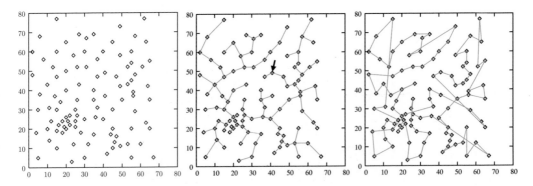

Bild 5.8: RUNDREISE-APPROXIMATION (Algorithmus 5.6) wird auf die links dargestellte Anordnung von Knoten (mit dem euklidischen Abstand als Kosten zwischen zwei Knoten) angewandt. Es resultiert als Zwischenergebnis der minimale Spannbaum in der Mitte und als Endergebnis die rechts dargestellte Rundreise.

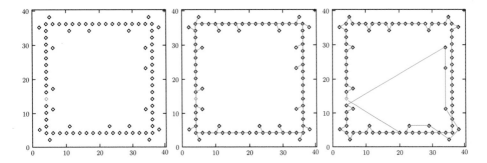

Bild 5.9: RUNDREISE-APPROXIMATION (Algorithmus 5.6) wird auf die links dargestellte Anordnung von Knoten (mit dem euklidischen Abstand als Kosten zwischen zwei Knoten) angewandt. Es resultiert der minimale Spannbaum in der Mitte als Zwischenergebnis und die rechts dargestellte Rundreise als Endergebnis.

Beispiel 5.29:

Bild 5.9 zeigt links die Ausgangssituation. Der entstehende minimale Spannbaum ist in der Mitte dargestellt. In der rechten Abbildung wird beispielhaft gezeigt, wie daraus eine Rundreise entstehen kann: links oben ergibt sich die optimale Struktur; rechts unten wiederum wird zunächst der eng gesteckte mittlere Pfad verfolgt – die anderen Knoten werden dann rückwärts abgearbeitet. Die lange Strecke von rechts oben nach links unten entspricht dem Wechsel in den anderen Teilbaum unter der markierten Wurzel. Die andere längere Strecke ist der Rücksprung zum Startpunkt. Die Gesamtkosten ergeben sich hierbei als 233,61 und sind damit deutlich geringer als die des einfachen gierigen Algorithmus.   □

Der hier vorgestellte Approximationsalgorithmus stammt von Rosenkrantz et al. (1977). Einen wesentlich geringeren Fehler mit nur 50% bietet der (hier nicht behandelte) Algorithmus von Christofides (1976), der ebenfalls mit dem minimalen Spannbaum arbeitet, aber über ein zusätzliches Matching die Reihenfolge der Knoten beeinflusst.

5.5   Flussproblem: Ford-Fulkerson-Algorithmus

In diesem Abschnitt wollen wir einen ersten effizienten Algorithmus für das vereinfachte Problem des maximalen Flusses (Definition 4.57 auf Seite 107) entwickeln.

Die gierige Herangehensweise ist zunächst denkbar einfach: Wir suchen einen beliebigen Weg mit positiven Kapazitätswerten (> 0) an allen Kanten vom Start- zum Zielknoten, bestimmen die maximal mögliche Menge (sprich: die kleinste verfügbare Kapazität an einer Kante des Wegs), merken uns den Fluss und passen die jetzt noch verfügbaren Kapazitäten im Graphen an. Dies iterieren wir solange, bis wir keinen Weg mehr finden. Der Gesamtfluss ergibt sich aus den Flüssen der einzelnen Iterationen.

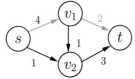

Graph mit gewähltem Weg im Ford-Fulkerson-Algorithmus.

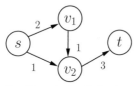

Resultierender (vorläufiger) Restgraph nach dem ersten Schritt.

Beispiel 5.30:

Im nebenstehenden Graphen wird der Weg von s über v_1 nach t gewählt. Maximal können 2 Einheiten über diesen Weg geschoben werden. Dadurch verringern sich die für weitere Flüsse noch verfügbaren Kapazitäten an den Kanten: bei (s, v_1) um zwei Einheiten und an der Kante (v_1, t) wird die Kapazität auf 0 reduziert, weswegen wir sie nicht mehr darstellen. In zwei weiteren Iterationen kann noch je eine Einheit über v_2 und über v_1 und v_2 transportiert werden. □

Wir lassen also zunächst einmal etwas vom Start- zum Zielknoten fließen und schauen dann, was jetzt noch fließen kann. Das nenne ich ein gieriges Vorgehen – genau gleich wie beim Shopping: Ich kaufe das erste, was mir gefällt und iteriere, bis das Geld alle ist...

Wenn man ausschließlich wie oben beschrieben vorgeht, kann es passieren, dass der maximale Fluss nicht gefunden wird. Dies illustriert das nächste Beispiel.

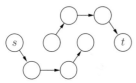

Graph mit dem ersten Weg.

Resultierender (vorläufiger) Restgraph.

Beispiel 5.31:

Im nebenstehenden Graphen seien alle Kantengewichte $\gamma(e) = 1$, worauf wir aus Gründen der Übersichtlichkeit im Bild verzichten. Es gibt drei Wege vom Startknoten s zum Zielknoten t. Wird hier der mittlere (kürzeste) Weg gewählt, entsteht der nebenstehende Restgraph. Deutlich erkennt man, dass kein weiterer Weg vom Start- zum Zielknoten vorhanden ist. Damit wurde allerdings nicht der maximal mögliche Fluss gefunden – die beiden anderen Wege könnten beide gemeinsam genutzt und damit ein maximaler Fluss von 2 Einheiten erreicht werden. □

Das Beispiel zeigt die Notwendigkeit, dass einmal getroffene Entscheidungen wieder rückgängig gemacht werden können. Konkret: Wurde eine bestimmte Datenmenge über eine Kante transportiert, soll der Rückfluss (eines Teils oder auch der vollständigen Datenmenge) in den weiteren Iterationen möglich sein. Dies wird dadurch erreicht, dass wir für jede Kante des Wegs die verschobene Menge auf die Kapazität der invertierten Kante addieren. War diese Kante vorher nicht vorhanden, wird sie aufgenommen.

Beispiel 5.32:

Wir setzen Beispiel 5.31 fort. Nebenstehend wird der Graph mit den Rückkanten dargestellt. Die mittlere der Rückkanten ermöglicht dabei jetzt einen weiteren Fluss vom Start- zum Zielknoten. Der zweite nebenstehend dargestellte Graph zeigt beide gefundenen Flüsse. Werden diese Flüsse addiert, heben sich die Flüsse über die mittlere Kante wieder auf und es ergibt sich wie im dritten Bild dargestellt je ein Fluss über den oberen und den unteren Weg. □

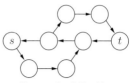

Restgraph mit Rückkanten.

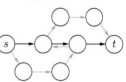

Beide gefundenen Flüsse.

> Gierig entscheiden und dann doch wieder umentscheiden, wenn es dabei etwas zu gewinnen gibt – wenn das doch im Leben auch so wäre :-)

Algorithmus 5.8 (Ford-Fulkerson) enthält schließlich den gesamten Ablauf der gierigen Suche mit Rückkanten für aufgenommene Flüsse. Im zweidimensionalen Feld *fluss* wird der Gesamtfluss für jede Kante aufsummiert, während das Feld *kap* den Restgraphen mit den noch zur Verfügung stehenden Kapazitäten darstellt. In der Variablen *menge* wird für den jeweilig gefundenen Weg der maximale Fluss gespeichert. Diese Variable wird dann verwendet, um die Kantengewichte des Graphen entsprechend anzupassen.

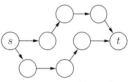

Gesamtfluss.

Algorithmus 5.8 Gieriger Algorithmus für das Maximaler-Fluss-Problem

---

Ford-Fulkerson(V, E, γ, s, t)

Rückgabewert: Fluss pro Kante *fluss*

```
1   E' ← E
2   for alle Kanten (u, v) ∈ E
3   do ⌐ kap[u, v] ← γ[u, v]            ⌉ Restgraph initialisieren
4      if (v, u) ∉ E
5      then ⌐ E' ← E' ∪ {(v, u)}        ⌉ Rückkanten aufnehmen
6           ∟ kap[v, u] ← 0
7      fluss[u, v] ← 0                   ⌉ Flussgraph initialisieren
8      ∟ fluss[v, u] ← 0
9   while es existiert Weg (s =)v₁, v₂, . . . , vₖ(= t) mit     ⌉ beliebigen
          (vᵢ, vᵢ₊₁) ∈ E' und kap[vᵢ, vᵢ₊₁] > 0 (1 ≤ i ≤ k − 1)   Weg wählen
10  do ⌐ menge ← min{kap[vᵢ, vᵢ₊₁] | 1 ≤ i ≤ k − 1}
11     for i ← 1, . . . , k − 1
12     do ⌐ if fluss[vᵢ₊₁, vᵢ] > 0                    ⌉ Fluss-
13        then ⌐ if fluss[vᵢ₊₁, vᵢ] ≥ menge              graph
14             then ⌊ fluss[vᵢ₊₁, vᵢ] ← fluss[vᵢ₊₁, vᵢ] − menge   aktuali-
15             else ⌐ fluss[vᵢ, vᵢ₊₁] ← menge − fluss[vᵢ₊₁, vᵢ]    sieren
16             ∟    ∟ fluss[vᵢ₊₁, vᵢ] ← 0
17        else ⌊ fluss[vᵢ, vᵢ₊₁] ← fluss[vᵢ, vᵢ₊₁] + menge
18        kap[vᵢ, vᵢ₊₁] ← kap[vᵢ, vᵢ₊₁] − menge       ⌉ Restgraph aktualisieren
19     ∟ ∟ kap[vᵢ₊₁, vᵢ] ← kap[vᵢ₊₁, vᵢ] + menge
20  return fluss
```

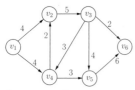

Ausgangsgraph.

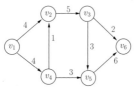

Resultierender Flussgraph.

Beispiel 5.33:

Wir wenden Algorithmus 5.8 auf den nebenstehenden Graphen an. Die einzelnen Iterationen sind in Bild 5.10 dargestellt. Die jeweiligen Flüsse der Iterationen sind dabei variabel, da der Algorithmus FORD-FULKERSON keine Vorgaben bezüglich der Wahl der Wege im Graphen macht. Es ergibt sich der nebenstehende Gesamtfluss.   □

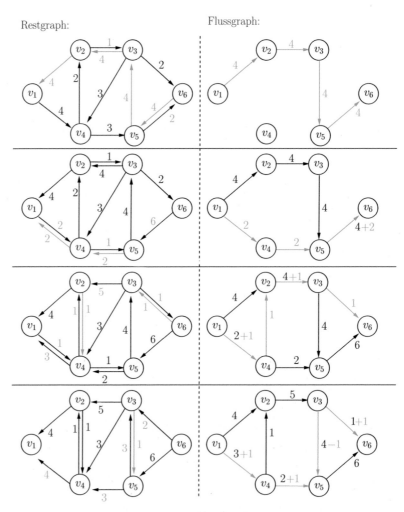

Bild 5.10: In vier Iterationen wird der Gesamtfluss in Beispiel 5.33 aufgebaut. Im rechts angeführten Flussgraph ist der Fluss der jeweiligen Iteration orange markiert. Der resultierende Restgraph ist jeweils links notiert, wobei hier die aktuell neuen Rückkanten orange dargestellt sind.

Satz 5.34: **Termination und Korrektheit**

FORD-FULKERSON *(Algorithmus 5.8) terminiert und berechnet den maximalen Fluss.*

Beweis 5.35:

Für den Beweis betrachtet man sog. Schnitte, mit denen die Menge der Knoten in zwei disjunkte Teilmengen $V_s, V_t \subset V$ getrennt wird ($V_s \cup V_t = V$), wobei wir sicherstellen, dass für den Startknoten $s \in V_s$ und für den Zielknoten $t \in V_t$ ist. Dann gilt offensichtlich, dass für einen beliebigen Schnitt die Kanten von V_s nach V_t mit ihren summierten Kapazitäten den maximal möglichen Fluss nach oben beschränken – nebenstehend orange dargestellte Kanten. Von allen möglichen Schnitten bestimmt derjenige mit der kleinsten Gesamtkapazität den maximalen Fluss am Ende der Optimierung. Im Weiteren betrachten wir diesen Schnitt durch den Graphen.

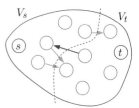

Schnitt durch den Graph.

Da jede Iteration durch den Algorithmus einen Weg der Kapazität ≥ 1 zum Gesamtfluss hinzufügt, wächst der Fluss beständig an, und da die Kapazität an der Kante von V_s nach V_t (im beispielhaften Bild orange dargestellt) verringert wird, terminiert der Algorithmus spätestens, wenn die den Schnitt überquerenden Kanten »aufgebraucht« sind.

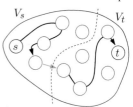

Schnitt durch den Graph mit beispielhaftem Weg.

Jetzt müssen wir für die Korrektheit nur noch zeigen, dass der Algorithmus nicht vor dem maximalen Fluss terminiert. Dieser Fall könnte höchstens dann eintreten, wenn ein Fluss in einer Iteration einen Schnitt mehrfach überquert und dadurch »zu viel« Kapazität am Schnitt verbraucht (da die Kapazität ja nur einfach am Zielknoten ankommt). Doch wie die nebenstehende Abbildung zeigt, muss dann der Schnitt in beide Richtungen überquert werden – und die Überquerung von V_t nach V_s erhöht bei der Anpassung der Kantenkapazitäten die Kapazität der entsprechenden Rückkante, die von V_s nach V_t führt. So wird effektiv der Fluss entlang des Wegs nur einmal am Schnitt wirksam – und jede Kapazitätseinheit, die am Schnitt abgezogen wird, kommt als Fluss am Zielknoten an. ∎

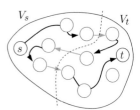

Weg, der einen Schnitt mehrfach überquert.

Die Korrektheit des Algorithmus bedeutet hier, dass immer ein Flussgraph gefunden wird, der dem maximal möglichen Fluss entspricht. Da wir in Zeile 9 des Algorithmus die Wahl des nächsten Weges offen halten, können je nach gewählten Wegen unterschiedliche Flussgraphen entstehen.

Satz 5.36: **Laufzeit**

Bezeichne f_{max} den maximalen Fluss eines Flussproblems mit dem Graphen $G = (V, E)$. Die Laufzeit von FORD-FULKERSON *(Algorithmus 5.8) ist nach oben durch $O(f_{max} \cdot \#E)$ beschränkt (bei geeigneter Speicherung des Graphen z.B. als Adjazenzliste).*

Beweis 5.37:

In jeder Iteration muss ein Weg gesucht werden. Im Falle der Speicherung in einer Adjazenzliste benötigt sowohl eine Tiefen- als auch eine Breiten-

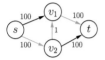

Ausgangsgraph für den Laufzeitbeweis.

Restgraph nach einer Iteration.

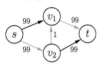

Restgraph nach der zweiten Iteration.

suche $\Theta(\#V + \#E)$. Da wir von einem zusammenhängenden Graphen ausgehen, ist dies gleich $\Theta(\#E)$. Auch die Aktualisierung des Graphen entlang des Wegs benötigt maximal diesen Aufwand. Daher bleibt die Frage wie oft der Algorithmus iterieren kann, wozu wir das nebenstehende Beispiel betrachten, in dem wir den orangefarbigen Weg wählen. Dadurch ergibt sich der zweite Graph als Restgraph. Wird wieder ein Weg über die senkrechte Kante gewählt, ergibt sich der dritte Graph als Restgraph. Wie man sofort erkennt, kann dies maximal f_{max} oft geschehen. Daraus resultiert die angegebene Gesamtlaufzeit. ∎

Diese Laufzeit ist sehr unangenehm, da sie nicht ausschließlich von der Größe des Graphen, d.h. der Anzahl seiner Knoten und Kanten, abhängt.

Der Algorithmus FORD-FULKERSON wurde von Ford & Fulkerson (1956) präsentiert.

Das gierige Vorgehen eines Algorithmus stellt ein erstes in diesem Buch behandeltes »Entwurfsparadigma« für Algorithmen dar. Für das Sortieren wurde ein erstes einfaches Beispiel entwickelt. Für die Kürzeste-Wege-Suche und das Problem des maximalen Flusses wurden bereits sehr ausgefeilte, leistungsfähige Algorithmen vorgestellt. Wir haben an mehreren Stellen hinreichend diskutiert, dass nicht jedes Problem und auch nicht jeder erste gierige Ansatz zu einem Algorithmus führt, der immer das korrekte Ergebnis berechnet. Daher konnte für das Rundreiseproblem auch nur ein Approximationsalgorithmus auf der Basis eines gierigen Ansatzes konstruiert werden.

Übungsaufgaben

Aufgabe 5.1:　　　Selectionsort

Sortieren Sie das folgende Feld mit SELECTIONSORT (Algorithmus 5.1) aufsteigend. Dokumentieren Sie alle Teilschritte. Wie viele Schlüsselvergleiche werden benötigt?

19	20	12	17	30	4	15	1	18	5	2	11

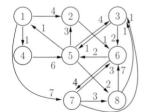

Aufgabe 5.2:　　　Dijkstra-Algorithmus

a) Wenden Sie DIJKSTRA (Algorithmus 5.2) auf den nebenstehenden Graphen mit Startknoten 5 an. Dokumentieren Sie alle Teilschritte in einer Tabelle und zeichnen Sie den Baum mit den kürzesten Wegen im Graphen ein.

b) Finden Sie einen Beispielgraphen mit negativen Kantengewichten (aber ohne negative Zyklen, d.h. Zyklen mit negativem Gesamtgewicht), bei dem DIJKSTRA (Algorithmus 5.2) ein falsches Ergebnis liefert.

Aufgabe 5.3: Kürzeste Wege: Spezialfall

Geben Sie einen Algorithmus an, der für einen Startknoten die kürzesten Wege in einem azyklischen Graphen in linearer Zeit $O(\#V + \#E)$ berechnet. Demonstrieren Sie Ihren Algorithmus an einem nicht-trivialen Beispiel mit wenigstens 5 Knoten. (Hinweis: Azyklische Graphen können topologisch sortiert werden.)

Aufgabe 5.4: Prim-Algorithmus

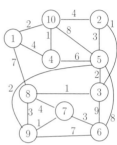

Wenden Sie PRIM (Algorithmus 5.7) auf den nebenstehenden Graphen mit Startknoten 1 an. Dokumentieren Sie alle Teilschritte in einer Tabelle.

Aufgabe 5.5: Rundreiseproblem

Betrachten Sie den durch die nebenstehende Abstandsmatrix gegebenen ungerichteten Graphen mit der Knotenmenge $V = \{1,2,3,4,5\}$. Es soll eine kürzeste Rundreise ermittelt werden.

	1	2	3	4
5	31	37	39	43
4	17	11	20	
3	8	27		
2	21			

a) Wenden Sie den gierigen Algorithmus RUNDREISE-GREEDY (Algorithmus 5.5) an und starten Sie mit dem Knoten 4.

b) Berechnen Sie zunächst mit PRIM (Algorithmus 5.7) einen minimalen Spannbaum. Leiten Sie daraus eine Rundreise ab (RUNDREISE-APPROXIMATION in Algorithmus 5.6): Starten Sie bei 4 und bei Verzweigungen im Baum besuchen Sie den kleineren Knoten zuerst.

Aufgabe 5.6: Korrektheit des Primalgorithmus

Beweisen Sie Satz 5.25, indem Sie analog zum Beweis von Satz 5.10 per Widerspruch zeigen, dass bei der Existenz eines minimaleren Spannbaums eine andere Kante gewählt werden müsste.

Aufgabe 5.7: Maximaler Fluss

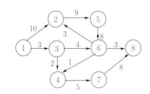

Wenden Sie FORD-FULKERSON (Algorithmus 5.8) auf das Flussproblem mit Startknoten 1 und Zielknoten 8 an.

Aufgabe 5.8: Geldrückgabe

Es soll Wechselgeld für n Cent zusammengestellt werden, indem eine möglichst kleine Anzahl an Münzen benutzt wird.

a) Geben Sie einen Greedy-Algorithmus an, der das Wechselgeld aus 25-, 10-, 5- und 1-Cent-Münzen zusammenstellt. In jedem gierigen »Teilschritt« soll genau eine Münze gewählt werden. Beweisen Sie, dass der Algorithmus zu einer optimalen Lösung führt.

b) Geben Sie eine Menge von Münznennwerten (in Teilaufgabe (a) sind dies $\{1, 5, 10, 25\}$) an, für die der Greedy-Algorithmus zu keiner optimalen Lösung führt. Die Menge sollte immer eine 1-Cent-Münze beinhalten.

Aufgabe 5.9:   **Variante zu Selectionsort**

Auf Seite 121 wird angemerkt, dass Selectionsort auch mit der Laufzeit $O(n \cdot \sqrt{n})$ realisierbar ist. Schreiben Sie einen entsprechenden Algorithmus in Pseudo-Code. Teilen Sie hierfür das ursprüngliche Feld in $\sqrt{n}$ etwa gleichgroße Partitionen und schreiben Sie die gewählten Elemente in ein neues Feld.

Beschwingt durch die ersten Erfolge kommt Algatha mit der Arbeit an ihrer Software gut voran. Doch heute hat sie einen echten Pechtag erwischt: Erst fährt ihr der Bus direkt vor der Nase weg, dann stellt sich heraus, dass durch ein Problem auf dem Firmenserver ihre Arbeit des letzten Tages verloren gegangen ist. Und schließlich stößt sie auch noch ihren Kaffee um, der nach Murphy's Gesetz natürlich auch nicht auf die Tageszeitung kippt, sondern sich großflächig über die Tastatur des Notebooks verteilt. Wenn etwas schiefgeht, dann geht auch mit Sicherheit alles schief. »Schade, dass es da nicht einen Maximalbetrag gibt, der täglich vom persönlichen Schiefgeh-Konto abgehoben werden kann!« sagt sich Algatha.

Und nachdem der Kaffeesee wieder beseitigt, ein Ersatznotebook besorgt und das Backup eingespielt ist, schaut sich Algatha nochmal die bisher gefundenen Datenstrukturen und Algorithmen an. Vielleicht geht es denen ja genauso wie Algatha – wie waren denn da nochmal die Laufzeitabschätzungen im Worst-Case? Mit dem Ziel wenigstens dort den Schaden zu begrenzen, macht sich Algatha an die Verbesserung des Status Quo.

6 Kleinster Schaden im Worst-Case

6.1   Verbesserung für den maximalen Fluss

Im letzten Kapitel wurde gezeigt, dass der Algorithmus Ford-Fulkerson (Algorithmus 5.8) in seiner Laufzeit vom maximalen Fluss abhängt. Das bedeutet, dass derselbe Graph durch Verzehnfachung einiger Kantengewichte auf die zehnfache Laufzeit kommen kann. Dies liegt daran, dass immer im Wechsel ein Weg über eine Kante und ihre Rückkante gewählt werden kann (vgl. Beweis zu Satz 5.36). Dieses Ping-Pong lässt sich einschränken, indem die Wege in einer speziellen Reihenfolge betrachtet werden. Konkret werden wir im Weiteren die Breitensuche (Algorithmus 4.23) in Zeile 9 von Algorithmus 5.8 benutzen und so immer den kürzesten Weg vom Start- zum Zielknoten zur Bestimmung des Flusses wählen. Der resultierende Algorithmus wird auch als Edmonds-Karp-Algorithmus bezeichnet. ▶Edmonds-Karp-Algorithmus

Beispiel 6.1:
Wir wenden den Edmonds-Karp-Algorithmus auf den Graphen aus Beispiel 5.33 an. Der Ablauf wird Bild 6.1 dargestellt. Die Anzahl der Iterationen bleibt in diesem Beispiel jedoch gleich.   □

Satz 6.2:   **Laufzeit**
Die Laufzeit des Edmonds-Karp-Algorithmus ist in $O(\#V \cdot (\#E)^2)$ (bei geeigneter Speicherung des Graphen z.B. als Adjazenzliste).

Beweis 6.3:
Die Auswahl des jeweils kürzesten Wegs für den Fluss der nächsten Iteration bewirkt, dass die Länge des Wegs vom Startknoten zu allen anderen

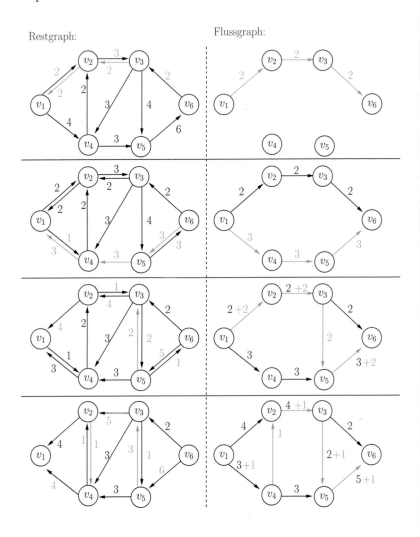

Bild 6.1: In vier Iterationen wird der Gesamtfluss in Beispiel 6.1 mit dem
Edmonds-Karp-Algorithmus aufgebaut. Im rechts angeführten Flussgraph ist der Fluss der jeweiligen Iteration orange markiert. Der resultierende Restgraph ist jeweils links notiert, wobei hier die aktuell neuen
Rückkanten orange dargestellt sind.

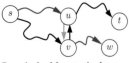

Beweis der Monotonie der
Weglängen.

Knoten nie kürzer werden. Dies sieht man leicht durch den nebenstehend
skizzierten Widerspruchsbeweis: Angenommen es existiere ein Knoten w,
der nach einem Flussschub einen kürzeren Weg hat als zuvor. Dieser muss
durch eine neue (orange dargestellte) Rückkante (u, v) entstanden sein – der
letzte Fluss ist schwarz dargestellt. Damit ist der graue Weg von s nach u
in jedem Fall kürzer als der schwarze Fluss von s nach v (sonst wäre der
schwarze Weg von s nach v und dann weiter nach w kürzer gewesen). Dann

kann aber auch der schwarze Weg nicht der kürzeste gewesen sein, da mit dem grauen Weg von s nach u und dann weiter nach t ein kürzerer vorliegt. Daraus folgt, dass es keinen solchen Knoten w geben kann. Also: Bei Verwendung der Breitensuche werden die kürzesten Wege im Graphen länger (oder bleiben gleich lang).

Dieses Ergebnis benutzen wir im Weiteren, wenn wir uns anschauen, wie oft eine Kante verschwinden (d.h. Kapazität 0) und wieder erscheinen kann. Betrachten wir nebenstehendes Beispiel. Der schwarze Weg sei wieder der kürzeste im Graphen und die Kante (v, u) verschwinde im Restgraphen. Dann muss wieder der graue Weg nach u, der dann der kürzeste Weg nach u im Graphen ist, mindestens um eine Kante länger als der schwarze Weg von s nach v sein. Damit (v, u) wieder erscheint, muss (u, v) auf dem kürzesten Weg von s nach t liegen. Dann ergibt sich aber wegen obiger Monotonie der Weglängen (und mit derselben Argumentation wie soeben), dass die jetzt kürzeste Entfernung nach v um 2 größer ist, als vor dem Verschwinden der Kante. Da der längste Weg im Graphen höchstens $\#V - 1$ Kanten lang sein kann, kann maximal $\frac{\#V-1}{2}$ oft eine Kante verschwinden und wieder erscheinen. Da bei jeder Iteration mindestens eine Kante verschwindet, ist die Anzahl der Iterationen in $O(\#V \cdot \#E)$. Mit der Laufzeit der Breitensuche folgt der Satz direkt. ∎

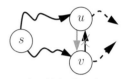

Anzahl der Iterationen.

Dieser Satz bedeutet also, dass die Laufzeit nur von der Größe des Graphen, sprich: der Anzahl der Knoten und Kanten, abhängt. Es kann also nicht passieren, dass die Laufzeit aufgrund einer Vervielfachung von Kantengewichten immer weiter wächst, was beim Algorithmus FORD-FULKERSON noch der Fall war.

Beim Ford-Fulkerson-Algorithmus haben wir zufällig und gierig entschieden und dabei jederzeit die Möglichkeit von Rückentscheidungen offen gehalten. Dadurch konnte uns die Laufzeit in Abhängigkeit vom maximal möglichen Fluss aus dem Ruder laufen. Wenn wir jedoch wie beim Edmonds-Karp-Algorithmus ein Schema über die Wahl der Wege vorgeben, können wir die Laufzeit deutlich besser in den Griff bekommen.

Da der Edmonds-Karp-Algorithmus lediglich im Algorithmus FORD-FULKERSON die Breitensuche als Mittel der Wegfindung vorschreibt, wurde dies schon bald nach der Einführung des Ford-Fulkerson-Algorithmus zum Teil so gehandhabt. Edmonds & Karp (1972) gelang schließlich der Beweis, dass diese Vorgehensweise zu polynomieller Laufzeit (in der Größe des Graphen) führt. Inzwischen sind wesentlich schnellere Algorithmen für das Problem des maximalen

Flusses bekannt: Die Push/Relabel-Methode von Goldberg & Tarjan (1988a) erreicht eine Laufzeit von $O((\#V)^3)$, was allerdings noch nicht der Algorithmus mit der bestmöglichen asymptotischen Laufzeit ist.

6.2   Mengenproblem: balancierte Bäume

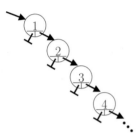

Zur Liste degradierter Baum.

Die binären Suchbäume aus Abschnitt 4.4 haben zwar einerseits den großen Vorteil, dass die Suche nach einem Knoten ähnlich zur binären Suche ablaufen kann. Andererseits entstehen im Extremfall Bäume wie nebenstehend gezeigt, die eine lineare Laufzeit mit sich bringen.

In diesem Abschnitt wollen wir die extremen Laufzeiten vermeiden, was uns zunächst zu der Frage bringt, welche Laufzeit zumindest theoretisch bestenfalls möglich ist. Hierfür betrachten wir einen dicht gepackten binären Baum und rechnen aus, wie viele Elemente bei einer vorgegebenen Tiefe enthalten sein können. Wie man in der nebenstehenden Skizze sieht, verdoppelt sich die Anzahl der Knoten von einer Schicht im Baum zur nächsten Schicht. Daraus ergibt sich für einen Baum der Tiefe l die folgende Summe als maximale Knotenzahl:

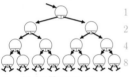

Anzahl der Knoten pro Schicht.

$$2^0 + 2^1 + \ldots + 2^{l-1} = \sum_{i=0}^{l-1} 2^i =^* \frac{2^l - 1}{2 - 1} = 2^l - 1 \qquad \begin{matrix}(* \text{ geometrische Reihe}\\ \text{siehe Kapitel B}).\end{matrix}$$

Aus der maximalen Knotenzahl folgt im Umkehrschluss direkt, dass ein Baum mit n Knoten immer die Tiefe $\Omega(\log_2 n)$ besitzt. Die Basis 2 des Logarithmus lassen wir im Weiteren weg.

Das Ziel ist damit gesteckt: Wenn es uns gelingt, die Tiefe der Bäume auf $\Theta(\log n)$ zu beschränken (bei n Knoten), dann haben alle Operationen auf den Bäumen eine Laufzeit in $O(\log n)$

▸balancierte Bäume

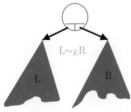

Balancierter Baum.

Dies kann durch sog. balancierte Bäume erreicht werden. Dabei bezieht sich die Balance eines Knotens auf eine spezielle Eigenschaft (im nebenstehenden Bild mit E bezeichnet), beispielsweise die Anzahl der Knoten, die bei beiden Unterbäumen in einem ausgeglichenen Verhältnis stehen soll – diese Eigenschaft wird in Übungsaufgabe 6.5 behandelt. In einem balancierten Baum muss die entsprechende Eigenschaft für alle Knoten im Baum erfüllt sein.

Was für Eigenschaften können denn für so eine Balance benutzt werden? Wenn die Tiefe des Baums für die Laufzeit so wichtig ist, wäre das vielleicht eine natürliche Wahl?

In diesem Abschnitt definieren und diskutieren wir im Weiteren tiefenbalancierte Bäume. Dort wird für jeden Unterbaum eines Knotens die Tiefe (als Eigenschaft E) bestimmt und wir nennen den Knoten balanciert, wenn die beiden Unterbäume ähnlich tief sind – sprich: Ihre Tiefe unterscheidet sich um maximal eine Ebene.

Definition 6.4:   AVL-Baum

Ein binärer Suchbaum heißt AVL-Baum, wenn für die Unterbäume jeden Knotens u im Baum die folgende Eigenschaft gilt:

> ▶AVL-Baum

$$Baumtiefe(u.rechts) - Baumtiefe(u.links) \in \{-1,0,1\}.$$

Beispiel 6.5:

Im nebenstehenden Suchbaum wurde die Tiefe für alle Teilbäume bestimmt und die Differenz orangefarbig als Balancefaktor eingetragen. Beispielsweise an der Wurzel (mit dem Schlüssel 20) hat der rechte Unterbaum die Tiefe 3 sowie der linke Unterbaum die Tiefe 2 – es resultiert an der Wurzel die Balance $3-2 = 1$. Da der Balancefaktor für alle Knoten 0, -1 oder 1 ist, handelt es sich um einen AVL-Baum. □

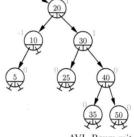

AVL-Baum mit Balancefaktoren.

Da ein AVL-Baum auch nur ein spezieller binärer Suchbaum ist, kann für das Suchen eines Elements der normale Algorithmus 4.14 (SUCHEN-BAUM) benutzt werden. Problematisch ist also nur das Einfügen und Löschen, da dabei die AVL-Eigenschaft zerstört werden kann, wie das folgende Beispiel zeigt.

Beispiel 6.6:

Wird in den Baum aus Beispiel 6.5 der Knoten mit dem Schlüssel 45 eingefügt, so handelt es sich um keinen AVL-Baum mehr, wie die Balancewerte 2 an den Knoten 20 und 30 zeigen. □

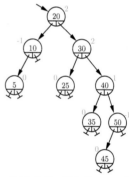

Fehlerhafter AVL-Baum nach dem Einfügen.

Um den Baum zu reparieren, muss er strukturell »umgebaut« werden – und zwar unter Wahrung der Suchbaumeigenschaft. Die Technik sind sogenannte Rotationen, bei denen eine Kante von einem Knoten u zu einem Knoten v so gedreht wird, dass v den Platz von u einnimmt und die Kante von v zu u geht. Bild 6.2 zeigt, wie sich die Struktur des Baums verändert: Der Teilbaum B war bisher linker Unterbaum von Knoten v und wird jetzt als rechter Unterbaum unter den Knoten u gehängt. Dabei bleibt die Suchbaumeigenschaft erhalten. Ebenso kann man der Abbildung entnehmen, dass sich die Tiefe der Knoten in den Unterbäumen A und C ändert: Bei einer Rotation nach links (L-Rotation) werden die Knoten in A um eine Ebene tiefer geschoben, während die Knoten in C eine Ebene näher zur Wurzel rücken. Bei einer Rotation nach rechts (R-Rotation) verhält es sich genau umgekehrt. Die Knoten in B bleiben beides Mal auf derselben Tiefe.

> ▶Rotationen

> ▶L-Rotation

> ▶R-Rotation

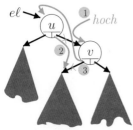

Ablauf einer Linksrotation.

Phasen beim Einfügen.

Die zugehörigen Algorithmen sind denkbar einfach, da sie mit einer konstanten Laufzeit durch Umsetzen einiger weniger Zeiger realisiert werden. Rotiere-Links (Algorithmus 6.1) und Rotiere-Rechts (Algorithmus 6.2) zeigen jeweils den Pseudo-Code. Die nebenstehende Abbildung zeigt den technischen Ablauf der ersten drei Zeilen von Rotiere-Links.

Wenn nun also ein neues Element in den AVL-Baum eingefügt wird, müssen die Rotationen geeignet angewandt werden, um den Baum wieder zu balancieren. Dabei ist die grundsätzliche Vorgehensweise zunächst wie beim normalen Suchbaum: Es wird die richtige Einfügestelle gesucht – dies ist in der nebenstehenden Abbildung durch die schwarzen Pfeile symbolisiert. Wird diese Suche rekursiv realisiert, dann kann bei der Rückkehr aus der Rekursion von unten nach oben jeweils geprüft werden (orangefarbige Pfeile), ob die Balance noch erfüllt ist, und durch die Rotationen der Baum »repariert« werden.

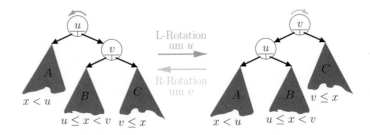

Bild 6.2: In einem Suchbaum wird um den Knoten u nach links rotiert, wodurch der rechte Baum entsteht. Die Schlüssel x für jeden Teilbaum zeigen, dass die Suchbaumeigenschaft erhalten bleibt. In hellem orange ist die Rotation nach rechts um den Knoten v als inverse Operation dargestellt.

Algorithmus 6.1 Linksrotation im Suchbaum

Rotiere-Links(Element $e\ell$)

   Rückgabewert: neue Baumwurzel $hoch$

1   $hoch \rightarrow e\ell.rechts$ } hochrotierenden Knoten zwischenspeichern
2   $e\ell.rechts \rightarrow hoch.links$ } mittleren Unterbaum umhängen
3   $hoch.links \rightarrow e\ell$ } alte Wurzel unter die neue hängen
4   **return** $hoch$

Algorithmus 6.2 Rechtsrotation im Suchbaum

Rotiere-Rechts(Element $e\ell$)

   Rückgabewert: neue Baumwurzel $hoch$

1   $hoch \rightarrow e\ell.links$
2   $e\ell.links \rightarrow hoch.rechts$
3   $hoch.rechts \rightarrow e\ell$
4   **return** $hoch$

Der Ablauf ist in Algorithmus 6.3 (Einfügen-AVL) dargestellt und orientiert sich an Algorithmus 4.15 (Einfügen-Baum): Wir unterscheiden die Schnittstelle für den Aufruf (Einfügen-AVL) und die rekursive Umsetzung (Einfügen-AVL-R). Die Kontrolle der Balance wird als Aufruf von Prüfalgorithmen in den Zeilen 7 und 10 realisiert. Von den beiden Prüfalgorithmen Prüfe-Rechts-Rot und Prüfe-Links-Rot wird der erste in Algorithmus 6.4 ausführlich besprochen.

Ferner ist neu, dass der Algorithmus Einfügen-AVL-R zwei Rückgabewerte besitzt. Diese werden in Zeile 1 von Einfügen-AVL und den Zeilen 6 und 9 von Einfügen-AVL-R jeweils zwei Variablen zugewiesen. Dabei ist zu beachten, dass beispielsweise *anker* eine Zeigervariable und *gleichHoch* eine normale Variable ist – entsprechend werden unterschiedliche Zuweisungspfeile benutzt. Der Variablen *gleichHoch* wird im Algorithmus nur dann der Wert **true** zugewiesen, wenn der betroffene Teilbaum seine Tiefe nicht verändert hat.

Nun betrachten wir die unterschiedlichen Fälle, die beim Aktualisieren der Balancefaktoren im Baum vorkommen können, beispielhaft für einen im linken Teilbaum vom Knoten *u* eingefügten neuen Knoten. Dabei gehen wir davon aus, dass der neue Knoten die Höhe des Teilbaums um eins vergrößert hat, sonst wäre mit unveränderter Höhe *gleicheHöhe* in Algorithmus 6.4 die Überprüfung sofort fertig. Ausgehend von den Zeilen 4, 7 und 10 in Algorithmus 6.4 müssen wir die folgenden drei Fälle unterscheiden: Die Balance am Knoten *u* war 0, 1 oder -1.

Algorithmus 6.3 Einfügen im AVL-Baum

Einfügen-AVL(Schlüssel *neuerWert*, Daten *neueDaten*)

    Rückgabewert: keine; Seiteneffekt: Baum geändert

1   *anker* →

    (*tmp* ←) $\Big\}$ Einfügen-AVL-R(*neuerWert*, *neueDaten*, *anker*)

Einfügen-AVL-R(Schlüssel *neuerWert*, Daten *neueDaten*, Element *eℓ*)

    Rückgabewert: neue Wurzel, Info ob Baumhöhe gleich; Seiteneffekt

1   **switch**

2   **case** *eℓ* = NULL : **return**   (**allokiere** Element(*neuerWert*, *neueDaten*,

                             0, NULL, NULL), **false**)

3   **case** *neuerWert* = *eℓ*.wert :   neuen Knoten als Blatt erzeugen

4   **error** "Element schon enthalten"

5   **case** *neuerWert* < *eℓ*.wert :

6   *eℓ.links* →

      gleichHoch ← $\Big\}$ Einfügen-AVL-R(*neuerWert*, *neueDaten*, *eℓ.links*)

                             rekursiv im linken

7   **return** Prüfe-Rechts-Rot(*eℓ*, *gleichHoch*)   Unterbaum einfügen

8   **case** *neuerWert* > *eℓ*.wert :   ggf. Rotation durchführen

9   *eℓ.rechts* →

      gleichHoch ← $\Big\}$ Einfügen-AVL-R(*neuerWert*, *neueDaten*, *eℓ.rechts*)

                             rekursiv im rechten

10   **return** Prüfe-Links-Rot(*eℓ*, *gleichHoch*)   Unterbaum einfügen

                        ggf. Rotation durchführen

Algorithmus 6.4 Aktualisieren der Balance und ggf. eine Rotation nach rechts veranlassen.

PRÜFE-RECHTS-ROT(Element el, Info bzgl. der Unterbäume *gleicheHöhe*)

    Rückgabewert: neue Wurzel, Info ob Baumhöhe gleich; Seiteneffekt

```
1  if gleicheHöhe                    Abbruch, da Unterbäume unveränderte
2  then [ return (el, true ) ]       Höhe besitzen
3  else ⌈ switch
4        case el.balance = 0 :      ⎫ Balance muss angepasst werden, aber der
5              el.balance ← −1      ⎬ Gesamtbaum kompensiert die
6              return (el, false )  ⎭ veränderte Höhe eines Teilbaums
7        case el.balance = 1 :      ⎫ Balance muss angepasst werden und die
8              el.balance ← 0       ⎬ Höhe des Gesamtbaums ändert sich,
9              return (el, true )   ⎭ aber keine Rotation ist notwendig
10       case el.balance = −1 :                              Rotation
11   ⌊       return REORGANISIERE-MIT-RECHTS-ROT(el) ⎭       durchführen
```

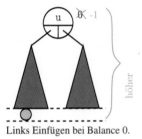

Links Einfügen bei Balance 0.

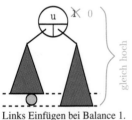

Links Einfügen bei Balance 1.

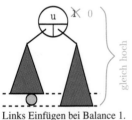

Links Einfügen bei Balance −1.

Der erste Fall ist nebenstehend gezeigt: u hatte vor dem Einfügen die Balance 0, d.h. beide Teilbäume waren gleich hoch. Dann erhält u die neue Balance −1 und wir merken uns, dass der (Teil-)Baum mit u als Wurzel ebenfalls größer geworden ist. Im Algorithmus 6.4 (PRÜFE-RECHTS-ROT) wird dieser Fall in den Zeilen 5–6 behandelt.

Im zweiten Fall betrachten wir einen Baum, in dem der Knoten u ursprünglich die Balance 1 besaß. Wenn wir wieder davon ausgehen, dass der linke Unterbaum von u durch das Einfügen des neuen Knotens in der Höhe gewachsen ist, müssen wir die Balance an u auf 0 aktualisieren. Ferner stellen wir fest, dass die Gesamthöhe des Baums mit der Wurzel u sich nicht verändert hat. Im Algorithmus 6.4 (PRÜFE-RECHTS-ROT) wird dieser Fall in den Zeilen 8–9 behandelt.

Der dritte Fall weist eine Balance −1 am Knoten u auf. Wenn sich nun die Höhe des linken Teilbaums vergrößert, müsste die Balance auf den Wert −2 gesetzt werden. Das bedeutet nur in diesem dritten Fall muss durch Rotationen der Baum umstrukturiert werden. Hierfür wird in Zeile 11 der Algorithmus 6.5 (REORGANISIERE-MIT-RECHTS-ROT) aufgerufen.

Das konkrete Vorgehen für die Wiederherstellung der Balance hängt von der genauen Struktur des linken Teilbaums von Knoten u ab, in den der neue Knoten eingefügt wurde. Sei Knoten v die Wurzel des linken Teilbaums von u. Dann stellt sich die Frage, ob der neue Knoten im linken oder rechten Teilbaum von v eingefügt wurde.

Wir betrachten als erstes den Fall, dass der neue Knoten im linken Unterbaum von v ist. Die Situation ist in Bild 6.3 dargestellt. Wie man dort deutlich erkennt, kann das Problem direkt durch eine Rechtsrotation gelöst werden. Das Resultat ist ein Baum, der an beiden direkt von der Rotation betroffenen Knoten u und v ausgeglichen ist. Der entsprechende Teil des Algorithmus befindet sich in den Zeilen 3–6 von REORGANISIERE-MIT-RECHTS-ROT (Algorithmus 6.5).

Algorithmus 6.5 Eine fehlende Balance wird durch Rechtsrotation behoben.

www
AvlBaum.java

REORGANISIERE-MIT-RECHTS-ROT(Element el)

    Rückgabewert: neuer Wurzelknoten, Info ob Baumhöhe gleich; Seiteneffekt

  1 **switch**

  2 **case** $el.links.balance = -1$:

  3    $el \leftarrow$ ROTIERE-RECHTS(el)

  4    $el.rechts.balance \leftarrow 0$ erster Fall (Bild 6.3)

  5    $el.balance \leftarrow 0$

  6   **return** (el, **true**)

  7 **case** $el.links.balance = 0$:

  8    $el \leftarrow$ ROTIERE-RECHTS(el)   dieser Fall kann nur beim Löschen

  9    $el.rechts.balance \leftarrow -1$ in AVL-Bäumen vorkommen

 10    $el.balance \leftarrow 1$

 11   **return** (el, **false**)

 12 **case** $el.links.balance = 1$:

 13    $el.links \leftarrow$ ROTIERE-LINKS($el.links$)

 14    $el \leftarrow$ ROTIERE-RECHTS(el)   zweiter bzw.

 15   BALANCE-NACH-DOPPELROTATION-ANPASSEN(el)   dritter Fall

 16    $el.balance \leftarrow 0$ (Bild 6.4)

 17   **return** (el, **true**)

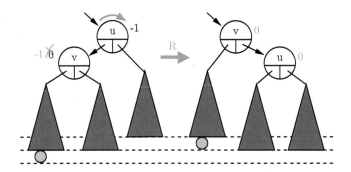

Bild 6.3: Erster Fall der Umstrukturierung beim Einfügen eines Knotens.

Wird der neue Knoten allerdings im rechten Unterbaum von v eingefügt, sieht man leicht ein, dass eine Rechtsrotation um u das Problem nicht beseitigt, da der zu tiefe Baum einfach auf derselben Tiefe vom linken in den rechten Unterbaum geschoben wird – ohne seine Tiefe zu ändern. Bei einer Rotation ändert sich die Tiefe der Knoten ausschließlich in den beiden außen liegenden Teilbäumen. Daher müssen wir zunächst einen Trick anwenden und die tiefste Stelle im Baum unter u nach »außen« schieben, indem wir zunächst eine Linksrotation am Knoten v anwenden. Man spricht dann von einer Doppelrotation.

▶Doppelrotation

Bild 6.4 zeigt die beiden dabei auftretenden Fälle, die sich durch genauere Betrachtung des rechten Unterbaums von v ergeben. Knoten w sei die Wurzel dieses Unterbaums. Im oberen Fall in Bild 6.4 sieht man dass

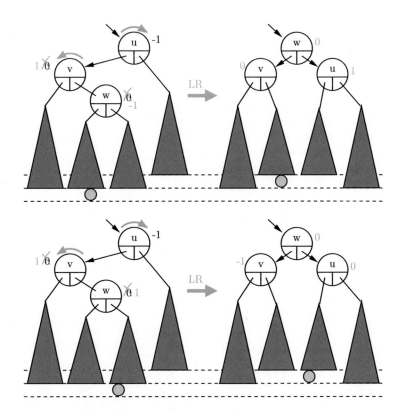

Bild 6.4: Zweiter und dritter Fall der Umstrukturierung beim Einfügen eines Knotens durch eine Doppelrotation.

der Baum nach den Rotationen anschließend an allen Knoten balanciert. Im Pseudo-Code werden die Balancewerte an den Knoten u und v in den Zeilen 3–4 von Balance-Nach-Doppelrotation-Anpassen (Algorithmus 6.6) eingestellt. Dabei bezieht sich die Bedingung in Zeile 2 (*b.balance* = −1) auf den Knoten w der inzwischen zur neuen Wurzel des Baums wurde.

Der dritte Fall beim Einfügen (vgl. Bild 6.4 unten) unterscheidet sich vom gerade betrachteten zweiten Fall nur dadurch, dass der neue Knoten im rechten Unterbaum von w eingefügt wurde. Der Ablauf ist ebenfalls identisch und in Balance-Nach-Doppelrotation-Anpassen werden lediglich die Balancewerte anders eingestellt (Zeilen 6–7).

In allen drei Fällen, in denen der Baum durch Rotation(en) bereinigt wird, ist die Höhe des betroffenen Teilbaums im Anschluss identisch zur Höhe vor dem Einfügen des Knotens. Daraus lässt sich Schließen, dass beim Einfügen maximal eine Rotation (oder Doppelrotation) ausreicht, da hiernach bis zur Wurzel keine Änderungen in der Balance mehr anfallen.

Algorithmus 6.5 (Reorganisiere-Mit-Rechts-Rot, Zeilen 7–11) und Algorithmus 6.6 (Balance-Nach-Doppelrotation-Anpassen, Zeilen 8–10) enthalten

---

Algorithmus 6.6 Neue Balancewerte nach einer Doppelrotation im Baum eintragen.

www
AvlBaum.java

Balance-Nach-Doppelrotation-Anpassen(Element $e\ell$)
   Rückgabewert: keine; Seiteneffekt: Balance-Faktoren angepasst
1 **switch**
2   **case** $e\ell.balance = -1$:
3       $e\ell.links.balance \leftarrow 0$ zweiter Fall (Bild 6.4)
4       $e\ell.rechts.balance \leftarrow 1$
5   **case** $e\ell.balance = 1$:
6       $e\ell.links.balance \leftarrow -1$ dritter Fall (Bild 6.4)
7       $e\ell.rechts.balance \leftarrow 0$
8   **case** $e\ell.balance = 0$:
9       $e\ell.links.balance \leftarrow 0$ dieser Fall kommt nur beim Löschen vor
10      $e\ell.rechts.balance \leftarrow 0$

---

weitere Fälle, die beim Einfügen nie vorkommen – sie werden erst beim Löschen eines Knotens relevant.

Bisher wurde immer im linken Unterbaum eines Knotens eingefügt – natürlich kann genauso häufig ein Knoten in einem rechten Unterbaum gespeichert werden. Die entsprechenden Algorithmen ergeben sich ganz analog, indem *rechts* und *links* sowie die Balancewerte 1 und -1 vertauscht werden. Die Algorithmen 6.7 und 6.8 (Prüfe-Links-Rot und Reorganisiere-Mit-Links-Rot) resultieren.

Beispiel 6.7:
In den nebenstehend dargestellten AVL-Baum werden verschiedene Knoten eingefügt. Die einzelnen Schritte der Algorithmen sind dabei detailliert im Bild 6.5 protokolliert.

Zunächst wird im Schritt a) der Knoten mit dem Schlüssel 8 eingefügt. Beim Aufstieg aus der Rekursion wird die Balance vom Knoten 7 angepasst und beim Knoten mit dem Schlüssel 5 eine mangelhafte Balance gefunden.

Ausgangsbaum für das
Beispiel.

Algorithmus 6.7 Aktualisieren der Balance und ggf. eine Rotation nach links veranlassen.

www
AvlBaum.java

Prüfe-Links-Rot(Element $e\ell$, Info bzgl. der Unterbäume *gleicheHöhe*)
   Rückgabewert: neue Wurzel, Info ob Baumhöhe gleich; Seiteneffekt
1 **if** *gleicheHöhe*   Abbruch, da Unterbäume unveränderte
2 **then** [**return** $(e\ell, \text{true})$ Höhe besitzen
3 **else** ⌐ **switch**
4   **case** $e\ell.balance = 0$:   Balance muss angepasst werden, aber der
5        $e\ell.balance \leftarrow 1$ Gesamtbaum kompensiert die
6   **return** $(e\ell, \text{false})$ veränderte Höhe eines Teilbaums
7   **case** $e\ell.balance = -1$:   Balance muss angepasst werden und die
8        $e\ell.balance \leftarrow 0$ Höhe des Gesamtbaums ändert sich,
9   **return** $(e\ell, \text{true})$ aber keine Rotation ist notwendig
10   **case** $e\ell.balance = 1$:
11   ∟   **return** Reorganisiere-Mit-Links-Rot$(e\ell)$ Rotation durchführen

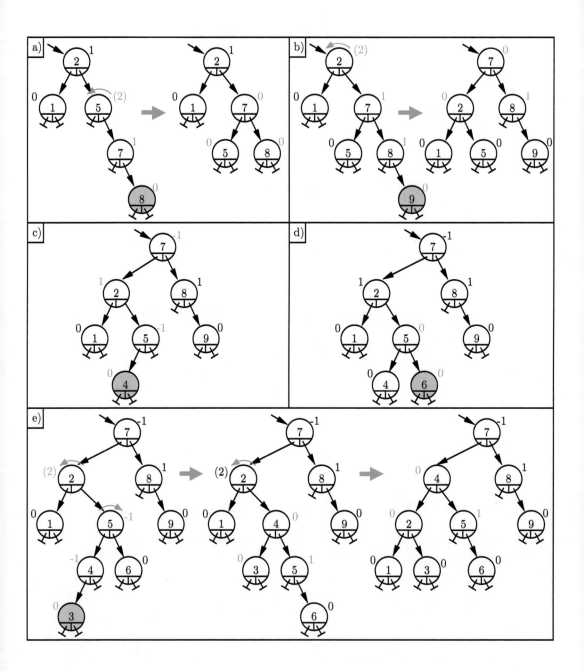

Bild 6.5: Es werden der Reihe nach die Knoten 8, 9, 4, 6 und 3 eingefügt.

Algorithmus 6.8 Eine fehlende Balance wird durch Linksrotation behoben.

REORGANISIERE-MIT-LINKS-ROT(Element $e\ell$)

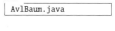

WWW
AvlBaum.java

Rückgabewert: neuer Wurzelknoten, Info ob Baumhöhe gleich; Seiteneffekt

```
 1  switch
 2  case eℓ.rechts.balance = 1 :
 3      eℓ ← ROTIERE-LINKS(eℓ)
 4      eℓ.links.balance ← 0        gespiegelter erster Fall (vgl. Bild 6.3)
 5      eℓ.balance ← 0
 6      return (eℓ, true )
 7  case eℓ.rechts.balance = 0 :
 8      eℓ ← ROTIERE-LINKS(eℓ)       dieser Fall kann nur beim Löschen
 9      eℓ.links.balance ← 1         in AVL-Bäumen vorkommen
10      eℓ.balance ← −1
11      return (eℓ, false )
12  case eℓ.rechts.balance = −1 :
13      eℓ.rechts ← ROTIERE-RECHTS(eℓ.rechts)
14      eℓ ← ROTIERE-LINKS(eℓ)       gespiegelter
15      BALANCE-NACH-DOPPELROTATION-ANPASSEN(eℓ)   zweiter bzw.
16      eℓ.balance ← 0               dritter Fall
17      return (eℓ, true )           (vgl. Bild 6.4)
```

Der Algorithmus reagiert mit einer Linksrotation, wodurch sich ein balancierter Baum ergibt. Die Balance oberhalb des soeben rotierten Knotens ändert sich nicht, da die Rotation beim Einfügen immer einen Teilbaum mit unveränderter Höhe erzeugt.

Als nächstes wird in Schritt b) der Knoten 9 eingefügt, der zu einer Rotation um den Wurzelknoten 2 führt.

Im Schritt c) wird der Knoten 4 eingefügt, der zwar durch die veränderte Höhe der Teilbäume zu neuen Balancefaktoren bis zur Wurzel sorgt, aber an keiner Stelle die AVL-Bedingung verletzt und somit auch keine Rotation verursacht.

Im Schritt d) wird der Knoten 6 eingefügt: Nur der direkte Vaterknoten mit Schlüssel 5 ändert seine Balance, da darüber die Tiefe der Teilbäume nicht berührt wird.

Schließlich wird im Schritt e) der Knoten 3 eingefügt. Die Balance ist im Knoten mit Schlüssel 2 verletzt. Da eine direkte Rotation um die 2 den Teilbaum nicht verkürzen würde, ist eine Doppelrotation notwendig: Erst wird um den Knoten 5 nach rechts, anschließend um den Knoten 2 nach links rotiert. In diesem Beispiel haben wir beide Rotation explizit durchgeführt und dargestellt. □

Betrachten wir das Löschen eines Knotens im AVL-Baum. Wie beim Einfügen ist der Ablauf zunächst analog zum unbalancierten binären Suchbaum. Wie das nebenstehende Bild zeigt, wird der zu löschende Knoten (Phase 1) und ggf. der Inorder-Nachfolger als Ersatzknoten gesucht (Phase 2). Beim rekursiven Aufstieg werden die Balancefaktoren angepasst und falls not-

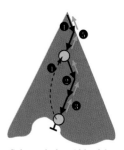

Schematischer Ablauf des Löschens im AVL-Baum.

Algorithmus 6.9 Löschen im AVL-Baum

Löschen-AVL(Schlüssel *löschWert*)

Rückgabewert: keine; Seiteneffekt: Baum geändert

1　　$\left.\begin{array}{l}anker \rightarrow \\ (tmp \leftarrow)\end{array}\right\}$ Löschen-AVL-R(*löschWert, anker*)

Löschen-AVL-R(Schlüssel *löschWert*, Element *eℓ*)

Rückgabewert: neue Wurzel, Info ob Baumhöhe gleich; Seiteneffekt

1　**switch**

2　**case** *eℓ* = NULL :

3　　**error** "Element nicht gefunden"

4　**case** *löschWert* < *eℓ.wert* :

5　　$\left.\begin{array}{l}eℓ.links \rightarrow \\ gleichHoch \leftarrow\end{array}\right\}$ Löschen-AVL-R(*löschWert, eℓ.links*) $\left.\right]$ rekursiv im linken Unterbaum löschen

6　　**return** Prüfe-Links-Rot(*eℓ, gleichHoch*)$\left.\right]$ ggf. rotieren

7　**case** *löschWert* > *eℓ.wert* :

8　　$\left.\begin{array}{l}eℓ.rechts \rightarrow \\ gleichHoch \leftarrow\end{array}\right\}$ Löschen-AVL-R(*löschWert, eℓ.rechts*)$\left.\right]$ rekursiv im rechten Unterbaum löschen

9　　**return** Prüfe-Rechts-Rot(*eℓ, gleichHoch*)

10　**case** *löschWert* = *eℓ.wert* :

11　　**switch**

12　　**case** *eℓ.links* = NULL : **return** (*eℓ.rechts*, **false**)$\left.\right]$ einfache Fälle mit

13　　**case** *eℓ.rechts* = NULL : **return** (*eℓ.links*, **false**)$\left.\right.$ leerem Unterbaum

14　　**case** *default* :

15　　　$\left.\begin{array}{l}ersatz \rightarrow \\ gleichHoch \leftarrow\end{array}\right\}$ Suche-AVL-Nachfolger(*eℓ*) $\left.\right]$ Inorder-Nachfolger suchen

16　　　*ersatz.balance* ← *eℓ.balance* $\left.\right\rangle$

17　　　*ersatz.links* → *eℓ.links* $\left.\right|$ neue Wurzel einhängen

18　　　*ersatz.rechts* → *eℓ.rechts* $\left.\right|$

19　　**return** Prüfe-Rechts-Rot(*ersatz, gleichHoch*)$\left.\right]$ ggf. rotieren

---

wendig die Balance durch Rotation wieder hergestellt. Dies geschieht sowohl auf dem Suchpfad für den Ersatzknoten (Phase 3), als auch nach dem Ersatz des Löschknotens (Phase 4) auf dem Weg zur Wurzel (Phase 5).

Folglich orientiert sich Algorithmus 6.9 (Löschen-AVL-R) an Löschen-Baum-R (Algorithmus 4.16). Wie beim Einfügen werden lediglich Anweisungen für die Anpassung der Balancefaktoren sowie den Ausgleich des Baums ergänzt.

Phase 1, die Suche nach dem Knoten, steckt in der Fallunterscheidung in den Zeilen 2, 4, 7 und 10 sowie den rekursiven Aufrufen in Löschen-AVL-R. Die Suche nach dem Ersatzknoten wird nachfolgend im Algorithmus Suche-AVL-Nachfolger behandelt. Das eigentliche Löschen (bzw. Ersetzen durch den Nachfolger), d.h. Phase 4, geschieht in den Zeilen 11–18. Die Balance wird in den Zeilen 6, 9 und 19 repariert (Phase 5) – und zwar wie beim Einfügen durch Aufrufe der Algorithmen Prüfe-Links-Rot und Prüfe-Rechts-Rot.

Die Suche nach dem Inorder-Nachfolger als Ersatzknoten (Phase 2) in
Suche-AVL-Nachfolger und Suche-AVL-Nachfolger-R (Algorithmus 6.10) orientiert sich in ihrem Ablauf an Suche-Nachfolger (Algorithmus 4.17) – allerdings ist der Algorithmus jetzt rekursiv formuliert, damit sich die Operationen bzgl. der Balance leichter berücksichtigen lassen.

Der triviale Fall des Nachfolgers, d.h. es ist der direkte rechte Unterknoten, wird in den Zeilen 1–4 von Suche-AVL-Nachfolger abgehandelt. Die
restliche Suche verbirgt sich in der Rekursion von Suche-AVL-Nachfolger-R
(Phase 2). Die Balance wird in Phase 3 durch Aufrufe von Prüfe-Links-Rot
in den Zeilen 3 und 6 geprüft und ggf. korrigiert.

Wie an den Algorithmen deutlich wird, greift die Anpassung der Balance
auf genau dieselben Mechanismen (Prüfe-Links-Rot und Prüfe-Rechts-Rot)
wie beim Einfügen eines Knotens zurück. In den folgenden Abschnitten
wollen wir daher kurz zeigen, dass beim Löschen genau dieselben Situationen der Unbalanciertheit entstehen – es wird dabei ohne Beschränkung
der Allgemeinheit immer der letzte Knoten der untersten Ebene im rechten
Unterbaum eines Knotens u gelöscht.

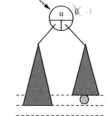

Löschen im rechten Teilbaum
bei Balance 0.

Zunächst ein kurzer Blick auf die unproblematischen Fälle. In der nebenstehenden Abbildung war die Balance des Knotens u zuvor ausgeglichen.
Dadurch ändert sich die Balance zu -1 und die Baumhöhe bleibt gleich.

Der zweite einfache Fall ist ebenfalls am Rand dargestellt gezeigt: Die
Balance war vor dem Löschen 1 am Knoten u. Nach dem Löschen ist die

---

Algorithmus 6.10 Der Ersatzknoten wird im Baum als Inorder-Nachfolger bestimmt.

www
AvlBaum.java

Suche-AVL-Nachfolger(Element $e\ell$)

    Rückgabewert: Ersatzknoten, Info ob Baumhöhe gleich; Seiteneffekt

1 **if** $e\ell.rechts.links = $ NULL
2 **then** $\ulcorner$ $ersatz \leftarrow e\ell.rechts$
3      $e\ell.rechts \leftarrow e\ell.rechts.rechts$ Wurzel des Unterbaums ist Nachfolger
4    $\llcorner$ **return** $ersatz,$ **false**
5 **else** $\ulcorner$ $ersatz \rightarrow$
      $e\ell.rechts \rightarrow$ $\Bigg\}$ Suche-AVL-Nachfolger-R$(e\ell.rechts)$
      $gleichHoch \leftarrow$ rekursiv den Knoten ganz links
6    $\llcorner$ **return** $ersatz, gleichHoch$ im Unterbaum suchen

Suche-AVL-Nachfolger-R(Element $e\ell$)

    Rückgabewert: Ersatzknoten, neue Wurzel, Info ob Baumhöhe gleich; Seiteneffekt

1 **if** $e\ell.links.links \neq$ NULL
2 **then** $\ulcorner$ $ersatz \rightarrow$ rekursiv weiter nach links gehen
      $e\ell.links \rightarrow$ $\Bigg\}$ Suche-AVL-Nachfolger-R$(e\ell.links)$
      $gleichHoch \leftarrow$ beim rekursiven Wieder-
3    $\llcorner$ **return** $ersatz,$ Prüfe-Links-Rot$(e\ell, gleichHoch)$ aufstieg ggf. rotieren
4 **else** $\ulcorner$ $ersatz \leftarrow e\ell.links$ Inorder-Nachfolger
5      $e\ell.links \leftarrow e\ell.links.rechts$ aushängen und ggf. am
6    $\llcorner$ **return** $ersatz,$ Prüfe-Links-Rot$(e\ell,$ **false** $)$ Vorgängerknoten rotieren

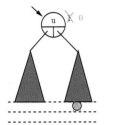

Löschen im rechten Teilbaum
bei Balance 1.

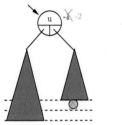

Löschen im rechten Teilbaum
bei Balance −1.

Balance ausgeglichen. Aber da sich die Höhe jetzt verringert hat, muss ggf. weiter oben im Baum noch ausgeglichen werden.

Im dritten Fall gerät der Baum durch den gelöschten Knoten außer Balance – wie nebenstehend gezeigt, wird aus der Balance −1 der Wert −2. Der Baum muss durch eine (Doppel-)Rotation wieder ausbalanciert werden. In Bild 6.6 werden die verschiedenen Fälle betrachtet, die dabei entstehen können. An dieser Stelle reicht es uns zu zeigen, dass grundsätzlich dieselben Situationen wie beim Einfügen entstehen.

Der Fall (a) entspricht dem Einfügen in Bild 6.3 und kann durch eine Rechtsrotation aufgelöst werden, wobei sich die Höhe um eins verringert. Der Fall (b) ist sehr ähnlich angelegt – allerdings wird durch die Rechtsrotation lediglich die Balance hergestellt, während die Höhe des Baums erhalten bleibt. Dies bedeutet, dass im Fall (b) zur Wurzel hin keine weiteren Probleme hinsichtlich der Balance auftreten können. Im Gegensatz dazu muss im Fall (a) weiter geprüft werden, da der Baum unter u ebenfalls seine Höhe geändert hat. Dies ist ein wichtiger Unterschied zum Einfügen: Es können mehrere Rotation auf dem Weg zur Wurzel notwendig werden. Der

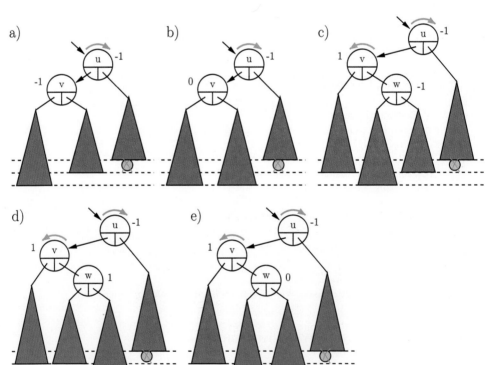

Bild 6.6: Fallunterscheidung für die Reparatur beim Löschen eines Knotens.

Fall (b) wurde in REORGANISIERE-MIT-RECHTS-ROT (Algorithmus 6.5) bereits in den Zeilen 7–11 vorgesehen.

Ganz analog verhält die Situation bei den Doppelrotationen. Der Fälle (c) und (d) entsprechen den Fällen des Einfügens in Bild 6.4. Neu ist der Fall (e), der sich nur in den Balancewerten am Ende von (c) und (d) unterscheidet. In allen drei Fällen ändert sich wieder die Höhe des Baums unter u, was ggf. weitere Rotationen nach sich ziehen kann. Auch der Fall (e) wurde im Abschnitt zum Einfügen bereits in BALANCE-NACH-DOPPELROTATION-ANPASSEN (Algorithmus 6.6, Zeilen 8–10) vorgesehen.

Beispiel 6.8:
Betrachten wir abschließend ein größeres Beispiel zum Löschen, in dem die interessanten Details zu beobachten sind. Bild 6.7 zeigt den Baum, in dem zunächst der Knoten mit dem Schlüssel 5 – also die Wurzel des Baums – gelöscht wird. Daher finden alle weiteren Aktionen im Rahmen der Nachfolgersuche statt, bevor der Ersatzknoten mit dem Schlüssel 6 den gelöschten Knoten ersetzt.

Für eine besseres Verständnis der durchgeführten Rotation ersetzen wir den gelöschten Knoten sofort und betrachten anschließend die Balancewerte und Rotationen entlang des Suchpfads für den Nachfolgerknoten. Am Knoten mit dem Schlüssel 7 ist der Baum jetzt unbalanciert und kann durch eine Linksrotation repariert werden. Da der betroffene Unterbaum seine Höhe nicht ändert, kann auf den Knoten bis zur Wurzel kein Problem mit der Balance mehr auftreten.

Als nächstes wird der Knoten mit dem Schlüssel 4 gelöscht. Direkt am darüberliegenden Knoten stellen wir eine mangelhafte Balance fest und rotieren nach rechts. Hier wird die Höhe des betroffenen Unterbaums durch die Rotation verringert, sodass auch am darüberliegenden Knoten die Balance weiter geprüft werden muss. In diesem Beispiel ist am Knoten mit dem Schlüssel 6 eine Doppelrotation zur Wiederherstellung der Balance notwendig.   □

Es ist ja schon spannend, sich alle möglichen Fälle zu überlegen. Doch die Algorithmen scheinen mir recht umfangreich und schwer verständlich. Lohnt sich denn diese Anstrengung überhaupt?

Satz 6.9:   Laufzeit
Alle Operationen auf den AVL-Bäumen benötigen $O(\log n)$ Zeit.

Bevor wir dies beweisen, führen wir mit der folgenden Definition spezielle binäre Bäume ein, die wir im Beweis benötigen.

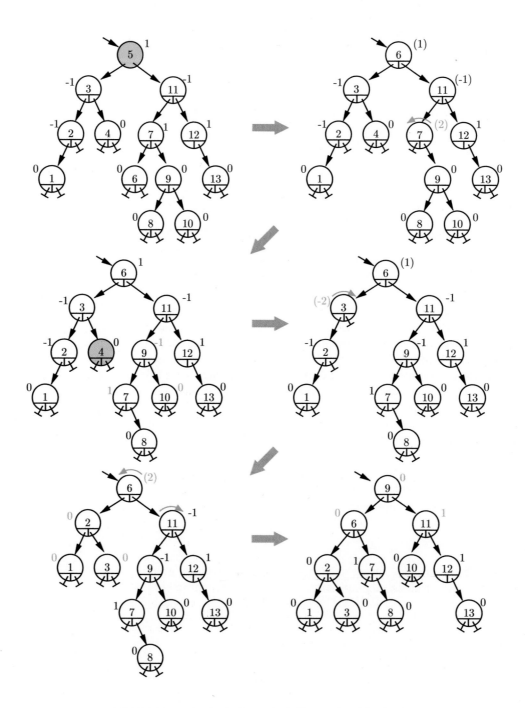

Bild 6.7: Es werden der Reihe nach die Knoten 5 und 4 gelöscht.

Definition 6.10: Fibonacci-Baum

Ein binärer Baum heißt Fibonacci-Baum, wenn er

▶Fibonacci-Baum

- ein leerer Baum Φ_0,
- ein Baum mit genau einem Knoten (Φ_1) oder
- ein Baum Φ_k für $k \geq 2$ mit einem Wurzelknoten und dem linken Unterbaum Φ_{k-1} sowie dem rechten Unterbaum Φ_{k-2} ist.

Beispiel 6.11:

Die ersten fünf Fibonacci-Bäume sind in Bild 6.8 dargestellt. Dabei erkennt man deutlich zwei triviale Eigenschaften, die wir im Weiteren benötigen. Erstens hat jeder Baum Φ_k genau die Tiefe k. Zweitens sieht man, dass jeder innere Knoten die Balance -1 besitzt. □

Rekursive Definition der Fibonacci-Bäume.

Es folgt der Beweis von Satz 6.9.

Beweis 6.12:

Die Laufzeit der Such-, Einfüge- und Löschoperation im AVL-Baum ist direkt durch die Höhe des Baums bestimmt, da sich die Suche nach einem Knoten rekursiv Ebene für Ebene im Baum nach unten arbeitet und beim rekursiven Wiederaufstieg gegebenenfalls einmal pro Ebene rotiert (oder doppelrotiert) wird. Da wir die Laufzeit der Algorithmen abhängig von der Anzahl der Knoten angeben wollen, reduziert sich die Frage nach der Laufzeit darauf, wie tief ein AVL-Baum für eine vorgegebene Knotenanzahl werden kann.

Anstatt die größtmögliche Tiefe für eine feste Knotenanzahl zu suchen, betrachten wir die analoge Frage nach der kleinstmöglichen Knotenzahl bei einer festen Tiefe und berechnen daraus am Ende die Antwort auf das erste Problem. Da jeder Knoten die Balanceeigenschaft erfüllen muss, gilt an der Wurzel eines solchen Baums, dass sich die Unterbäume in ihrer Tiefe um maximal eine Ebene unterscheiden – und für eine minimale Knotenzahl

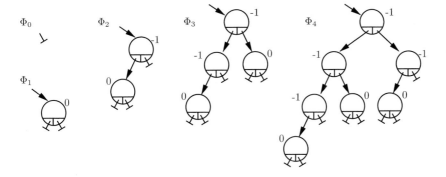

Bild 6.8: Die ersten fünf Fibonacci-Bäume mit den zugehörigen Balancefaktoren an den Knoten.

müssen sie sich sogar unterscheiden. Das bedeutet, dass wir den kleinstmöglichen Baum der Tiefe k aus zwei kleinstmöglichen Bäumen der Tiefe $k-1$ und $k-2$ zusammensetzen können. Das ist aber gerade die rekursive Konstruktionsvorschrift für Fibonacci-Bäume, weswegen wir diese als dünnste AVL-Bäume bezeichnen können.

Für eine genaue Bestimmung der Anzahl der Knoten in einem Fibonacci-Baum stellen wir einen Bezug zu den Fibonacci-Zahlen (siehe Definition B.5) her: Ein Fibonacci-Baum Φ_k besitzt genau $F_{k+2} - 1$ Knoten. Wir beweisen dies per vollständiger Induktion.

Induktionsanfang: Die Aussage gilt offensichtlich für Φ_0, da $F_2 - 1 = 1 - 1 = 0$, und für Φ_1, da $F_3 - 1 = 2 - 1 = 1$.

Induktionsannahme: Wir gehen jetzt davon aus, die Aussage gelte für alle $0 \le i < k$.

Induktionsschritt: Dann besteht Φ_k aus einem Wurzelknoten sowie den Teilbäumen Φ_{k-1} und Φ_{k-2}. Laut Induktionsannahme beträgt die Knotenanzahl also $1 + (F_{k+1} - 1) + (F_k - 1) = (F_{k+1} + F_k) - 1 = F_{k+2} - 1$, womit das Zwischenergebnis bewiesen ist.

Nun machen wir uns eine geschlossene Darstellung der Fibonacci-Zahlen nach Moivre-Binet (Satz B.7) zunutze und bestimmen die untere Grenze für die Anzahl der Knoten n mit Baumtiefe d.

$$
\begin{aligned}
n \ge F_{d+2} - 1 &= \underbrace{\frac{1}{\sqrt{5}}}_{=c_1 \approx 0,45} \cdot \left(\Big(\underbrace{\frac{1+\sqrt{5}}{2}}_{=c_2 \approx 1,62} \Big)^{d+2} - \Big(\underbrace{\frac{1-\sqrt{5}}{2}}_{=c_3 \approx -0,62} \Big)^{d+2} \right) - 1 \\
&= c_1 \cdot (c_2^{d+2} - \underbrace{c_3^{d+2}}_{<1}) - 1 \\
&\ge c_1 \cdot (c_2^{d+2} - 1) - 1 = c_1 \cdot c_2^{d+2} - \underbrace{(c_1 + 1)}_{<2} \\
&\ge c_1 \cdot c_2^{d+2} - 2.
\end{aligned}
$$

Aus dieser Ungleichung lässt sich jetzt durch Umstellungen eine obere Grenze für die Tiefe der Bäume ableiten. $n + 2 \ge c_1 \cdot c_2 \cdot c_2 \cdot c_2^d$. Schließlich wird d isoliert, indem auf beide Seiten der Logarithmus zur Basis c_2 angewandt wird.

$$
\begin{aligned}
\log_{c_2}(n+2) &\ge \log_{c_2}(c_1 \cdot c_2 \cdot c_2) + d \\
d &\le \log_{c_2}(n+2) - \log_{c_2}(c_1 \cdot c_2 \cdot c_2) \\
&= \frac{\log_2(n+2)}{\log_2 c_2} - \underbrace{\frac{\log_2(c_1 \cdot c_2 \cdot c_2)}{\log_2 c_2}}_{\approx 0.33} \\
&\le 1,44 \cdot \underbrace{\log_2(n+2)}_{<1+\log_2 n} - 0,33 \qquad \le 1,44 \cdot \log_2 n + 1,2.
\end{aligned}
$$

Damit ist die Baumtiefe d eines beliebigen AVL-Baums mit n Knoten immer kleiner als $1,44 \cdot \log_2 n + 1,2 \in O(\log n)$. ∎

Diese Laufzeitgarantie ist bei einer sehr großen Elementanzahl n durchaus wertvoll. Gerade wenn man beachtet, dass in vielen Anwendungsszenarien eine bereits sortierte Reihenfolge der Elemente beispielsweise beim Einfügen nicht unwahrscheinlich ist, wird die lineare Laufzeit des zur Liste entarteten Baums durch die logarithmische Laufzeit ersetzt. Der Aufwand der AVL-Rotationen ist dabei nur ein konstanter Faktor, der bei hinreichend großem n kaum ins Gewicht fällt.

Die AVL-Bäume wurden von Adelson-Velskii & Landis (1962) aus der damaligen Sowjetunion vorgestellt und waren der erste Ansatz für balancierte Bäume. Trotz leichter Zugänglichkeit der AVL-Bäume wurden in den USA meist die etwas komplexeren und im Worst-Case tieferen Rot-Schwarz-Bäume (Bayer, 1972) gelehrt, die allerdings auch den Vorteil haben, dass beim Löschen höchstens einmal rotiert wird. So zeigen bei häufigen Löschoperationen die Rot-Schwarz-Bäume meist ein besseres Laufzeitverhalten. In der Programmiersprache Java ist beispielsweise auch nur eine Implementation der Rot-Schwarz-Bäume (`TreeMap`) enthalten.

Neben der Tiefe bei den AVL-Bäumen gibt es noch weitere Eigenschaften, nach denen balanciert werden kann, z.B. nach der Anzahl der Knoten in den gewichtsbalancierten Bäumen aus der Arbeit von Nievergelt & Reingold (1973). (Siehe Übungsaufgabe 6.5.)

6.3 Sortieren mit bestmöglicher asymptotischer Laufzeit

In diesem Abschnitt widmen wir uns der Frage, wie schnell ein Sortieralgorithmus im Worst-Case sein kann. Dazu rufen wir uns zunächst nochmal die formale Einführung des Sortierproblems in Definition 1.3 ins Bewusstsein: Für eine Folge von Schlüsselwerten $a_1, \ldots, a_n$ muss diejenige Permutation π berechnet werden, für die die Werte sortiert sind: $a_{\pi(1)} \leq a_{\pi(2)} \leq \ldots \leq a_{\pi(n)}$.

Zur Erinnerung: Die bisher betrachteten Sortieralgorithmen realisieren für jedes Eingabefeld eine Permutation π, die aus den Vertauschungen von Elementen auf dem Feld resultiert. Welche Elemente miteinander vertauscht werden, ermittelt jeder Suchalgorithmus aus den Informationen über das Feld, die er durch paarweise Schlüsselvergleiche ermittelt. Bei bestimmten Algorithmen wie SELECTIONSORT (Algorithmus 5.1) werden die Elemente des Feldes unabhängig vom Eingabefeld nach einem festen Schema verglichen. Andere Algorithmen wie INSERTIONSORT (Algorithmus 4.8) variieren die Vergleiche – hier wird zum Beispiel beim Einfügen eines Elements in die bereits sortierte Folge solange verglichen, bis die richtige Stelle gefunden ist.

Wir wollen hier ein allgemeine Aussage darüber zeigen, wie schnell ein solcher Sortieralgorithmus überhaupt sein kann. Dafür formulieren wir Sortieralgorithmen so allgemein, dass der Ablauf jedes möglichen vergleichsbasierten Sortieralgorithmus erfasst wird. Sei n die beliebige, aber zunächst feste Anzahl an zu sortierenden Elementen. Dann können wir den Ablauf eines Algorithmus als Entscheidungsbaum für n Elemente darstellen – ähnlich wie bei der Einführung von Backtracking (vgl. Bild 3.4) für die Aufzählung aller möglichen Elemente. Jeder Knoten des Entscheidungsbaums entspricht dem Vergleich von zwei Schlüsselwerten, z.B. »$A[1] \leq A[2]$«. Abhängig vom Ergebnis des Vergleichs ändert sich der weitere Ablauf gemäß der Beschreibung durch den rechten bzw. linken Unterbaum. Ein Sortiervorgang entspricht also einem Pfad im Entscheidungsbaum von der Wurzel zu einem Blatt.

Damit der Entscheidungsbaum das Sortierproblem auch für jede Eingabe löst, muss nun auf jedem Pfad von der Wurzel zu einem Blatt so viel Informationen gesammelt werden, dass im Blatt nur noch eine mögliche Permutation übrig bleibt. Dabei machen die bisher betrachteten Sortierverfahren wie BUBBLESORT (Algorithmus 3.13) eine eher schlechte Figur. Wir hatten gesehen, dass insgesamt $\Theta(n^2)$ Schlüsselvergleiche benötigt werden. Das bedeutet, dass die Höhe des Entscheidungsbaums quadratisch von der Feldgröße abhängt. Wir vermuten, dass dort viele Vergleiche durchgeführt werden, die keine neue Information bringen.

Wird ein Sortieralgorithmus allerdings als Entscheidungsbaum formuliert, dann lassen sich die Vergleiche beliebig so anordnen, dass doppelte oder unnötige Vergleiche entfallen.

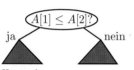

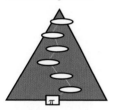

Knoten im
Entscheidungsbaum.

Entscheidungen bis zur
Permutation.

Beispiel 6.13:
Bild 6.9 zeigt einen Entscheidungsbaum für ein dreielementiges Feld. Zu jedem Knoten wird in Orange die Menge der möglichen Permutationen angegeben. Wie man deutlich sieht, verringert jeder Vergleich die Möglichkeiten, bis in den Blättern jeweils nur noch eine Permutation steht. Der Baum hat die Höhe 3. Für dieses kleine Beispiel würde Bubblesort in der Reihenfolge seiner Vergleiche analog vorgehen – bei jedem »nein« werden die entsprechenden Zahlen miteinander vertauscht, wobei sich die Angaben im Entscheidungsbaum immer auf das Anfangsfeld beziehen. Bubblesort würde allerdings noch weitere unnötige Vergleiche durchführen, um festzustellen, dass die Folge fertig sortiert ist. □

Diese Notation für Sortieralgorithmen werden wir im Beweis des folgenden Satzes benutzen.

Satz 6.14:　　　　Bestmöglicher Worst-Case für Sortieralgorithmen
Der Worst-Case für jeden Sortieralgorithmus, der mit Schlüsselvergleichen arbeitet, ist $\Omega(n \cdot \log n)$.

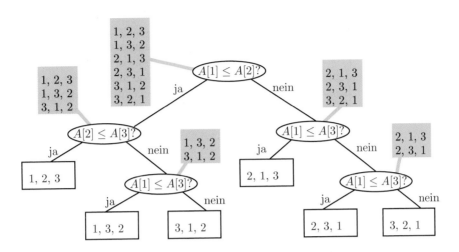

Bild 6.9: Ein Entscheidungsbaum zur Sortierung eines dreielementigen Felds. Orange hinterlegt wurden die an jedem Knoten noch möglichen Permutationen angeführt.

Beweis 6.15:

Da jeder betroffene Sortieralgorithmus auf einen Entscheidungsbaum abgebildet werden kann, können wir die folgende Überlegung unabhängig von den Details im Baum anstellen: In jedem Entscheidungsbaum muss jede Permutation mindestens einmal als Blatt vorkommen. Damit gilt beim Sortieren von n Elementen für die Anzahl ℓ der Blätter des Baums: $\ell \geq n!$

Ferner wissen wir, dass ein Baum der Höhe $h(\geq 1)$ nicht mehr als 2^{h-1} Blätter haben kann: $2^{h-1} \geq \ell$. Also gilt folgende Beziehung für jeden Entscheidungsbaum:

$$2^{h-1} \geq \ell \geq n!$$

Und wegen der unteren Schranke für $n!$ aus Satz B.10 gilt:

$$2^{h-1} \geq \left(\frac{n}{2}\right)^{\frac{n}{2}}.$$

Wir wenden den Logarithmus zur Basis 2 auf beide Seiten an:

$$h - 1 \geq \log_2\left(\left(\frac{n}{2}\right)^{\frac{n}{2}}\right) = \frac{n}{2} \cdot \log_2 \frac{n}{2}.$$

Es folgt also direkt:

$$h \geq \frac{n}{2} \cdot \log_2 \frac{n}{2} + 1 \in \Omega(n \cdot \log n). \quad \blacksquare$$

Beispiel 6.16:

Auch wenn uns die konkrete Tiefe minimaler Entscheidungsbäume im Weiteren nicht mehr interessieren wird, kann damit das Ergebnis besser eingeordnet werden. Bild 6.10 zeigt die Tiefe der kleinstmöglichen Entscheidungsbäume für bis zu 14 Elemente. Wie man erkennt, kann hier mit der Funktion $\frac{6}{10} \cdot n \cdot \log_2 n$ eine untere Schranke für die Tiefe angegeben werden. Auch wird hier deutlich, dass die Konstante für größere Werte n größer gewählt werden müsste. □

Die Zahlen im Bild 6.10 wurden der Arbeit von Peczarski (2004) entnommen, der die minimale Tiefe für 13 und 14 Elemente erstmals hergeleitet hat.

Ja, und? Ist das denn wichtig für uns? Wir brauchen einen knapp formulierbaren Sortieralgorithmus, der beliebig große Felder bearbeiten kann. Mit den Entscheidungsbäumen muss für jede Feldgröße ein neuer Baum gesucht werden! Ist diese $(n \cdot \log n)$-Schranke von »normalen« Algorithmen überhaupt erreichbar?

Zum Beweis dafür, dass die untere Schranke tatsächlich erreicht werden kann, möchten wir die im vorherigen Abschnitt eingeführten AVL-Bäume mit INSERTIONSORT (Algorithmus 4.8) kombinieren, d.h. jedes neue Element wird in einen anfangs leeren AVL-Baum eingefügt. Am Ende müssen die Elemente nur in der Inorder-Reihenfolge ausgegeben werden. Algorithmus 6.11 (AVL-INSERTIONSORT) zeigt den Ablauf (wobei hier vereinfa-

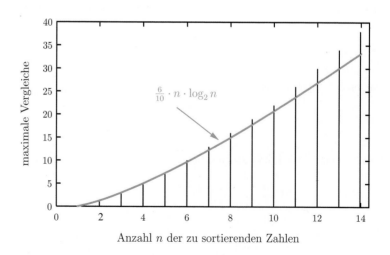

Bild 6.10: Minimale Tiefe der Entscheidungsbäume.

Algorithmus 6.11 Sortieren durch Einfügen in einen AVL-Baum

AVL-INSERTIONSORT(Feld A)

www
AvlInsSort.java

    Rückgabewert: nichts; druckt Elemente von A aufsteigend

1   *baum* $\rightarrow$ **allokiere** $AVL-Baum()$

2   **for** $i = 1, \ldots, A.länge$ ⎤ Sortieren durch

3   **do** [*baum*.EINFÜGEN-AVL($A[i]$, *wert*, $A[i]$.*daten*) ⎦ Einfügen in AVL-Baum

4   ALLE-BAUM-INORDER(*baum.anker*)   ⎤ Ausgabe der sortierten Elemente

---

chend nicht wieder in das Feld geschrieben wird, sondern die Elemente nur aufsteigend ausgedruckt werden.)

Da wir in Satz 6.9 gezeigt haben, dass das Einfügen stets in $O(\log n)$ geht, welches insgesamt n Mal ausgeführt wird, folgt direkt die gewünschte Laufzeit $O(n \cdot \log n)$. Die Ausgabe in ALLE-BAUM-INORDER geht mit linearer Laufzeit.

Da hier jedoch zusätzlicher Speicherplatz für den AVL-Baum benötigt wird und auch die Laufzeit durch die Verzeigerung und die Allokation von Speicher eher langsam ist, ist das Verfahren fast nicht von praktischer Relevanz. Wir werden direkt im nächsten Kapitel zwei wesentlich besser geeignete Algorithmen kennen lernen.

Die Frage nach dem Worst-Case ist in der Algorithmik häufig von großer Bedeutung. Die beiden Beispiele, Edmonds-Karp-Algorithmus und AVL-Bäumen, haben unterstrichen, dass eine Verbesserung des Worst-Cases in der Regel nur mit sehr individuellen Techniken erreicht werden kann. Demgegenüber waren die Überlegungen zum Sortieren allgemeiner Natur: vergleichsbasiertes Sortieren geht nur mit $\Theta(n \cdot \log n)$ im Worst-Case, woran sich alle weiteren Sortieralgorithmen messen müssen.

Übungsaufgaben

Aufgabe 6.1:   Maximaler Fluss

    Wenden Sie den Edmonds-Karp-Algorithmus auf das Flussproblem aus Aufgabe 5.7 an.

Aufgabe 6.2:   Einfügen in AVL-Bäume

    a) Erzeugen Sie einen AVL-Baum, indem Sie der Reihe nach die folgenden Elemente in einen leeren Baum einfügen: 1, 10, 4, 2, 3, 8, 9, 7, 6 und 5. Dokumentieren Sie genau, wann welche Rotationen notwendig sind.

    b) Betrachten Sie den linken der beiden AVL-Bäume auf der nächsten Seite. In welcher Reihenfolge müssen welche Knoten eingefügt werden, damit der rechte AVL-Baum resultiert?

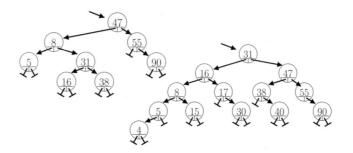

Aufgabe 6.3:   Extreme AVL-Bäume

Konstruieren Sie jeweils einen AVL-Baum der Tiefe 4 bzw. Tiefe 5, der ein maximales Ungleichgewicht (bzgl. der Anzahl der Knoten in den Unterbäumen) an der Wurzel besitzt.

Aufgabe 6.4:   Löschen in AVL-Bäumen

a) Löschen Sie aus dem dargestellten AVL-Baum die Knoten 6, 54, 87, 66, 23, 24 in der angegebenen Reihenfolge. Dokumentieren Sie genau, wann welche Rotationen notwendig sind.

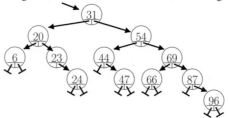

b) Konstruieren Sie einen AVL-Baum der Tiefe 5, bei dem das Löschen eines bestimmten Knotens maximal viele Doppelrotation verursacht.

c) Betrachten Sie den linken der beiden AVL-Bäume. Dieser wird durch die folgende Abfolge an Operationen in den rechten Baum überführt.

1.	Einfügen(·)	4.	Löschen(·)
2.	Löschen(·)	5.	Einfügen(·)
3.	Einfügen(·)	6.	Löschen(·)

Fügen Sie die fehlenden Schlüsselwerte ein.

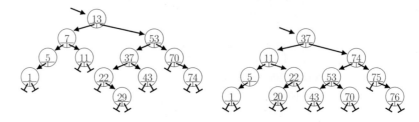

Aufgabe 6.5:   **Gewichtsbalancierte Bäume**

Statt der höhenbalancierten AVL-Bäume können laut Nievergelt & Reingold (1973) auch gewichtsbalancierte Bäume genutzt werden. Es gilt für jeden Knoten u im Baum:

$$\sqrt{2} - 1 < \frac{\text{Gewicht}(u.links)}{\text{Gewicht}(u.rechts)} < \sqrt{2} + 1.$$

Dabei steht Gewicht(w) für die Anzahl der Nullzeiger im Unterbaum mit Wurzel w.

a) Prüfen Sie, für welche Bäume mit 2 bzw. 3 Knoten diese Bedingung gilt.

b) Konstruieren Sie einen gewichtsbalancierten Baum mit 5 Knoten, bei dem beim Einfügen eines weiteren Knotens die Balancebedingung verletzt wird. Können Sie dies durch Rotationen oder Doppelrotationen ausgleichen?

Mit viel Zuversicht arbeitet Algatha an dem Projekt – gerade die jüngsten Errungenschaften der Laufzeitgarantien haben ihr Vertrauen in den Erfolg des Projekts genährt. So arbeitet sie mit ihrem kleinen Entwicklerteam hochkonzentriert an den Details.

Immer wieder kommen neue Details und Anforderungen aus der Chefetage, die schnell umgesetzt werden müssen. Algatha beobachtet sich selbst, wie sie mit der zunehmenden Erfahrung immer besser die Anforderungen in einzelne Arbeitspakete zerlegen und an verschiedene Entwickler weiterleiten kann. Dabei kommt sie sich plötzlich wie ein herrschaftlicher Gebieter vor: »Divide et impera« – spalte den Gegner in kleine Gruppen auf, die sich dann leichter beherrschen lassen.

Kann denn diese Prinzip vielleicht sogar übertragen in die Informatik funktionieren? Zerlege das Problem in kleinere Probleme, die sich leichter lösen lassen und ihren Teil zur Lösung des Ganzen beitragen. Aufgeregt macht sich Algatha an die Arbeit.

7 Teile und Beherrsche

Butch: Once they divide up, we take them,
no trouble, right?
(Butch Cassidy and the Sundance Kid, 1969)

»Teile und Beherrsche« (engl. *Divide and conquer*) ist ein allgemeingültiger Ansatz für den Algorithmenentwurf. Dabei wird ein Problem in kleinere gleichgeartete Probleme zerlegt, die dann solange rekursiv gelöst – d.h. weiter zerlegt – werden, bis die betrachteten Probleme klein genug sind, um sie direkt zu lösen.

Ein Teile-und-Beherrsche-Algorithmus zeichnet sich immer durch die folgenden drei Bestandteile aus:

- *Teile:* Ein Problem wird in mehrere kleinere Probleme zerlegt.
- *Beherrsche:* Die Teilprobleme werden rekursiv gelöst – sind sie klein genug, werden sie direkt gelöst.
- *Verbinde:* Die Lösungen der Teilprobleme werden zur Lösung für das größere Problem zusammen gesetzt.

Das ist doch etwas anderes als mein Aufspalten von Anforderungen in unterschiedliche Arbeitsaufträge für die Mitglieder meines Teams. Hier wird in gleichartige Teilprobleme geteilt. Doch das ist für einen Algorithmus wohl auch kaum anders machbar.

7.1 Sortieren durch Mischen

Wenn man das Prinzip von »Teile und Beherrsche« für das Sortierproblem umsetzen soll, kommt man relativ schnell auf die folgende Idee: Das Feld

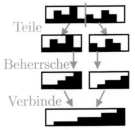

Teile

Beherrsche

Verbinde

Idee von Mergesort.

wird in zwei gleichgroße Hälften zerlegt (»Teilen«), welche dann rekursiv bearbeitet werden – bis das zerlegt Feld nur noch die triviale Länge 1 hat. Wurden schließlich beide Hälften sortiert, werden sie in ein gemeinsames Feld zusammengeführt (»Verbinden«).

Dieser Grundalgorithmus ist in MERGESORT (Algorithmus 7.1) genauso umgesetzt: Der jeweils zu sortierende Bereich wird beim Aufruf des Algorithmus durch die beiden Indizes *links* und *rechts* eingeschränkt. Es wird der nach unten gerundete Index *mitte* ermittelt, der das Feld in zwei Hälften zerlegt. Rekursiv wird für beide Hälften erneut MERGESORT aufgerufen. Mit dem Algorithmus MISCHEN (Algorithmus 7.2) werden die sortierten Teilfelder zusammengeführt.

Für das Verbinden von zwei sortierten Teilfeldern gibt es im Detail eine ganze Reihe an unterschiedlichen Lösungen. Allen gemeinsam ist die Tatsache, dass zwei sortierte Felder nicht ohne zusätzlichen Speicher zum Umkopieren des Feldes zusammen geführt werden können. In dem hier in Algorithmus 7.2 (MISCHEN) präsentierten Ansatz wird beim Umkopieren in das Feld B der hintere Teil, d.h. die zweite sortierte Sequenz, umge-

---

Algorithmus 7.1 Sortieren durch Mischen

www
Mergesort.java

MERGESORT(Feld A, Bereichsgrenzen *links*, *rechts*)
　　Rückgabewert: nichts; Seiteneffekt: A ist sortiert
1　**if** *rechts* > *links*　　⌉ Abbruch bei weniger als 2 Elementen
2　**then** ⌈ *mitte* ← $\lfloor \frac{links+rechts}{2} \rfloor$　　⌉
3　　　　MERGESORT(A, *links*, *mitte*)　　⌉ jeweils das halbe Feld sortieren
4　　　　MERGESORT(A, *mitte* + 1, *rechts*)　　⌉ zu einem sortierten Feld
5　　　⌊ MISCHEN(A, *links*, *mitte*, *rechts*)　　⌉ zusammenführen

---

Algorithmus 7.2 Verbinden von rekursiv errechneten Lösungen beim MERGESORT

www
Mergesort.java

MISCHEN(Feld A, Bereichsgrenzen *links*, *mitte*, *rechts*)
　　Rückgabewert: nichts; Seiteneffekt: A ist sortiert
1　**for** k ← *links*, ..., *mitte*　　⌉ linke Hälfte umkopieren
2　**do** ⌊ $B[k] ← A[k]$
3　**for** k ← *mitte* + 1, ..., *rechts*　　⌉ rechte Hälfte gespiegelt umkopieren
4　**do** ⌊ $B[rechts + mitte + 1 - k] ← A[k]$
5　i ← *links*
6　j ← *rechts*
7　k ← *links*
8　**while** $i < j$
9　**do** ⌈ **if** $B[i] \leq B[j]$
10　　　**then** ⌈ $A[k] ← B[i]$　　immer das kleinere Element
11　　　　⌊ $i ← i + 1$　　von links bzw. rechts in das
12　　　**else** ⌈ $A[k] ← B[j]$　　endgültige Feld kopieren
13　　　　⌊ $j ← j - 1$
14　　⌊ $k ← k + 1$
15　$A[rechts] ← B[i]$　　⌉ größtes Element kopieren

dreht. Dadurch können im weiteren Ablauf einige Sonderfälle vermieden werden.

Nun lassen wir einfach einen Index vom linken Rand und einen weiteren vom rechten Rand zur Mitte laufen, indem jeweils das kleinere Element in das Ergebnisfeld kopiert wird, welches von links nach rechts gefüllt wird. Der Index beim ausgewählten Element wird um ein Feld weiter gesetzt. Dies ist nebenstehend skizziert.

Nach dem letzten Vergleich der Elemente $B[i]$ und $B[j]$ wird jedoch nur eines der beiden nach A kopiert. Daher wird in Zeile 15 das größte Element der Liste gesondert kopiert.

Beispiel 7.1:

Bild 7.1 zeigt den Ablauf von MISCHEN (Algorithmus 7.2) für ein fünfelementiges Feld. Jeder Durchlauf durch den Körper der While-Schleife ist in einer eigenen Zeile dargestellt.   □

Satz 7.2:   **Korrektheit vom Mischen**

MISCHEN *überführt zwei aufsteigend sortierte Folgen* $A[links], \ldots, A[mitte]$ *und* $A[mitte + 1], \ldots, A[rechts]$ *in eine aufsteigend sortierte Folge* $A[links],$ $\ldots, A[rechts]$.

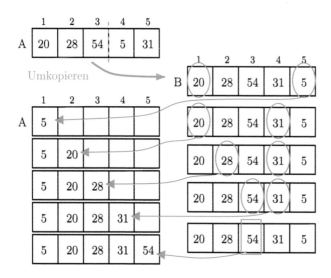

Bild 7.1: Der Ablauf von MISCHEN (Algorithmus 7.2) wird an einem Beispiel demonstriert. Links steht das ursprüngliche Feld, rechts die temporäre Kopie. Eingekreist sind jeweils die Elemente, die miteinander verglichen werden.

Beweis 7.3:

Die Zeilen 1–7 stellen die Ausgangssituation her, sodass die folgende Invariante der While-Schleife erfüllt ist:

»$A[links], \ldots, A[k-1]$ ist aufsteigend sortiert (1) und

$B[i], \ldots, B[mitte]$ ist aufsteigend sortiert (2) und

$B[mitte+1], \ldots, B[j]$ ist absteigend sortiert (3) und

falls $k > links : B[m] \geq A[k-1]$ für $i \leq m \leq j$ (4) «

Die letzte Bedingung der Invariante (4) bedeutet, dass nachdem der erste Eintrag nach A kopiert wurde, der zuletzt kopierte Eintrag kleinergleich ist als alle noch verbliebenen Einträge in B.

Vor Betreten der Schleife sind nur die beiden mittleren Teile der Invariante relevant und erfüllt – die restlichen Aussagen betreffen leere Teilfelder. In einem Durchlauf durch den Schleifenkörper wird das kleinere Element von $B[i]$ und $B[j]$ in das Feld A kopiert, das damit natürlich auch das kleinste Element der Menge $\{B[i], \ldots, B[j]\}$ ist. Die Teilbedingungen (2) und (3) bleiben erhalten, da lediglich eine der Teilfolgen um ein Element verkleinert wird. (1) gilt ebenfalls wieder, weil im Schritt davor (1) und (4) erfüllt waren. Aufgrund der Tatsache, dass das kleinste Element aus $\{B[i], \ldots, B[j]\}$ nach A kopiert und damit zum Element an $A[k-1]$ wird, gilt danach auch wieder (4).

Da bei jedem Durchlauf der Abstand von i und j um 1 kleiner wird, werden insgesamt *rechts* − *links* Iterationen durchgeführt. Das bedeutet, dass nach Abbruch der Schleife die Teilbedingung (1) für $k = rechts$ erfüllt ist. Ferner gilt wegen (4): $B[i] \geq A[rechts-1]$. Nach Zeile 15 des Algorithmus liegt also eine komplett sortierte Folge vor. ∎

Satz 7.4:   **Laufzeit vom Mischen**

MISCHEN *in Algorithmus 7.2 hat eine Laufzeit in* $\Theta(n)$ *bei n Elementen.*

Beweis 7.5:

Die Problemgröße der Eingabe beträgt $n = rechts - links + 1$. Die ersten beiden For-Schleifen in den Zeilen 1–4 werden zusammen insgesamt n Mal durchlaufen. Die dritte For-Schleife wird ebenfalls n Mal durchlaufen. Der Aufwand ist jeweils bei jeder Iteration konstant. Damit ergibt sich die geforderte Laufzeit. ∎

Das Mischen kann ich mir richtig bildlich vorstellen – aber das eigentliche Sortieren ist mir hier noch nicht klar geworden. Hoffentlich bringt das jetzt notwendige Beispiel die Erleuchtung!

Beispiel 7.6:

Bild 7.2 zeigt den Ablauf von MERGESORT (Algorithmus 7.1) für zehn Elemente. Jede Zeile entspricht dem Zwischenergebnis nach dem Mischen von zwei bereits sortierten Teilfeldern. Es ergeben sich insgesamt 25 Schlüsselvergleiche – deutlich weniger als bei BUBBLESORT oder INSERTIONSORT. Durch das Umkopieren des Feldes ist jedoch die Anzahl der Schreibzugriffe mit 68 relativ hoch.   □

Satz 7.7:   **Laufzeit von Mergesort**

MERGESORT *(Algorithmus 7.1) hat eine Laufzeit in* $\Theta(n \cdot \log n)$.

Beweis 7.8:

Der Beweis ist im Beispiel 7.15 im nachfolgenden Abschnitt enthalten.   ■

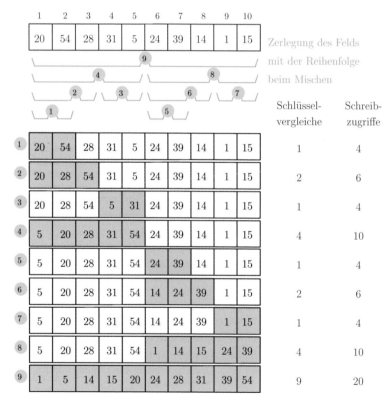

Bild 7.2: Der Ablauf von MERGESORT (Algorithmus 7.1) wird an einem Beispiel demonstriert. Im oberen Teil wird die rekursive Zerlegung des Feldes angezeigt. Daraus ergibt sich die in den farbigen Kreise angeführte Reihenfolge der Mischvorgänge. Das jeweils neu gemischte Teilfeld ist im unteren Teil orange hinterlegt.

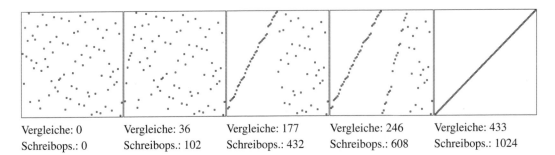

| Vergleiche: 0 | Vergleiche: 36 | Vergleiche: 177 | Vergleiche: 246 | Vergleiche: 433 |
| Schreibops.: 0 | Schreibops.: 102 | Schreibops.: 432 | Schreibops.: 608 | Schreibops.: 1024 |

Bild 7.3: MERGESORT (Algorithmus 7.1) wird auf ein Feld mit 80 Elementen angewandt. Die einzelnen Bilder zeigen von links nach rechts das Feld vor dem Sortieren, nach dem 40sten, dem 80sten und dem 120sten Aufruf von MERGESORT sowie nach dem Sortieren (insgesamt 159 Aufrufe). Die X-Achse entspricht den Feldindizes und die Y-Achse dem gespeicherten Wert.

Damit ordnet sich das Sortierverfahren bei den Algorithmen mit bestmöglicher asymptotischer Laufzeit ein – allerdings zu dem Preis, dass zusätzlicher Speicherplatz in $\Theta(n)$ benötigt wird.

Da die Laufzeit immer gleich ist – unabhängig von einer möglichen Vorsortierung –, ist MERGESORT jedoch nicht ordnungsverträglich.

Wie man sich leicht veranschaulichen kann, ist es beim Mischen nicht möglich, dass sich Elemente mit gleichem Schlüsselwert »überholen«. Daher handelt es sich bei MERGESORT um ein stabiles Sortierverfahren.

Betrachten wir zum Abschluss noch ein größeres Beispiel.

Beispiel 7.9:

Bild 7.3 zeigt mehrere Momentaufnahmen beim Sortieren von 80 Zahlen. Deutlich erkennt man, wie von links nach rechts immer größere sortierte Teilfelder in den Partitionen zusammen gemischt werden. Verglichen mit den einfachen Verfahren (z.B. in den Beispielen 3.17 auf Seite 57 und 4.12 auf Seite 77) fällt die deutlich geringere Anzahl an Schlüsselvergleichen auf.   □

 Laut Knuth (1998b) wurde Mergesort erstmals von John von Neumann vorgeschlagen – so berichtet auch von Neumanns Wegbegleiter Goldstine (1972, S. 209) von einem entsprechenden Brief von Neumanns aus dem Jahr 1945. Der Algorithmus wurde später von Knuth (1970) analysiert.

7.2   Laufzeitanalyse bei »Teile und Beherrsche«

Im letzten Abschnitt haben wir uns um eine konkrete Analyse des rekursiven Algorithmus MERGESORT »gedrückt«. Dies wollen wir nun nachholen, indem eine Methode vorgestellt wird, mit der die Laufzeit einer großen Klasse an Algorithmen bestimmt werden kann. Die Voraussetzung dafür ist, dass sich die Laufzeit als Rekursionsgleichung formulieren lässt, d.h. die Laufzeit für große Problemgrößen n kann (entsprechend dem Ablauf des rekursiven Algorithmus) auf die Laufzeit eines oder mehrerer kleinerer Problemgrößen zurückgeführt werden – unter einer bestimmten Problemgröße wird die Laufzeit als konstant angenommen.

▶Rekursionsgleichung

Beispiel 7.10:
Die Laufzeit von MERGESORT (Algorithmus 7.1) kann durch die Betrachtung eines einzelnen Aufrufs des Algorithmus beschrieben werden. Falls für die Bereichsgrenzen *rechts* = *links* gilt, also das Teilfeld nur ein Element enthält, ist die Laufzeit konstant, da nur der Vergleich der beiden Indizes durchgeführt wird. Im anderen Fall findet eine Berechnung von *mitte* statt, es wird zwei Mal MERGESORT rekursiv aufgerufen und die Teilfelder werden über den Algorithmus MISCHEN zusammengeführt. Es ergibt sich die Rekursionsgleichung:

$$T(n) = \begin{cases} 1, & \text{falls } n \leq 1 \\ 2 \cdot T(\lceil \frac{n}{2} \rceil) + f(n), & \text{sonst.} \end{cases}$$

Dabei ergibt sich der lokale Rechenaufwand $f(n)$ aus der Berechnung von *mitte* und der Laufzeit von MISCHEN (Algorithmus 7.2) – erstere ist konstant, zweitere laut Satz 7.4 in $\Theta(n)$. Damit können wir unter Missachtung von Konstanten und schwächer wachsenden Funktionen $f(n) = n$ annehmen. □

Derartige Funktionen können mit dem folgenden Satz in eine geschlossene Formel für die Laufzeit überführt werden.

Satz 7.11: **Mastertheorem**
Sei die Laufzeit $T(n)$ durch folgende Rekursionsgleichung beschrieben

$$T(n) = \begin{cases} c, & \text{falls } n \text{ hinreichend klein} \\ a \cdot T(\lceil \frac{n}{b} \rceil) + f(n), & \text{sonst,} \end{cases}$$

wobei $a \geq 1$, $b > 1$, $c \in \mathbb{N}$ und $f(n) \in \Theta(n^k)$. Dann gilt mit $\gamma = \log_b a$:

$$T(n) \in \begin{cases} \Theta(n^k), & \text{falls } \gamma < k \\ \Theta(n^k \cdot \log n) & \text{falls } \gamma = k \\ \Theta(n^\gamma) & \text{falls } \gamma > k. \end{cases}$$

Beweis 7.12:
Die Gesamtlaufzeit bei einem Aufruf für Problemgröße n setzt sich zusammen aus dem lokalen Rechenaufwand aller (rekursiven) Funktionsaufrufe:

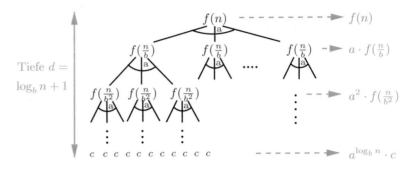

Bild 7.4: Baum der rekursiven Aufrufe für den Laufzeitbeweis des Mastertheorems – rechts ist die Laufzeit der jeweiligen Ebene des Baums
angegeben.

Beim ersten Aufruf ist dies $f(n)$, beim zweiten Aufruf $f(\lceil \frac{n}{b} \rceil)$, da das Problem entsprechend verkleinert wurde.

Bild 7.4 zeigt alle rekursiven Aufrufe als Baum dargestellt. Dabei gehen wir zunächst vereinfachend davon aus, dass die Problemgröße n eine Potenz von b darstellt. Dann gilt $n = b^{d-1}$ mit der Tiefe d des Baums, da unterhalb der Wurzel mit jeder Ebene die Problemgröße verkleinert wird. Folglich gilt für die Baumtiefe $d = \log_b n + 1$. Dies ist links in Bild 7.4 angezeigt. Auf der rechten Seite ist für jede Ebene die Summe des lokalen Rechenaufwands dargestellt, welcher sich für die Ebene mit Tiefe i zusammensetzt aus a^{i-1} Aufrufen jeweils mit Aufwand $f(\frac{n}{b^{i-1}})$ für $i \leq \log_b n$ (bzw. den konstanten Aufwand c für die unterste Baumebene). Die unterste Ebene lässt sich wie folgt umformen:

$$
\begin{aligned}
a^{\log_b n} \cdot c = a^{\log_b n} \cdot c &= (b^{\log_b a})^{\log_b n} \cdot c \\
&= b^{\log_b a \cdot \log_b n} \cdot c = (b^{\log_b n})^{\log_b a} \cdot c \\
&= n^{\log_b a} \cdot c.
\end{aligned}
$$

Im Weiteren gehen wir zunächst davon aus, dass sich die Problemgröße n als Potenz von b darstellen lässt, wodurch alle Problemgrößen $\frac{n}{b^k} \in \mathbb{N}$ sind. Dies wurde in Bild 7.4 bereits vereinfachend so dargestellt. Die Gesamtlaufzeit ist dann:

$$
T(n) = \underbrace{\sum_{i=0}^{\log_b n - 1} a^i \cdot f(\frac{n}{b^i})}_{=:g(n)} + \underbrace{n^{\log_b a} \cdot c}_{=:h(n) \in \Theta(n^{\log_b a})} \ .
$$

Betrachten wir den Anteil $g(n)$ genauer. Da $f(n) \in \Theta(n^k)$ ist, setzen wir ohne Beschränkung der Allgemeinheit $f(n) = n^k$ – alle schwächer wachsenden Terme und eine Konstante vor n^k lassen wir weg, da sie in der asymptotischen Rechnung im Weiteren sowieso verschwinden werden. Es gilt:

$$g(n) = \sum_{i=0}^{\log_b n-1} a^i \cdot f(\frac{n}{b^i}) = \sum_{i=0}^{\log_b n-1} a^i \cdot (\frac{n}{b^i})^k = n^k \cdot \sum_{i=0}^{\log_b n-1} (\frac{a}{b^k})^i.$$

Jetzt lassen sich verschiedene Fälle unterscheiden.

- Falls $\frac{a}{b^k} = 1$ bzw. $k = \gamma$ gilt, ergibt sich $g(n)$ als

$$g(n) = n^k \cdot \log_b n.$$

  Vergleicht man nun $g(n)$ mit $h(n) \in \Theta(n^{\log_b a}) = \Theta(n^k)$, so folgt aus dem asymptotisch stärkeren Wachstum von $g(n)$: $T(n) \in \Theta(g(n)) = \Theta(n^k \cdot \log n)$.

- Falls $\frac{a}{b^k} \neq 1$ gilt, dann folgt für $g(n)$ als endliche Teilsumme der geometrischen Reihe (Satz B.2 auf Seite 339):

$$g(n) = n^k \cdot \frac{(\frac{a}{b^k})^{\log_b n} - 1}{\frac{a}{b^k} - 1}$$

$$= \frac{a^{\log_b n} - n^k}{\frac{a}{b^k} - 1} \qquad \text{wegen } (\frac{a}{b^k})^{\log_b n} = \frac{a^{\log_b n}}{n^k}$$

$$= \frac{n^{\log_b a} - n^k}{\frac{a}{b^k} - 1} \qquad \text{wie schon bei der untersten Baumebene.}$$

  Abhängig vom Verhältnis von a und b^k gilt nun einer der beiden folgenden Fälle:

  - Falls $\frac{a}{b^k} < 1$ bzw. $\gamma < k$ gilt, folgt aus $\frac{a}{b^k} - 1 < 0$ und $n^{\log_b a} \in O(n^k)$:

$$g(n) \in \Theta(n^k).$$

    Und aus $g(n) \in \Omega(h(n))$ folgt: $T(n) \in \Theta(n^k)$.

  - Falls $\frac{a}{b^k} > 1$ bzw. $\gamma > k$ gilt, ergibt sich aus $\frac{a}{b^k} - 1 > 0$ und $n^{\log_b a} \in \Omega(n^k)$:

$$g(n) \in \Theta(n^{\log_b a}),$$

    womit die Gesamtlaufzeit $T(n) \in \Theta(n^{\log_b a})$ folgt.

Dies beweist den Satz für alle Problemgrößen der Form $n = b^k$. Für andere Problemgrößen haben wir allerdings die Laufzeit bisher unterschätzt, denn bei der Problemgröße $\frac{n}{b}$ entsteht in der Rekursion nicht mehr zwingend eine natürliche Zahl, sodass mit der nächstgrößeren natürlichen Zahl $\lceil \frac{n}{b} \rceil$ gearbeitet wird. Dabei entstehen in der bisherigen Berechnung zwei Fehler: Einerseits wurde der lokale Aufwand bei den einzelnen Funktionsaufrufen falsch berechnet und andererseits kann Aufrunden der Problemgröße auch die Tiefe des Rekursionsbaums erhöhen.

Betrachten wir konkret die resultierende Rekursion. Die Aufrufparameter ergeben sich wie folgt mit zunehmender Rekursionstiefe:

$$n, \underbrace{\lceil \tfrac{n}{b} \rceil}_{\leq \frac{n}{b}+1}, \underbrace{\left\lceil \frac{\lceil \frac{n}{b} \rceil}{b} \right\rceil}_{\leq \frac{n}{b^2}+\frac{1}{b}+1}, \dots$$

Damit lässt sich der Aufrufparameter n_i der Baumebene i allgemein wie folgt nach oben abschätzen:

$$n_i \leq \frac{n}{b^{i-1}} + \sum_{j=0}^{i-2} \frac{1}{b^j} < \frac{n}{b^{i-1}} + \underbrace{\sum_{j=0}^{\infty} \frac{1}{b^j}}_{\text{geometrische Reihe}} = \frac{n}{b^{i-1}} + \frac{b}{b-1}.$$

Bezüglich der Rekursions-/Baumtiefe kann man daraus ableiten, dass der Baum um höchstens zwei Ebenen tiefer werden kann. Da dies eine von n unabhängige Zahl ist, geht sie in die asymptotische Betrachtung nicht weiter ein.

Ferner geht in der Funktion $g(n)$ nun $f(\frac{n}{b^i} + \frac{b}{b-1})$ statt $f(\frac{n}{b^i})$ ein. Wir betrachten dies genauer:

$$f\left(\frac{n}{b^i} + \frac{b}{b-1}\right) = \left(\frac{n}{b^i} + \frac{b}{b-1}\right)^k = \left(\frac{n}{b^i} \cdot (1 + \underbrace{\frac{b^i}{n}}_{\leq 1} \cdot \frac{b}{b-1})\right)^k$$

$$\leq \left(\frac{n}{b^i} \cdot (1 + \frac{b}{b-1})\right)^k = \left(\frac{n}{b^i}\right)^k \cdot \underbrace{\left(1 + \frac{b}{b-1}\right)^k}_{konstant}$$

$$\in O\left(\left(\frac{n}{b^i}\right)^k\right).$$

Also gilt auch hier, dass lediglich ein konstanter Faktor eingeht.　■

 Puh! Das war aber viel Mathematik. Doch jetzt, so scheint es, können wir die Laufzeit von vielen rekursiven Algorithmen nahezu direkt ablesen.

Beispiel 7.13:

Wir betrachten einen Algorithmus mit folgender Rekursionsgleichung

$$T(n) = \begin{cases} 15, & \text{falls } n < 2 \\ 2 \cdot T(\lceil \tfrac{n}{2} \rceil) + 15 \cdot n^2, & \text{sonst.} \end{cases}$$

Dann gilt $a = 2$, $b = 2$ und $f(n) \in \Theta(n^k)$ mit $k = 2$. Da $\gamma = \log_2 2 = 1 < 2(= k)$, folgt direkt $T(n) \in \Theta(n^k) = \Theta(n^2)$. □

Beispiel 7.14:

Wir betrachten einen Algorithmus mit der Rekursionsgleichung

$$T(n) = \begin{cases} 1000, & \text{falls } n < 5 \\ 4 \cdot T(\lceil \frac{n}{2} \rceil) + 2000 \cdot n, & \text{sonst.} \end{cases}$$

Dann gilt $a = 4$, $b = 2$ und $f(n) \in \Theta(n^k)$ mit $k = 1$. Da $\log_2 4 = 2 > 1(= k)$, folgt direkt $T(n) \in \Theta(n^\gamma) = \Theta(n^2)$. □

Beispiel 7.15:

Wir betrachten einen Algorithmus mit der Rekursionsgleichung

$$T(n) = \begin{cases} 1, & \text{falls } n < 2 \\ 2 \cdot T(\lceil \frac{n}{2} \rceil) + n, & \text{sonst.} \end{cases}$$

Dann gilt $a = 2$, $b = 2$ und $f(n) \in \Theta(n^k)$ mit $k = 1$. Da $\log_2 2 = 1(= k)$, folgt direkt $T(n) \in \Theta(n^k \cdot \log n) = \Theta(n \cdot \log n)$. □

Dieses Beispiel beweist die Laufzeit von MERGESORT (Algorithmus 7.1) im vorherigen Abschnitt.

Das hier vorgestellte Mastertheorem ist nicht für alle möglichen Rekursionsgleichungen anwendbar – so kann etwa eine Funktion $f(n) = n \cdot \log n$ nicht in die drei Fälle des Theorems eingeordnet werden. Aber auch andere Rekursionen, bei denen die Problemgröße nicht auf einen festen Anteil $\lceil \frac{n}{b} \rceil$ verkleinert wird, passen nicht in das vorliegende Schema. Einige davon können dennoch durch ein paar kleine Tricks gelöst werden, wie wir für das folgende Beispiel zeigen.

Beispiel 7.16:

Das Problem der Türme von Hanoi ist wie folgt definiert. Ein Turm aus nach oben kleiner werdenden Scheiben ist auf einer von drei Stangen aufgereiht. Dieser Turm soll vollständig auf die zweite Stange verschoben werden, wobei

▶Türme von Hanoi

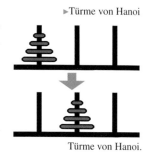

Türme von Hanoi.

- immer nur eine Scheibe von einer Stange zu einer anderen Stange bewegt werden darf und
- keine größere Scheibe auf einer kleineren abgelegt wird.

Ein Algorithmus soll die Reihenfolge der Scheiben-Verschiebungen erzeugen.

Das Problem kenne ich. Habe es schon als Kind mit echten Holzscheiben gespielt. Das ist zunächst gar nicht so einfach. Doch wenn man den Trick raus hat...

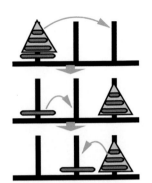

Dieses Problem kann einfach rekursiv gelöst werden, indem man sich überlegt, was beim Verschieben eines Turms der Höhe h vor und nach der untersten Scheibe geschehen muss. Wie man in der nebenstehenden Abbildung sieht, lässt sich dies durch drei Schritte bewerkstelligen:

- Turm der Höhe $h-1$ auf die dritte Stange schieben,
- die unterste Scheibe auf die zweite Stange legen und
- den Turm der Höhe $h-1$ von der dritten auf die zweite Stange schieben.

Algorithmische Idee für die Türme von Hanoi.

Im ersten und letzten Schritt verbirgt sich eine Rekursion. Der zugehörige rekursive Ablauf Türme-von-Hanoi steht in Algorithmus 7.3.

Die Laufzeit des Algorithmus lässt sich dann mit der folgenden Rekursionsgleichung beschreiben

$$T(n) = \begin{cases} 1, & \text{falls } n < 1 \\ 2 \cdot T(n-1) + 1, & \text{sonst.} \end{cases} \qquad \square$$

Da wird es mal wieder deutlich: Rekursive Lösungen sind für den Computer gut tauglich, aber der Mensch geht anders vor. Ich habe erst einen Turm mit zwei Scheiben angeschaut, dann mit drei Scheiben und irgendwie versucht, ein allgemeines Muster zu erkennen. Für die rekursive Lösung betrachtet man als erstes, wie man die unterste Scheibe versetzen kann.

Um eine solche Laufzeit zu berechnen, muss die Rekursionsgleichung in eine vom Mastertheorem abgedeckte Form überführt werden. Dabei wird zunächst eine Substitution für n durchgeführt mit dem Ziel, in der gesamten Gleichung die Laufzeit T gekoppelt mit einer anderen mathematischen Funktion (oder Berechnung) g vorzufinden, also: $T(g(\cdot))$. Dann können wir für diese gekoppelte Funktion einfach einen eigenen Namen T' durch Umbenennen einführen. Wenn die Gleichung jetzt dem Mastertheorem genügt, wird die Funktion T' gelöst und durch Rückumbenennen und Rücksubstituieren eine Darstellung für T berechnet.

Algorithmus 7.3

Türme-von-Hanoi(Höhe h, Stangen $von, nach, hilf$)
  Rückgabewert: –
1 **if** $h > 0$
2 **then** $\ulcorner$ Türme-von-Hanoi($h-1, von, hilf, nach$)
3   **drucke:** verschiebe Scheibe von von nach $nach$
4     $\llcorner$ Türme-von-Hanoi($h-1, hilf, nach, von$)

Beispiel 7.17:

Auf die Rekursionsgleichung aus Beispiel 7.16 wird die Substitution $m = 2^n$ angewandt. Dann ergibt sich für die Rekursion

$$T(\log_2 m) = 2 \cdot T(\log_2 m - 1) + 1 = 2 \cdot T(\log_2 m - \log_2 2) + 1$$
$$= 2 \cdot T(\log_2(\frac{m}{2})) + 1.$$

Der letzte Schritt verwendet eines der Logarithmengesetzen aus Abschnitt B.3. Durch Umbenennen von $T(\log_2(\cdot))$ in $T'(\cdot)$ ergibt sich:

$$T'(m) = 2 \cdot T'(\frac{m}{2}) + 1.$$

Mit $a = b = 2$ folgt $\gamma = \log_2 2 = 1$ und wegen $f(m) = 1 = m^0$ ergibt sich $k = 0$. Da $k < \gamma$ ist, beträgt laut dem Mastertheorem die Laufzeit $T'(m) = m^1 = m$. Die Rück-Umbenennung führt zu $T(\log_2 m) = m$ und das Gesamtergebnis folgt aus der Rück-Substitution:

$$T(\log_2 2^n) = 2^n$$
$$T(n) = 2^n. \qquad \square$$

Das erste uns bekannte Mastertheorem stammt von Aho et al. (1974), das lediglich lineare Funktionen $f(n)$ berücksichtigt hat. Die populärste (und allgemeinere Version als in diesem Buch) geht auf das Lehrbuch von Cormen et al. (1990) zurück. Die allgemeinste Fassung haben Akra & Bazzi (1998a) erarbeitet. Diese wird auch in Übungsaufgabe 7.10 vorgestellt.

7.3 Quicksort

Der zu Beginn dieses Kapitels präsentierte Algorithmus Mergesort (Algorithmus 7.1) hat das Feld geteilt, getrennt sortiert und anschließend die sortierten Folgen zusammen gefügt. Ein wesentlicher Nachteil dabei war der zusätzliche Speicherplatz (in $\Theta(n)$) für den letzten Schritt. Diesen Nachteil wollen wir in diesem Abschnitt durch eine andere Teilung des Felds umgehen. Durch einen ausgezeichneten Schlüsselwert, den wir Pivot nennen, sollen die Elemente im Feld so umgeordnet werden, dass in einer linken Partition nur Elemente mit einem Schlüssel kleinergleich dem Pivot und in einer rechten Partition Elemente mit einem Schlüssel größergleich dem Pivot liegen. Dies hat den großen Vorteil, dass bei der Zerlegung des Feldes die Elemente schon in die »richtige Gegend« gebracht wurden – denn für jedes Element muss der endgültige Platz im Feld innerhalb seiner Partition liegen. Diese Eigenschaft ist dafür verantwortlich, dass kein zusätzlicher

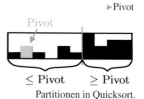

Partitionen in Quicksort.

Speicherplatz benötigt wird. Tatsächlich werden die beiden Partitionen rekursiv sortiert und das »Verbinden« der Teillösungen entfällt, da die Partitionen ja bereits die richtigen Elemente enthalten haben.

Der zugehörige rekursive Grundalgorithmus Quicksort ist damit sogar noch einfacher als der von Mergesort, wie Algorithmus 7.4 zeigt.

Für die Aufteilung in zwei Partitionen wählen wir zunächst der Einfachheit halber den Schlüsselwert, der an der rechten Grenze des aktuell betrachteten Teilfelds steht (also am Index *rechts*).

Dann suchen wir jeweils von links und von rechts nach einem Element, das in die jeweils andere Partition passt. Haben wir zwei solche Elemente gefunden, werden sie vertauscht. Ab der jeweils nächsten Stelle wird solange identisch weiter verfahren, bis sich die Suche von rechts und von links trifft. Aus den beiden Indizes ergeben sich dann die neuen Partitionsgrenzen für die nächste Rekursion. Wichtig ist hierbei, dass auch Elemente gleich dem Pivotelement getauscht werden – sonst kann der Algorithmus evtl. nicht abbrechen oder es sind Sonderbehandlungen von Extremfällen notwendig.

Der Ablauf ist in Algorithmus 7.5 (Partitioniere) dargestellt.

Wahl des Pivotelements in Quicksort.

Algorithmus 7.4 Sortieren durch Partitionieren

Quicksort(Feld *A*, Bereichsgrenzen *links*, *rechts*)
    Rückgabewert: nichts; Seiteneffekt: *A* ist sortiert
1   **if** *links* < *rechts* $\rbrace$ Abbruch bei weniger als 2 Elementen
2   **then** $\ulcorner p \leftarrow$ $\rbrace$ Partitioniere(*A*, *links*, *rechts*) $\rbrace$ sortiere grob in
         $q \leftarrow$ zwei Partitionen vor
3   Quicksort(*A*, *links*, *p*) $\rbrace$ sortiere die Partitionen rekursiv
4      $\llcorner$ Quicksort(*A*, *q*, *rechts*)

Algorithmus 7.5 Teilschritt zur Aufteilung des Felds im Quicksort-Algorithmus

Partitioniere(Feld *A*, Bereichsgrenzen *links*, *rechts*)
    Rückgabewert: Partitionsgrenzen; Seiteneffekt: *A* ist verändert
1   $i \leftarrow links$
2   $j \leftarrow rechts$
3   $p \leftarrow A[rechts]$ $\rbrace$ wähle das Pivot, sprich: den Trennwert
4   **while** $i \leq j$
5   **do** $\ulcorner$ **while** $A[i] < p$ $\rbrace$ suche Tauschkandidaten von links
6   **do** $\llcorner i \leftarrow i+1$
7   **while** $A[j] > p$ $\rbrace$ suche Tauschkandidaten von rechts
8   **do** $\llcorner j \leftarrow j-1$
9   **if** $i \leq j$
10   **then** $\ulcorner$ Vertausche(*A*, *i*, *j*) $\rbrace$ tausche, falls noch nicht fertig sortiert
11           $i \leftarrow i+1$
12     $\llcorner$ $\llcorner j \leftarrow j-1$
13   **return** *j*, *i*

Beispiel 7.18:

Im nebenstehenden Beispiel ist das Pivotelement zunächst ganz rechts orange markiert. Wir sehen von oben nach unten, welche Elemente betrachtet werden: Die schwarzen Pfeile markieren diejenigen Elemente, die »überlesen« werden, weil sie schon auf der richtigen Seite stehen. Die orangefarbigen Pfeile markieren die zu tauschenden Elemente. In der untersten Darstellung des Felds sieht man, wie der von links kommende und der von rechts kommende Index sich überkreuzen.   □

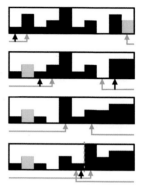

Partitionierschritt von Quicksort.

> Wenn ich es richtig verstehe, wird das Pivotelement oder auch andere Elemente mit demselben Schlüsselwert immer getauscht – obwohl es ja eigentlich auch in der ursprünglichen Partition stehen bleiben dürfte.

Satz 7.19:   Korrektheit des Partitionierens

Nach dem Partitionieren gilt $A[k] \leq A[m]$ für die Indizes $links \leq k \leq i - 1$ und $j + 1 \leq m \leq rechts$.

Beweis 7.20:

Die Schleifeninvariante für die äußere While-Schleife ist

>»$A[k] \leq p$ für $links \leq k < i$ und $p \leq A[m]$ für $j < m \leq rechts$«.

Vor der While-Schleife gilt die Invariante trivialerweise, da beide Indexmengen leer sind. Jeder Durchlauf durch die Schleifen in den Zeilen 5–6 bzw. 7–8 erhält die Invariante. Wird allerdings Zeile 9 erreicht, kann weder i weiter erhöht bzw. j weiter verringert werden, da dann die Invariante verletzt wäre. Falls zusätzlich bereits $i > j$ gilt, kann die While-Schleife abgebrochen werden, da alle Elemente bereits richtig zugeordnet wurden. Gilt jedoch noch $i \leq j$, muss $A[i]$ mit $A[j]$ vertauscht werden, wodurch die Schleifeninvariante bei der Änderung von i und j ebenfalls wieder erhalten bleibt. Die Aussage des Satzes folgt direkt aus der Schleifeninvariante.   ∎

Beispiel 7.21:

Bild 7.5 zeigt den Ablauf von Quicksort (Algorithmus 7.4) für zehn Elemente. Jede Zeile entspricht dem Zwischenergebnis nach dem Partitionieren. Es ergeben sich insgesamt 44 Schlüsselvergleiche. Dies sind zwar etwas mehr als bei Mergesort, aber wesentlich weniger als bei den anderen bisher vorgestellten Verfahren. Allerdings haben wir bezüglich der Schreibzugriffe mit nur 24 Operationen ein neues Minimum erreicht.   □

1	2	3	4	5	6	7	8	9	10	Schlüssel-vergleiche	Schreib-zugriffe
20	54	28	31	5	24	39	14	1	15		
20	54	28	31	5	24	39	14	1	15	10	8
15	1	14	5	31	24	39	28	54	20	6	2
5	1	14	15	31	24	39	28	54	20	2	2
1	5	14	15	31	24	39	28	54	20	3	2
1	5	14	15	31	24	39	28	54	20	8	2
1	5	14	15	20	24	39	28	54	31	7	2
1	5	14	15	20	24	31	28	54	39	3	2
1	5	14	15	20	24	28	31	54	39	3	2
1	5	14	15	20	24	28	31	54	39	2	2
1	5	14	15	20	24	28	31	39	54		

Bild 7.5: Der Ablauf von Quicksort (Algorithmus 7.4) wird an einem Beispiel demonstriert. Die aktuell betrachtete Partition ist orange umrandet und das Pivotelement ebenfalls orange hinterlegt. Die Tauschkandidaten von links sind grau unterstrichen, die Tauschkandidaten von rechts schwarz. Der Endstand der Indizes i und j ist durch die Pfeile angedeutet.

> Das ist ja ein witziger Algorithmus. Wir wählen ein Element und vertauschen nur bezüglich dieses Elements. Damit erhalten wir zwei Teilfelder, die voneinander abgegrenzt sind und machen rekursiv weiter.

Satz 7.22: Laufzeit
Die Anzahl der Schlüsselvergleiche von Partitioniere ist in $\Theta(n)$.

Beweis 7.23:
Bis zur »Überkreuzung« der beiden Indizes i und j werden alle Elemente von links in Zeile 5 mit dem Pivotelement verglichen – ebenso alle Elemente von rechts in Zeile 7. Da i kontinuierlich erhöht und j verkleinert wird, wird jeder Index grundsätzlich nur einmal betrachtet – außer in dem Augenblick, wenn sich i und j treffen. Dann gibt es die folgenden drei am Rand veranschaulichten Fälle:

1. Zwei benachbarte Elemente werden vertauscht und i und j sind nach Zeile 12 überkreuzt. Es wurden genau n Vergleiche durchgeführt.

2. i und j treffen sich auf demselben Element (mit dem Pivotwert). Das Element wird mit sich selbst vertauscht und die Indizes sind anschließend überkreuzt. Es wurden $n + 1$ Vergleiche durchgeführt.

3. i und j überkreuzen sich durch die beiden While-Schleifen in den Zeilen 5–8. Dann werden genau zwei Elemente doppelt verglichen und es ergeben sich $n + 2$ Vergleiche. ∎

Anzahl der Vergleiche beim Partitionieren.

1	2	3	4	5
5	4	3	2	1
1	4	3	2	5
1	4	3	2	5
1	2	3	4	5
1	2	3	4	5

Beispiel für Quicksort mit Worst-Case Laufzeit.

Mit diesem Ergebnis kann man die Laufzeit von QUICKSORT im Best-Case analog zu MERGESORT über die Rekursionsgleichung $T(n) = 2 \cdot T(\frac{n}{2}) + n$ beschreiben, wenn immer nahezu gleich große Partitionen entstehen. Es folgt die Laufzeit $\Theta(n \cdot \log n)$.

Allerdings gibt der Algorithmus keine Garantie für eine solche ideale Aufteilung. Wie man sich leicht an einer sortierten Folge oder der nebenstehend dargestellten invers sortierten Folge verdeutlicht, kann es sogar passieren, dass bei jedem Aufruf von PARTITIONIERE die größere Partition nur um ein Element kleiner wird. Dadurch ergibt sich eine Anzahl der Vergleiche ähnlich zu INSERTIONSORT: der Worst-Case entspricht also $\Theta(n^2)$. Da dies insbesondere auch für das sortierte Feld gilt, ist der Algorithmus nicht ordnungsverträglich.

Der Algorithmus ist auch nicht stabil, da Elemente vertauscht werden – ungeachtete eventuell dazwischen liegender Elemente mit gleichem Schlüssel.

 QUICKSORT wurden von Hoare (1961, 1962) vorgestellt. Sedgewick (1977) hat gezeigt, dass die Laufzeit im Average-Case $\Theta(n \cdot \log n)$ beträgt – genauer beziffert er die Anzahl der Schlüsselvergleiche sogar mit $1{,}38 \cdot n \cdot \log_2 n$.

Beispiel 7.24:
Bild 7.6 zeigt noch mehrere Momentaufnahmen beim Sortieren von 80 Zahlen. Wie man auf dem Zwischenstand nach 50 Aufrufen von QUICKSORT erkennt, wurden die Elemente schon grob in die richtige Region gebracht. Der Teil ganz links wurde in der Rekursion auch bereits vollständig sortiert. □

Wie man im nächsten Beispiel sieht, können die Partitionsgrenzen p und q unter bestimmten Umständen so liegen, dass ein Element schon als richtig platziert zwischen den weiterbearbeiteten Partitionen identifiziert wird – ein Effekt, der sonst nur bei gleichen Schlüsselwerten auftreten kann. Dies spiegelt sich im Beweis 7.23 im zweiten Fall wider, in dem ein Element mit sich selbst getauscht wird. In Satz 7.19 wird dieser Fall wie folgt reflektiert: wenn $i = j + 2$ ist – dann gilt für $A[j + 1]$ sowohl $A[k] \leq A[j + 1]$ für

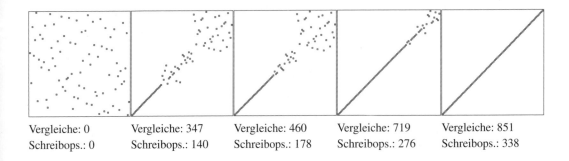

Vergleiche: 0	Vergleiche: 347	Vergleiche: 460	Vergleiche: 719	Vergleiche: 851
Schreibops.: 0	Schreibops.: 140	Schreibops.: 178	Schreibops.: 276	Schreibops.: 338

Bild 7.6: QUICKSORT (Algorithmus 7.4) wird auf ein Feld mit 80 Elementen angewandt. Die einzelnen Bilder zeigen von links nach rechts das Feld vor dem Sortieren, nach dem 50sten, dem 100sten und dem 150sten Aufruf von QUICKSORT sowie nach dem Sortieren (insgesamt 213 Aufrufe). Die X-Achse entspricht den Feldindizes und die Y-Achse dem gespeicherten Wert.

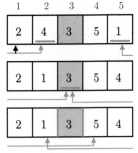

Beispiel für ein »heraus fallendes« Element beim Partitionieren.

$links \leq k \leq i - 1$ als auch $A[j+1] \leq A[m]$ für $j + 1 \leq m \leq rechts$. Damit muss $A[j+1]$ in keiner von beiden Partitionen weiter berücksichtigt werden.

Bisher wurde immer das rechte Element als Pivot gewählt – mit dem Nachteil, dass gerade das bereits sortierte Feld die schlechteste Laufzeit aufweist. Dem kann man dadurch begegnen, dass man das mittlere Element $\lfloor \frac{links+rechts}{2} \rfloor$ als Pivot wählt. Dies ändert jedoch nichts grundsätzlich an den Laufzeiten – es verschiebt nur die Situationen, unter denen extreme Laufzeiten auftreten.

Beispiel 7.25:

Im nebenstehenden Beispiel ist das Partitionieren mit dem Pivot in der Mitte dargestellt. Von links wird zunächst der Schlüssel 4 und von rechts der Schlüssel 1 als Tauschpartner gefunden. Danach identifizieren sowohl die Suche von links wie als von rechts den Schlüssel 3 als Element für den Tausch. Das bedeutet, dass dieses mit sich selbst getauscht wird. Danach werden beide Indizes um eins weiter gesetzt und bestimmen damit die neuen Partitionsgrenzen. Das Element mit dem Schlüssel 3 ist keiner der Partitionen mehr enthalten – es steht ja auch bereits an der richtigen Stelle.   □

Häufig findet man auch den Hinweis, dass der Median aus dem ersten, dem mittleren und dem letzten Element benutzt werden soll. Die Vorteile, dass die Worst-Case Situationen entsprechend seltener auftreten (aber nicht komplett vermieden werden!), werden nahezu egalisiert vom Zusatzaufwand, bei jedem Partitionieren mit zwei zusätzlichen Vergleichen, den Median zu bestimmen. Auch durch diese Technik gibt es keine grundsätzliche Verbesserung.

Zur Verbesserung von QUICKSORT wird häufig das randomisierte Quicksort betrachtet. Hier wird immer ein zufälliges Element aus der Partition

▶randomisiertes Quicksort

als Pivot gewählt. Auch diese Vorgehensweise ändert die asymptotischen Laufzeit nicht grundsätzlich. Aber es gibt keine eindeutige Situation mehr, in der die schlechte Laufzeit vorkommt. Jede Anordnung wird über viele Sortiervorgänge hinweg im Mittel mit $\Theta(n \cdot \log n)$ sortiert.

Aus der Beobachtung, dass Quicksort zwar gut darin ist, die Elemente schnell in die richtige Region eines Felds zu schaffen, aber bei kleinen Feldern eher viele Vergleiche durchgeführt werden, ergibt sich eine letzte hier vorgestellte Modifikation. Gerade auf solchen kurzen Feldern ist INSERTIONSORT (Algorithmus 4.8) überlegen, was wir auch in der Übungsaufgabe 7.9 praktisch thematisieren. Konsequenterweise kann man den Ablauf von QUICKSORT so modifizieren, dass in der Rekursion ab einer bestimmten Feldgröße mit INSERTIONSORT sortiert wird, was das Verfahren nochmals um einen kleinen konstanten Faktor beschleunigt.

Die Technik mit dem Median aus drei Elementen als Pivot wurde von Singleton (1969) vorgestellt. Das randomisierte Quicksort geht letztendlich bereits auf Hoare (1961, 1962) zurück. Dass bei beliebiger Wahl des Pivotelements die Worst-Case-Laufzeit $\Theta(n^2)$ für eine Eingabe resultiert, folgt aus dem Verfahren von McIlroy (1999), welches eine solche Eingabe konstruiert. Die Kombination von Quicksort mit Insertionsort für kleine Teilfelder geht auf Sedgewick (1977) zurück, der kleine Felder unsortiert ließ und anschließend ein Insertionsort für das gesamte Feld durchführt. Weitere Verbesserungen sind noch bei der Partitionierung des Feldes möglich, wodurch beispielsweise Bentley & McIlroy (1993) eine der schnellsten Quicksortvarianten erreicht haben. Einen Überblick mit empirischem Vergleich kann auch der Arbeit von Khreisat (2007) entnommen werden.

7.4 Suche nach dem Median

In Abschnitt 2.5 hatten wir das Medianproblem auf Seite 36 eingeführt. Nachdem wir nun in diesem Kapitel zwei wettbewerbsfähige Sortieralgorithmen kennengelernt haben, stellt sich die Frage, ob wir mit diesen Techniken nicht auch das oberflächlich betrachtet einfachere Problem, die Suche nach dem mittleren Element, besser lösen können.

Na, MERGESORT hilft da nicht... Da weiß man erst ganz am Schluss, wo welches Element hingehört. Also kann man vorher auch nichts bzgl. des Medians herausfinden. Ist denn überhaupt eine Laufzeit besser als $\Theta(n \cdot \log n)$ denkbar?

Betrachten wir QUICKSORT. Da hier Elemente nur noch innerhalb einer Partition verschoben werden, reicht es, wenn immer diejenige Partition rekursiv bearbeitet wird, in der sich der Index $\lfloor\frac{n}{2}\rfloor$ befindet. Die jeweils anderen Partitionen müssen ja nicht mehr sortiert werden, da sie mit dem Median nichts zu tun haben. Der resultierende Ablauf ist in verallgemeinerter Form in Algorithmus 7.6 (K-TES-ELEMENT) dargestellt. Nach dem Partitionieren in Zeile 2, wird in den Zeilen 5–7 rekursiv nur mit der »richtigen« Partition weiter gemacht. Das Ergebnis ist ermittelt, wenn das k-te Element nicht mehr Teil einer Partition mit mehr als einem Element ist (Zeile 8). Ein Sonderfall wird in den Zeilen 3–4 behandelt: Falls wie im Beispiel 7.25 ein Element zwischen den Partitionen bereits richtig sortiert ist und es sich dabei um den gesuchten Index handelt, kann direkt das Ergebnis geliefert werden. Den Median kann man durch den Aufruf von K-TES-ELEMENT mit Parameter $k = \lfloor\frac{n}{2}\rfloor$ ermitteln.

Beispiel 7.26:

Bild 7.7 zeigt den Ablauf von K-TES-ELEMENT (Algorithmus 7.6) für zehn Elemente. Jede Zeile entspricht dem Zwischenergebnis nach dem Partitio-

---

Algorithmus 7.6 Ermittlung des k-größten Elements in einem unsortierten Feld

K-TES-ELEMENT($A[]$, $links$, $rechts$, k)
    Rückgabewert: Element an Position k (sortiert); Seiteneffekt: A ist verändert

```
1   if links < rechts
2     then ⌐ p ←  ⎫ PARTITIONIERE(A, links, rechts)    sortiere grob in
                q ←  ⎭                                    zwei Partitionen vor
3         if k ≤ p                                        suche in
4           then ⌐ return K-TES-ELEMENT(A, links, p, k)   richtiger
5           else ⌐ if k ≥ q                               Partition
6                   then ⌐ return K-TES-ELEMENT(A, q, rechts, k)   weiter
7           └      └ else ⌐ return A[k]   ⎫ gesuchtes Element liegt
8     else ⌐ return A[k] ⎫ Index k ist richtig sortiert   zwischen den Partitionen
```

1	2	3	4	5	6	7	8	9	10	Schlüssel-vergleiche	Schreib-zugriffe
20	54	28	31	5	24	39	14	1	15		
20	54	28	31	5	24	39	14	1	15	10	8
15	1	14	5	31	24	39	28	54	20	8	2
15	1	14	5	20	24	39	28	54	31		

Bild 7.7: Der Ablauf von K-TES-ELEMENT (Algorithmus 7.6) wird an einem Beispiel für $k = \lfloor\frac{n}{2}\rfloor$ demonstriert. In Orange werden wieder das Pivotelement, das betrachtete Teilfeld sowie die sich überkreuzenden Indizes dargestellt. Die grauen und schwarzen Unterstriche markieren die vertauschten Elemente.

nieren. Da nur in der Partition mit Index $k = \lfloor \frac{n}{2} \rfloor$ rekursiv weiter nach dem Median gesucht wird, bricht die Suche schon beim dritten Aufruf von K-TES-ELEMENT ab, da die Partition nur noch ein Element enthält.   □

 Das sieht zwar im Beispiel toll aus, aber im ungünstigen Fall kann doch die Partition auch hier immer nur um ein Element kleiner werden. Dann wären wir mal wieder bei $\Theta(n^2)$.

Um den Median in jedem Fall möglichst schnell zu finden, müssen wir erreichen, dass bei der Rekursion jedes Mal ein substantiell kleineres Teilfeld bearbeitet wird – d.h. das Feld wird beispielsweise immer um mindestens einen festen Bestandteil auf $\leq \alpha \cdot n$ mit $\alpha < 1$ reduziert. Vorausgesetzt der lokale Aufwand für die Wahl des Pivots ist in $\Theta(n)$, folgt nach dem Mastertheorem für $T(n) = T(\alpha \cdot n) + n$ eine lineare Laufzeit – was daran liegt, dass die Rekursion einfach und das $\alpha < 1$ ist. Da sich ein solches Pivotelement jedoch nicht so leicht berechnen lässt, wenden wir den folgenden Trick an: Wir »spendieren« einen Teil dieser rekursiven Laufzeit für die Wahl des Pivots. Das bedeutet konkret folgendes: Aus dem ursprünglichen Feld der Länge n werden wir ein Feld der Länge $\lceil \frac{n}{5} \rceil$ konstruieren, dessen Median wir (rekursiv) berechnen – das ist die »spendierte« Laufzeit. Dank bestimmter Eigenschaften, die wir uns auch gleich genauer anschauen werden, können wir mindestens ein Viertel der ursprünglichen Elemente durch das Partitionieren abschneiden, was eine reduzierte Feldgröße von $\leq \lceil \frac{3}{4} \cdot n \rceil$ nach sich zieht. Es folgt die Rekursionsgleichung:

$$T(n) = \begin{cases} c, & \text{falls } n \text{ hinreichend klein} \\ T(\lceil \frac{n}{5} \rceil) + T(\lceil \frac{3}{4} \cdot n \rceil) + n, & \text{sonst.} \end{cases}$$

Vereinfachend gesprochen ist die Gesamtanzahl der rekursiv bearbeiteten Elemente jetzt $(\frac{1}{5} + \frac{3}{4}) \cdot n < n$, was zu einer linearen Laufzeit führt. Formal können die beiden Rekursionen so natürlich nicht zusammengefasst werden, was bedeutet, dass die Rekursionsgleichung auch nicht mit dem vorgestellten Mastertheorem (Satz 7.11) lösbar sind. In Übungsaufgabe 7.10 wird mithilfe eines allgemeineren Mastertheorems die lineare Laufzeit bewiesen.

Der konkrete Algorithmus und die obige Rekursionsgleichung folgt aus den im weiteren skizzierten Ideen. Dabei gehen wir davon aus, dass alle Werte im Feld paarweise verschieden sind. Ferner müssen wir zeigen, dass immer ein Viertel der Elemente in der anderen Partition wegfällt. Dies machen wir beispielhaft für den Fall, dass die Partition mit den größeren Elementen rekursiv weiter betrachtet wird – dann müssen mindestens $\frac{1}{4} \cdot n$ Elemente in der kleineren Partition sein. Analog lässt sich genauso zeigen, dass mindestens $\frac{1}{4} \cdot n$ Elemente in der größeren Partition sind, falls die Partition mit den kleineren Elementen den gesuchten Median enthält.

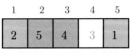

1	2	3	4	5
2	5	4	3	1

Median in einem Fünferfeld.

Betrachten wir zunächst ein Feld mit fünf Elementen. Der Median lässt sich in konstanter Zeit bestimmen (z.B. 9 Vergleiche in drei Iterationen von Bubblesort in Algorithmus 3.13). Danach weiß man, dass wie in der nebenstehenden Abbildung genau zwei Elemente (in Orange) kleinergleich und zwei (in Grau) Elemente größergleich dem Median sind. Diese Eigenschaft machen wir uns bei der Wahl des Pivotelements zunutze, indem wir das komplette Feld in Fünferblöcke einteilen, jeweils den Median ermitteln, diese in ein Extrafeld schreiben und dann durch einen rekursiven Aufruf den Median der Fünfermediane herausfinden.

Diese Vorgehensweise ist in Algorithmus 7.7 (Median-Partitioniere) dargestellt. Dieser Algorithmus ersetzt den Aufruf von Partitioniere in k-tes-Element (Algorithmus 7.6). Bild 7.8 zeigt durch die Auswahl des Pivotelements mit Median-Partitioniere beispielhaft, was wir aus diesem Vorgehen ableiten können: Eine bestimmte Anzahl an Elementen muss tatsächlich kleiner sein als das gewählte Pivotelement. In der Darstellung stehen die Mediane aus fünf Fünferblöcken und einem kleineren Block zur Verfügung. Von diesen Medianen müssen zwei kleiner sein als der Median der

---

Algorithmus 7.7 Variante der Quicksort-Partitionierung für k-tes-Element

---

Median-Partitioniere($A[]$, *links*, *rechts*)
    Rückgabewert: Partitionsgrenzen; Seiteneffekt: A ist verändert
1   $n \leftarrow rechts - links + 1$
2   **if** $n \le 5$ ⎫ Rekursionsabbruch, wenn das
3   **then** ⌈ $med \leftarrow$ berechne Median direkt   ⎭ Feld klein genug ist
4   **else** ⌈ $Part \leftarrow$ Teile A in $\lfloor \frac{n}{5} \rfloor$ Gruppen mit 5 Elementen
                                 plus einer kleineren Gruppe
5        $anz \leftarrow$ Anzahl der Gruppen in $Part$ erzeuge ein spezielles
6   **for** $i \leftarrow 1, \ldots, anz$ Feld mit 1/5 der Elemente
7   **do** ⌈ $F\ddot{u}nferMed[i] \leftarrow$ Median der i-ten Fünfergruppe von $Part$
8   ⌊ $med \leftarrow$ k-tes-Element($F\ddot{u}nferMed, 1, anz, \lfloor \frac{anz}{2} \rfloor$) ⎦ Rekursion
9   $p, q \leftarrow$ Partition(A, *links*, *rechts*) mit Pivot med ⎫ normales Partitionieren
10   **return** p, q ⎭ mit speziellem Pivot

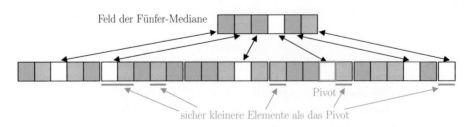

Bild 7.8: Durch die Wahl des Medians der Fünfer-Mediane als Pivot sind hier im Feld mit 26 Elementen mindestens 6 Elemente kleiner als das Pivot.

Mediane. Daraus folgt natürlich auch für die Elemente in den Blöcken mit kleinerem Median, sowie dem Block mit dem Median der Mediane, dass die im Block kleineren Elemente ebenfalls kleiner als der Median der Mediane sind.

Wir betrachten den Worst-Case bezüglich der Anzahl der Elemente, die kleiner dem Pivot sein können. Im Falle einer geraden Anzahl an Blöcken ($2 \cdot m$), haben weniger Blöcke einen Median kleiner dem Pivotelement. Wenn wir zusätzlich davon ausgehen, dass der kleinere Block mit nur einem Restelement des Felds ebenfalls unter den kleineren Blöcken landet, sind von $n = (2 \cdot m - 1) \cdot 5 + 1$ Elementen mindestens

$$\underbrace{(\text{kleinere Blöcke} - 1) \cdot 3}_{=m-2} + \underbrace{\text{Pivotblock}}_{=2} + \underbrace{\text{Restblock}}_{=1}$$
$$= (m - 1) \cdot 3.$$

Dann ergibt sich für den Anteil kleinerer Elemente am Gesamtfeld:

$$\geq \frac{(m-1) \cdot 3}{(2 \cdot m - 1) \cdot 5 + 1} = \frac{3 \cdot m - 3}{10 \cdot m - 4}$$
$$\geq \frac{1}{4} \quad \text{für alle } m \geq 4.$$

Da uns nur die asymptotische Laufzeit interessiert, können wir die höhere Laufzeit für die Werte $m < 3$ unberücksichtigt lassen. Wir halten fest, dass in dem Fall, dass der Medianindex in die Partition mit den größeren Werten fällt, das Feld um mindestens ein Viertel verkleinert wird – d.h. die Feldgröße wird auf $\frac{3 \cdot n}{4}$ reduziert. Dieselben Überlegungen können auch in die andere Richtung angestellt werden, wenn der gesuchte Medianindex im kleineren Feld liegt. Es resultiert damit die oben angeführte Rekursionsgleichung und der folgende Satz gilt.

Satz 7.27:

Die Berechnung des Medians gemäß K-TES-ELEMENT (Algorithmus 7.6) hat die Laufzeit $\Theta(n)$, falls MEDIAN-PARTITIONIERE (Algorithmus 7.7) PARTITIONIERE ersetzt und alle Elemente paarweise verschiedene Schlüsselwerte besitzen.

Beweis 7.28:

Unter Benutzung des Akra-Bazzi-Theorems aus Übungsaufgabe 7.10 folgt der Satz direkt aus Teilaufgabe c) der Übungsaufgabe. ∎

Beispiel 7.29:

Bild 7.9 zeigt den Ablauf von K-TES-ELEMENT mit MEDIAN-PARTITIONIERE für ein Feld mit 21 Elementen. Dabei wird auch in diesem Beispiel deutlich, dass bereits nach dem zweiten Partitionieren ein Feld mit weniger als fünf Elementen entstanden ist, in dem das zweite Element bei einer Sortierung auf

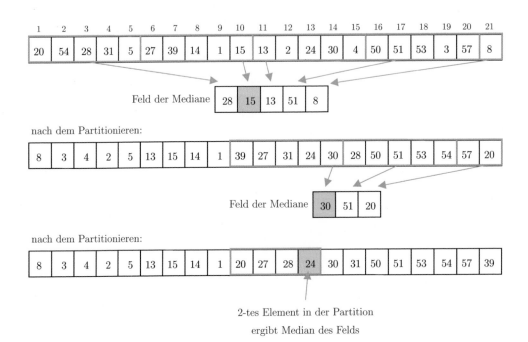

Bild 7.9: κ-tes-Element (Algorithmus 7.6) wird mit Median-Partitioniere (Algorithmus 7.7) auf ein Feld mit 21 Elementen angewandt.

dem Index 11 des Gesamtfelds stehen würde. Daher muss es sich bei der 24 um den Median des Felds handeln.   □

Der Grundalgorithmus für die Medianbestimmung (mit einem zufälligen Pivotelement) geht auf Hoare (1961) zurück. Die Medianbestimmung in linearer Zeit stammt von Blum et al. (1973). Tatsächlich wird dieser Algorithmus nicht eingesetzt, da seine Laufzeitkonstante zu groß ist, sodass im Mittel der intuitive Quicksort-basierte Algorithmus für nahezu alle relevanten Problemgrößen schneller ist.

Dieses Kapitel hat den Ansatz »Teile und Beherrsche« eingeführt. Dabei stellt die Rekursion ein Kernelement dar. Ferner wurde mit dem Mastertheorem ein mächtiges Instrument für die Laufzeitabschätzung von rekursiven Algorithmen vorgestellt.

Übungsaufgaben

Aufgabe 7.1:   Mergesort

Führen Sie MERGESORT (Algorithmus 7.1) für das Feld

4	20	16	8	19	12	10	7	1	11	2	3	15

durch. Bestimmen Sie die durch die Rekursion entstehenden Teilfelder und geben Sie das Feld nach jedem MISCHEN (Algorithmus 7.2) an. Wie viele Schlüsselvergleiche fallen an?

Aufgabe 7.2:   Mastertheorem

Verwenden Sie die Mastermethode, um asymptotisch scharfe Schranken für die folgenden Rekursionsgleichungen zu bestimmen.

a) $T(n) = 8 \cdot T(\frac{n}{2}) + 4n^3$

b) $T(n) = 8 \cdot T(\frac{n}{4}) + n$

c) $T(n) = 8 \cdot T(\frac{n}{2}) + n^4 - n^3 + 5 \cdot n^2$

d) $T(n) = 8 \cdot T(\frac{n}{2}) + n \log n$ (Hier ist das Theorem nicht direkt anwendbar.)

Aufgabe 7.3:   Verbesserung von Insertionsort

Ein Programmierer möchte Insertionsort verbessern, indem er es mit der Grundidee von »Teile und Beherrsche« bearbeitet (vgl. Mergesort). Der folgende Algorithmus ist das Resultat seiner Bemühungen.

INSERTIONREK(Feld A, Bereichsgrenzen l, r)

Rückgabewert: nichts; Seiteneffekt: A ist sortiert

```
1    if r > l
2    then ⌐ mitte ← ⌊ l+r/2 ⌋
3           INSERTIONREK(A, l, mitte)
4           INSERTIONREK(A, mitte + 1, r)
5           for i = mitte + 1, ..., r
6           do ⌐ neu ← A[i]
7                  k ← i
8                  while k > l und A[k − 1] > neu
9                  do ⌐ A[k] ← A[k − 1]
10                    ∟ k ← k − 1
11         ∟    ∟ A[k] ← neu
```

Was können Sie mit Hilfe des Mastertheorems über die Best-Case- und die Worst-Case-Laufzeit des Algorithmus sagen? Wurde Insertionsort dadurch verbessert oder verschlechtert?

Aufgabe 7.4:   Mastertheorem mit Substitution

Lösen Sie die folgenden Rekursionsgleichungen mit Substitution.

a) $T(n) = 2 \cdot T(n-1) + n^2$ (analog zur Substitution in Beispiel 7.17)

b) $T(n) = 2 \cdot T(\sqrt{n}) + \log_2 n$ mit der Substitution $m = \log_2 n$.

Aufgabe 7.5:   Quicksort

Gegeben sei das folgende Feld

5	15	10	17	11	4	12	1	13	9

.

Führen Sie Quicksort (Algorithmus 7.4) durch, wobei Sie

a) immer das rechte Element

b) immer das mittlere Element $A[\lfloor \frac{r+l}{2} \rfloor]$

als Pivot wählen. Geben Sie alle Teilschritte an. Wie viele Schlüsselvergleiche fallen jeweils an?

Aufgabe 7.6:   Spezialfall für das Sortieren

Gegeben ist eine Folge von n Fächern. Jedes Fach enthält einen Stein, der entweder rot, weiß oder blau ist. Ein Roboter soll die Steine so umordnen, dass zuerst die roten, dann die weißen und zuletzt die blauen Steine in den Fächern liegen. Beispielsweise soll (R,W,W,B,R,W,B,W) nach (R,R,W,W,W,B,B,B) überführt werden. Erlaubte Operationen des Roboters sind dabei, den Inhalt von Fach i mit dem von Fach j zu vertauschen und die Farbe eines Steins in einem Fach zu bestimmen. Das Problem ist auch als holländisches Flaggenproblem bekannt und wurde von Dijkstra (1976) eingeführt.

Geben Sie einen dem Partitionieren von Quicksort ähnlichen Algorithmus mit linearer Laufzeit an, mit dem der Roboter die Steine möglichst effizient umsortieren kann. Idealerweise kann sogar für jeden Stein nur einmal die Farbe bestimmen werden.

Aufgabe 7.7:   Varianten des Partitionierens

In der Praxis wird für Quicksort meist der folgende Algorithmus nach Sedgewick (1978) für die Bestimmung der Partitionen eingesetzt.

Partition-Variante(Feld A, Bereichsgrenzen ℓ, r)

Rückgabewert: Partitionsgrenzen

```
1   i ← ℓ − 1
2   j ← r
3   while i < j
4   do ⌐ repeat ⌐ i ← i + 1
5         until A[i] ≥ A[r]
6         repeat ⌐ j ← j − 1
```

```
 7        until j = ℓ oder A[r] ≥ A[j]
 8        if i < j
 9        └ then ⌐ VERTAUSCHE(A, i, j)
10     VERTAUSCHE(A, i, r)
11     return i − 1, i + 1
12
```

Wenden Sie Quicksort mit diesem Partitionsalgorithmus auf das Feld aus Aufgabe 7.5 an und vergleichen Sie die Anzahl der Schlüsselvergleiche.

Aufgabe 7.8:   Medianbestimmung

Betrachten Sie das folgende Feld.

18	11	3	17	14	20	21	12	4	10	9	8	7	6	5	19	13	2	16	15	1

Berechnen Sie den Median durch den Linearzeit-Algorithmus K-TES-ELEMENT (Algorithmus 7.6) – d.h. partitionieren Sie durch den Median der Fünfer-Mediane und gehen Sie rekursiv in die richtige Partition hinein. Sie können abbrechen, sobald die Partition weniger als sechs Elemente hat.

Aufgabe 7.9:   Vergleich von Sortierverfahren

Implementieren Sie INSERTIONSORT (Algorithmus 4.8) und QUICKSORT (Algorithmus 7.4) für ganzzahlige Schlüsselwerte. Führen Sie Zeitmessungen durch und vergleichen Sie die beiden Verfahren für unterschiedliche Anzahl an Elemente. Die Felder seien dabei

a) bereits sortiert,
b) zufällig angeordnet und
c) umgekehrt sortiert.

Aufgabe 7.10:   Verallgemeinertes Mastertheorem

Die allgemeinste Variante der Mastertheoreme ist das sog. Akra-Bazzi-Theorem von Akra & Bazzi (1998b) (hier in der Version von Leighton (1996)). Dabei wird die Problemgröße als reellwertige Zahl $x > 1$ behandelt und die Laufzeit $T(x)$ sei definiert durch

$$T(x) = \begin{cases} c, & \text{falls } n \text{ hinreichend klein} \\ \sum_{i=1}^{k} a_i \cdot T(\lceil \frac{x}{b_i} \rceil) + f(x), & \text{sonst,} \end{cases}$$

wobei $k \leq 1$, $a_i > 0$ und $b_i > 1$ ($1 \leq i \leq k$). Ferner erfülle $f(x)$ weitere technische Bedingungen, die den Originalarbeiten entnommen werden können. Dann ergibt sich die Laufzeit als

$$T(x) = \Theta\left(x^p \cdot \left(1 + \int_1^x \frac{f(u)}{u^{p+1}} du\right)\right)$$

mit $p \in \mathbb{R}$, welches der Gleichung $\sum_{i=1}^k \frac{a_i}{b_i^p} = 1$ genügt.

a) Bestimmen Sie die asymptotische Laufzeit für Mergesort ($T(x) = 2 \cdot T(\frac{x}{2}) + x$ mit diesem Theorem.

b) Bestimmen Sie die asymptotische Laufzeit für einen Algorithmus mit $T(x) = 2 \cdot T(\frac{x}{2}) + 1 \cdot T(\frac{x}{\sqrt{2}}) + x \cdot \log x$ mit dem Theorem.

c) Bestimmen Sie die Laufzeit der Medianbestimmung in Satz 7.27. Die zugehörige Rekursionsgleichung lautet:

$$T(x) = T(\frac{x}{5}) + T(\frac{3 \cdot x}{4}) + n$$

Aufgabe 7.11:   Partitionieren mit zwei Pivot-Werten

In Java 7 wurde Quicksort mit einem Partitionieralgorithmus nach Yaroslavskiy eingeführt, der mit zwei Pivotwerten das Teilfeld in drei Partitionen zerlegt. Schlagen Sie selbst einen entsprechenden Algorithmus vor. Nutzen Sie dabei die Invariante und den grundsätzlichen Ablauf der Lösung von Übungsaufgabe 7.6 und kopieren Sie am Ende die ganz rechts und links liegenden Pivotwerte in das Feld wie im Algorithmus von Übungsaufgabe 7.7.

Nur widerwillig lässt sich Algatha auf den alljährlichen Betriebsausflug ein – sie möchte doch viel lieber ihr Projekt voran bringen. Neben den üblichen Aktivitäten steht auch die Betriebsbesichtigung einer Stuhlfabrik auf dem Programm. Dort werden die Einzelteile (Beine, Sitzfläche, Rückenlehne) in vielen verschiedenen Ausführungen unabhängig voneinander produziert. Durch individuelle Kombination entstehen in der Endfertigung nahezu unzählig viele verschiedene Produkte. »Das ist ja lustig – fast wie bei Teile-und-Beherrsche!« sagt sich Algatha, die wie immer in Gedanken mit ihren Problemen im Projekt beschäftigt ist. Und während der anschließenden Kaffee- und Kuchen-Vertilgung sinniert sie über den Kontrollfluss nach – der stimmt irgendwie nicht überein: Bei Teile-und-Beherrsche werden die Einzelteile erst dann produziert, wenn sie benötigt werden, während in der Stuhlfabrik die Einzelteile vorproduziert werden und damit schon bereit liegen, wenn es um die Endmontage geht. »Kann ich das nicht auch bei meinen Algorithmen so machen?« fragt sich Algatha. So beschäftigt sich Algatha gleich am nächsten Morgen im Büro mit der Frage, ob nicht ein veränderter Kontrollfluss und die Vorproduktion von Teilergebnissen manchmal sogar eine Verbesserung darstellen kann.

8 Dynamisches Programmieren

*Fred C. Dobbs: I think I'll go to sleep
and dream about piles of gold
getting bigger and bigger and bigger.
(The Treasure of the Sierra Madre, 1948)*

8.1 Idee des dynamischen Programmierens

Im Kapitel 7 hatten wir bereits gesehen, dass sich viele Probleme fast intuitiv lösen lassen, wenn wir sie rekursiv formulieren können: Ein großes Problem wird in gleichgeartete kleinere Teilprobleme zerlegt, die dann gemäß dem Prinzip »Teile und Beherrsche« rekursiv bearbeitet werden. Dazu wollen wir nochmals ein kleines Beispiel betrachten, indem wir mit einem Algorithmus die Folge der Fibonacci-Zahlen (vgl. Definition B.5) berechnen.

Wir können die rekursive Definition $F_n = F_{n-1} + F_{n-2}$ und die Startwerte $F_0 = 0$ sowie $F_1 = 1$ direkt in Algorithmus 8.1 (FIB-REK) umsetzen.

Betrachten wir den Baum der Funktionsaufrufe in Abbildung 8.1. Wie direkt dort zu sehen ist, führt die Definition der Fibonacci-Reihe dazu, dass die Anzahl der Funktionsaufrufe mit den verschiedenen Argumenten genau den Fibonacci-Zahlen entspricht. So ergeben sich F_{n-1} Aufrufe von FIB-REK(1) und F_{n-2} Aufrufe von FIB-REK(2). Damit lässt sich die Anzahl der Aufrufe und damit auch der Laufzeit durch $F_n = F_{n-1} + F_{n-2}$ abschätzen.

Algorithmus 8.1 Rekursive Berechnung der Fibonacci-Zahlen

FIB-REK(positive Zahl n)

Rückgabewert: zugehörige Fibonacci-Zahl

```
1   if n < 3                                   ⎫
2     then ⌈ return 1                          ⎬ Rekursionsabbruch
3     else ⌈ return FIB-REK(n − 1) + FIB-REK(n − 2) ⌉ Rekursion
```

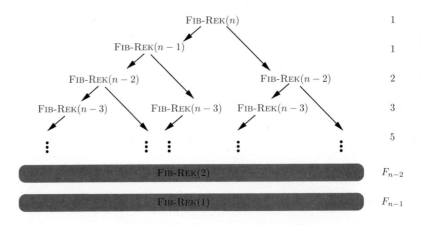

Bild 8.1: Baum den Funktionsaufrufe bei der Berechnung von F_n.

Danke Satz B.7 können wir also die untere Laufzeitschranke

$$\Omega\!\left(\left(\frac{1+\sqrt{5}}{2}\right)^{n}\right) \approx \Omega(1{,}618^{n})$$

formulieren.

Bei dieser Abschätzung fällt insbesondere auf, dass der hohe Laufzeitschranke durch beständige Neuberechnung derselben bereits berechneten Werte entsteht.

Eine nahe liegende Idee ist, die Werte nur einmal zu berechnen und sie sich zu merken. Damit sind sie dann vorhanden, wenn wieder die Berechnung ansteht. Dieses Konzept liegt allen Algorithmen des dynamischen Programmierens zugrunde.

►dynamisches Programmieren

Es folgt direkt Algorithmus 8.2 (Fib-Iter), der mit der kleinsten Fibonacci-Zahl beginnt und diese – wie auch alle weiteren Werte der Reihe – in einem Feld A abspeichert.

Damit ergibt sich dann eine Laufzeit $\Theta(n)$.

Algorithmus 8.2 Iterative Berechnung der Fibonacci-Zahlen nach dem Prinzip des dynamischen Programmierens

---

Fib-Iter(positive Zahl n)
    Rückgabewert: zugehörige Fibonacci-Zahl

```
1   A[1] ← 1  ⎤ triviale Lösungen
2   A[2] ← 1  ⎦
3   k ← 3                              ⎤ iterative Berechnung
4   while k ≤ n                        ⎥ »bottom-up« unter
5   do ⌜ A[k] ← A[k-1] + A[k-2]        ⎥ Verwendung der bereits
6      ⌞ k ← k+1                       ⎥ berechneten Lösungen
7   return A[n]                        ⎦
```

> Genau. Ergebnisse, die ich immer wieder brauche, ständig neu zu berechnen, ist Zeitverschwendung. Bin mal gespannt, was diese Idee für meine Probleme bringt.

Zwei Eigenschaften eines Optimierungsproblems sind wichtig, damit das Prinzip des dynamischen Programmierens angewandt werden kann:

- Aus den Lösungen von Teilproblemen lässt sich die Lösung eines größeren Problems berechnen. Das bedeutet auch, dass jede Teillösung, die in der großen Lösung enthalten ist, optimal ist.

- Teillösungen können auf vielfache Art kombiniert werden und dieselben Teilprobleme tauchen an verschiedenen Stellen bei einer rekursiven Beschreibung einer Lösung auf.

Die erste Eigenschaft ist direkt in der Rekursionsformel repräsentiert und damit auch essentiell für »Teile und Beherrsche«. An der zweiten Bedingung lässt sich jedoch fest machen, ob das dynamische Programmieren einen wesentlichen Laufzeitvorteil gegenüber einer direkten rekursiven Bearbeitung liefert.

Der Name »dynamisches Programmieren« geht auf Bellman (1957) zurück, der damit zunächst eine Bezeichnung für sein Forschungsgebiet gesucht hat (Dreyfus, 2002). Die ersten Veröffentlichungen bezogen sich auf die mathematische Optimierung in der Regelungstheorie.

8.2 Alle kürzesten Wege nach Floyd-Warshall

Bisher haben wir für das Kürzeste-Wege-Problem immer genau einen Startknoten fest gewählt und dann den kürzesten Weg zu allen anderen Knoten berechnet. Hier soll nun ein allgemeineres Problem betrachtet werden, bei dem die kürzeste Entfernung zwischen allen Knotenpaaren benötigt wird.

Mit Algorithmus 5.2 (DIJKSTRA) lässt sich dieses Problem bewältigen, indem das Kürzeste-Wege-Problem für alle $\#V$ möglichen Startstädte gelöst wird. Nach Satz 5.12 folgt damit die Laufzeit $O((\#V)^3)$.

Hier wollen wir einen alternativen Algorithmus kennenlernen, der direkt auf einer modifizierten Adjazenzmatrix arbeitet. Sie enthält für jedes Knotenpaar $u, v \in V$ als Eintrag

- das Kantengewicht $\gamma(u, v)$, falls die Kante $(u, v) \in E$ vorhanden ist, oder

- den Wert ∞, falls $(u, v) \notin E$.

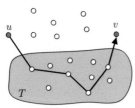

Kürzester Weg $u \leadsto_T v$ über Knoten in T.

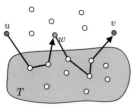

Weg $u \leadsto_T w \leadsto_T v$.

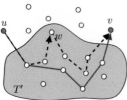

$u \leadsto_{T'} v$ ist einer der beiden Wege in $T' = T \cup \{w\}$.

Für einen Ansatz mit dynamischem Programmieren brauchen wir eine Rekursionsgleichung, die in ein entsprechendes Programm für die Berechnung der Teillösungen umgesetzt werden kann. Diese Rekursionsgleichung werden wir aus den folgenden Gedanken ableiten.

Wir nehmen an, wir befinden uns mitten in der Berechnung der kürzesten Wege und haben bereits für alle Knotenpaare $u, v \in V$ ($u \neq v$) alle Wege geprüft, die als Zwischenknoten die Teilmenge $T \subset V$ benutzen. Die Notation $u \leadsto_T v$ bezeichnet den kürzesten Weg mit den erlaubten Zwischenknoten aus T.

Im nächsten Schritt der Berechnung soll der Knoten $w \in V \setminus T$ in die Menge T aufgenommen werden. Für ein beliebiges Knotenpaar $u, v \in V$ ($u \neq v$) stellt sich also die Frage, ob es mit Hilfe des Knotens w einen kürzeren Weg gibt als den bisher gefundenen $u \leadsto_T v$. Wir können davon ausgehen, dass $w \neq u$ und $w \neq v$, da andernfalls w bereits als Start- oder Zielknoten enthalten ist. Aus den bisher bekannten kürzesten Wegen $u \leadsto_T w$ und $w \leadsto_T v$ konstruieren wir den Weg $u \leadsto_T w \leadsto_T v$. Dieser Weg muss der kürzeste Weg von u nach v sein, der w enthält. Einen kürzeren Weg mit w kann es nicht geben, da sich dann daraus ein kürzerer Weg zwischen u und w oder zwischen w und v ableiten ließe. Ferner können wir festhalten, dass der Weg $u \leadsto_T w \leadsto_T v$ doppelpunktfrei ist. Falls ein Knoten x sowohl in $u \leadsto_T w$ als auch in $w \leadsto_T v$ vorkommen würde, muss es einen kürzeren Weg zwischen u und v geben – nämlich $u \leadsto_T x \leadsto_T v$.

Nun muss nur noch geprüft werden, welcher der beiden Wege $u \leadsto_T w \leadsto_T v$ und $u \leadsto_T v$ kürzer ist. Den kürzeren von beiden bezeichnen wir als $u \leadsto_{T \cup \{w\}} v$.

Für die Knotenmenge $V = \{1, \dots, n\}$ ergibt sich damit die Länge des kürzesten Wegs $u \leadsto_T v$ mit $u, v \in V$ und $T = \{1, \dots, k\} \subseteq V$ als die folgende Rekursionsgleichung

$$dist(u, v, \{1, \dots, k\}) =$$
$$\min \Big\{ dist(u, v, \{1, \dots, k-1\}),$$
$$dist(u, k, \{1, \dots, k-1\}) + dist(k, v, \{1, \dots, k-1\}) \Big\}$$

und den Rekursionsabbruch als

$$dist(u, v, \emptyset) = \begin{cases} 0, & \text{falls } u = v \\ \gamma(u, v), & \text{falls } (u, v) \in E \\ \infty, & \text{sonst.} \end{cases}$$

Wenn man dieses Prinzip rekursiv implementieren würde, ergäbe sich eine exponentielle Laufzeit. Erweitert man jedoch T iterativ und speichert die Zwischenergebnisse, erhält man Algorithmus 8.3 (FLOYD-WARSHALL).

Im Feld *dist* stehen die Distanzwerte aller Knotenpaare und die Einträge im Feld *über* entsprechen Zwischenknoten, aus denen die kürzesten Wege

---

Algorithmus 8.3 Floyd-Warshall-Algorithmus für die Berechnung aller kürzesten Wege.

---

www
FloydWar.java

FLOYD-WARSHALL(Knoten V, Kanten $E \subset V \times V$, Kosten $\gamma : E \to \mathbb{R}$)

   Rückgabewert: Distanzmatrix, Matrix der Zwischenknoten

```
 1  dist → allokiere Feld der Größe #V × #V  ⎫
 2  über → allokiere Feld der Größe #V × #V  ⎬ Felder für Zwischenergebnisse
 3  for i ← 1,...,#V                          ⎭
 4  do ⌐ for j ← 1,...,#V
 5      do ⌐ über[i, j] ← ⊥
 6         if i = j
 7         then ⌐ dist[i, j] ← 0              Initialisierung der Felder
 8         else  ⌐ if (i, j) ∈ E              und Eintrag der direkten Kanten
 9               then ⌐ dist ← γ(i, j)
10    ∟   ∟     ∟ else ⌐ dist ← ∞
11  for k ← 1,...,#V   ⎫ die Menge der Zwischenknoten wird erweitert
12  do ⌐ for i ← 1,...,#V
13      do ⌐ for j ← 1,...,#V
14         do ⌐ if dist[i, k] + dist[k, j] < dist[i, j]   ⎫ ggf. Distanz
15            then ⌐ dist[i, j] ← dist[i, k] + dist[k, j] ⎬ aktualisieren
16    ∟   ∟   ∟    ∟ über[i, j] ← k                       ⎭
17  return dist, über
```

---

errechnet werden können (siehe den weiter hinten behandelten Algorithmus 8.4).

Wie üblich beim Problem der kürzesten Wege geht der Algorithmus davon aus, dass jeder Knoten höchstens einmal auf einem Weg besucht wird. Dabei arbeitet der Algorithmus auch noch korrekt, wenn negative Kantengewichte enthalten sind. Sobald jedoch Zyklen mit einer negativen Summe der Gewichte in einem Graph vorkommen, können durch wiederholtes Durchlaufen eines solchen Zyklus die Kosten immer kleiner gemacht werden – die Kosten wären also $-\infty$. Graphen mit derartige Zyklen sind somit nicht erlaubt.

Beispiel 8.1:

Bild 8.2 zeigt für einen Graphen mit vier Knoten, wie sich die Distanzmatrix und die Matrix der Zwischenknoten nach jeder Iteration durch die äußere For-Schleife in Algorithmus 8.3 verändert. Es werden jeweils die Werte in Orange hinterlegt, die für die Berechnung der veränderten Werte herangezogen werden. Neu gefundene Abstände zwischen den Knoten, wie beispielsweise die 12 als Entfernung von y nach x für $T = \{v\}$ im rechten oberen Bild sind ebenfalls orange. Sobald auch w einbezogen ist, als $T = \{v, w\}$ findet sich eine kürzere Entfernung von y nach x mit dem Wert 6. □

Die Laufzeit ergibt sich klar aus den ineinander geschachtelten Schleifen als $\Theta((\#V)^3)$, wobei die Konstanten wesentlich kleiner sind als bei der wiederholten Anwendung von DIJKSTRA, da FLOYD-WARSHALL auf Feldern arbeitet.

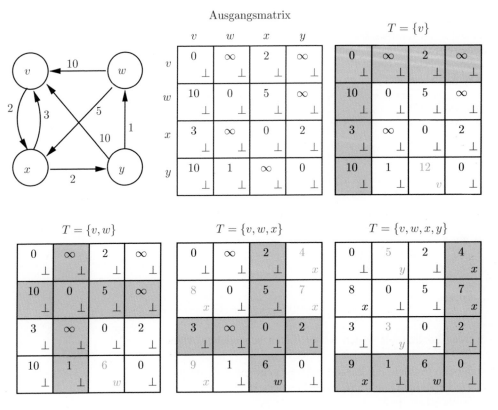

Bild 8.2: Der Ablauf von Algorithmus 8.3 wird an einem Beispiel demonstriert.

 Dieser Algorithmus stammt von Floyd (1962), der sich allerdings selbst auf eine Arbeit von Warshall (1962) bezieht. Dieser hat eine Aussage bezüglich des transitiven Abschluss boolescher Matrizen gemacht, womit beispielsweise die Erreichbarkeit in einem Graph berechnet werden kann.

Aus den Ergebnissen von FLOYD-WARSHALL kann lediglich der Abstand zweier Knoten abgelesen werden – die Beschreibung des kürzesten Wegs muss aus den Zwischenknoten berechnet werden. Algorithmus 8.4 (AUSGABE-FLOYD-WARSHALL) vollzieht die Zwischenknoten rekursiv nach, wobei immer für einen (Teil-)Weg der zuletzt aufgenommene Zwischenknoten als erstes gefunden wird. Der Weg wird dann aus den Teilstücken zusammengesetzt.

Beispiel 8.2:

Bild 8.3 zeigt beispielhaft, wie der kürzeste Weg vom Knoten y zum Knoten v errechnet wird. Ausgangspunkt ist hierfür Bild 8.2 aus Beispiel 8.1.

Algorithmus 8.4 Ausgabe eines kürzesten Wegs, der mittels des FLOYD-WARSHALL-Algorithmus berechnet wurde.

AUSGABE-FLOYD-WARSHALL(Start u, Ziel v, Matrix der Zwischenknoten $über$)

   Rückgabewert: Sequenz der Zwischenknoten auf dem Weg

1 **if** $über[u, v] = \bot$ Rekursionsabbruch

2 **then** ⌐ **return** ε ermitteln weiterer Zwischenknoten

3 **else** ⌐ $ersteEtappe \leftarrow$ AUSGABE-FLOYD-WARSHALL(u, $über[u, v]$, $über$)

4        $zweiteEtappe \leftarrow$ AUSGABE-FLOYD-WARSHALL($über[u, v]$, v, $über$)

5   ∟ **return** $ersteEtappe \circ über[u, v] \circ zweiteEtappe$

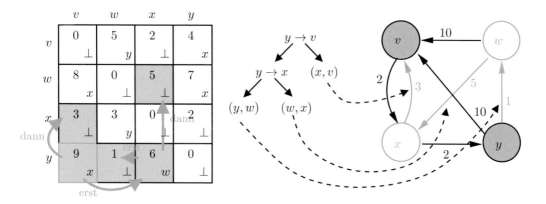

Bild 8.3: Der kürzeste Weg wird aus dem Ergebnis von FLOYD-WARSHALL rekonstruiert. Algorithmus 8.4 besucht für den Weg von y nach v die Felder gemäß dem Baum in der Mitte. Der kürzeste Weg ist rechts orange dargestellt. Die erforderlichen Zwischenknoten sind ebenfalls orange gekennzeichnet.

Aus dem Feld $über$ lässt sich ablesen, dass der kürzeste Weg von y nach v über x läuft. Aus diesem Grund wird zunächst der Eintrag von y nach x und anschließend der von x nach v betrachtet. Dabei stellt sich heraus, dass der Weg von y nach x über einen weiteren Zwischenknoten w läuft.   □

Die Ausgabe selbst arbeitet in der Zeit $O(\#V)$, da sich jeder der Knoten höchstens einmal auf einem kürzesten Weg befindet.

8.3 Optimale Suchbäume

In den vorangehenden Kapiteln waren immer wieder Suchbäume zur Bewältigung des Mengenproblems ein Thema – dabei hat die Tiefe des Baums die maximale Laufzeit bei allen Operationen bestimmt. Unser Fokus war darauf gerichtet, dass beliebiges Einfügen und Löschen von Elementen keinen negativen Einfluss auf die Laufzeit hat.

Diese Grundannahme wollen wir jetzt ändern. Wir gehen in diesem Kapitel davon aus, dass die Menge der Elemente im Baum fest und unveränderlich ist. Ferner nehmen wir an, dass alle Elemente zu Beginn bekannt sind und folglich ist die Aufgabe in diesem Abschnitt, einen Baum zu konstruieren, der im Durchschnitt eine minimale Zugriffszeit garantiert – vorausgesetzt, dass wir die Zugriffswahrscheinlichkeit für alle involvierten Elemente kennen.

> Das ist eine sinnvolle Überlegung. Nicht alle Informationen, die ich zu verwalten habe, ändern sich dauernd. Und manche davon werden viel häufiger abgefragt als andere. Bin mal gespannt, wie sich so eine Idee umsetzen lässt.

Wir beschreiben dieses neue Problem zunächst formal.

Definition 8.3:   Optimaler Suchbaum

► optimaler Suchbaum

Gegeben sei eine Menge an Schlüsselwerten $\{a_1, \ldots, a_n\}$ mit der Sortierung $a_1 < a_2 < \ldots < a_n$ und der Zugriffswahrscheinlichkeit $p_i \in (0, 1)$ für das Element mit Schlüssel a_i ($1 \leq i \leq n$). Es gelte ferner $\sum_{i=1}^{n} p_i = 1$. Dann sei der optimale Suchbaum ein binärer Suchbaum b, mit der minimalen durchschnittlichen Zugriffszeit

$$S(b, p) = \sum_{i=1}^{n} p_i \cdot \textit{Tiefe}(b, a_i),$$

wobei $\textit{Tiefe}(b, a_i)$ die Tiefe des Element mit dem Schlüssel a_i sei.

> Ach, die binären Suchbäume... Was galt für die nochmal? – zwei Unterbäume pro Knoten, links die kleineren Schlüssel, rechts die größeren ... aber keine anderen komischen Beschränkungen bezüglich des Aussehens der Bäume.

Beispiel 8.4:

Für die folgenden Elemente

i	1	2	3	4
a_i	5	6	8	9
p_i	0,5	0,1	0,2	0,2

Optimaler Suchbaum.

stellt der nebenstehende Baum einen optimalen Suchbaum dar. Die durchschnittliche Zugriffszeit beträgt

$$0{,}5 \cdot 1 + 0{,}1 \cdot 3 + 0{,}2 \cdot 2 + 0{,}2 \cdot 3 = 1{,}8. \quad \square$$

An diesem Beispiel lässt sich erkennen, dass ein optimaler Suchbaum nicht ausgeglichen sein muss, sondern in Abhängigkeit von den Zugriffswahrscheinlichkeiten auch extreme Formen annehmen kann.

Aber wie lässt sich nun ein optimaler Suchbaum konstruieren? Betrachten wir zunächst im nachfolgenden Beispiel eine gierige Strategie, die in jedem Unterbaum den Knoten mit der höchsten Zugriffswahrscheinlichkeit in der Wurzel platziert.

Beispiel 8.5:

Werden die folgenden Elemente

i	1	2	3	4
a_i	4	6	7	9
p_i	0,4	0,3	0,2	0,1

gemäß einer gierigen Vorgehensweise in einem Baum platziert, ergibt sich der nebenstehende Suchbaum mit der durchschnittlichen Zugriffszeit

$$0{,}4 \cdot 1 + 0{,}3 \cdot 2 + 0{,}2 \cdot 3 + 0{,}1 \cdot 4 = 2{,}0.$$

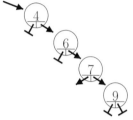

Gierig erstellter Suchbaum.

Dies ist allerdings nicht der optimale Suchbaum, wie der nebenstehende Baum mit der durchschnittlichen Zugriffszeit

$$0{,}4 \cdot 2 + 0{,}3 \cdot 1 + 0{,}2 \cdot 2 + 0{,}1 \cdot 3 = 1{,}8$$

zeigt. □

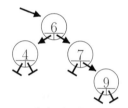

Optimaler Suchbaum.

Um das Entwurfsparadigma des dynamischen Programmierens auf das vorliegende Problem anzuwenden, müssen die folgenden zwei Voraussetzungen erfüllt sein:

1. eine Lösung eines Problems lässt sich aus den Lösungen von Teilproblemen zusammensetzen und

2. das Auswahlkriterium für die »richtige« Zusammensetzungen der Teillösungen kann rekursiv formuliert werden.

Für die erste Voraussetzung kann man sich leicht überlegen, dass in einem optimalen Suchbaum b jeder Teilbaum b', d.h. alle Knoten und Kanten »unter« einem beliebigen Knoten des Baums b, ebenfalls ein optimaler Suchbaum sein muss. Denn würde es beispielsweise im nebenstehend abgebildeten Baum für dieselbe Knotenmenge in b' einen anderen Teilbaum b'' mit einer besseren durchschnittlichen Zugriffszeit geben, könnte man in b einfach b' durch b'' ersetzen und würde so einen Baum erhalten, der besser als b ist – was der Annahme widersprechen würde, dass b ein optimaler Suchbaum ist.

Angenommene optimale Teilbäume.

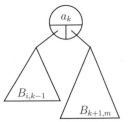

Konstruktion eines Baums aus Wurzelknoten und zwei Teilbäumen.

Mit dieser Begründung können wir also optimale Suchbäume aus optimalen Teilbäumen zusammensetzen. Da wir immer bis zu den Blättern vollständige Teilbäume unter einer Wurzel betrachten, kann ein neuer Baum nur dadurch konstruiert werden, dass wir unter einem neuen Wurzelknoten zwei Teilbäume als linker und rechter Unterbaum platzieren. Da es sich um einen Suchbaum handelt, enthält dann in einem Baum mit den Schlüsselwerten $\{a_i, \ldots, a_m\}$ und Wurzel a_k der linke Unterbaum $B_{i,k-1}$ die Knoten $\{a_i, \ldots, a_{k-1}\}$ und der rechte Unterbaum $B_{k+1,m}$ die Knoten $\{a_{k+1}, \ldots, a_m\}$.

Die reine Zusammensetzung von optimalen Suchbäumen zu einem Gesamtbaum sorgt allerdings noch nicht dafür, dass dieser optimal ist. Denn je nachdem, welcher Knoten als Wurzel gewählt wird, entstehen unterschiedliche Bäume (vgl. Bild 8.4), die natürlich auch unterschiedliche durchschnittliche Zugriffszeiten aufweisen. An dieser Stelle können wir das Auswahlkriterium aus dem zweiten Punkt der oben angeführten Voraussetzungen für dynamisches Programmieren ansetzen.

Betrachten wir zunächst für einen Baum $B_{i,m}$ wie sich durch die Wahl von a_k als Wurzelknoten die durchschnittliche Zugriffszeit aus den optimalen Teilbäumen $B_{i,k-1}$ und $B_{k+1,m}$ berechnet.

Lemma 8.6:

Es gilt für die Suchzeiten bei der Konstruktion eines Baums $B_{i,m}$ mit Wurzel a_k:

$$S(B_{i,m}) = S(B_{i,k-1}) + S(B_{k+1,m}) + \sum_{j=i}^{m} p_i. \tag{8.1}$$

Beweis 8.7:

Die neue Wurzel befindet sich auf der obersten Ebene und trägt damit $1 \cdot p_k$ zur Summe $S(B_{i,m})$ bei. Alle Knoten im Baum $B_{i,k-1}$ rücken durch die neue Wurzel eine Ebene tiefer, wodurch sich der Beitrag dieser Knoten als

$$S(B_{i,k-1}) + \sum_{j=i}^{k-1} p_i$$

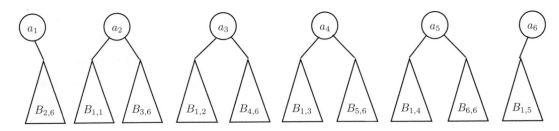

Bild 8.4: Möglichkeiten einen Baum mit sechs Knoten durch unterschiedliche Wahl der Wurzel zu konstruieren.

ergibt. Da dieselbe Argumentation auch für den rechten Teilbaum gilt, folgt das Lemma direkt. ∎

Jetzt lässt sich leicht, die Auswahl der richtigen Wurzel mit der Formel aus dem obigen Lemma verknüpfen und wir bekommen das folgende dynamische Programm in Form einer Rekursionsgleichung über die durchschnittliche Zugriffszeit der optimalen Suchbäume:

$$
S(B_{i,m}^{opt}) = \begin{cases} \min\{S(B_{i,k-1}^{opt}) + S(B_{k+1,m}^{opt}) + \sum_{j=i}^{m} p_i \mid 1 \le k \le m\}, & \\ \qquad \text{falls } i < m & \\ p_i, & \text{falls } i = m \\ 0, & \text{falls } i > m. \end{cases} \tag{8.2}
$$

Bevor wir diese Rekursion in einem konkreten Pseudo-Code-Algorithmus umsetzen, betrachten wir ein kleines Beispiel.

Beispiel 8.8:
Wir betrachten die Zugriffswahrscheinlichkeiten aus Beispiel 8.5. Zunächst können die einelementigen Teilbäume als triviale optimale Suchbäume mit den folgenden durchschnittlichen Zugriffszeiten angegeben werden:

$$
S(B_{1,1}^{opt}) = 0{,}4 \qquad S(B_{2,2}^{opt}) = 0{,}3 \qquad S(B_{3,3}^{opt}) = 0{,}2 \qquad S(B_{4,4}^{opt}) = 0{,}1.
$$

Die zwei- bis vierelementigen Bäume werden entsprechend in Bild 8.5 dargestellt. Bei $B_{1,2}$ kommt a_1 in die Wurzel, bei $B_{2,3}$ der Knoten a_2 und bei $B_{3,4}$ der Knoten a_4. Der Baum $B_{1,3}$ wird optimal, wenn a_2 in der Wurzel platziert wird. Bei $B_{2,4}$ kann gleichermaßen a_2 oder a_3 in die oberste Ebene des Baums übernommen werden. Für den gesuchten Gesamtsuchbaum erhält man dann die durchschnittliche Zugriffszeit $S(B_{1,4}^{opt}) = 1{,}8$, wenn der Knoten a_2 in der Wurzel steht. Der resultierende Baum wurde bereits im Beispiel 8.5 am Rand dargestellt. Man erhält ihn, indem man beginnend beim orange markierten Baum bei $B_{1,4}$ die jeweils passenden orange markierten Teilbäume ersetzt. □

Anstatt die einzelnen Bäume wie in Bild 8.5 zu zeichnen, lassen sich alle relevanten Informationen wesentlich kompakter in einer halben Matrix darstellen. Nebenstehend ist gekennzeichnet, wie die Nummer des Wurzelknotens und die durchschnittliche Zugriffszeit in der dargestellten Matrix eingetragen werden. Auf einer solchen Matrixdarstellung wird im Weiteren der Algorithmus formuliert.

Notation in der Matrix.

Beispiel 8.9:
Eine solche Matrix wird in Bild 8.6 für die Teilbäume aus Beispiel 8.8 gezeigt. □

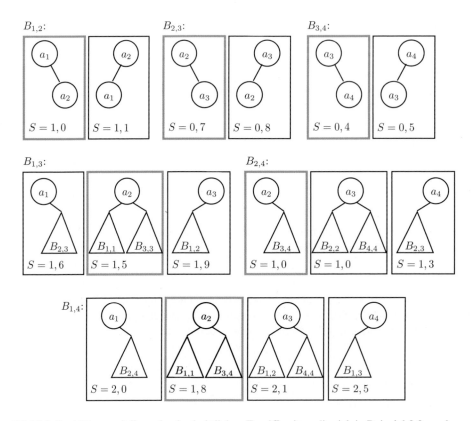

Bild 8.5: Suchbäume mit ihren durchschnittlichen Zugriffszeiten, die sich in Beispiel 8.8 ergeben.

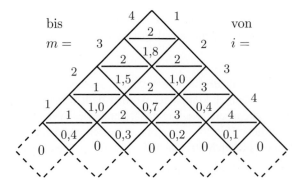

Bild 8.6: Suchbäume mit ihren durchschnittlichen Zugriffszeiten in Matrixdarstellung.

Wie bei den vorherigen Beispielen des dynamischen Programmierens gibt die Rekursionsgleichung (8.2) auch hier den konkreten Ablauf in Algorithmus 8.5 (OPTIMALER-SUCHBAUM) vor. Die Matrix S enthält die durchschnittlichen Zugriffszeiten und die Matrix *Wurzel* die Nummer des zugehörigen Wurzelknotens im Teilbaum – in den Beispielen werden beide in dem Dreiecksschema der Bilder dargestellt. Die zusätzliche Matrix W enthält die Summe der Zugriffswahrscheinlichkeiten aus Gleichung (8.1)

$$W[i, m] = \sum_{j=i}^{m} p_i,$$

die dadurch im Algorithmus immer nur einmal berechnet werden muss.

Die Zeilen 1–6 enthalten die Initialisierung der Fälle $i = m$ (in der untersten diagonalen Reihe der Matrix) und der leeren Teilbäume.

Danach berechnet der Algorithmus iterativ die Werte der jeweils nächsten Diagonale, die jeweils die um einen Knoten größeren Teilbäume enthält. Dabei werden die Werte der möglichen linken und rechten Unterbäume gemäß dem Schema (Paarungen »❶ mit ❶«, »❷ mit ❷«, ...) in Bild 8.7 (links) geprüft und das Minimum der Summe ermittelt (Zeile 12–16). Daraus wird dann die durchschnittliche Zugriffszeit (wie im rechten Bild gezeigt) durch zusätzliches Aufsummieren aller Zugriffswahrscheinlichkeiten der beteiligten Knoten ermittelt (Zeile 13) und, falls ein kleinerer Wert gefunden wurde, im entsprechenden Feld der Matrix eingetragen (Zeile 14–16). Die Wurzel des betrachteten Baums ergibt sich als derjenige Knoten,

---

Algorithmus 8.5 Berechnung des optimalen Suchbaums.

OPTIMALER-SUCHBAUM(Feld mit Zugriffswahrscheinlichkeiten P)

Rückgabewert: mittlere Zugriffszeit, Matrix der Baumwurzeln

www
OptSuch.java

```
 1  for i = 1, ..., P.länge
 2  do ⌐ W[i, i] ← P[i]
 3       S[i, i] ← P[i]        Initialisierung der 1-elementigen Bäume
 4       Wurzel[i, i] ← i
 5       S[i + 1, i] ← 0       Initialisierung der leeren Teilbäume
 6     ∟ S[i, i − 1] ← 0
 7  for grösse = 2, ..., P.länge      Schleife für die Größe der Teilbäume
 8  do ⌐ for i = 1, ..., P.länge − grösse + 1      Schleife für den kleinsten
 9       do ⌐ j ← i + grösse − 1                   Knotenindex im Baum
10            W[i, j] ← W[i, j − 1] + W[j, j]
11            S[i, j] ← ∞
12            for k = i, ..., j
13            do ⌐ Wert ← W[i, j] + S[i, k − 1] + S[k + 1, j]     alle Knoten werden
14                 if Wert < S[i, j]                               als Wurzel geprüft
15                 then ⌐ S[i, j] ← Wert
16    ∟   ∟   ∟     ∟ Wurzel[i, j] ← k
17  return S[1, P.länge], Wurzel
```

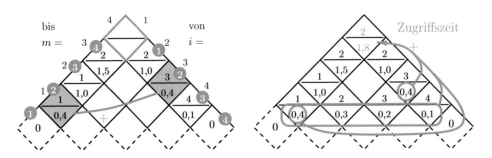

Bild 8.7: Links wird die minimale Zugriffszeit der paarweise angegebenen Teilbäume gesucht. Rechts ergibt sich dann die erwartete Zugriffszeit als Summe dieses Minimums und der Gesamtzugriffszeit aller Knoten gemäß der Rekursionsformel (8.2).

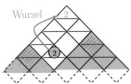

Ableiten der Wurzel im Teilbaum.

der nicht in den beiden Teilbäumen enthalten ist. Dies lässt sich wie nebenstehend dargestellt durch Abdecken der orange markierten Teile der Matrix ermitteln.

> Wow! Das war jetzt ganz schön kompliziert. Der Schlüssel ist die Rekursionsformel. Wenn die mal klar ist, dann ergibt sich der Rest. Wir probieren die jeweiligen Paarungen an Unterbäumen aus. Die Wurzel ist dann der übrigbleibende Knoten bei der Kombination mit der kleinsten Zugriffszeit.

Lemma 8.10:   Laufzeit
Die Laufzeit von Algorithmus 8.5 ist in $\Theta(n^3)$.

Beweis 8.11:
Die Initialisierung läuft in $\Theta(n)$. Der Aufwand der For-Schleifen kann dadurch bestimmt werden, wie oft Zeile 13 durchlaufen wird:

$$\sum_{d=1}^{n-1} \underbrace{\sum_{i=1}^{n-d} \underbrace{\sum_{k=i}^{i+d} 1}_{=d+1}}_{=(n-d)\cdot(d+1)} = (n-1)\cdot \underbrace{\sum_{d=1}^{n-1} d}_{=\frac{n\cdot(n+1)}{2}} - \underbrace{\sum_{d=1}^{n-1} d^2}_{=\frac{(n-1)\cdot n\cdot(2n-1)}{6}} + n\cdot \underbrace{\sum_{d=1}^{n-1} 1}_{=n^2-n}$$

$$= \frac{1}{6}\cdot n^3 + \frac{1}{2}\cdot n^2 - \frac{11}{6}\cdot n \in \Theta(n^3).$$

Es folgt direkt die Aussage des Lemmas.   ∎

Algorithmus 8.6 (Erzeuge-Opt-Suchbaum) zeigt, wie man aus der resultierenden Matrix den kostenoptimalen Suchbaum ableiten kann. Wie auch schon

Algorithmus 8.6 Konstruktion eines optimalen Suchbaums, der mittels OPTIMALER-SUCHBAUM berechnet wurde.

ERZEUGE-OPT-SUCHBAUM(Matrix *Wurzel*, Schlüsselwerte *a*)

    Rückgabewert: Suchbaum

1   **return** ERZEUGE-OPT-SUCHBAUM-R(*Wurzel*, *a*, 1, *Wurzel.länge*)

WWW
OptSuch.java

ERZEUGE-OPT-SUCHBAUM-R(Matrix *Wurzel*, Schlüsselwerte *a*, Indizes *i*, *m*)

    Rückgabewert: Suchbaum

1   **if** $m < i$ Rekursionsabbruch   Teilbäume
2   **then** $\llcorner$ **return** NULL   erzeuge Wurzel   erzeugen
3   **else** $\ulcorner$ $k \leftarrow Wurzel[i, m]$ des Baums   und
4   knoten $\rightarrow$ **allokiere** Element(a_k, NULL, NULL)   einhängen
5   knoten.*links* $\rightarrow$ ERZEUGE-OPT-SUCHBAUM-R(*Wurzel*, *a*, *i*, $k-1$)
6   knoten.*rechts* $\rightarrow$ ERZEUGE-OPT-SUCHBAUM-R(*Wurzel*, *a*, $k+1$, *m*)
7     $\llcorner$ **return** knoten

beim Beispiel des Algorithmus FLOYD-WARSHALL wird lediglich die rekursive Konstruktion wieder aufgelöst.

    Abschließend betrachten wir noch ein größeres Beispiel mit sechs Knoten, für welches wir auch die Arbeitsweise von Algorithmus 8.6 veranschaulichen.

Beispiel 8.12:

Für die folgenden Zugriffswahrscheinlichkeiten soll ein Baum erstellt werden.

i	1	2	3	4	5	6
a_i	3	4	6	7	8	9
p_i	0,2	0,1	0,1	0,3	0,2	0,1

Die resultierenden Werte sind in Bild 8.8 dargestellt. Gerade bei diesem großen Beispiel fällt auf, dass für einige Teilbäume mehrere Knoten als Wurzel zur selben durchschnittlichen Zugriffszeit führen. In diesen Fällen wird gemäß Algorithmus immer der Knoten mit dem kleinsten Schlüsselwert als Wurzel übernommen.

    Bei der Erzeugung des Baums durch Algorithmus 8.6 (ERZEUGE-OPT-SUCHBAUM) wird dann die Rekursion der optimalen Zugriffszeit anhand des Felds der Wurzelknoten aufgelöst und die Indizes der Knoten werden durch die Schlüsselwerte a_i ersetzt. Dies wird in Bild 8.9 illustriert. $\square$

Der hier besprochene Algorithmus stammt von Aho et al. (1974).

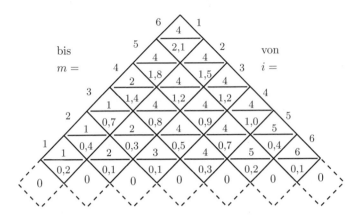

Bild 8.8: Berechnung des optimalen Suchbaums in Beispiel 8.12.

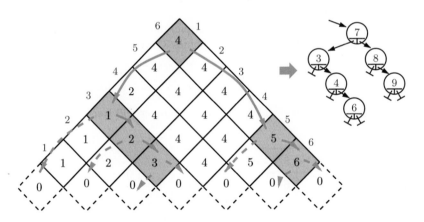

Bild 8.9: Anhand des Felds der Wurzelknoten aus Beispiel 8.12 errechnet der Algorithmus 8.6 (ERZEUGE-OPT-SUCHBAUM) den Suchbaum und setzt die Schlüsselwerte ein.

8.4   Straight-Mergesort

Zum Abschluss wollen wir in diesem Kapitel nochmals einen Blick auf den »Prototyp« des rekursiven Divide-and-Conquer-Algorithmus, MERGESORT, aus Abschnitt 7.1 werfen. Auch hier lässt sich die Grundidee des dynamischen Programmierens – das Berechnen und Zwischenspeichern von Teillösungen in einem iterativen Ablauf – umsetzen.

Konkret wird die zunächst unsortierte Folge als Menge sortierter Folgen der Länge 1 aufgefasst. Durch iteratives Mischen von jeweils zwei sortierten Folgen entstehen zunächst sortierte Folgen der Länge 2, dann der Länge 4 etc. Wie man in der nebenstehenden Skizze sieht, können als letzte Partition jeweils Folgen kürzerer Länge entstehen. Insgesamt bleibt sowieso festzuhalten, dass durch den anderen Kontrollfluss andere Teilfolgen als Zwischenergebnisse entstehen als in der rekursiven Variante.

Das resultierende STRAIGHT-MERGESORT (Algorithmus 8.7) wird auch als Bottom-Up-Mergesort bezeichnet.

Mischen der Teilfolgen.

Beispiel 8.13:

Bild 8.10 zeigt den Ablauf von STRAIGHT-MERGESORT (Algorithmus 8.7) für zehn Elemente. Jede Zeile entspricht dem Zwischenergebnis nach dem Erzeugen aller Teilfolgen der nächstgrößeren Länge durch Mischen. Es ergeben sich insgesamt 27 Schlüsselvergleiche und 72 Schreibzugriffe – was beides in der Größenordnung des rekursiven Mergesorts liegt. Allerdings

---

Algorithmus 8.7 Iterative Variante des Mergesort-Algorithmus.

STRAIGHT-MERGESORT(Feld A)

Rückgabewert: nichts; Seiteneffekt: A ist sortiert

```
1   sortlänge ← 1  ⎦ zunächst: sortierte Folgen der Länge 1
2   n ← A.länge
3   while sortlänge < n
4   do ⌐ rechts ← 0
5       while rechts + sortlänge < n  ⎦ gibt es noch mindestens 2 Teilfolgen?
6       do ⌐ links ← rechts + 1        ⎤ Grenzen der ersten
7           mitte ← links + sortlänge − 1  ⎦ Teilfolge bestimmen
8           if mitte + sortlänge ≤ n        ⎤ rechte Grenze der zweiten
9           then ⌊ rechts ← mitte + sortlänge  ⎦ Teilfolge bestimmen
10          else ⌊ rechts ← n
11          ⌊ MISCHEN(A, links, mitte, rechts)  ⎦ Teilfolgen zusammenfügen
12      ⌊ sortlänge ← 2 · sortlänge  ⎦ jetzt sind sortierte Folgen doppelt so lang
```

1	2	3	4	5	6	7	8	9	10	Schlüssel- vergleiche	Schreib- zugriffe
20	54	28	31	5	24	39	14	1	15		
20	54	28	31	5	24	14	39	1	15	5	20
20	28	31	54	5	14	24	39	1	15	6	16
5	14	20	24	28	31	39	54	1	15	7	16
1	5	14	15	20	24	28	31	39	54	9	20

Bild 8.10: Der Ablauf von STRAIGHT-MERGESORT (Algorithmus 8.7) wird an einem Beispiel demonstriert. Es werden in jeweils einer Zeile die sortierten Teilfolgen der Länge 1, 2, 4, 8 und die komplett sortierte Folge dargestellt.

sind die realen Laufzeiten im vorliegenden Algorithmus erheblich besser, da die kostspieligen Funktionsaufrufe der Rekursion vermieden werden. □

Die Laufzeit kann analog zum normalen Mergesort zur Klasse $\Theta(n \cdot \log n)$ gehörig gezeigt werden. Da die zwischengespeicherten Teilergebnisse nicht an mehreren Stellen wieder benutzt werden, kann der Ansatz des dynamischen Programmierens hier keine asymptotische Verbesserung der Laufzeit bewirken. Dies ist auch der Grund, warum der hier vorgestellte Mergesort-Algorithmus oft nicht als »richtiges« dynamisches Programm angesehen werden.

Beispiel 8.14:

Bild 8.11 zeigt noch mehrere Momentaufnahmen beim Sortieren von 80 Zahlen. Durch das iterative Vorgehen bilden sich langsam die länger werdenden sortierten Teilfolgen heraus, während auf Seite 180 beim rekursiven Mergesort zunächst die erste Hälfte sortiert wird. □

 Wie auch schon Mergesort wurde auch das Straight-Mergesort maßgeblich von John von Neumann erdacht (Goldstine & von Neumann, 1948).

> Das dynamische Programmieren ist eine Technik, die für sehr viele Anwendungsprobleme – insbesondere auch aus der Bioinformatik – benutzt wird. Analog zu »Teile und Beherrsche« wird eine Rekursionsgleichung benötigt, aber Teilergebnisse werden nur einmal berechnet. In diesem Kapitel wurden klassische Beispiele wie der Floyd-Warshall-Algorithmus oder die Erzeugung optimaler Suchbäume präsentiert.

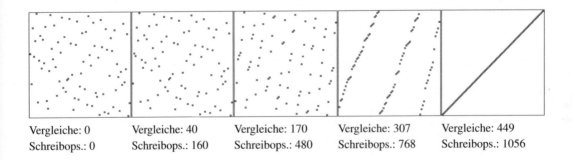

| Vergleiche: 0 | Vergleiche: 40 | Vergleiche: 170 | Vergleiche: 307 | Vergleiche: 449 |
| Schreibops.: 0 | Schreibops.: 160 | Schreibops.: 480 | Schreibops.: 768 | Schreibops.: 1056 |

Bild 8.11: STRAIGHT-MERGESORT (Algorithmus 8.7) wird auf ein Feld mit 80 Elementen angewandt. Die einzelnen Bilder zeigen von links nach rechts das Feld vor dem Sortieren, bei Schrittweite 2, Schrittweite 8 und Schrittweite 32 sowie nach dem Sortieren. Die X-Achse entspricht den Feldindizes und die Y-Achse dem gespeicherten Wert.

Übungsaufgaben

Aufgabe 8.1:   Floyd-Warshall-Algorithmus

Führen Sie FLOYD-WARSHALL (Algorithmus 8.3) auf dem Graphen mit 5 Knoten durch, der durch die folgenden Kanten und Gewichte definiert ist:

Kante	(1,2)	(1,3)	(2,5)	(2,4)	(3,2)	(3,4)	(4,1)	(4,5)	(5,3)
Gewicht	5	3	2	2	1	2	2	4	2

Aufgabe 8.2:   Optimale Suchbäume

Wenden Sie OPTIMALER-SUCHBAUM (Algorithmus 8.5) auf die folgenden Schlüssel und Wahrscheinlichkeiten an. Zeichnen Sie den resultierenden binären Suchbaum.

i	1	2	3	4	5	6
a_i	4	5	7	10	11	13
p_i	0.25	0.15	0.1	0.2	0.05	0.25

Aufgabe 8.3:   Straight-Mergesort

Führen Sie STRAIGHT-MERGESORT (Algorithmus 8.7) für das Feld

4	20	16	8	19	12	10	7	1	11	2	3	15

durch und vergleichen Sie die Ergebnisse mit denen in Aufgabe 7.1.

Aufgabe 8.4:   Natürliches Mergesort

STRAIGHT-MERGESORT (Algorithmus 8.7) startet mit sortierten Folgen der Länge 1, die anschließend paarweise zusammenfügt werden.

a) In dieser Aufgabe sollen Sie eine Variante entwickeln, die zunächst alle aufsteigenden Teilfolgen ermittelt und anschließend diese Teilfolgen (unterschiedlicher Länge) mischt.

b) Wenden Sie Ihren Algorithmus auf das folgende Feld an. Vergleichen Sie die benötigten Schlüsselvergleiche mit STRAIGHT-MERGESORT.

1	4	5	6	7	3	12	2	8	9	10	11

Aufgabe 8.5:   Geldrückgabe

Entwerfen Sie einen Algorithmus nach dem Prinzip des dynamischen Programmierens, der das allgemeine Geldrückgabeproblem (vgl. Aufgabe 5.8) löst – also auch z.B. für 15 Cent bei den Münzwerten $\{1, 5, 11\}$. Hinweis: Die Teillösungen enthalten Münzzusammenstellungen für unterschiedliche Rückgabe-Geldbeträge. Diese werden iterativ vergrößert.

Aufgabe 8.6:   Bitonische Rundreisen

In dieser Aufgabe soll eine Heuristik für solche Rundreiseprobleme entwickelt werden, deren n Knoten in einer zweidimensionalen Ebene liegen, der Abstand zweier Knoten sei der euklidische Abstand und die x-Koordinaten seien eindeutig.

▶bitonische Rundreise

Mit dynamischem Programmieren soll die kürzeste bitonische Rundreise berechnet werden. Eine bitonische Rundreise fängt am Punkt ganz links an, arbeitet Punkte von links nach rechts ab und geht dann wieder über alle noch nicht besuchten Punkte nach links zum Anfangspunkt.

Der zu konstruierende Algorithmus soll in einer »äußeren Schleife« alle Punkte von links nach rechts betrachten und sie einer der beiden »Hälften« der Rundreise, d.h. der Hin- oder der Rücktour, zuordnen. Gespeichert werden die kürzesten Rundreisen deren beiden noch unvollständigen Hälften alle Punkte bis zum k-ten Punkt (gemäß der x-Koordinate) enthalten und die in den Punkten k und einem j mit $j < k$ enden.

a) Es werde der Punkt $k+1$ betrachtet. Angenommen, Sie kennen die kürzesten Teiltouren bis k und $j < k$. Welche Teiltouren können Sie jetzt mit $k+1$ konstruieren?

b) Wie berechnet sich die kürzeste Teiltour mit den Endpunkten k und $k+1$?

c) Schreiben Sie den Algorithmus in Pseudo-Code.

d) Wenden Sie Ihren Algorithmus auf die folgenden Knoten an:

Knotennr.	1	2	3	4	5	6
x-Koordinate	1	4	5	6	8	9
y-Koordinate	5	6	0	4	2	3

Nutzen Sie folgende gerundete Distanzen:

	1	2	3	4	5
6	8	6	5	3	1
5	8	6	4	3	
4	5	3	4		
3	6	6			
2	3				

e) Bestimmen Sie die asymptotische Laufzeit des Algorithmus.

Bei ihren zahlreichen Recherchen zu den verschiedenen Algorithmen musste Algatha erfahren, dass das Internet zwar viel bietet, bestimmte Bücher und Artikel in Fachzeitschriften konnte sie allerdings nicht online finden. Daher blieb ihr keine andere Wahl, als den für sie unangenehmen Gang in die Bibliothek anzutreten – eine Welt, die Algatha mit muffigen alten Schmökern, engen Gängen, Staub und Spinnweben verbindet. Bereits auf dem Weg macht sie einen Plan, wie sie den Aufenthalt möglichst kurz gestalten kann. Und da die Bücher alle alphabetisch sortiert sind, beschließt sie, das Problem mit der binären Suche anzugehen.

Doch als sie die Bibliothek betritt, ist sie nicht nur vom freundlichen, lichtdurchfluteten Ambiente beeindruckt. Sie stolpert auch fast und hält inne, als sie für das erste von ihr gesuchte Buch auf die mittleren Regale mit dem Anfangsbuchstaben 'M' zusteuert – handelt es sich doch bei dem gesuchten Werk um »Theoretische Informatik – eine algorithmenorientierte Einführung« von Ingo Wegener. »Das ist ja Quatsch!« flüstert Algatha. »Das 'W' ist doch bestimmt im Regal ganz rechts.«

So findet sie alles recht schnell und nutzt die Zeit, um auf dem Nachhauseweg darüber nachzudenken, warum sie nicht ihr algorithmisches Wissen anwenden konnte. »Das liegt wohl daran, dass ich dank des ersten Buchstabens vom Autor ganz gut abschätzen kann, wo das Buch steht, sodass ich gleich versuchen kann, direkt darauf zuzugreifen!« Das funktioniert ja auch beim Telefonbuch ganz gut. Und schon denkt Algatha einen Schritt weiter und überlegt, ob sie dieses Wissen nicht auch bei ihren Problemen im Computer besitzt – kann sie nicht auch dort versuchen, direkt an die richtige Stelle zu greifen?

9 Direkter Zugriff

Rick: And remember, this gun is pointed right at your heart.
Captain Renault: That is my least vulnerable spot.
(Casablanca, 1942)

9.1 Interpolationssuche

Wie bereits im Kapitelvorspann angedeutet, schlagen wir eine Information im Telefonbuch oder im Lexikon nicht entsprechend der binären Suche nach, sondern wir nutzen zwei wichtige Merkmale der Datenmenge:

- Der Wertebereich der Schlüssel ist klar umrissen und bekannt, z.B. durch die möglichen Anfangsbuchstaben der Wörter im Lexikon.
- Wir kennen annähernd den Anteil, den jede einzelnen Fraktionen, also z.B. die Wörter mit Anfangsbuchstaben »Z«, an der Gesamtmenge einnehmen.

Wenn wir diese Information nutzen, kommen wir jedem gesuchten Element schon mit dem ersten Versuch sehr nahe.

Um dieselbe Idee bei der Suche in einem sortierten Feld anzuwenden, müssen wir also nur eine Zusatzannahme investieren: Und zwar erwarten wir im Weiteren, dass die möglichen Schlüsselwerte annähernd gleichverteilt in der gespeicherten Datenmenge vorkommen (zweites Merkmal). Den Wertebereich der gespeicherten Daten können wir direkt durch das erste und das letzte gespeicherte Element eingrenzen (erstes Merkmal).

Wir modifizieren jetzt die BINÄRE-SUCHE (Algorithmus 4.1) und ersetzen die bisherige Wahl der nächsten Stichprobe durch eine Schätzung, wo das gesuchte Element vermutlich liegt. Konkret wird statt des mittleren Elements am Index

$$\left\lfloor \frac{links + rechts}{2} \right\rfloor$$

das gesuchte Element *gesucht* unter Annahme der Gleichverteilung an der Position

$$links + \left\lfloor \frac{gesucht - A[links].wert}{A[rechts].wert - A[links].wert} \cdot (rechts - links) + 0{,}5 \right\rfloor$$

vermutet. Dabei wird das Verhältnis, mit dem der gesuchte Wert den Wertebereich zerteilt, auf den Indexbereich *links*, . . . , *rechts* angewandt.

Der Ablauf von INTERPOLATIONS-SUCHE (Algorithmus 9.1) entspricht BINÄRE-SUCHE mit obiger Modifikation.

Beispiel 9.1:

Bild 9.1 zeigt wie INTERPOLATIONS-SUCHE (Algorithmus 9.1) den Schlüssel 24 bereits nach 2 Schlüsselvergleichen findet – obwohl die Werte in diesem Beispiel nur abschnittsweise einer Gleichverteilung entsprechen. Man kann leicht nachvollziehen, dass die BINÄRE-SUCHE in diesem Beispiel 4 Vergleiche benötigt.   □

Algorithmus 9.1 Suche nach gleichverteilten Schlüsseln im Feld

INTERPOLATIONS-SUCHE(Schlüssel *gesucht*)

    Rückgabewert: gesuchte Daten bzw. Fehler falls nicht enthalten

1   *links* ← 1   Schätzung der

2   *rechts* ← *belegteFelder*   Position im Feld

3   **while** *links* ≤ *rechts*   durch Interpolation

4   **do** ⌐ *schätzung* ← $\left\lfloor links + \frac{gesucht - A[links].wert}{A[rechts].wert - A[links].wert} \cdot (rechts - links) + 0{,}5 \right\rfloor$

5   **switch**

6   **case** *A[schätzung].wert = gesucht* : ⎱ Element gefunden

7   **return** *A[schätzung].daten*

8   **case** *A[schätzung].wert > gesucht* : ⎱ im linken Teilfeld weiter suchen

9   *rechts* ← *schätzung* − 1

10   **case** *A[schätzung].wert < gesucht* : ⎱ im rechten Teilfeld weiter suchen

11   ⌙   *links* ← *schätzung* + 1

12 **error** "Element nicht gefunden"

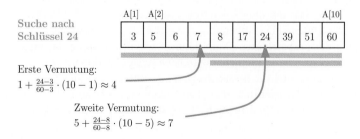

Bild 9.1: Der Ablauf von INTERPOLATIONS-SUCHE (Algorithmus 9.1) wird an einem Beispiel demonstriert.

Das klappt ja tatsächlich recht gut! Jedenfalls unter gewissen Voraussetzung...

Die verbesserte Laufzeit kann man auch unter den gegebenen Voraussetzungen theoretisch beweisen, was wir hier ohne genauen Beweis anführen.

Satz 9.2:   Laufzeit
Unter der Annahme, dass die Schlüssel im Feld gleichverteilt sind, beträgt die Laufzeit der Interpolations-Suche *im Average-Case* $O(\log \log n)$.

Praktisch entspricht dies fast einer konstanten Laufzeit, da $\log \log n < 10$ für $n < 1{,}79 \cdot 10^{308}$. Dies bedeutet, dass die Suchzeit auch für eine große Anzahl an Elementen (im Rahmen der Schranke für n) praktisch konstant ist.

Interpolationssuche wurde von Peterson (1957) vorgestellt. Ein eleganter Beweis der Laufzeitschranke kann in der Arbeit von Perl et al. (1978) nachgelesen werden. Das Kernargument des Beweises ist die Tatsache, dass der durchschnittliche Fehler im j-ten Schritt durch die Quadratwurzel des Fehlers im $(j-1)$-ten Schritt beschränkt ist.

Allerdings muss die Interpolationssuche mit Bedacht eingesetzt werden. Ist die Voraussetzung der Gleichverteilung nicht erfüllt, lässt sich leicht der folgende Satz zeigen.

Satz 9.3:
Die Worst-Case-Laufzeit der Interpolationssuche (über alle Suchschlüssel und alle Verteilungen der Schlüssel im Feld) ist $\Theta(n)$.

Den Beweis überlassen wir dem Leser in Übungsaufgabe 9.2.

9.2   Sortieren durch Abzählen

Bei der Interpolationssuche im vorigen Abschnitt konnten wir unter den passenden Umständen im ersten Versuch sehr nahe an die gesuchte Position herankommen. In dem Sortieralgorithmus in diesem Abschnitt gehen wir noch einen Schritt weiter: Wenn wir ein Element im Rahmen des Sortierens bearbeiten, soll es sofort an die richtige Stelle im Feld geschrieben werden.

Wie bei der Berechnung des Medians in Algorithmus 2.6 Median-Zählen in Kapitel 2 gehen wir hier von bestimmten Voraussetzungen bezüglich der Schlüsselwerte aus: Die Menge der unterschiedlichen Schlüsselwerte ist klein, die Werte kommen mehrfach vor und die Sortierung der Menge der Schlüssel ist bereits im Voraus bekannt. Unter diesen Randbedingungen

---

Algorithmus 9.2 Sortieren durch Abzählen

CountingSort(Feld A, größter Wert k)
    Rückgabewert: nichts; Seiteneffekt: A sortiert
1   **for** $i = 1, \ldots, k$ ⎫ Initialisierung des Indizierungsfelds
2   **do** ⌐ $C[i] \leftarrow 0$ ⎭
3   **for** $j = 1, \ldots, A.l\ddot{a}nge$ ⎫ Häufigkeit der Schlüssel bestimmen
4   **do** ⌐ $C[A[j]] \leftarrow C[A[j]] + 1$ ⎭
5   **for** $i = 2, \ldots, k$ ⎫ letzten Index des Schlüssels berechnen
6   **do** ⌐ $C[i] \leftarrow C[i] + C[i-1]$ ⎭
7   **for** $j = A.l\ddot{a}nge, \ldots, 1$ ⎫
8   **do** ⌐ $B[C[A[j]]] \leftarrow A[j]$ ⎬ Elemente an die richtige Stelle schreiben
9   └ $C[A[j]] \leftarrow C[A[j]] - 1$ ⎭
10 **for** $j = 1, \ldots, A.l\ddot{a}nge$ ⎫ sortierte Element in Ursprungsfeld kopieren
11 **do** ⌐ $A[j] \leftarrow B[j]$ ⎭

---

können wir zunächst abzählen, welcher Schlüsselwert wie oft vorkommt. Danach können aus dieser Information die Indizes der Schlüssel abgeleitet werden.

 Solche Bedingungen tauchen in unserer Firma z.B. auf, wenn wir die Kunden nach Bundesland sortiert ausgeben wollen.

Algorithmus 9.2 (Countingsort) zeigt die einzelnen Berechnungsschritte. Dabei nehmen wir ohne Beschränkung der Allgemeinheit an, dass die Schlüsselmenge durch $\{1, \ldots, k\}$ bezeichnet wird. Es werden in diesem Algorithmus zwei Felder verwendet. Feld C hat k Einträge (Zeile 1–2) und Feld B ist das Feld, in das die das Eingabefeld sortiert wird (Zeile 7–9).

Zunächst werden die Häufigkeiten der einzelnen Schlüssel bestimmt (Zeile 3–4). Durch Zusammenaddieren der Häufigkeiten im Feld C erhält man für jeden Schlüssel die letzte Position im sortierten Feld (Zeile 5–6). Danach kann für jedes Element durch seinen Schlüssel einfach die Position im sortierten Feld B abgelesen werden. Dies erfolgt im Algorithmus von hinten nach vorn. Wurde ein Index im Feld C benutzt, wird der entsprechende Wert um 1 verringert (Zeile 9), wodurch das nächste Element mit demselben Schlüsselwert auf die direkt davor liegende Position in Feld B kommen.

Beispiel 9.4:

Für ein 10-elementiges Feld mit Schlüsseln aus der Menge $\{1, \ldots, 5\}$ wird in Bild 9.2 mit Countingsort (Algorithmus 9.2) sortiert.   □

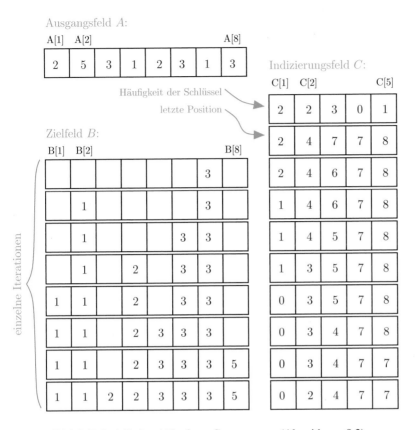

Bild 9.2: Beispielhafter Ablauf von COUNTINGSORT (Algorithmus 9.2).

Das ist ein wenig trickreich mit den zwei Feldern unterschiedlicher Länge und Bedeutung. Interessant ist, welche Werte am Ende in C stehen. Dabei handelt es sich jeweils um die Anzahl der Elemente, die am Ende vor dem ersten Element mit dem entsprechenden Schlüssel stehen.

Satz 9.5: Korrektheit

COUNTINGSORT *sortiert eine Folge von Elementen aufsteigend.*

Beweis 9.6:

Die Korrektheit ergibt sich nahezu direkt aus der folgenden Invariante der For-Schleife in den Zeilen 7–9: »$C[i]$ enthält nach dem Durchlauf der Schleife mit Index j die Summe aus der Anzahl der Elemente in $A[1], \ldots, A[n]$ mit Schlüssel $< i$ sowie der Anzahl der Elemente in $A[1], \ldots, A[j-1]$ mit Schlüssel $= i$.« Diese Bedingung wird für $j = n + 1$ direkt vor der Schleife hergestellt. In jedem Durchlauf wird der hintere Teil der Invariante für

$A[j]$ modifiziert und bleibt damit gültig. Da in Zeile 8 die Elemente an den jeweils richtigen Index in Feld C kopiert werden, enthält B am Ende der For-Schleife die korrekt sortierte Folge.   ∎

Satz 9.7:   Laufzeit

Die Laufzeit von CountingSort *(Algorithmus 9.2) beträgt* $\Theta(n + k)$ *bei n Elementen und k Schlüsseln.*

Beweis 9.8:

Die Schleifen in den Zeilen 1–2 und 5–6 werden jeweils k mal durchlaufen. Die restlichen Schleifen n mal. Die einzelnen Befehle enthalten lediglich Zugriffe auf die Felder (mit jeweils konstanter Laufzeit).   ∎

Damit realisiert CountingSort Sortieren mit linearer Laufzeit. Allerdings gilt dies nur, solange die Anzahl der Schlüssel k konstant oder durch $k \in O(n)$ beschränkt ist.

Satz 9.9:

CountingSort *(Algorithmus 9.2) ist stabil.*

Beweis 9.10:

Dadurch dass in der Schleife ab Zeile 7 die Elemente von hinten nach vorn durchgegangen werden und die Elemente mit gleichem Schlüssel ebenfalls von hinten nach vorn einsortiert werden, kann kein Element die Reihenfolge mit einem anderen Element gleichen Schlüssels tauschen.   ∎

 CountingSort wurde von Seward (1954) vorgestellt. Es gibt noch andere Sortierverfahren, die unter ähnlichen Randbedingungen in linearer Zeit sortieren, wie z.B. Bucketsort von Isaac & Singleton (1956).

9.3   Radix-Sort

Der im vorigen Abschnitt vorgestellte Algorithmus CountingSort hat den entscheidenden Nachteil, dass lediglich eine konstant begrenzte Anzahl an Schlüsselwerten sortiert werden kann. Diese Einschränkung werden wir in diesem Abschnitt aufweichen, indem wir Zeichenketten als Schlüssel zulassen. Die Menge $\mathcal{B}$ der möglichen Zeichen soll endlich sein und eine Ordnung aufweisen, sodass grundsätzlich CountingSort für ein einzelnes Zeichen als Schlüssel eingesetzt werden kann.

Konkret sei jetzt ein Schlüssel eine Zeichenkette a bestehend aus d verschiedenen Zeichen: $a = a_{d-1}a_{d-2}\dots a_0$.

Dann gehen wir davon aus, dass die Stelle mit Index $d-1$ die höchstwertige Position ist und die Sortierung dominiert – beispielsweise ist bei

Zahlen die Ziffer auf der Hunderterstelle wichtiger als die Ziffer an der Einerstelle. Die Stelle mit Index 0 ist am niederwertigsten und bestimmt nur eine sortierte Reihenfolge, wenn alle höherwertigen Stellen bei zwei Zahlen gleich sind.

$735 > 649$
$d - 1 = 2$ ist die höchstwertigste Stelle

Da COUNTINGSORT laut Satz 9.9 ein stabiler Sortieralgorithmus ist, kann diese Eigenschaft benutzt werden, um die Schlüsselwerte durch sukzessives Sortieren der einzelnen Stellen zu sortieren.

Wird ein Feld A mit n Elementen, das bereits nach den k niederwertigen Stellen $(A[i].wert_{k-1} \ldots A[i].wert_0)$ sortiert vorliegt, mit einem stabilen Sortierverfahren nach der Stelle mit dem Index k sortiert, ist das gesamte Feld gemäß der $k + 1$ niederwertigen Stellen sortiert. Damit kann das Feld einfach der Reihe nach vom niederwertigsten bis zur höchstwertigsten Stelle sortiert werden, wie es in RADIX-SORT (Algorithmus 9.3) dargestellt ist.

Beispiel 9.11:
Bild 9.3 zeigt ein Beispiel, in dem sechs dreistellige Zahlen über der Ziffernmenge $\{1,2,3\}$ mit RADIX-SORT (Algorithmus 9.3) sortiert werden. Deutlich erkennt man, wie am Ende der ersten Iteration die Zahlen nach der letzten Ziffer und am Ende der zweiten Iteration nach den letzten beiden Ziffern sortiert sind.   □

Das ist doch ein Super-Verfahren, um beispielsweise unsere Filialen nach Postleitzahlen zu sortieren.

Die Laufzeit des Algorithmus folgt direkt aus Satz 9.7 und der d-fachen Ausführung von COUNTINGSORT als $\Theta(d \cdot (n + k))$.

Damit können auch beliebige Zahlen oder Zeichenketten als Schlüssel in linearer Zeit sortiert werden. Allerdings muss dieses Ergebnis differenziert betrachtet werden. Handelt es sich beispielsweise um n unterschiedliche Werte, dann muss die größte dieser Zahlen mit mindestens $d = \log_k n$ Stellen dargestellt werden. Für hinreichend große Werte von n ergibt sich also auch hier eingesetzt die Laufzeit $\Theta(n \cdot \log n)$.

Die grundsätzliche Vorgehensweise, iterativ die einzelnen Stellen der Schlüssel zu sortieren, geht zurück bis ins 19. Jahrhundert mit Tabelliermaschinen und später Lochkartensortierern. Als Algorithmus wurde RADIX-SORT von Seward (1954) gemeinsam mit COUNTINGSORT formuliert.

Algorithmus 9.3 Stellenweises Sortieren mit COUNTINGSORT

RADIX-SORT(Feld A, Stelligkeit der Werte d)
    Rückgabewert: nichts; Seiteneffekt: A sortiert
1   **for** $i \leftarrow 0, \ldots, d - 1$] Start bei niedrigwertigster Stelle
2   **do** ⌊ sortiere A mit COUNTINGSORT und Stelle i als Schlüssel

WWW
RadixSort.java

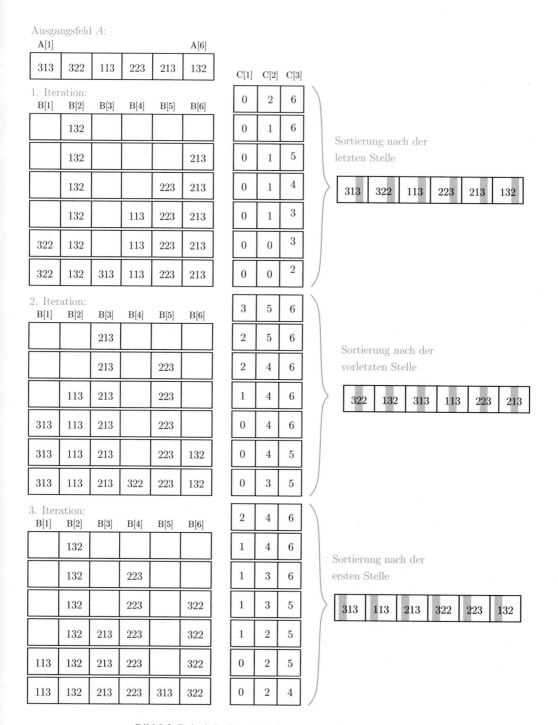

Bild 9.3: Beispielhafter Ablauf von Radix-Sort (Algorithmus 9.3).

9.4 Mengenproblem: Hash-Tabellen

In allen bisher betrachteten Datenstrukturen wurden die Daten in irgendeiner Form geordnet abgelegt, sodass Vergleiche direkt zum gesuchten Element führen. In diesem Abschnitt ist die Kernidee zunächst eine andere: Die Elemente sollen so in einem Feld abgelegt werden, dass über eine Funktion möglichst direkt aus einem Schlüsselwert der zugehörige Index in dem Feld berechnet wird, wie die nebenstehende Abbildung zeigt. Die Reihenfolge der Elemente, mit der sie im Feld stehen, hat damit keinerlei Bedeutung.

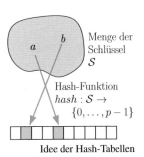

Idee der Hash-Tabellen

▶Hash-Tabelle

Konkret sei S die Menge aller möglicher Schlüsselwerte. Das Feld, die sog. Hash-Tabelle, habe die Länge p und sei mit den Werten $0, \ldots, p-1$ indexiert. Dann brauchen wir eine Funktion $hash : S \to \{0, \ldots, p-1\}$, um für ein beliebiges Element $a \in S$ seine Position $hash(a)$ im Feld zu berechnen.

Der große Vorteil dieser Vorgehensweise besteht darin, dass wir keine Vergleiche mehr benötigen. Allerdings hat sie den Nachteil, dass es nicht ganz so einfach funktioniert! Offensichtlich gerät der Ansatz an Grenzen, wenn zwei Elemente $a, a' \in S$ auf dieselbe Stelle $hash(a) = hash(a')$ abgebildet werden. Diese Situation lässt sich für beliebige Eingabedaten nicht vermeiden, da in der Regel die Menge der möglichen Schlüssel S wesentlich größer als p ist. Wir sprechen in einer solchen Situation von einer Kollision.

▶Kollision

Die verschiedenen Techniken zur Behandlung von Kollisionen werden uns ab Abschnitt 9.4.3 beschäftigen. Doch zunächst erläutern wir in den Abschnitten 9.4.1 und 9.4.2 wie die Hash-Funktion $hash$ gebildet wird.

▶Hash-Funktion

9.4.1 Hash-Code

Für ein beliebiges Element $a \in S$ wird der Hash-Wert $hash(a)$ in zwei Schritten berechnet.

1. Aus den definierenden Attributen von a wird zunächst ein charakteristischer Zahlwert $code(a) \in \mathbb{N}$ berechnet.

2. Auf diesen Zahlwert wird die eigentliche Hashfunktion h angewandt, die die Werte aus $\mathbb{N}$ möglichst gleichverteilt auf die möglichen Indizes des Felds ($\{0, \ldots p-1\}$) abbildet.

Damit ergibt sich $hash(a) = h(code(a))$.

Da die Literatur bei der Verwendung der Begriffe nicht eindeutig ist, wird wenigstens im Kontext dieses Buchs konsistent das Ergebnis des ersten Schritts als Hash-Code und das Ergebnis des zweiten Schritts, also der Index für die Hash-Tabelle, als Hash-Wert bezeichnet.

▶Hash-Code
▶Hash-Wert

Beispiel 9.12:

Sollen in der Datenmenge z.B. Häuser verwaltet werden, so kann jedes Haus durch verschiedene Attribute beschrieben werden: Postleitzahl, Ort,

Straße, Hausnummer, Besitzer, Anzahl der Stockwerke etc. Zur Berechnung von *code(a)* dürfen nur diejenigen Attribute herangezogen werden,
die sich während der Lebenszeit nicht ändern – hier also z.B. Postleitzahl,
Straße und Hausnummer. Der Ortsname ist eine redundante Information,
die sich aus der Postleitzahl ableiten lässt. Und die weiteren Attribute lassen
sich durch bauliche Veränderungen oder Verkauf des Hauses modifizieren
und sind dadurch nicht geeignet, das Haus eindeutig zu identifizieren.   □

Aus Postleitzahl, Straße und Hausnummer soll ein eindeuti-
ger Code entstehen? Wie können wir denn aus einem Wort als
einer Zeichenkette einen Code berechnen? Und wie verschiedene ganz unterschiedliche Zahlbedeutungen wie Postleitzahl
und Hausnummer eindeutig zusammen bringen?

Der resultierende Wert *code(a)* ist letztendlich gar nichts ausschließlich
Spezifisches für Hash-Tabellen – der Wert kann genauso in jeder anderen
Datenstruktur für das Mengenproblem als Schlüssel benutzt werden.

Bestimmt nur ein Attribut das Element kann dessen binäre Darstellung
in der Regel unabhängig vom eigentlichen Datentyp als positive ganze Zahl
interpretiert werden. Zeichenketten werden wir hier in unseren Beispielen
als Zahl zur Basis 26 auffassen, wie das folgende Beispiel zeigt.

Beispiel 9.13:
Tabelle 9.1 zeigt die Werte, die wir den einzelnen Buchstaben mit der Funktion ϕ zuordnen. Wenn wir nun zur Zeichenkette »ERDE« die zugehörige
Zahl berechnen, benötigen wir die Werte der drei involvierten Buchstaben:
$\phi(E) = 4$, $\phi(R) = 17$ und $\phi(D) = 3$. Wie bei den natürlichen Zahlen auch, habe das Zeichen rechts die Stelligkeit 0, das zweite von rechts die Stelligkeit
1 etc. Damit ergibt sich der Hash-Code wie folgt:

$$code(\text{»ERDE«}) = \phi(E) \cdot 26^3 + \phi(R) \cdot 26^2 + \phi(D) \cdot 26^1 + \phi(E) \cdot 26^0$$
$$= 4 \cdot 26^3 + 17 \cdot 26^2 + 3 \cdot 26 + 4 = 81\,878.$$

Die Berechnung aller Hash-Codes der Planeten unseres Sonnensystems
sowie des Erdtrabanten ist in den linken Spalten der Tabelle 9.2 dargestellt.

Tabelle 9.1: Werte der Buchstaben für die Errechnung des Hash-Werts.

a	A	B	C	D	E	F	G	H	I	J	K	L	M
$\phi(a)$	0	1	2	3	4	5	6	7	8	9	10	11	12

a	N	O	P	Q	R	S	T	U	V	W	X	Y	Z
$\phi(a)$	13	14	15	16	17	18	19	20	21	22	23	24	25

Tabelle 9.2: Berechnung der Hash-Codes und Hash-Werte für die Schlüsselwerte in den Beispielen.

a_i	26^6	26^5	26^4	26^3	26^2	26^1	26^0	$code(a_i)$	$code(a_i) \bmod 13$	$1 + (code(a_i) \bmod 10)$
Merkur		12	4	17	10	20	17	144 710 505	4	6
Venus			21	4	13	20	18	9 676 126	5	7
Erde				4	17	3	4	81 878	4	9
Mond				12	14	13	3	220 717	3	8
Mars				12	0	17	18	211 372	5	3
Jupiter	9	20	15	8	19	4	17	3 024 877 717	4	8
Saturn		18	0	19	20	17	13	214 212 687	0	8
Uranus		20	17	0	13	20	18	245 405 438	5	9
Neptun		13	4	15	19	20	13	156 562 809	0	10

Auf die vorletzte Spalte der Tabelle gehen wir in Beispiel 9.15, auf die letzte Spalte in Beispiel 9.26 ein. □

Sollen wie in Beispiel 9.12 mehrere Attribute in einem gemeinsamen Wert kombiniert werden, geht man ähnlich wie bei den Zeichenketten vor: Die Hash-Codes der einzelnen Attribute werden mit unterschiedlicher Potenz zu einer Basis, in der Regel einer Primzahl, aufaddiert. Algorithmus 9.4 (Hash-Code) zeigt die Anweisungen für die Berechnung bzgl. der Basis 31. Damit Nullen der Attribute mit hoher Potenz eine Auswirkung haben, wird häufig ein konstanter Wert für ein zusätzliches Attribut mit der höchsten Potenz angenommen.

Beispiel 9.14:
Die Werte $A[1] = 40$ und $A[2] = 11$ führen zur folgenden Berechnung

$$\text{Hash-Code}(A) = (1 \cdot 31 + 40) \cdot 31 + 11 = 2\,212.$$

Wird hingegen das Feld $B[1] = 0$, $B[2] = 40$ und $B[3] = 11$ betrachtet, ergibt sich

$$\text{Hash-Code}(B) = ((1 \cdot 31 + 0) \cdot 31 + 40) \cdot 31 + 11 = 31\,042. \quad \square$$

Algorithmus 9.4 Bilde eine Menge an Werten auf einen Hash-Code ab.

Hash-Code(Feld mit natürlichen Zahlen A)
Rückgabewert: Hash-Code
1   $code \leftarrow 1$
2   **for** $i \leftarrow 1, \ldots, A.l\ddot{a}nge$ ⎫ durch Multiplikation erhalten die kleineren
3   **do** ⌊ $code \leftarrow 31 \cdot code + A.[i]$ ⎬ Werte von i einen größeren Basiswert
4   **return** $code$

Wie man im Beispiel deutlich erkennt, können die Hash-Codes der einzelnen Attribute größer als der Basiswert der Potenzen sein.

9.4.2   Hash-Funktion

Wie in Abschnitt 9.4.1 dargestellt, wird der Hash-Code eines Elements $a \in S$ mit der Abbildung

$$code : S \to \mathbb{N}$$

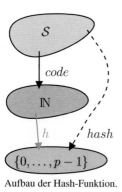

Aufbau der Hash-Funktion.

► Modulo-Methode

berechnet. Im zweiten Schritt wird der Speicherplatz in der Hash-Tabelle mit der hier innere Hash-Funktion genannten Abbildung

$$h : \mathbb{N} \to \{0, \ldots, p-1\}$$

zugewiesen. So ergibt sich die Gesamtabbildung $hash = h \circ code$, wie es nebenstehend dargestellt ist.

Für die Zuweisung gibt es verschiedene Varianten. Eine weit verbreitete Technik ist die Modulo-Methode, bei der sich der Hash-Wert als Rest bei einer Division durch die Größe p der Hash-Tabelle ergibt:

$$h(c) = c \bmod p.$$

Beispiel 9.15:

Für die Elemente aus Beispiel 9.13 werden die Hash-Werte mit der Modulo-Methode und Tabellengröße $p = 13$ berechnet. Die Ergebnisse können der vorletzten Spalte von Tabelle 9.2 entnommen werden. Wie in Bild 9.4 dargestellt ist, scheitert die direkte Speicherung an den Indizes der Hash-Werte, da fünf Kollisionen an bereits belegten Feldern auftreten. Die Werte wurden gemäß der Reihenfolge in Tabelle 9.2 von oben nach unten in die Hash-Tabelle geschrieben.   □

Als Tabellengröße wird üblicherweise eine Primzahl p benutzt. Ein Grund hierfür ist der, dass bei einer Primzahl tatsächlich alle Stellen des Hash-Codes c einen Einfluss auf den Wert $h(c)$ haben.

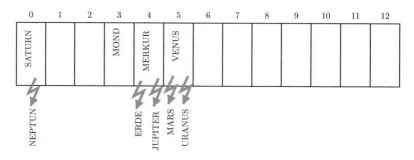

Bild 9.4: Versuch, die neun Objekte direkt in der Hash-Tabelle abzulegen. Fünf Objekte kollidieren mit bereits gespeicherten Elementen.

Beispiel 9.16:

Als Beispiel für die ungünstige Wahl der Tabellengröße sei hier $p = 64$. Jetzt gehen nur die sechs niederwertigsten Bits in die Berechnung des Hash-Werts ein. Es wird beispielsweise $9 = 1001_2$ auf $h(9) = 9 \bmod 64 = 9$ – ebenso wie $73 = 1001001_2$, $137 = 10001001_2$ und $201 = 11001001_2$.   □

Im nächsten Abschnitt beschränken wir uns auf die innere Hash-Funktion h.

9.4.3   Ansätze der Kollisionsbehandlung

Da in jeder Stelle der Hash-Tabelle immer nur Platz für ein Element vorhanden ist, zeigen die Kollisionen in Beispiel 9.15 deutlich, dass irgendeine Strategie notwendig ist, um einen Speicherplatz für jedes Element zur Verfügung zu stellen, an dem das Element auch wieder gefunden wird.

Die erste Lösung hierfür ist das externe Hashing, bei dem jedes Feld   ▸externes Hashing
der Hash-Tabelle um einen Verweis auf eine verkettete Liste ergänzt wird. Falls mehrere Einträge unter demselben Hash-Wert kollidieren, werden sie einfach aus der Tabelle in die jeweils passende Liste ausgelagert. Da wir diesen Ansatz im Weiteren nicht vertiefen, verzichten wir auf die genauen Algorithmen und betrachten lediglich zwei Beispiele.

Beispiel 9.17:

Mit externem Hashing erhalten wir für das vorher betrachtete Problem die Hash-Tabelle in Bild 9.5. Dabei wurden die kollidierenden neuen Werte immer am Ende der Liste eingefügt. Die durchschnittliche Anzahl der Kollisionen beträgt in diesem Beispiel $\frac{1}{9} \cdot (4 \cdot 0 + 3 \cdot 1 + 2 \cdot 2) = 0{,}778$, weil vier Elemente direkt gefunden werden, drei nach einer Kollision und zwei nach jeweils zwei Kollisionen. Die maximale auftretende Länge einer Kollisionskette ist 2. Der zusätzliche Speicherbedarf beträgt $\frac{5}{13} \approx 38\%$.   □

Das Hauptargument gegen das externe Hashing ist das der Platzverschwendung, da zusätzlicher Speicherplatz belegt wird, obwohl in der bereits an-

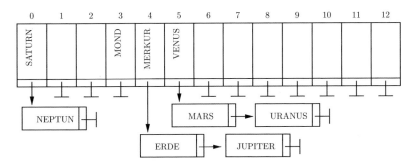

Bild 9.5: Hash-Tabelle mit einer Kollisionsauflösung über externe verkettete Listen.

gelegten Tabelle noch freier Platz zur Verfügung steht. Dies wurde auch für das folgende größere Beispiel ausgerechnet. Dabei legen wir dank der externen Listen der Hash-Tabelle mehr Elemente ab, als eigentlich in der Tabelle Platz hätten.

Beispiel 9.18:

In eine Hash-Tabelle mit Größe $p = 10\,036\,223$ werden $\alpha \cdot p$ Elemente mit gleichverteilt zufällig gezogenen Schlüsseln eingefügt. Dabei heißt α der ▸Füllgrad Füllgrad der Tabelle. Durch die externe Kollisionsauflösung entstehen die in Tabelle 9.3 angeführte Länge der Listen. Ebenso ist dort der zusätzlich angeführte Speicherplatz im Haldenspeicher notwendig. Wie man deutlich sieht, wären alle Elemente bei $\alpha = 0,9$ noch in der Hash-Tabelle selbst speicherbar – aber es werden zusätzlich über 30% Speicher im Haldenspeicher belegt. Allerdings bleiben dabei die Längen der Kollisionsketten in einem akzeptablen Rahmen. Für die Belegung der Hash-Tabelle mit doppelt so vielen Elementen wächst die längste Kollisionskette auf 12 an, während der Durchschnitt noch bei einer Kollision bleibt. Der Speicherbedarf beträgt 114%, was bedeutet, dass immer noch 14% der direkten Tabelleneinträge leer ist. □

> Wenn ich das richtig verstehe, kann ich in einer Hash-Tabelle auch mehr Elemente ablegen, als ursprünglich vorgesehen, wobei ich natürlich besondere Strategien dafür benötige. Ich glaube, das Ganze wird doch noch spannender, als ich bisher dachte...

Wie wir in Beispiel 9.18 sehen, ist die Anzahl der Elemente, die abgelegt werden, nicht zwingend durch die Größe der Hash-Tabelle beschränkt. Allerdings kann sich dann beim externen Hashing der Ansatz des Hashings – also die Berechnung des Standorts eines Elements – zu einer Suche in Listen verschieben. Wird die Hash-Tabelle zu voll, sollten dieselben Techniken greifen wie bei dem gleich behandelten geschlossenen Hashing (vgl. Algorithmus 9.8).

▸geschlossenes Hashing　　Beim geschlossenen Hashing wird kein zusätzlicher Speicherplatz belegt, sondern ein bisher noch nicht benutztes Feld der Hash-Tabelle als

Tabelle 9.3: Externe Kollisionsauflösung für $p = 10\,036\,223$ und den angegebenen Füllgrad α.

α	0,5	0,8	0,9	1,1	2,0
Durchschnitt Kollisionen	0,25	0,40	0,45	0,55	1,00
längste Kollisionskette	6	8	8	9	12
Speicher	+11%	+25%	+31%	+43%	+114%

Ersatzplatz herangezogen. In der Literatur spricht man verwirrenderweise auch von Hashing mit *offener Adressierung*.

Das Grundkonzept ist das folgende: Eine spezielle Funktion $sond(c, j)$, die sog. Sondierungsfunktion, gibt für den Hash-Code c an, welcher Index ausgehend vom Hash-Wert $h(c)$ in der j-ten Iteration geprüft wird. Wenn wir garantieren, dass $sond(c,0) = 0$ gilt, lässt sich die neue von der Iteration j abhängige Hash-Funktion wie folgt beschreiben:

▶Sondierungsfunktion

$$\tilde{h}(c, j) = h(h(c) + sond(c, j)).$$

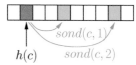

Dabei ist die doppelte Anwendung der Hash-Funktion h notwendig, um zu groß gewordene Werte wieder in den Bereich $\{0, \dots, p-1\}$ zu schieben. Die nebenstehende Abbildung illustriert das Vorgehen.

Geschlossenes Hashing mit Sondierungsfunktion.

Wir wollen die Idee mit einer einfachen Sondierungsfunktion erläutern: Es wird das direkt nachfolgende Feld durch die Funktion

$$sond(c, j) = j$$

untersucht – der eigentliche Hash-Code c bleibt innerhalb der Sondierungsschritte unberücksichtigt. Dieses Vorgehen wird auch als lineares Sondieren bezeichnet.

▶lineares Sondieren

Beispiel 9.19:

Bild 9.6 zeigt, wie die einzelnen Planeten in die Hash-Tabelle eingetragen werden. Dabei zeigen die weißen Zahlen in schwarzen Kreis an, in welcher Reihenfolge die Einträge vorgenommen werden. Die erste Kollision wird durch das Element »Erde« verursacht. Dieses wird erst durch $j = 2$ seinem richtigen Platz zugewiesen. »Jupiter« und »Uranus« benötigen sogar $j = 4$. Insgesamt werden so 13 Kollisionen verursacht. □

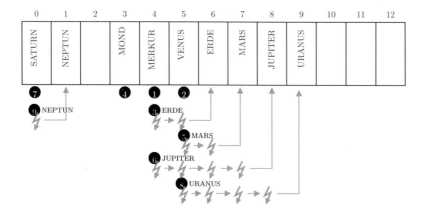

Bild 9.6: Geschlossenes Hashing mit einer linearen Sondierungsfunktion.

Der große Nachteil des geschlossenen Hashings (und insbesondere des linearen Sondierens) besteht darin, der dass Elemente durch Kollisionen »zusammenklumpen«. Dadurch entstehen sehr lange Sondierungsketten. So kollidiert beispielsweise »Uranus« auch mit »Erde« und »Jupiter«, obwohl diese Elemente ursprünglich auf einen anderen Hash-Wert abgebildet wurden.

9.4.4 Suchen, Einfügen und Löschen in Hash-Tabellen

Während die Algorithmen für das externe Hashing recht offensichtlich sind und selbst erstellt werden können, führen wir in diesem Abschnitt die Grundoperationen für das geschlossene Hashing ein.

Wir bezeichnen die Hash-Tabelle im Weiteren mit *ht*, was letztendlich einem normalen Feld entspricht – allerdings beginnend mit dem Index 0 statt wie sonst überall in diesem Lehrbuch mit Index 1. Einem Eintrag an der Stelle *i* im Feld werden der Schlüssel *ht*[*i*].*wert*, die eigentlichen Daten *ht*[*i*].*daten* und eine Information zum Status *ht*[*i*].*status* zugewiesen. Letzterer kann die folgenden Werte annehmen:

- FREI, wenn in diesem Eintrag weder ein Element steht noch stand,
- BELEGT, wenn dort ein gespeichertes Element steht, und
- ENTFERNT, wenn der Eintrag durch ein Element belegt war, inzwischen aber wieder durch Löschen leer ist.

Für die gesamt Hash-Tabelle wird ferner noch die Anzahl der Elemente (*anzahl*) gespeichert.

Betrachten wir zunächst das Suchen eines Elements. Man muss lediglich der Sondierungskette folgen, bis das gesuchte Element gefunden wurde. Die Suche bricht erfolglos ab, wenn ein freier Eintrag im Feld erreicht wird. Stößt man hingegen auf einen Eintrag mit dem Status ENTFERNT, wird die Suche fortgesetzt, denn es könnte sich um ein Element mitten in der Sondierungskette handeln, das nach dem Einfügen des gesuchten Elements wieder gelöscht wurde. Der Ablauf ist in Algorithmus 9.5 (SUCHEN-HASHTABELLE) dargestellt.

Algorithmus 9.5 Suche nach einem Element in einer Hash-Tabelle

WWW
Hash.java

SUCHEN-HASHTABELLE(Schlüssel *gesucht*)
    Rückgabewert: gesuchte Daten bzw. Fehler falls nicht enthalten
1 $j \leftarrow 0$
2 **repeat** ⌐ $i \leftarrow \tilde{h}(gesucht, j)$ ⎤ zum nächsten Element der
3   ⌊ $j \leftarrow j + 1$ ⎦ Sondierungsfolge gehen
                                                   Abbruch, falls
4 **until** (*ht*[*i*].*wert* = *gesucht*) oder (*ht*[*i*].*status* = FREI) ⎤ Element gefunden
5 **if** *ht*[*i*].*status* = BELEGT   oder Ende der
6 **then** ⌐ **return** *ht*[*i*].*daten*   Sondierungskette
7 **else** ⌐ **error** "Schlüssel nicht vorhanden"   erreicht

---

Beispiel 9.20:

In der nebenstehenden Hash-Tabelle mit $p = 7$, werden die Hash-Codes 1, 8 und 15 eigentlich auf den Index 1 abgebildet. In der Sondierungsfolge ist zusätzlich noch der Hash-Code 2 sowie ein inzwischen gelöschtes Element am Index 4 enthalten. Wird nach dem Element mit Hash-Code 2 gesucht, werden nacheinander die Indizes 1, 2 und 3 betrachtet. Wird nach dem Element mit Hash-Code 15 gesucht, muss nach der Inspektion des gelöschten Eintrags am Index 4 die Suche entlang der Sondierungsfolge fortgesetzt werden, da sonst das Element am Index 5 nicht gefunden wird.   □

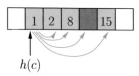

Suchen in der Hash-Tabelle.

Das Löschen läuft prinzipiell ganz analog zur Suche eines Elements ab. Es wird lediglich beim gefundenen Index der Status des Eintrags auf ENTFERNT gesetzt. Der Ablauf LÖSCHEN-HASHTABELLE ist in Algorithmus 9.6 dargestellt.

Beispiel 9.21:

In der nebenstehenden Hash-Tabelle mit $p = 7$ wird das Element mit Hash-Code 8 gesucht und an der dritten Stelle der Sondierungsfolge gefunden. Das Element wird durch einen Eintrag mit dem Status ENTFERNT (grau dargestellt) ersetzt. Hätte der Algorithmus das Element auf den Status FREI gesetzt, würde die Suche das Element mit dem Hash-Code 15 nicht mehr finden.   □

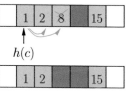

Löschen in der Hash-Tabelle.

 Es scheint eine recht gute Idee zu sein, den Status der Felder der Hash-Tabelle mit zu protokollieren. Dadurch kann ich auch in einer Sondierungskette löschen, ohne gleich alles umspeichern zu müssen.

Kommen wir zum Einfügen von Elementen in Hash-Tabellen. Wie beim Suchen und Löschen ist auch hier der Kern des Algorithmus eine Schleife, welche die Sondierungsfolge realisiert. Das Element können wir an der ersten gefundenen Stelle mit dem Status FREI oder ENTFERNT einfügen. Allerdings müssen wir bis zum Ende der Sondierungskette suchen, um auszuschließen, dass ein Element mit diesem Schlüssel bereits enthalten ist

---

Algorithmus 9.6 Löschen eines Elements aus einer Hash-Tabelle

LÖSCHEN-HASHTABELLE(Schlüssel *löschWert*)

    Rückgabewert: nichts falls erfolgreich bzw. Fehler sonst

```
1  j ← 0
2  repeat ⌐ i ← h̃(löschWert, j)          }  zu löschendes
3         ∟ j ← j + 1                         Element suchen
4  until (ht[i].wert = löschWert) oder (ht[i].status = FREI)
5  if ht[i].status = BELEGT
6  then ⌐ ht[i].status ← ENTFERNT
7  else ⌐ error "Schlüssel nicht vorhanden"
```

(Zeile 4 des Algorithmus 9.7 (EINFÜGEN-HASHTABELLE)). In der Variablen *index* wird der erste passende Index der Sondierungskette gespeichert.

Ferner müssen wir beim Einfügen den Fall berücksichtigen, dass die Tabelle bereits sehr voll sein kann: Die Sondierungsketten würden zu lang werden, sodass wir stattdessen eine größere Hash-Tabelle anlegen und die Elemente in diese Tabelle übertragen. Diesen Vorgang bezeichnet man als ▶Rehashing Rehashing. Im Algorithmus haben wir den maximalen Füllgrad auf 0,9 gesetzt (Zeile 11) – in zeitkritischen Anwendungen sollte der maximale Füllgrad 0,8 nicht überschreiten. Die bereits eingeführte Variable *anzahl* wird zur Ermittlung des Füllgrads benutzt – allerdings umfasst dieser Wert in unserem Algorithmus sowohl die Felder mit dem Status BELEGT als auch solche mit dem Status ENTFERNT. Das hat den Grund, dass nach zu vielen Löschvorgängen die Laufzeit für nicht enthaltene Element durch entsprechend lange Sondierungsketten übermäßig ansteigt.

Beispiel 9.22:

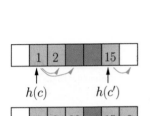

$h(c)$ $h(c')$

Einfügen in der Hash-Tabelle.

Im nebenstehenden Beispiel werden zwei Elemente in eine Hash-Tabelle eingefügt, in der schon mehrere Stellen mit ENTFERNT gekennzeichnet sind. Das Element mit Hash-Code $c = 22$ wird auf $h(c) = 1$ abgebildet und dann an der schon einmal benutzten, aber inzwischen freien Stelle 3 abgelegt. Das Element mit Hash-Code $c' = 6$ weist ebenfalls eine Kollision am Index $h(c') = 6$ auf und kann an der bisher noch unbenutzten Stelle mit Index 7 gespeichert werden. □

Algorithmus 9.7 Einfügen eines Elements in eine Hash-Tabelle

EINFÜGEN-HASHTABELLE(Schlüssel *neuerWert*, Daten *neueDaten*)

Rückgabewert: nichts; Seiteneffekte

```
1   j ← 0
2   i ← h̃(neuerWert, j)
3   index ← i
4   while ht[i].wert ≠ neuerWert und ht[i].status ≠ FREI        ⎫
5   do ⌐ j ← j + 1                                              ⎬ leere Position
6        i ← h̃(neuerWert, j)                                   ⎪ suchen
7        if ht[i].status ≠ BELEGT und ht[index].status = BELEGT ⎪
8        ∟ then ⌐ index ← i                                     ⎭
9   if ht[i].wert = neuerWert                           ⎫ doppelte Elemente
10  then ⌐ error "Element ist bereits enthalten"        ⎬ nicht einfügen
11  else ⌐ if ht[index].status = FREI und anzahl > 0,9 · p    ⎫
12      then ⌐ ht ← VERGRÖSSERN-UND-REHASH(ht)                ⎬ ggf. Tabelle
13          ∟ EINFÜGEN-HASHTABELLE(neuerWert, neueDaten)      ⎭ vergrößern
14      else ⌐ if ht[index].status = FREI                     ⎫
15          then ⌐ anzahl ← anzahl + 1                        ⎪
16              ht[index].wert ← neuerWert                    ⎬ Element einfügen
17              ht[index].daten ← neueDaten                   ⎪
18      ∟      ∟ ht[index].status ← BELEGT                    ⎭
```

Der Rehashing-Algorithmus VERGRÖSSERN-UND-REHASH (Algorithmus 9.8) arbeitet ähnlich zum Vergrößern eines dynamischen Felds in Abschnitt 3.1.3. Ein größeres Feld wird angelegt und die Elemente werden umkopiert – allerdings nicht an dieselben Indizes wie im bisherigen Feld. Vielmehr werden jeweils neue Hash-Werte berechnet, da diese von der Länge des Feldes abhängen. Dadurch ergeben sich insbesondere auch andere Sondierungsfolgen.

> Also so funktioniert das! Wir kopieren die komplette Hash-Tabelle, wenn die alte zu klein wird. Allerdings ergibt sich dabei ein recht großer Aufwand, da wir die alten Berechnungen nicht wieder verwenden können.

Die letzte verbleibende Operation für das Mengenproblem ist die Ausgabe aller gespeicherten Elemente. Dabei muss das Feld komplett geprüft werden, wie es in Algorithmus 9.9 (ALLE-HASHTABELLE) beschrieben ist.

Dabei kann man leicht aus dem Algorithmus ablesen, dass die Laufzeit nicht direkt von der Anzahl n der gespeicherten Elemente abhängt, sondern von der Tabellengröße p – unabhängig davon, wie voll die Tabelle ist. Daher sollte diese Operation bei Hash-Tabellen nur selten genutzt werden.

9.4.5 Varianten des geschlossenen Hashings

Im vorletzten Abschnitt wurden bereits Nachteile des auf Seite 241 eingeführten linearen Sondierens diskutiert. Wir wollen diese nochmals mit einem großen Beispiel erläutern.

Algorithmus 9.8 Vergrößern der Hash-Tabelle mit einem anschließenden Rehashing

VERGRÖSSERN-UND-REHASH()
    Rückgabewert: nichts; Seiteneffekte   `WWW`
                                                 `Hash.java`
1    $p_{alt} \leftarrow p$
2    $p \leftarrow \lceil \frac{3}{2} \cdot p \rceil$
3    $ht_{alt} \rightarrow ht$
4    $ht \rightarrow$ **allokiere** Feld der Länge p ⎫ größere Hash-Tabelle im
5    $anzahl \leftarrow 0$ ⎭ Speicher reservieren
6   **for** $i \leftarrow 0, \ldots, p_{alt} - 1$ ⎫ alle Elemente
7   **do** ⌐ **if** $ht[i].status =$ BELEGT   ⎬ einfügen
8   ∟ **then** ⌐ $ht.$EINFÜGEN-HASHTABELLE($ht_{alt}[i].wert, ht_{alt}[i].daten$) ⎭

Algorithmus 9.9 Alle Elemente einer Hash-Tabelle ausgeben

ALLE-HASHTABELLE()
    Rückgabewert: nichts, da direkte Ausgabe   `WWW`
                                                   `Hash.java`
1   **for** $index \leftarrow 0, \ldots, p - 1$
2   **do** ⌐ **if** $ht[index].status =$ BELEGT   ⎫ nur den Inhalt belegter
3   ∟ **then** ⌐ **drucke:** $ht[index].daten$ ⎭ Positionen ausgeben

Beispiel 9.23:

Wir fügen zufällige Elemente in eine Hash-Tabelle der Größe $p=10\,036\,223$ ein, bis ein vorgegebener Füllgrad α erreicht ist. Dabei liegen die Schlüsselelemente gleichverteilt im Bereich $0,\ldots,MAXINT$. Tabelle 9.4 zeigt für verschiedene Füllgrade die durchschnittliche und die maximal beobachtete Länge der Sondierungsketten bei linearem Sondieren. Die Zahlen entsprechen also der Anzahl an Kollisionen, mit denen man rechnen sollte.   □

Die relativ langen Sondierungsketten beim linearen Sondieren werden durch große vollständig gefüllte Teilbereich in der Hash-Tabelle verursacht. Als Gegenmittel versucht man mit der folgenden Sondierungsfunktion, durch größere Sprünge eine bessere Verteilung der Schlüssel zu erreichen:

$$sond(c, j) = j^2.$$

Nach einer Kollision wird das direkt nachfolgende Feld geprüft, dann geht es mit immer größer werdenden Abständen weiter. Dieses Vorgehen wird ▶quadratisches Sondieren als quadratisches Sondieren bezeichnet.

Beispiel 9.24:

Bild 9.7 zeigt wieder, wie die Namen der Planeten dieses Mal mit quadratischem Sondieren in die Hash-Tabelle der Länge $p = 13$ eingetragen werden. Selbst in dem kleinen Beispiel erkennt man, dass die Einträge besser über der gesamte Hash-Tabelle verteilt sind. Konkret werden hier 14 Kollisionen beobachtet, was unter anderem an der sehr unglücklichen Sondierungskette für den »Neptun« liegt, der erst nach fünf Kollisionen eingetragen werden kann.   □

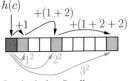

Quadratisches Sondieren
durch Addition.

Bei der Implementation des quadratischen Sondierens kann man auf die (eher zeitlich kostspielige) Multiplikation in $j^2 = j \cdot j$ verzichten. Stattdessen setzt man nach der ersten Kollision eine Variable $\delta = 1$, die für die Vergrößerung der Schrittweite steht. Dieses δ wird bei jeder Kollision um zwei vergrößert und anschließend δ Schritte von der letzten Sondierungsstelle weitergerückt. Dies ist auch nebenstehend veranschaulicht.

Beispiel 9.25:

Tabelle 9.5 zeigt die im Experiment ermittelte Länge der Sondierungsketten mit quadratischem Sondieren für verschieden stark gefüllte Hash-Tabellen

Tabelle 9.4: Länge der Sondierungsketten beim linearen Sondieren für $p = 10\,036\,223$ und den angegebenen Füllgrad α.

α	0,5	0,8	0,9	0,95	0,99
Durchschnitt	0,50	2,00	4,49	9,57	49,52
Maximum	52	311	1 321	5 965	69 888

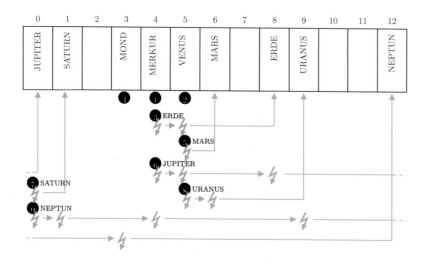

Bild 9.7: Geschlossenes Hashing mit einer quadratischen Sondierungsfunktion.

Tabelle 9.5: Länge der Sondierungsketten beim quadratischen Sondieren für $p = 10\,036\,223$ und den angegebenen Füllgrad α.

α	0,5	0,8	0,9	0,95	0,99
Durchschnitt	0,43	1,16	1,79	2,48	4,20
Maximum	20	49	109	204	998

der Länge $p = 10\,036\,223$. Verglichen mit den Werten des linearen Sondierens in Tabelle 9.4 fallen die Längen der Sondierungsketten deutlich kürzer aus. □

Als letzte Sondierungsfunktion wird zum Abschluss das Doppel-Hashing vorgestellt. Bei dieser Variante werden die Elemente quasi wieder »linear« abgelegt – allerdings nicht im direkt nächsten Feld. Es wird vielmehr für jedes Element mit einer zweiten Hash-Funktion h' eine individuelle Schrittweite abgeleitet, mit der für das jeweilige Element sondiert wird. So wird garantiert, dass die Elemente gleichmäßig über die Tabelle verteilt werden. Zusätzlich verringert sich durch die individuellen Schrittweiten die Wahrscheinlichkeit, dass zwei unterschiedliche Elemente mehrfach an verschiedenen Stellen der Tabelle miteinander kollidieren.

Das nebenstehende Bild veranschaulicht das Vorgehen für zwei Elemente mit unterschiedlicher Schrittweite. Es wird die folgende Sondierungsfunktion benutzt:

$$sond(c, j) = j \cdot h'(c).$$

▶Doppel-Hashing

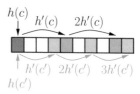

Doppel-Hashing.

Die Wahl der Größe der Hash-Tabelle als Primzahl p sorgt dafür, dass mit den Schrittweiten aus der Menge $\{1, \ldots, p-1\}$ in der Sondierung alle Felder besucht werden, bevor wieder das erste Feld erreicht wird. Eine solche zweite Hash-Funktion ist beispielsweise:

$$h'(c) = 1 + (c \bmod p - 1).$$

Beispiel 9.26:
Wir setzen das Beispielszenario mit den Planetennamen fort. Dazu benutzen wir die in der rechten Spalte von Tabelle 9.2 (Seite 237) angegebene zweite Hash-Funktion für die Schrittweite der einzelnen Elemente. Bild 9.8 zeigt das Ergebnis einschließlich der Sondierungsketten – hier wurde $h'(c) = 1 + (c \bmod 10)$ gewählt.   □

Die erste Kollision tritt beim dritten Eintrag »Erde« auf, die mit Schrittweite 9 auf das Feld $(4+9) \bmod 13 = 0$ geschoben wird. Die nächste Kollision bei »Mars« wird mit Schrittweite 3 gelöst. Es folgen in diesem Beispiel vier weitere Einträge mit Kollisionen. Der interessanteste ist der »Saturn«, der eigentlich am Index 0 einzutragen wäre – dort steht aber bereits der verschobene Eintrag »Erde«. Für den »Saturn« wurde die Schrittweite 8 ermittelt, sodass wir als nächstes den Index $0+8 = 8$ versuchen, der ebenfalls zu einer Kollision führt. Wir setzen die Suche nach einem leeren Platz an der Stelle $8+8 \bmod 13 = 3$ fort. Da auch dieser Index bereits belegt ist, versuchen wir es an $3+8 = 11$, wo wir letztendlich den »Saturn« eintragen. Insgesamt sind damit in allen Sondierungsketten 8 Kollisionen enthalten.   □

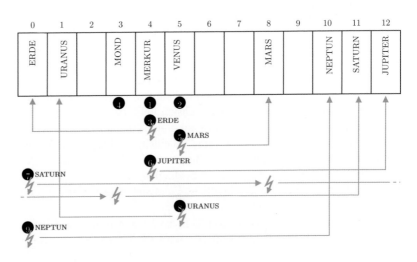

Bild 9.8: Doppel-Hashing mit einer zweiten Hash-Funktion als
        Sondierungsfunktion.

Beispiel 9.27:

Tabelle 9.6 zeigt für eine Hash-Tabelle der Größe $p = 10\,036\,223$ die experimentell ermittelte, durchschnittliche und maximal aufgetretene Länge der Sondierungsketten beim Doppel-Hashing. Die Ergebnisse sind vergleichbar gut zu denen des Hashings mit quadratischem sondieren (Tabelle 9.5). Die Durchschnittswerte deuten auch an, dass das Doppel-Hashing insgesamt geringfügig kürzere Sondierungsketten ausbildet. □

 Tatsächlich kann man für das Doppel-Hashing auch die Längen der Sondierungsketten genauer analysieren und empirisch beweisen, wie sie vom Füllgrad abhängen. Knuth (1998b) führt an, dass die Länge für die Suche nach vorhandenen Elementen etwa $-\frac{\ln(1-\alpha)}{\alpha}$ und für nicht vorhandene Elemente etwa $\frac{1}{1-\alpha}$ ist.

Die individuellen, aber konstanten Schrittweiten der verschiedenen Elemente ermöglichen einen zusätzlichen Trick: Anstatt immer das neu einzufügende Element weiter entlang der Sondierungskette zu verschieben, können wir bei jeder Kollision überprüfen, ob das bereits gespeicherte Element auf ein freies Feld verschoben werden kann.

Bild 9.9 zeigt die vier möglichen Fälle, die auftreten können, wenn ein Element an einer Position des Felds eingefügt werden soll. Im ersten und einfachsten Fall ist die Position frei und das Element kann dort gespeichert werden. Im zweiten Fall ist die Position durch y belegt, aber das neue Element x kann an der nächsten Stelle gemäß seiner Schrittweite abgelegt werden. Falls jedoch im dritten Fall auch diese Stelle belegt ist, prüfen wir, ob

Tabelle 9.6: Länge der Sondierungsketten beim Doppel-Hashing für $p = 10\,036\,223$ und den angegebenen Füllgrad α.

α	0,5	0,8	0,9	0,95	0,99
Durchschnitt	0,39	1,01	1,56	2,15	3,66
Maximum	16	71	120	206	933

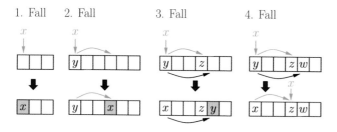

Bild 9.9: Einfügen in eine Hash-Tabelle mit EINFÜGEN-BRENT-HASHTABELLE (Algorithmus 9.10): Die Fälle werden von links nach rechts überprüft.

das an der ersten Position abgelegte Element *y* gemäß seiner Schrittweite in ein freies Feld verschoben werden kann. Wenn auch dies nicht möglich ist, werden für das Element *x* an der nächsten Position gemäß seiner Schrittweite die vier Fälle überprüft (wobei der erste Fall nicht eintreten kann, da er dem zweiten Fall der direkt davor geprüften Position entspricht.)

Der Ablauf EINFÜGEN-BRENT-HASHTABELLE ist in Algorithmus 9.10 dargestellt. Der erste Fall entspricht dabei dem Verlassen der While-Schleife. Der zweite und der vierte Fall werden in Zeile 5 und 6 geprüft bzw. behandelt. Fall drei, das Verschieben des bereits gespeicherten Elements, ist in den Zeilen 7–9 enthalten; das Speichern des neuen Elements findet in der nächsten Iteration durch die While-Schleife statt.

Es fehlen im Algorithmus die zuvor in EINFÜGEN-HASHTABELLE (Algorithmus 9.7) diskutierten Sonderfälle. Das Vergrößern der Tabelle bei zu großem Füllgrad müsste vor Zeile 10 eingefügt werden. Auch unterbleibt hier ein Test, ob das Element bereits enthalten ist, da hierfür die Sondierungsfolge komplett durchsucht werden muss – dies würde vor der While-Schleife separat erfolgen.

Beispiel 9.28:
Das bekannte Beispiel mit den Planeten wird in Bild 9.10 fortgesetzt. Interessant ist dabei das Einfügen des »Saturn«, der in Beispiel 9.26 erst nach drei Kollisionen einen freien Platz gefunden hat. Mit dem neuen Algorithmus für das Einfügen, kann direkt bei der ersten Kollision der Eintrag »Erde« auf ein freies Feld verschoben werden, sodass der »Saturn« ohne Kollisionen erreichbar ist, während die Sondierungskette für die »Erde« um eine Kollision länger wurde. Dadurch wurde die Anzahl der Kollisionen in allen Sondierungsketten auf 6 reduziert.   □

Algorithmus 9.10 Einfügen eines Elements in eine Hash-Tabelle mit dem Algorithmus nach Brent

EINFÜGEN-BRENT-HASHTABELLE(Schlüssel *neuerWert*, Daten *neueDaten*)

    Rückgabewert: nichts; Seiteneffekte

1   $i \leftarrow h(neuerWert)$

2   **while** $ht[i].status = $ BELEGT

3   **do** $\lceil$ $neufolgt \leftarrow (i + h'(neuerWert)) \bmod p$ alternative Nachfolge-

4      $altfolgt \leftarrow (i + h'(ht[i].wert) \bmod p$ positionen bestimmen

5   **if** $ht[neufolgt].status = $ FREI oder $ht[altfolgt].status = $ BELEGT

6   **then** $\lceil$ $i \leftarrow neufolgt$ neuen Wert verschieben

7   **else** $\lceil$ $ht[altfolgt].wert \leftarrow ht[i].wert$ alten Wert auf einen freien Platz

8               $ht[altfolgt].status \leftarrow $ BELEGT   schieben und das Feld für den

9         $\lfloor$ $\lfloor$ $ht[i].status \leftarrow $ ENTFERNT   neuen Wert frei machen

10 $ht[i].wert \leftarrow neuerWert$

11 $ht[i].daten \leftarrow neueDaten$ Element einfügen

12 $ht[i].status \leftarrow $ BELEGT

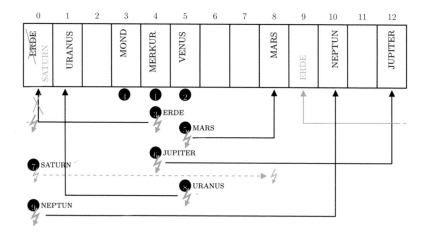

Bild 9.10: Doppel-Hashing mit einer zweiten Hash-Funktion als Sondierungsfunktion und Einfügen nach Brent.

Beispiel 9.29:

Auch für das Hashing mit EINFÜGEN-BRENT-HASHTABELLE (Algorithmus 9.10) bestimmen wir die Länge der Sondierungsketten für eine Hash-Tabelle der Größe $p = 10\,036\,223$. Die Ergebnisse in Tabelle 9.7 zeigen, dass durch diesen zusätzlichen algorithmischen Trick die Längen der Sondierungsketten nochmal um gut 25% reduziert werden konnten.   □

Laut theoretischer Überlegungen lässt sich die durchschnittliche Länge der Sondierungsfolgen auch für hohen Füllgrad α durch eine Konstante beschränken. Daraus ergibt sich direkt die Laufzeit für die Suche nach enthaltenen Elementen. Die Laufzeit der erfolglosen Suche ist unverändert zum Doppel-Hashing.

 Die Grundidee des Hashings soll sich auf den IBM-Mitarbeiter Hans Peter Luhn im Jahr 1953 zurück verfolgen lassen, der wohl auch bereits mit externer Kollisionsauflösung gearbeitet hat. Dieser Ansatz wurde dann später von Williams (1959) publiziert. Das geschlossene Hashing mit linearer Sondierung stammt von Peterson (1957). In den

Tabelle 9.7: Länge der Sondierungsketten beim Doppel-Hashing mit Brent für $p = 10\,036\,223$ und den angegebenen Füllgrad α.

α	0,5	0,8	0,9	0,95	0,99
Durchschnitt	0,29	0,69	1,05	1,49	2,76
Maximum	11	33	76	155	840

1960er Jahren wurden dann die besser streuenden Sondierungsfunktionen entwickelt: quadratisches Sondieren von Maurer (1968) und Doppel-Hashing von de Balbine (1968). Die verbesserte Version des Einfügens beim Doppel-Hashing geht auf Brent (1973) zurück.

Die Technik der Hash-Tabellen wird sehr häufig eingesetzt. So enthält beispielsweise auch das Collections-Framework von Java Hash-Tabellen mit externer Kollisionsauflösung. Ohne tieferes Wissen und mit einer unbedarften Konfiguration der Hash-Tabelle kann diese Standard-Hash-Tabelle jedoch schnell zu unbefriedigenden Ergebnissen führen.

> Die Idee des *direkten Zugriffs*, die als Leitgedanke das Kapitel bestimmt hat, wurde auf unterschiedliche Art und Weise umgesetzt. Bezüglich des Sortierproblems konnte mit COUNTINGSORT tatsächlich ein direktes Abspeichern der Elemente umgesetzt werden. Die engen Rahmenbedingungen wurden dann in RADIX-SORT aufgeweicht, wodurch allerdings dann auch durch »iterierten direkten Zugriff« sortiert wird. Beim Mengenproblem wurden zwei Techniken vorgestellt, die den Zugriff auf Elemente mit fast konstanter Laufzeit erreichen sollen. Dabei sind die Hash-Tabellen eine Datenstruktur, die sehr große Verbreitung gefunden hat und universell einsetzbar ist.

Übungsaufgaben

Aufgabe 9.1:   Interpolationssuche

Wenden Sie die INTERPOLATIONS-SUCHE (Algorithmus 9.1) auf die folgenden Felder an. Dokumentieren Sie alle Schritte.

a) Suchen Sie nach 20 im folgenden Feld.

2	4	5	8	11	15	16	17	20	22

b) Suchen Sie nach 500 im folgenden Feld.

1	2	5	10	20	50	100	200	500	1000

Führen Sie ebenfalls binäre Suche auf den Feldern aus und vergleichen Sie die benötigten Vergleichsoperationen.

Aufgabe 9.2:   Worst-Case-Laufzeit der Interpolationssuche

Durch ein Beispiel soll Satz 9.3 bewiesen werden.

a) Geben Sie ein Beispiel der Länge 10 an, bei dem die Suche nach dem Schlüssel an der vorletzten Position in der ersten Schätzung zur ersten Position führt.

b) Erweitern Sie das Beispiel so, dass die Schätzungen auch die Positionen 2–8 durchlaufen.

c) Formulieren Sie das Beispiel so, dass es abhängig von der Feldlänge n funktioniert.

Aufgabe 9.3:   Countingsort

Führen Sie Countingsort (Algorithmus 9.2) auf dem folgenden Feld
durch. Die Schlüsselmenge sei durch $\{1, \ldots, 5\}$ gegeben.

5	1	5	3	1	3	5	4	4	1

Aufgabe 9.4:   Radix-Sort

Führen Sie Radix-Sort (Algorithmus 9.3) auf dem folgenden Feld A
durch:

101	001	011	100	111	010	110	000

Aufgabe 9.5:   Hashing

Betrachten Sie eine Hash-Tabelle der Größe $p = 13$ und fügen Sie die
folgenden Schlüssel in die Hash-Tabelle ein: 15, 47, 21, 61, 23, 13, 10,
65, 34. Bestimmen Sie jeweils die Anzahl der Kollisionen. Benutzen Sie

   a) lineares Sondieren,

   b) quadratisches Sondieren,

   c) Doppel-Hashing mit $h'(x) = (x \bmod 11) + 1$ und

   d) Doppel-Hashing mit demselben h' und Einfügen nach Brent.

Aufgabe 9.6:   Alternative Hash-Funktion

Eine Alternative zur im Haupttext beschriebenen Modulo-Methode ist
die Multiplikations-Methode bei der der Hash-Wert wie folgt berechnet ► Multiplikations-Methode
wird: $h(b) = \lfloor p \cdot (b \cdot z - \lfloor b \cdot z \rfloor) \rfloor$ mit einer fest gewählten irrationalen Zahl
$0 < z < 1$. Laut Literatur hat sich $z = \frac{\sqrt{5}-1}{2} \approx 0{,}6180329887$ bewährt.

Berechnen Sie mit dieser Formel die Hash-Werte für die Elemente
aus Tabelle 9.2 mit $p = 13$.

Dank unregelmäßiger Arbeitszeiten und Überstunden kauft Algatha oft nur einmal im Monat so richtig groß im Supermarkt ein. Wieder einmal hat sie es geschafft, ihren Hamster-Einkauf in den Zeitraum zu legen, in dem sich offensichtlich eine komplette Kleinstadt im Supermarkt tummelt – trotz der hochsommerlichen Hitze. Nach einer längeren Wartezeit kann sie endlich ihre Berge an Pizza, Nudeln, fertigen Nudelsoßen und allerlei Knabberkram auf dem Kassenband platzieren. Da sie ja nie so richtig abschaltet, ist sie natürlich wieder halb bei der Arbeit und überlegt sich, was denn nun die Unterschiede zwischen der auf der Arbeit programmierten Datenstruktur der Warteschlange und den Warteschlangen hier im Supermarkt sind. Und eigentlich kann sie gar keinen richtigen Unterschied feststellen – außer dass im Supermarkt mehrere parallele Warteschlangen sind: Man muss sich schon früh für eine Warteschlange entscheiden. Algatha hatte offensichtlich mal wieder die langsamste Kassiererin erwischt. »Es dauert eben so lange, wie es dauert...« beruhigt sie sich selbst, da fällt ihr Blick auf den jungen Mann direkt hinter ihr in der selben Schlange, der sich offensichtlich nur für den Kauf einer Eistüte in den Supermarkt begeben hat. Angesichts der Hitze im Supermarkt scheint der Inhalt der Eistüte immer weicher und flüssiger zu werden. Algatha grinst ihn an und sagt »Na, ihr Einkauf scheint eine höhere Priorität zu haben. Dann gehen Sie doch schnell mal vor!« Grübelnd begibt sie sich zu ihrem Kleinwagen und ist schon innerlich dabei, in ihre programmierte Warteschlange ebenfalls Prioritäten einzubauen – aber wozu eigentlich? Da ruft sie: »Na klar! Beim Dijkstra-Algorithmus haben wir das eigentlich ja schon gemacht!«

10 Prioritätswarteschlangen

Hermione: Now, if you two don't mind, I'm going to bed
before either of you come up with another clever idea
to get us killed. Or worse, expelled.
Ron: She needs to sort out her priorities.
(Harry Potter and the Sorcerer's Stone, 2001)

10.1 Motivation

Im Algorithmus 5.2 (DIJKSTRA) in Abschnitt 5.3 hatten wir implizit eine spezielle Warteschlange als Datenstruktur eingeführt, mit der wir die bekannten Knoten verwaltet und jeweils denjenigen Knoten mit der kleinsten Entfernung vom Startknoten ausgewählt haben. Wir hätten hierfür auch eine eigene Datenstruktur, die Prioritätswarteschlange einführen können, die wir dann mit den folgenden Operationen versehen hätten. Da immer derjenige Knoten mit der kleinsten Entfernung gewählt wird, würde hier die Entfernung dem Prioritätswert entsprechen und ein »kleinerer Prioritätswert« wäre früher dran.

▶Prioritätswarteschlange

EINFÜGEN-PW(x, p): Es wird ein neues Element x mit Prioritätswert p aufgenommen – große Prioritätswerte werden quasi hinten angestellt, kleine passend einsortiert.

ISTLEER-PW(): Es wird geprüft, ob die Datenstruktur noch Elemente enthält.

MINIMUM-LIEFERN-PW(): Es wird dasjenige Element zurückgegeben und aus der Datenstruktur gelöscht, das den kleinsten Prioritätswert hat.

PRIO-VERBESSERN-PW(x, p): Der Prioritätswert eines Elements x wird auf den Wert p gesetzt – dabei erlaubt man in der Regel nur die Verkleinerung des Prioritätswerts, d.h. das Erzwingen einer früheren Behandlung.

Damit ergibt sich die in Algorithmus 10.1 formulierte Variante DIJKSTRA-MIT-PW. Im Vergleich zum Algorithmus aus Abschnitt 5.3 fällt dabei vor

---

Algorithmus 10.1 Dijkstra-Algorithmus zur Bestimmung der kürzesten Wege (formuliert mit einer Prioritätswarteschlange)

---

www
DijkstraPW.java

DIJKSTRA-MIT-PW(Knoten V, Kanten $E \subset V \times V$, Kosten $\gamma : E \to \mathbb{R}$, Startknoten $s \in V$)

Rückgabewert: Distanzen *abstand*, Wege *vorgänger*

```
 1  for alle Knoten u ∈ V
 2  do ⌐ abstand[u] ← ∞
 3     ∟ vorgänger[u] → NULL
 4  abstand[s] ← 0
 5  Q ← allokiere Prio-Warteschlange()
 6  for alle Knoten u ∈ V                    ⎤ alle Knoten in die
 7  do [ Q.EINFÜGEN-PW(u, abstand[u])        ⎦ Prioritätswarteschlange
 8  while ¬Q.ISTLEER-PW()
 9  do ⌐ aktuell ← Q.MINIMUM-LIEFERN-PW()      ⎤ Knoten mit bester Priorität
10     for alle  v ∈ V mit (aktuell, v) ∈ E
11     do ⌐ if abstand[v] > abstand[aktuell] + γ[aktuell, v]
12        then ⌐ abstand[v] ← abstand[aktuell] + γ[aktuell, v]
13              Q.PRIO-VERBESSERN-PW(v, abstand[v])   ⎤ Priorität der be-
14     ∟   ∟    ∟ vorgänger[v] → aktuell              ⎥ nachbarten Knoten
15  return abstand, vorgänger                         ⎦ aktualisieren
```

Index = Knotennummer

	1	2	3	4	5	6	7
Prio	3	5	6	4	2	3	5
Enth.?	f	t	t	t	f	f	t

Beispiel zum Feld als
Prioritätswarteschlange

allem auf, dass die aufwändige Auswahl des nächsten Knotens am Ende der Schleife durch eine einzelne Operation der Prioritätswarteschlange ersetzt wurde.

Eine Prioritätswarteschlange kann auf unterschiedliche Weise umgesetzt werden. Das nebenstehende Bild zeigt die Verwendung einer Prioritätswarteschlange als Feld in Algorithmus 10.1 (DIJKSTRA-MIT-PW): Über die Nummer des Knotens als Index kann auf die Werte der Prioritätswarteschlange zugegriffen werden. Das obere Feld enthält dabei die Prioritätswerte und das untere Feld die Information, ob das Element noch in der Warteschlange enthalten ist. Wird dann das nächstkleinste Element gesucht, müssen alle Indizes überprüft werden und dasjenige noch enthaltene mit dem kleinsten Wert wird gewählt.

Daraus ergeben sich die folgenden asymptotischen Laufzeiten. EINFÜGEN-PW und PRIO-VERBESSERN-PW benötigen konstante Zeit $\Theta(1)$, da direkt auf die entsprechenden Einträge in den Feldern zugegriffen werden kann. Allerdings muss für ISTLEER-PW und MINIMUM-LIEFERN-PW das gesamt Feld untersucht werden, was in der Laufzeit $\Theta(n)$ resultiert.

> Das geht doch bestimmt schneller. Lasst mich mal überlegen...
> Wie wäre es mit einem binären Baum statt eines Feldes?

Im folgenden Abschnitt wird eine bessere Prioritätswarteschlange vorgestellt. Die Operationen ...-PW in Algorithmus 10.1 müssen dann durch die jeweiligen neuen Algorithmen ersetzt werden.

10.2 Binäre Heaps

Die zentrale Operation bei den Prioritätswarteschlangen ist das Minimum-Liefern-PW. Um dies zu beschleunigen, müssen wir die Daten bezüglich der Priorität »irgendwie so sortiert« haben, dass das Element mit dem kleinsten Prioritätswert leicht identifiziert werden kann. Eine genaue Sortierung der Elemente mit einem schlechten Prioritätswert ist nicht notwendig. Es muss lediglich so viel Information vorhanden sein, dass nach der Entfernung des Minimums mit geringem Aufwand das neue Minimum unter den Prioritätswerten identifiziert werden kann. Diese Anforderungen realisieren wir durch spezielle Bäume, in denen die folgende Eigenschaft gilt.

Definition 10.1:   Heap-Eigenschaft

Ein Baum erfüllt die Heap-Eigenschaft bezüglich einer Vergleichsrelation »>« auf den Schlüsselwerten genau dann, wenn für jeden Knoten u des Baums gilt, dass $u.wert > v.wert$ für alle Knoten v aus den Unterbäumen von u.

▶Heap-Eigenschaft

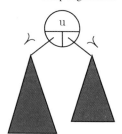

In Abhängigkeit von der gewählten Vergleichsrelation erhält man nun einen Baum, der entweder das Minimum oder das Maximum in der Wurzel enthält, da alle anderen Knoten entsprechend »schlechter« sind.

Heap-Eigenschaft

Definition 10.2:   Min- bzw. Max-Heap

Ein binärer Baum, der die Heap-Eigenschaft mit der Relation »<« erfüllt, wird als Min-Heap bezeichnet. Gilt die Heap-Eigenschaft mit »>« , spricht man von einem Max-Heap.

▶Min-Heap
▶Max-Heap

Beispiel 10.3:

Der nebenstehende Baum ist ein Beispiel für einen Min-Heap. Für jeden einzelnen Knoten lässt sich die Heap-Eigenschaft überprüfen: So enthalten die Knoten mit den Schlüsselwerten 10, 20, 25 und 35 jeweils den kleinsten Schlüssel in dem durch sie als Wurzel bestimmten Baum. Deutlich erkennt man, dass es neben der Heap-Eigenschaft keine Ordnung zwischen den Knoten der beiden Unterbäume eines Knotens gibt.   □

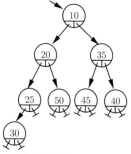

Beispiel eines Min-Heaps.

Wie wir schon bei der Diskussion zu binären Suchbäumen und AVL-Bäumen gesehen haben, liefert die reine Berücksichtigung einer Eigenschaft bzgl. der Anordnung der Knoten im Baum (z.B. Suchbaum- oder Heap-Eigenschaft) keine Garantie bzgl. der Laufzeiten. Bei den AVL-Bäumen mussten daher über die Balance-Eigenschaft weiter eingegriffen werden, um die Tiefe der Suchbäume logarithmisch zu beschränken. Analog wollen wir auch bei den Heaps eine logarithmische Tiefe erzwingen.

Dies können wir jedoch durch einen viel einfacheren Mechanismus als bei den AVL-Bäumen erreichen, da die Heap-Eigenschaft einen größeren Spielraum bzgl. der Anordnung aller n Knoten im Baum erlaubt. Tatsächlich ist der Spielraum so groß, dass wir die Elemente immer in einem

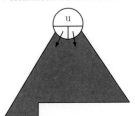

▶lückenloser binärer Baum

Form der Heaps als
lückenloser Baum.

lückenlosen binären Baum abspeichern können, der genau *tiefe* = $\lfloor \log_2 n \rfloor$ +
1 Ebenen enthält, dessen Ebenen $1, \ldots, (tiefe - 1)$ vollständig sind und die
unterste Ebene von links nach rechts keine Lücken enthält. Dies ist nebenstehend skizziert. Die konkrete Technik wird auf den nächsten Seiten entwickelt.

> Das wird ein schöner aufgeräumter Baum! Bin gespannt, wie
> sich das umsetzen lässt.

Da nun die Form eines Baums mit n Knoten fest vorgegeben ist, lässt
sich dieser platzeffizienter als in einer dynamischen Datenstruktur speichern,
indem die Knoten in Level-Order (vgl. Übungsaufgabe 4.17) in einem Feld
abgelegt werden. Dies ist beispielhaft in Bild 10.1 dargestellt.

In einem solchen als Feld gespeicherten binären Baum kann man zu
einem Knoten am Index i leicht auf die Wurzeln der zugehörigen Unterbäume zugreifen: diese befinden sich an den Indizes $2 \cdot i$ und $2 \cdot i + 1$. Ebenso
ist das nächste Element zur Wurzel hin am Index $\lfloor \frac{i}{2} \rfloor$ gespeichert. So kann
man sich auch im Feld quasi »entlang der Zeiger des Baums« bewegen.

Beispiel 10.4:
Wir betrachten den Knoten mit dem Prioritätswert 20 am Index $i = 3$ in
Bild 10.1. Der übergeordnete Knoten steht im Feld am Index $\lfloor \frac{3}{2} \rfloor = 1$, die
Wurzelknoten der beiden Unterbäume an den Positionen $2 \cdot 3 = 6$ und $2 \cdot 3 + 1$
$= 7$.   □

10.2.1   Einfügen und Minimum-Löschen

Der Heap besteht primär aus den Prioritätswerten, die in einem dynamischen Feld A_{prio} gespeichert werden. Die eigentlichen Daten liegen in ei-

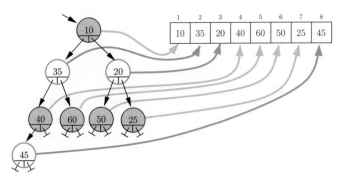

Bild 10.1: Die Knoten eines Min-Heaps werden in Level-Order in einem Feld
          gespeichert.

nem zweiten dynamischen Feld A_{daten}. Die Anzahl der gespeicherten Elemente ist *anzahl*.

Betrachten wir nun die Operationen im Heap. Wie auch schon beim Sortierproblem vernachlässigen wir dabei die Daten und kümmern uns nur um die Prioritätswerte – die zugehörigen Daten sind quasi an die Priorität »angeheftet«.

Das Einfügen kann relativ simpel dadurch realisiert werden, dass der Knoten an der ersten freien Stelle – also ganz unten im Baum – eingefügt wird und auf dem Pfad zur Wurzel durch Vertauschen die Heap-Eigenschaft wieder hergestellt wird. Dies ist möglich, weil beim Vertauschen ein Prioritätswert immer nur durch einen kleineren ersetzt wird, wodurch bei einem Min-Heap die bereits zu anderen Knoten geltende Heap-Eigenschaft erhalten bleibt. EINFÜGEN-MIN-HEAP (Algorithmus 10.2) beschreibt das Einfügen eines Elements. Das Aufsteigen im Heap ist in den Algorithmus 10.3 (AUFSTEIGEN-MIN-HEAP) ausgelagert. Die Zeile 4 von Algorithmus 10.2 kann zunächst ignoriert werden, da sie erst für die Modifikation von Prioritätswerten wichtig wird (vgl. Abschnitt 10.2.2). Die Basisoperation ist dabei das Vertauschen von Elementen im Heap, welches wir in VERTAUSCHE-HEAP (Algorithmus 10.4) beschrieben haben – auch hier kann Zeile 3 ignoriert werden.

Algorithmus 10.2 Einfügen eines Knotens in einen binären Min-Heap

WWW
Minheap.java

EINFÜGEN-MIN-HEAP(Daten *daten*, Priorität *prio*)
   Rückgabewert: –; Seiteneffekt: Felder geändert
1 *anzahl* $\leftarrow$ *anzahl* $+ 1$
2 $A_{\text{prio}}[\text{anzahl}] \leftarrow prio$ neues Element in Feld schreiben
3 $A_{\text{daten}}[\text{anzahl}] \leftarrow daten$
4 POSITIONSFELD-EINFÜGEN(*daten*, *anzahl*)   siehe Erklärung später
5 AUFSTEIGEN-MIN-HEAP(*anzahl*)   Element an den richtigen Platz schieben

---

Algorithmus 10.3 Aufsteigen eines Knotens in einem binären Min-Heap

WWW
Minheap.java

AUFSTEIGEN-MIN-HEAP(Index *index*)
   Rückgabewert: –; Seiteneffekt: Felder geändert
1 **while** *index* > 1 und $A[index] < A[\lfloor \frac{index}{2} \rfloor]$ Test der Heap-Eigenschaft
2 **do** $\ulcorner$ VERTAUSCHE-HEAP(*index*, $\lfloor \frac{index}{2} \rfloor$)
3     $\llcorner$ *index* $\leftarrow \lfloor \frac{index}{2} \rfloor$

Algorithmus 10.4 Das Vertauschen der Prioritätswerte und der Daten im Heap.

WWW
Minheap.java

VERTAUSCHE-HEAP(Indizes *i*, *k*)
   Rückgabewert: –; Seiteneffekt: Felder geändert
1 VERTAUSCHE(A_{prio}, *i*, *k*)
2 VERTAUSCHE(A_{daten}, *i*, *k*)
3 POSITIONSFELD-VERTAUSCHEN(*i*, *k*)

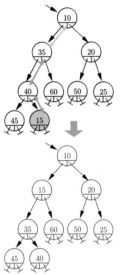

Einfügen eines neuen Knotens
im Heap.

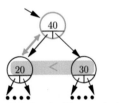

Absinken des Elements in die
richtige Richtung.

Beispiel 10.5:

In dem nebenstehenden Baum wird der Knoten 15 zunächst am Ende eingefügt. Die orange gekennzeichneten Vertauschungen schieben anschließend den neuen Knoten an die richtige Stelle, sodass die Heap-Eigenschaft wieder überall im Baum erfüllt ist.   □

> Das war jetzt ganz einfach, da die Heap-Eigenschaft stets nur durch Vertauschungen entlang eines Pfads vom Blatt zur Wurzel wieder hergestellt wird.

Wird dasjenige Element mit dem besten Prioritätswert – also die Wurzel des Heaps – aus der Warteschlange entfernt, muss diese Lücke wieder gefüllt werden. Aus der Form des Heaps als lückenloser binärer Baum folgt, dass diese Lücke zum ganz rechts stehenden Element der letzten Ebene des Baums geschoben werden muss. Allerdings könnte ein Verschieben der Elemente entlang des Pfads zwischen Wurzel und letztem Element die Heap-Eigenschaft an mehreren Stellen verletzen.

Daher bedient man sich des folgenden Tricks: Die Form des lückenlosen Baums wird sofort wieder hergestellt, indem das letzte Element direkt in die Wurzel verschoben wird. Dies hat zusätzlich den Vorteil, dass die Heap-Eigenschaft nur an der Wurzel verletzt ist – und dadurch wieder hergestellt werden kann, dass das fehlplatzierte Element in die Richtung des Elements mit der besseren Priorität in der nächsten Ebene durch Vertauschen absinkt.

Beispiel 10.6:

Der Knoten mit der Priorität 40 erfüllt die Heap-Eigenschaft nicht. Um sie herzustellen, wird 40 mit demjenigen Kindknoten vertauscht, welcher den kleineren Schlüssel hat.   □

Im Algorithmus 10.5 (Minimum-Liefern-Min-Heap) wird das letzte Element in die Wurzel kopiert und dann durch den Aufruf des rekursiven Absinken-Min-Heap (Algorithmus 10.6) die Heap-Eigenschaft wieder hergestellt.

Algorithmus 10.5 Extrahieren des Knotens mit der kleinsten Priorität in einem binären Min-Heap

---

Minimum-Liefern-Min-Heap()

    Rückgabewert: Element mit kleinster Priorität; Seiteneffekt: Felder geändert

1   Vertauschen-Heap(1, *anzahl*)   ⎤
2   *anzahl* ← *anzahl* − 1   ⎦ bestes Element hinter das Feld tauschen
3   Absinken-Min-Heap(1, *anzahl*)   ⎤ Ersatzelement an die richtige Stelle schieben
4   Positionsfeld-Löschen($A_{\text{daten}}[anzahl + 1]$)   ⎤ siehe Erklärung später
5   **return** $A_{\text{daten}}[anzahl + 1]$

Algorithmus 10.6 Absinken eines Knotens in einem binären Min-Heap

---

ABSINKEN-MIN-HEAP(Index *index*, obere Grenze *r*)

Rückgabewert: nichts; Seiteneffekt: Felder geändert

1 **if** $2 \cdot index \le r$ und $A_{\text{prio}}[2 \cdot index] < A_{\text{prio}}[index]$ } in den richtigen
2 **then** $\lceil min \leftarrow 2 \cdot index$ Teilbaum schieben
3 **else** $\lfloor min \leftarrow index$
4 **if** $2 \cdot index + 1 \le r$ und $A_{\text{prio}}[2 \cdot index + 1] < A_{\text{prio}}[min]$ } Sonderfall: nur
5 **then** $\lceil min \leftarrow 2 \cdot index + 1$ linker Teilbaum
6 **if** $min \ne index$ existiert
7 **then** $\lceil$ VERTAUSCHE-HEAP(*index*, *min*)
8     $\llcorner$ ABSINKEN-MIN-HEAP(*min*, *r*) } rekursiv weiter

---

Beispiel 10.7:

Im nebenstehenden Bild wird das kleinste Element an der Wurzel entfernt. Der Algorithmus MINIMUM-LIEFERN-MIN-HEAP schiebt den Knoten mit der Priorität 40 in die Wurzel. Um die Heap-Eigenschaft wieder herzustellen, muss die 40 mit der 15 in der nächsten Ebene vertauscht werden. Auch nach diesem Tausch ist die Heap-Eigenschaft wieder verletzt, da die 40 größer als die Priorität 25 in der dritten Ebene. Also muss die 40 auch mit der 25 vertauscht werden. Der resultierende Baum ist wieder ein Heap.   □

Zum Abschluss dieses Abschnitts wird noch mit Algorithmus 10.7 (IST-LEER-MIN-HEAP) die Operation angegeben, welche prüft, ob die Prioritätswarteschlange leer ist. Hierfür kann einfach das Attribut *anzahl* geprüft werden.

> Bisher sind wir davon ausgegangen, dass die Prioritätswerte definiert und fest sind. Das ist beim Dijkstra-Algorithmus jedoch nicht der Fall: Die Knoten werden ja zunächst mit der Priorität ∞ aufgenommen!

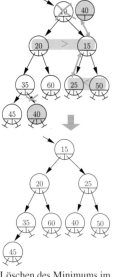

Löschen des Minimums im Heap.

10.2.2 Verringern eines Prioritätswerts

Als einzige Operation fehlt jetzt noch die Veränderung des Prioritätswerts eines gespeicherten Elements. Eine effiziente Umsetzung dieser Operation ist für unsere Anwendung im Algorithmus DIJKSTRA-MIT-PWs besonders wichtig, da sie evtl. sogar mehrfach für jeden Knoten aufgerufen wird.

    Man könnte natürlich im Feld A_{daten} linear nach dem jeweiligen Element suchen – was eine lineare Laufzeit nach sich ziehen würde. Damit wäre jeglicher Vorteil der Prioritätswarteschlange zunichte gemacht.

Algorithmus 10.7 Prüfe, ob der Heap Elemente enthält.

IST-LEER-MIN-HEAP()

Rückgabewert: wahr, wenn der Heap keine Elemente enthält

1 **return** (*anzahl* = 0)

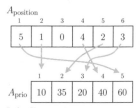

Jeder Knoten kann in dem Heap über das Feld $A_{position}$ identifiziert werden.

Daher führen wir eine weitere Datenstruktur ein, die den Zugriff auf die einzelnen Elemente regelt. Hierfür speichern wir den aktuellen Index zu jedem Element. Der Einfachheit halber gehen wir davon aus, dass die Knoten im Graphen der Menge $V = \{1, \ldots, n\}$ entsprechen. Wir können also ein Feld $A_{position}$ der Länge n anlegen, in welchem entweder der aktuelle Index in der Prioritätswarteschlange gespeichert ist, falls das Element enthalten ist, oder eine 0 falls das Element nicht enthalten ist.

Die Operationen zum Einfügen und Löschen eines Knotens ergeben sich als einfaches Setzen des jeweils aktuellen Indexes. Dabei gehen wir davon aus, dass innerhalb der Daten eines Knotens el die Knotennummer als $el.nr$ gespeichert ist. Die zugehörigen Algorithmen POSITIONSFELD-EINFÜGEN und POSITIONSFELD-LÖSCHEN sind in Algorithmus 10.8 und in Algorithmus 10.9 dargestellt.

Über den Algorithmus 10.10 (POSITIONSFELD-VERTAUSCHEN) werden die Änderungen durch VERTAUSCHE-HEAP (Algorithmus 10.4) auch im Positionsfeld $A_{position}$ durchgeführt. Dadurch werden alle Informationen sowohl beim Aufsteigen (AUFSTEIGEN-MIN-HEAP) als auch beim Absinken (ABSINKEN-MIN-HEAP) konsistent und korrekt gehalten.

In den Algorithmen MINIMUM-LIEFERN-MIN-HEAP und EINFÜGEN-MIN-HEAP hatten wir bereits die einfachen Aufrufe von POSITIONSFELD-EINFÜGEN und POSITIONSFELD-LÖSCHEN eingefügt, um den richtigen Index einzufügen bzw. das Element zu entfernen.

Nun haben wir alle Zutaten beieinander, um mit PRIO-VERBESSERN-MIN-HEAP (Algorithmus 10.11) die Priorität eines beliebigen Elements in der Prioritätswarteschlange zu verbessern. Wir benötigen das Feld $A_{position}$, um den richtigen Prioritätswert im Feld A_{prio} zu identifizieren. Ist dieser gefun-

---

Algorithmus 10.8 Positionsfeld beim Einfügen aktualisieren

WWW
Minheap.java

POSITIONSFELD-EINFÜGEN(Daten *daten*, Index *index*)
    Rückgabewert: –; Seiteneffekt: Feld geändert
1   $A_{position}[daten.nr] = index$ } aktuellen Index speichern

---

Algorithmus 10.9 Positionsfeld beim Löschen aktualisieren

WWW
Minheap.java

POSITIONSFELD-LÖSCHEN(Daten *daten*, Index *index*)
    Rückgabewert: –; Seiteneffekt: Feld geändert
1   $A_{position}[daten.nr] = 0$ } Knoten auf »gelöscht« setzen

---

Algorithmus 10.10 Das Vertauschen der Indizes im Positionsfeld eines Heaps

WWW
Minheap.java

POSITIONSFELD-VERTAUSCHEN(Indizes i, k)
    Rückgabewert: –; Seiteneffekt: Felder geändert
1   $A_{position}[A_{daten}[i].nr] = k$ ⎫
2   $A_{position}[A_{daten}[k].nr] = i$ ⎬ Indizes aktualisieren

---

Algorithmus 10.11 Heruntersetzen (Verbessern) der Priorität eines Knotens in einen binären Min-Heap

---

PRIO-VERBESSERN-MIN-HEAP(Nummer *nr*, Priorität *prio*)

    Rückgabewert: –; Seiteneffekt: *A* geändert

1   *index* ← $A_{position}[nr]$ ⎫

2   **if** *index* = 0   ⎬ aktuellen Index erfragen

3   **then** ⌐ **error** "Element nicht enthalten" ⎭

4   **else** ⌐ **if** *prio* > $A_{prio}[index]$

5   **then** ⌐ **error** "Unerlaubter Prioritätswert"

6   **else** ⌐ $A_{prio}[index]$ ← *prio*   ⎤ neue Priorität setzen

7   ⌊   ⌊ AUFSTEIGEN-MIN-HEAP(*index*) ⎦ an die richtige Stelle schieben

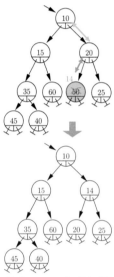

den, wird lediglich der neue Prioritätswert durch Aufsteigen an die richtige Stelle geschoben. Zuvor überprüfen wir, ob der Prioritätswert tatsächlich verbessert wurde – gilt dies nicht, so bricht der Algorithmus mit einer Fehlermeldung ab.

Beispiel 10.8:

Auf den Knoten mit bisheriger Priorität 50 wird PRIO-VERBESSERN-MIN-HEAP aufgerufen, um die Priorität auf 14 zu verbessern. Wie die nebenstehende Abbildung zeigt, wird der Knoten zur Wurzel hin mit den darüber liegenden Knoten verglichen und steigt solange auf, bis die Heap-Bedingung erfüllt ist. Konkret werden hier Priorität 14 und 20 vertauscht. Danach gilt die Heap-Eigenschaft, da die Priorität 10 besser als die Priorität 14 ist. □

Satz 10.9:   **Laufzeit der Heap-Operationen**

Alle Operationen im Heap mit n Elementen sind in O(log n).

Beweis 10.10:

Alle Algorithmen nutzen das Aufsteigen oder Absinken eines Element im Heap. Das bedeutet, dass die Laufzeit direkt durch die Höhe des Baums bestimmt ist, die immer $\lfloor \log n \rfloor + 1$ entspricht. ∎

Verbesserung der Priorität
eines Knotens im Heap.

Binäre Heaps als Prioritätswarteschlangen wurden implizit von Williams (1964) eingeführt. Prioritätswarteschlangen mit wesentlich besserer asymptotischer Laufzeit für einzelne Operationen wurden später beispielsweise in Form der Pairing-Heaps (Fredman et al., 1986) oder der Fibonacci-Heaps (Fredman & Tarjan, 1987) eingeführt.

Mit dem obigen Satz lässt sich jetzt die Laufzeit des Algorithmus 10.1 (DIJKSTRA-MIT-PWs) auf Seite 258 mit binären Heaps als Prioritätswarteschlangen zeigen.

Satz 10.11:   **Laufzeit des Dijkstra-Algorithmus**

Durch den Einsatz von binären Heaps hat DIJKSTRA-MIT-PWs die asymptotische Laufzeit $O((\#V + \#E) \cdot \log(\#V))$.

Beweis 10.12:

Analog zum Beweis von Satz 5.12 kann man argumentieren, dass die While-Schleife ab Zeile 8 nur $\#V$ oft durchlaufen wird und die For-Schleife ab Zeile 10 für jede Kante genau einmal abgearbeitet wird. Daraus ergeben sich Obergrenzen dafür, wie oft die Operationen ausgeführt werden. EINFÜGEN und MINIMUM-LIEFERN werden $\#V$ Mal aufgerufen. PRIO-VERBESSERN wird höchstens $\#E$ mal aufgerufen. Da maximal $\#V$ Elemente in der Prioritätswarteschlange enthalten sind, besitzt jede Operation bei binären Heaps die Laufzeit $\log(\#V)$. Die Gesamtlaufzeit folgt direkt. ∎

Vergleichen wir nun die Laufzeit $O((\#V + \#E) \cdot \log(\#V))$ des Algorithmus mit dem binären Heap (Satz 10.11) und die Laufzeit $O((\#V)^2)$ des Algorithmus mit dem Feld zur Verwaltung der Weglängen (Satz 5.12). Für einen Graphen mit verhältnismäßig vielen Kanten, z.B. $\#E \approx (\#V)^2$, hat die Variante mit dem Feld eine bessere Laufzeit. Allerdings ist für dünne Graphen mit $\#E < \frac{(\#V)^2}{\log(\#V)}$ die Variante mit dem binären Heap effizienter.

10.3 Heapsort

Dieses Feld mit Heap-Eigenschaft ist sehr praktisch. Das lässt sich doch bestimmt auch noch woanders gut einsetzen... War da nicht ein Sortieralgorithmus, bei dem immer das Maximum in einem Feld gesucht wurde? Richtig: bei Selectionsort! Aber das war ja das Maximum und nicht wie gerade eben das Minimum...

Der im vorigen Kapitel eingeführte Heap bietet ein auf eine spezielle Art organisiertes Feld, in dem wir mit einer geringen Laufzeit wiederholt das Minimum bzw. Maximum identifizieren und entfernen können. Die iterierte Suche nach dem Maximum eines unsortierten Restfelds ist die Kernidee von SELECTIONSORT (Algorithmus 5.1). In diesem Teil des Kapitels verbinden wir beide Konzepte miteinander und verwalten das unsortierte Restfeld in Form eines binären Heaps.

So kann der Sortieralgorithmus als einfacher Vierzeiler HEAPSORT (Algorithmus 10.12) formuliert werden. Der Aufruf in der ersten Zeile stellt die

---

Algorithmus 10.12 Sortieren durch Auswählen mit einem Heap

HEAPSORT(Feld A)

   Rückgabewert: nichts; Seiteneffekt: A sortiert
1   AUFBAU-MAX-HEAP()   ] Heap-Eigenschaft herstellen
2   **for** $i \leftarrow A.länge, \ldots, 2$
3   **do** ⌈ VERTAUSCHE($A, 1, i$)   ] sortiertes Feld um 1 vergrößern
4   ∟ ABSINKEN-MAX-HEAP($1, i - 1$)] Heap-Eigenschaft wieder herstellen

Max-Heap-Eigenschaft auf dem unsortierten Feld her (und wird später in diesem Abschnitt noch genauer beleuchtet).

Über die Max-Heap-Eigenschaft wird erreicht, dass stets der größte Wert des unsortierten Restes an der ersten Stelle des Felds A steht. Durch den iterativen Tausch mit dem letzten Element des unsortierten Teilfelds vergrößert sich das sortierte Teilfeld mit den größten Elemente (hinter dem unsortierten Feld) langsam.

Das Absinken im Max-Heap funktioniert analog zum Absinken im Min-Heap im vorherigen Abschnitt. Allerdings brauchen wir in HEAPSORT keine Operation, die den Prioritätswert eines Elements ändert – die Prioritätswerte entsprechen ja den Schlüsseln. Daher können wir auf das Positionsfeld verzichten und auch auf die Speicherung der Daten verzichten wir wie üblich bei der Darstellung der Sortieralgorithmen.

Ferner haben wir bei den Sortieralgorithmen bisher viel Wert auf Effizienz gelegt: Aus diesem Grund formulieren wir den Algorithmus 10.13 (ABSINKEN-MAX-HEAP) iterativ statt rekursiv, wodurch wir das absinkende Element nicht durch Vertauschungen sondern ähnlich wie bei INSERTIONSORT durch Verschieben von Elementen an den richtigen Platz im Heap bekommen. Dies spart knapp die Hälfte der Schreiboperationen auf dem Feld.

Bleibt noch die Frage nach dem Aufbau des Heaps für alle Elemente am Anfang der Suche. Der natürlich erste Lösungsansatz ist das iterative Einfügen der Elemente von links nach rechts, so wie es bei den binären Heaps im letzten Abschnitt vorgestellt wurde: Das jeweils neue Element steigt im Heap an seine richtige Stelle auf.

Allerdings ist diese Vorgehensweise nicht effizient, denn jedes Element kann im Worst-Case jeweils bis zur Wurzel aufsteigen. Da in einem Heap

---

Algorithmus 10.13 Absinken eines Knotens in einem binären Max-Heap

www
Heapsort.java

ABSINKEN-MAX-HEAP(Index *index*, obere Grenze *r*)

    Rückgabewert: nichts; Seiteneffekt: Felder geändert

```
 1   wert ← A[index]
 2   repeat ⌐ alterIndex ← index
 3            if 2 · index ≤ r und A[2 · index] > wert          ⎫
 4              then ⌐ max ← 2 · index                          ⎪  Maximum
 5                   ∟ maxWert ← A[2 · index]                   ⎪  des Knotens
 6              else ⌐ max ← index                              ⎪  und der
 7                   ∟ maxWert ← wert                           ⎬  Wurzeln seiner
 8            if 2 · index + 1 ≤ r und A[2 · index + 1] > maxWert⎪  Unterbäume
 9              then ⌐ max ← 2 · index + 1                      ⎪  bestimmen
10                   ∟ maxWert ← A[2 · index + 1]               ⎭
11            if max ≠ index                                    ⎫  Maximum eine Ebene
12              then ⌐ A[index] ← A[max]                        ⎬  hoch schieben
13          ∟      ∟ index ← max                                ⎭
14   until alterIndex = max
15   A[max] ← wert    ⎤ abgesunkenes Element schreiben
```

mit n Elementen $\lceil \frac{n}{2} \rceil$ Elemente Blätter sind und der Baum lückenlos ist, können diese $\lfloor \log_2 n \rfloor$ Ebenen aufsteigen. Dies ergibt einen Worst-Case-Aufwand von $\Omega(n \cdot \log n)$.

Wenn wir stattdessen von unten nach oben kleine Heaps aufbauen und diese – ähnlich zum dynamischen Programmieren – zu nächstgrößeren Teillösungen kombinieren, erhalten wir den Ablauf in Algorithmus 10.14 (AUFBAU-MAX-HEAP). Dabei ist das Element am Index $\lfloor \frac{n}{2} \rfloor$ das erste »Nicht-Blatt« – alle Elemente an größeren Indizes sind also triviale einelementige Heaps. So kann aus zwei beliebigen Heaps und einem neuen Element als Wurzel durch Absinken wieder ein Heap konstruiert werden.

Satz 10.13:   Laufzeit des Heapaufbaus

Die Laufzeit von AUFBAU-MAX-HEAP *(Algorithmus 10.14) ist in* $O(n)$.

Beweis 10.14:

Die Anzahl der Ebenen im Heap ist $h = \lfloor \log_2 n \rfloor + 1$. Ein Element der vorletzten Ebene kann also maximal eine Ebene absinken, der drittletzten Ebene zwei Ebenen etc. In der Ebene i gibt es also 2^{i-1} Knoten, die maximal $h - i$ Ebenen absinken können. Der Zeitaufwand lässt sich nach oben durch

$$\sum_{i=1}^{h-1} 2^{i-1} \cdot (h-i) = \sum_{k=1}^{h-1} 2^{h-k-1} \cdot k = 2^{h-1} \cdot \underbrace{\sum_{k=1}^{h-1} \frac{k}{2^k}}_{=\frac{1}{2}+\frac{2}{4}+\frac{3}{8}+\dots}$$

$$\leq 2^{h-1} \cdot \underbrace{\sum_{k=1}^{\infty} k \cdot (\frac{1}{2})^k}_{=\frac{\frac{1}{2}}{(1-\frac{1}{2})^2}=2} = 2^{\lfloor \log_2 n \rfloor + 1} \cdot 2 \approx 4 \cdot n.$$

beschränken. Dabei kommt beim Übergang auf die unendliche Summe Satz B.3 zur Anwendung. ∎

Es folgt direkt die Laufzeit $O(n \cdot \log n)$ für den gesamten Algorithmus 10.12.

Beispiel 10.15:

In einem detaillierten Beispiel wollen wir die Funktionsweise von HEAPSORT (Algorithmus 10.12) beleuchten. Bild 10.2 zeigt den Heapaufbau mit Algorithmus 10.14 (AUFBAU-MAX-HEAP). Der Reihe nach sinken die Elemente an

---

Algorithmus 10.14 Aufbau des binären Max-Heap in linearer Zeit

AUFBAU-MAX-HEAP()

    Rückgabewert: nichts; Seiteneffekt: A geändert

1 **for** $i \leftarrow \lfloor \frac{A.länge}{2} \rfloor, \dots, 1$

2 **do** $\llcorner$ ABSINKEN-MAX-HEAP(i, $A.länge$)

1	2	3	4	5	6	7	8	9	10	Schlüssel-vergleiche	Schreib-zugriffe
20	54	28	31	5	24	39	14	1	15		
20	54	28	31	5	24	39	14	1	15	1	2
20	54	28	31	15	24	39	14	1	5	2	0
20	54	28	31	15	24	39	14	1	5	2	2
20	54	39	31	15	24	28	14	1	5	2	0
20	54	39	31	15	24	28	14	1	5	6	3
54	31	39	20	15	24	28	14	1	5		

Bild 10.2: Der Ablauf von AUFBAU-MAX-HEAP (Algorithmus 10.14) wird an einem Beispiel demonstriert. Die orange hinterlegten Felder zeigen an, welche Elemente mit dem umkreisten Element verglichen wurden.

den Indizes 5,...,1 ab. Die Elemente an den Indizes 4 und 2 (Schlüssel 31 und 54) bleiben stehen, da die Heapbedingung bereits erfüllt ist. Die Elemente an den Indizes 5 und 3 (Schlüssel 5 und 28) werden mit der Wurzel eines der Unterbäume im Heap vertauscht – weiter kann das Element dann jeweils nicht absinken, weil es bereits in einem Blatt angekommen ist. Am Interessantesten ist das Element mit Schlüssel 20 am Index 1: Es wird zunächst mit den Werten an den Indizes 2 und 3 verglichen. Da der Schlüssel 54 am Index 2 der größte Wert ist, wird der Schlüssel 54 auf den Index 1 geschoben. Dann wird der Schlüssel 20 mit den Schlüsseln an den Indizes 4 und 5 verglichen. Der größte der drei betrachteten Schlüsselwerte, die 31 am Index 4, wird auf den Index 2 geschoben. Die weiteren Vergleiche mit den Schlüsseln an den Indizes 8 und 9 ergeben, dass keine weiteren Elemente zu verschieben sind. Der absinkende Schlüsselwert 20 wird am Index 4 abgelegt. Der resultierende Heap ist nebenstehend als Baum dargestellt.

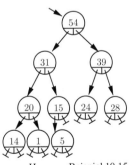

Heap aus Beispiel 10.15.

Bild 10.3 zeigt die Sortierphase. Im ersten Schritt wird der Schlüssel 54 mit dem Schlüssel 5 vertauscht und diese sinkt entsprechend im Heap bis zum Index 7 ab. Im nächsten Schritt wird die 39 mit der 1 vertauscht. Beim anschließenden Absinken werden die bereits sortierten Elemente an den Indizes 9 und 10 nicht berücksichtigt, sodass als Unterknoten unter dem Index 4 lediglich der Index 8 untersucht wird – dorthin wird das Element mit dem Schlüssel 1 letztendlich auch geschoben. Das iterierte Tauschen und Absinken führt in der letzten Iteration zum sortierten Feld.

Es ergeben sich insgesamt 39 Schlüsselvergleiche und 46 Schreibzugriffe auf das Feld. □

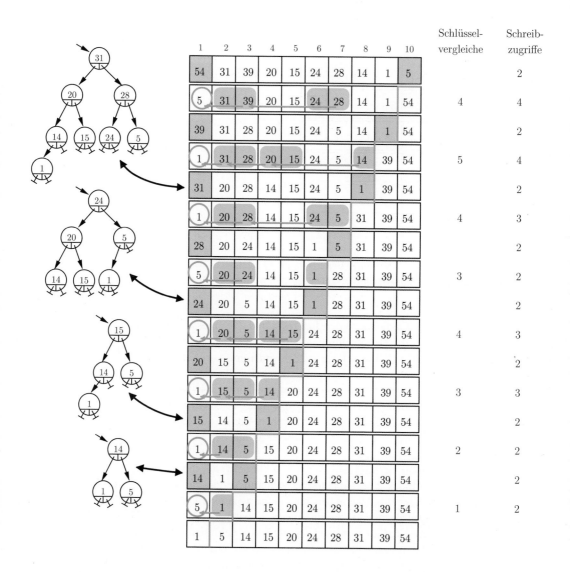

Bild 10.3: Der Ablauf der Sortierphase von HEAPSORT (Algorithmus 10.12) an einem Beispiel. Die orange hinterlegten Felder zeigen an, welche Elemente mit dem umkreisten Element verglichen wurden. Die Treppenlinie trennt die bereits sortierten Elemente ab. (Fortsetzung von Bild 10.2.)

Wir betrachten zum Abschluss nochmals ein größeres Beispiel.

Beispiel 10.16:
Bild 10.4 zeigt mehrere Momentaufnahmen beim Sortieren von 80 Zahlen.
Im rechten Teil der Bilder sieht man die sortierte Folge wachsen, während
der unsortierte Teil als Heap organisiert ist. Im Vergleich zu SELECTIONSORT
(Algorithmus 5.1) in Bild 5.2 wurde die Anzahl der Vergleich stark redu-
ziert – allerdings benötigt HEAPSORT für die Wiederherstellung der Heap-
Eigenschaft mehr Schreiboperationen, da SELECTIONSORT immer mit einem
Tausch das größte Element platzieren kann.   □

Wenn wir den Ablauf in Beispiel 10.15 anschauen, stellen wir fest, dass
beim Absinken in der Sortierphase die Elemente fast immer bis in die unterste noch verfügbare Ebene absinken. Dies lässt sich leicht dadurch erklären, dass das Element ja aus der untersten Ebene in die Wurzel getauscht
wurde und letztendlich die Hälfte der Elemente in einem binären Heap
Blätter sind. Dies ist allerdings auch der Grund dafür, dass die Anzahl der
Schlüsselvergleiche im Vergleich zu QUICKSORT eher groß ausfällt – denn pro
Ebene fallen zwei Schlüsselvergleiche an.

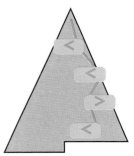

    Genau an diesem Punkt setzt eine Verbesserung von Heapsort an: Wenn
die Elemente sowieso fast immer ganz nach unten sinken, sparen wir uns
zunächst einfach den Test, wann das Element an der richtigen Position angekommen ist. Das bedeutet, dass wir den Einsinkpfad bestimmen und das
Element bis in ein Blatt absinken lassen. Dies kann mit einem Vergleich
pro Ebene realisiert werden wie die nebenstehende Abbildung zeigt.

Einsinkpfad bestimmen bei
Bottom-Up-Heapsort.

    Anschließend kann man von unten nach oben die richtige Position des
abzusinkenden Elements auf dem Einsinkpfad suchen und die zu weit ge-
schobenen Elemente wieder zurück schieben. Dies ist schematisch in der

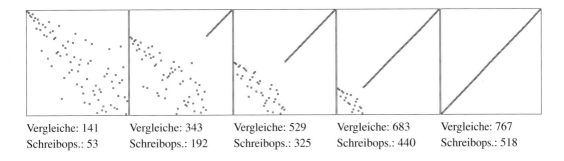

| Vergleiche: 141 | Vergleiche: 343 | Vergleiche: 529 | Vergleiche: 683 | Vergleiche: 767 |
| Schreibops.: 53 | Schreibops.: 192 | Schreibops.: 325 | Schreibops.: 440 | Schreibops.: 518 |

Bild 10.4: HEAPSORT (Algorithmus 10.12) wird auf ein Feld mit 80 Elementen angewandt. Die einzelnen Bilder
zeigen von links nach rechts das Feld nach dem Heapaufbau, nach 20, nach 40 und nach 60 Iterationen
sowie nach dem Sortieren. Die X-Achse entspricht den Feldindizes und die Y-Achse dem gespeicherten Wert.

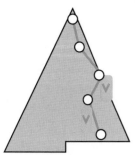

Richtige Position auf dem Einsinkpfad suchen.

am Rand stehenden Abbildung angedeutet. So erhält man das Bottom-Up-Heapsort (Algorithmus 10.15), indem Bottom-Up-Absinken (Algorithmus 10.16) die Operation für das Absinken eines Elements wird. Das Absinken in Aufbau-Max-Heap (Algorithmus 10.14) ist dabei allerdings immer noch Algorithmus 10.13 (Absinken-Max-Heap), da wir hier nicht davon ausgehen können, dass die Elemente zumeist bis ganz unten sinken.

Beispiel 10.17:

An einem kleinen Heap wird in Bild 10.5 die Funktionsweise von Bottom-Up-Absinken (Algorithmus 10.16) gezeigt. Zunächst werden die Elemente 50, 45 und 20 auf dem Einsinkpfad nach oben geschoben. Anschließend wird das neue Element 25 an der richtigen Stelle eingefügt, was bedeutet, dass die 20 auf ihre alte Position zurückgeschoben wird. Konkret werden 5 Vergleiche durchgeführt. Beim normalen Absinken mit Algorithmus 10.13 (Absinken-Max-Heap) werden insgesamt 6 Vergleiche benötigt. □

Algorithmus 10.15 Heapsort-Variante, die den Einsinkpfad komplett bestimmt

www
BUHeapsort.java

Bottom-Up-Heapsort(Feld A)
    Rückgabewert: nichts; Seiteneffekt: A sortiert
1 Aufbau-Max-Heap()
2 **for** $i \leftarrow A.länge, \dots, 2$
3 **do** $\ulcorner$ Vertausche($A, 1, i$)
4     $\llcorner$ Bottom-Up-Absinken($i - 1$)

Algorithmus 10.16 Das Element sinkt bis in die unterste Ebene und wird von unten nach oben an die richtige Stelle geschoben

www
BUHeapsort.java

Bottom-Up-Absinken(obere Grenze r)
    Rückgabewert: nichts; Seiteneffekt: A geändert
1 $wert \leftarrow A[1]$
2 $index \leftarrow 1$
3 $nächster \leftarrow 2$
4 **while** $nächster < r$
5 **do** $\ulcorner$ **if** $A[nächster] < A[nächster + 1]$
6   **then** $\ulcorner$ $A[index] \leftarrow A[nächster + 1]$
7      $\llcorner$ $index \leftarrow nächster + 1$ den Einsinkpfad bis zum
8   **else** $\ulcorner$ $A[index] \leftarrow A[nächster]$ Blatt bestimmen
9      $\llcorner$ $index \leftarrow nächster$
10   $\llcorner$ $nächster \leftarrow 2 \cdot index$
11 **if** $nächster = r$
12 **then** $\ulcorner$ $A[index] \leftarrow A[r]$ Sonderfall: letzter Knoten hat
13     $\llcorner$ $index \leftarrow r$ leeren rechten Unterbaum
14 **while** $index > 1$ und $A[\lfloor \frac{index}{2} \rfloor] < wert$ von unten nach oben die
15 **do** $\ulcorner$ $A[index] \leftarrow A[\lfloor \frac{index}{2} \rfloor]$ richtige Position auf dem
16     $\llcorner$ $index \leftarrow \lfloor \frac{index}{2} \rfloor$ Einsinkpfad suchen
17 $A[index] \leftarrow wert$ Wert speichern, Heap-Eigenschaft gilt wieder

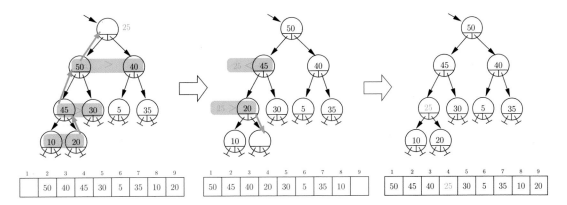

Bild 10.5: BOTTOM-UP-ABSINKEN verschiebt zunächst die Elemente, als ob das Element in die unterste Ebene sinkt (Übergang vom linken zum mittleren Bild). Anschließend wird von unten die richtige Stelle für das einzufügende Element gesucht und das Element 20 wieder zurückgeschoben.

Ein konkretes Beispiel zum kompletten Ablauf des Sortierens mit BOTTOM-UP-HEAPSORT (Algorithmus 10.15) macht nur wenig Sinn, da die Elemente ganz analog zum normalen Heapsort, wie in den Bildern 10.3 und 10.4 dargestellt, vertauscht werden. Stattdessen untersuchen wir im nächsten Beispiel die Anzahl der notwendigen Vergleiche und Schreibzugriffe von BOTTOM-UP-HEAPSORT und HEAPSORT.

Beispiel 10.18:
Der Sortierablauf auf den 80 Elementen in Beispiel 10.16 wird bei HEAPSORT (Algorithmus 10.12) mit insgesamt 767 Vergleichen und 518 Schreibzugriffen durchgeführt. Mit BOTTOM-UP-HEAPSORT (Algorithmus 10.15) verringert sich die Anzahl der Vergleiche auf 542 – allerdings zu dem Preis von mehr Schreibzugriffen. Die kompletten Zahlen mit Zwischenergebnissen sind in Tabelle 10.1 dargestellt. □

Tabelle 10.1: Schreibzugriffe und Vergleiche auf dem 80-elementigen Feld

	Heapaufbau	20 Iter.	40 Iter.	60 Iter.	80 Iter.
HEAPSORT					
Vergleiche	141	343	529	683	767
Schreibzugriffe	53	192	325	440	518
BOTTOM-UP-HEAPSORT					
Vergleiche	141	266	379	480	542
Schreibzugriffe	53	218	373	516	621

Wie gut Bottom-Up-Heapsort in einem Laufzeitvergleich mit Heapsort abschneidet, hängt somit entscheidend davon ab, wie teuer Vergleiche und Schreibzugriffe relativ zueinander sind.

 Heapsort wurde erstmals von Williams (1964) vorgestellt. Die Verbesserung des Bottom-Up-Heapsorts stammt von Wegener (1990). Wird zusätzlich die richtige Position auf dem Einsinkpfad mit binärer Suche ermittelt, verbessert sich die Laufzeit noch weiter, wie bereits von Carlsson (1987) analysiert wurde.

In diesem Abschnitt wurde das Konzept der Prioritätswarteschlange als neue Datenstruktur eingeführt. Mit der konkreten Implementation als binärer Heap wurde anhand des Dijkstra-Algorithmus demonstriert, dass sich dadurch für manche Algorithmen die Laufzeit verbessern lässt. Ebenso wurde Selectionsort durch die Organisation der unsortierten Elemente als Heap in einen sehr effizienten Algorithmus verwandelt.

Übungsaufgaben

Aufgabe 10.1:   Binärer Heap

Fügen Sie in einen anfangs leeren binären Min-Heap Elemente mit den Prioritäten 12, 14, 20, 15, 11, 19, 10, 18 ein. Löschen Sie das Minimum. Und verringern Sie anschließend die Priorität des Elements mit der Priorität 19 auf den Wert 13.

Aufgabe 10.2:   Heapsort

Führen Sie sowohl Heapsort (Algorithmus 10.12) als auch Bottom-Up-Heapsort (Algorithmus 10.15) auf dem folgenden Feld durch und bestimmen Sie jeweils die benötigten Schlüsselvergleiche.

| 24 | 3 | 13 | 1 | 37 | 12 | 4 | 18 | 15 | 31 | 19 |

Aufgabe 10.3:   Merge mehrerer Listen

Formulieren Sie einen Algorithmus in Pseudo-Code, der mit Hilfe einer Prioritätswarteschlange m sortierte Listen mit insgesamt n Elementen zu einer sortierten Liste zusammenführt. Achten Sie darauf, dass die Laufzeit dabei in $\Theta(n \cdot \log m)$ bleibt.

Die gesamten Errungenschaften der letzten Kapitel sorgen dafür, dass Algatha recht zuversichtlich in die Zukunft ihrer Anwendung blickt. Daher ist es mal wieder Zeit, auszuspannen und Kraft zu tanken. Algatha besucht ihre Tante, die auf dem Land wohnt. Bei bestem klaren Wetter und ohne die störenden Lichter der Großstadt sitzt sie nächtelang im Freien und beobachtet die Sterne. Dabei wird ihr plötzlich bewusst, dass die Anzahl der Sterne so groß ist, dass sie immer nur einen kleinen Ausschnitt genau betrachten kann. Mit ihrem Feldstecher bemüht sie sich größere Einzelheiten und Details zu erkennen. Und da Algatha nicht gerade die Geduldigste ist, macht sich immer wieder Ärger breit, bis sie die richtige Stelle gefunden hat. »Dann will ich dort auch alles anschauen, da sich sonst das aufwendige Suchen der Stelle nicht lohnt!« Und schlagartig wird ihr bewusst, dass es sich bei extern auf der Festplatte gespeicherten Daten ganz ähnlich verhält – das Laden und Schreiben ist so langsam, dass die Effizienz eines Algorithmus an der Anzahl der Zugriffe auf die Speicherblöcke der Festplatte gemessen wird.

11 Extern gespeicherte Daten

Joseph II: Your work is ingenious. It's quality work.
But there are simply too many notes, that's all.
Just cut a few and it will be perfect.
Mozart: Which few did you have in mind, Majesty?
(Amadeus, 1984)

11.1 Zugriff auf externe Speichermedien

In allen bisher diskutierten Algorithmen und Datenstrukturen gingen wir davon aus, dass sich alle Daten im Hauptspeicher des Rechners befinden bzw. es keinen Unterschied macht, ob wir nacheinander auf »benachbarte« Werte zugreifen oder sehr weit auseinanderliegende Speicherstellen ansprechen. Das ist jedoch gerade bei größeren Datenbeständen nicht der Fall. Insbesondere wenn man versucht, die bisher vorgestellten Algorithmen einfach auf Daten anzuwenden, die auf der Festplatte statt dem Hauptspeicher stehen, ist Ineffizienz oft unvermeidbar. In diesem Kapitel demonstrieren wir anhand von drei Beispielen, wie Algorithmen hinsichtlich der Zugriffe auf einen externen Speicher optimiert werden können.

Zwei unterschiedliche Konzepte für die Speicherung großer Datenmengen sind die Grundlage für dieses Kapitel: linear angeordneter Speicher bzw. Speicher mit frei adressierbarem Speicher.

Linear angeordneter Speicher, z.B. als Magnetband, erweckt zunächst einen etwas antiquierten Eindruck – ist aber heute noch gängig. Der neue Standard für $\frac{1}{2}$-Zoll-Magnetbänder, *Linear Tape Open*, stammt aus dem Jahr 1998 und etwa alle zwei Jahre erscheint eine neue Laufwerksgeneration. Die großen Vorteile dieses Speichermediums sind die große Speicherkapazität und sehr schnelle Schreib- und Lesezeiten bei sequentiellem Zugriff. Der Nachteil sind extrem hohe Zeiten bei wahlfreiem Zugriff auf den Speicher.

▶Magnetband

Tabelle 11.1 enthält typische Operationen auf einem Magnetband, die wir im Weiteren in den Algorithmen benutzen werden.

►Festplatte

Frei adressierbarer Speicher ist heute die Regel bei externen Datenträgern. Typisch sind Festplatten aber auch elektronische Speicher wie Flash-Speicher. Diese haben zwar den großen Vorteil, dass in beliebiger Reihenfolge auf die gespeicherten Daten zugegriffen werden kann – ohne wesentliche Einbußen in der Zugriffszeit. Allerdings ist in der Regel der Speicher in größeren Datenblöcken organisiert, welche die kleinste les- und schreibbare Einheit darstellt. Das bedeutet, dass beim Zugriff auf kleinere Einheiten, beispielsweise einzelne Bytes, die auf mehrere Blocks verteilt sind, alle betroffenen Blocks vollständig eingelesen werden müssen. Die Zugriffszeit für einen Block übersteigt bei Weitem die Zugriffszeit auf den Hauptspeicher.

Die in den weiteren Algorithmen auf frei adressierbaren Speichern benötigten Grundoperationen werden in Tabelle 11.2 dargestellt. Zu den möglichen Grundoperationen bei Speichermedien wie Festplatten sei hier noch angemerkt, dass auch die Operationen aus Tabelle 11.1 problemlos umgesetzt werden können, indem die Blöcke sequentiell eingelesen und zwischengepuffert werden.

Tabelle 11.1: Operationen auf einem Magnetbandspeicher

Operation	Beschreibung
LESE-UND-VOR(band)	Liest eine Dateneinheit vom Band und setzt den Lese-/Schreibkopf weiter.
SCHREIBE-UND-VOR(band, wert)	Schreibt den Wert an die aktuelle Stelle des Magnetbands und setzt den Lese-/Schreibkopf weiter.
ZURÜCKSPULEN(band)	Setzt den Lese-/Schreibkopf an den Anfang des Bands zurück.

Tabelle 11.2: Operationen zur Interaktion mit einem externen frei adressierbaren Speichermedium

Operation	Beschreibung
LESE-BLOCK(adr)	Lädt den Inhalt eines Speicherblocks in den Hauptspeicher.
SCHREIBE-BLOCK(adr)	Schreibt den im Hauptspeicher eingelagerten (und ggf. modifizierten) Inhalt eines Blocks wieder an seine Adresse im externen Speicher.
SCHREIBE-BLOCK(adr, block)	Schreibt einen im Hauptspeicher befindlichen Block an die angegebene Adresse im Speicher.
BLOCK-RESERVIEREN()	Ein bisher ungenutzter Speicherblock wird durch das Dateimanagementsystem reserviert und zur Verfügung gestellt.
BLOCK-FREIGEBEN(adr)	Ein bisher genutzter Speicherblock wird wieder als frei nutzbarer Speicherbereich dem Dateimanagementsystem überantwortet.

11.2 Sortierproblem: Mehrphasen-Mergesort

Die Sortieralgorithmen MERGESORT (Algorithmus 7.1) und STRAIGHT-MERGE-SORT (Algorithmus 8.7) gelten als unpopulär, da sie zusätzlichen Speicherplatz der Größe $\Theta(n)$ benötigen. Dies ist insbesondere dann ein Nachteil im Vergleich zu Verfahren wie QUICKSORT (Algorithmus 7.4), wenn die Daten im Hauptspeicher vorliegen und direkt im Feld sortiert werden soll.

Dieser Nachteil ist jedoch uninteressant, wenn die Daten auf einem externen Speicher vorliegen, da sowieso Datenblöcke eingelesen und wieder geschrieben werden. Dort zeigt vielmehr der Kernalgorithmus von MERGE-SORT, das MISCHEN (Algorithmus 7.2), verschiedene Vorteile: Speicherbereiche werden sequentiell durchlaufen, um die zusammengefügte sortierte Zahlenfolge ebenfalls sequentiell im Speicher abzulegen. Idealerweise gehen wir hier vom Einsatz dreier Magnetbänder aus – eine zugegeben antiquiert wirkende Technologie. Dies lässt sich aber leicht auch auf Festplattenspeicher übertragen, in welchem drei entsprechend große Bereiche reserviert werden.

Wir modifizieren das Mischen so, dass wir zwei Folgen aus den Bändern A und B einlesen und eine dritte Folge auf ein Band C schreiben – beschrieben in Algorithmus 11.1 (MEHRPHASEN-MISCHEN). Dabei gehen wir davon aus, dass A mehrere sortierte Teilfolgen der Länge *längeA* und B sortierte Teilfolgen der Länge *längeB* enthält. Ferner seien in B insgesamt *anzahl* sortierte Teilfolgen enthalten – und in A eine größere Anzahl. Der

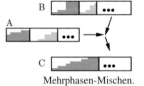

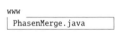

Mehrphasen-Mischen.

Algorithmus 11.1 Mischen für extern vorliegende Daten

MEHRPHASEN-MISCHEN(Bänder A, B, C, Folgenlängen *längeA*, *längeB*, *anzahl*)

    Rückgabewert: nichts; Seiteneffekt: Änderungen in A, B, C

```
 1  for k = 1, ..., anzahl                                alle Teilfolgen
 2  do  fertigA ← false                                   der Bänder mischen
 3       fertigB ← false          Mischen zweier
 4       i ← 1                     Teilfolgen
 5       j ← 1                     vorbereiten
 6       a ← LESE-UND-VOR(A)       jeweils erstes
 7       b ← LESE-UND-VOR(B)       Zeichen lesen
 8       for t ← 1, ..., längeA + längeB        Folge des
 9       do  if fertigB oder (¬fertigA und a ≤ b)   nächsten
10           then  SCHREIBE-UND-VOR(C, a)          Zeichens
11                  i ← i + 1                      wählen
12                  if i > längeA    Ende der Teilfolge erreicht?   alle Zeichen
13                  then fertigA ← true                             der beiden
14                  else  a ← LESE-UND-VOR(A)                       Teilfolgen
15           else  SCHREIBE-UND-VOR(C, b)                           mischen
16                  j ← j + 1
17                  if j > längeB    Ende der Teilfolge erreicht?
18                  then fertigB ← true
19                  else  b ← LESE-UND-VOR(B)
```

www

PhasenMerge.java

Algorithmus führt jeweils die k-te Teilfolge von A und B zusammen und schreibt das Ergebnis als k-te Teilfolge der Länge *längeA + längeB* nach C.

Nun müssen mehrere solcher Mischvorgänge (wie auch schon bei MERGESORT) so im eigentlichen Sortieralgorithmus kombiniert werden, dass am Ende eine einzelne vollständig sortierte Liste entsteht.

Ideal arbeitet dieses Mischen, wenn die Anzahl der zu sortierende Elemente einer Fibonacci-Zahl F_n entspricht – gegebenenfalls wird einfach am Ende mit leeren Einträgen mit Schlüssel ∞ aufgefüllt. (Näheres zu Fibonacci-Zahlen steht in Abschnitt 8.1 bzw. Anhang B.2.) Dann werden die Elemente anfangs so auf die Bänder A und B verteilt werden, dass F_{n-1} Elemente auf dem Band A und F_{n-2} Elemente auf dem Band B liegen.

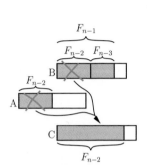

Anzahl der sortierten Teilfolgen auf den Bändern.

Betrachten wir beispielhaft das erste Mischen von einelementigen Folgen auf den Bändern A und B. Dabei entsteht aus jeweils einem Element der Bänder A und B eine sortierte Zweierfolge auf dem Band C. Dies wird so lange iteriert, bis Band B komplett geleert ist, sodass insgesamt F_{n-2} Folgen der Länge 2 auf Band C stehen. Auf dem Band A verbleiben dabei $F_{n-1} - F_{n-2} = F_{n-3}$ Folgen der Länge 1.

Danach iteriert man diese Vorgehensweise so, dass immer die neu zusammengeführten Folgen auf das in der vorherigen Iteration geleerte Band geschrieben werden. Durch die speziellen Eigenschaften der Fibonacci-Zahlen entspricht die Anzahl der Folgen auf jedem Band immer einer Fibonacci-Zahl, die für jedes Band monoton kleiner wird. Sobald beide Felder $F_1 = F_2 = 1$ Folgen enthalten, entsteht beim nächsten Mischen eine sortierte Folge mit allen Elementen. Die Anzahl der Elemente in den einzelnen Folgen ändert sich dabei gemäß der Zahlenfolge $F_1, F_2, \ldots, F_n$.

MEHRPHASEN-MERGESORT (Algorithmus 11.2) zeigt den entsprechenden Ablauf der durch den rekursiven Aufruf in Zeile 4 die Feldern entsprechend durchkombiniert.

Beispiel 11.1:

Die acht Elemente in Bild 11.2 sind so verteilt, dass anfangs $F_5 = 5$ Elemente auf Band A und $F_4 = 3$ Elemente auf Band B liegen. Der im Bild gezeigte Ablauf von MEHRPHASEN-MERGESORT (Algorithmus 11.2) führt dazu, dass schließlich eine ($F_2 = 1$) Folge mit $F_5 = 5$ Elementen auf Band A liegen – und eine ($F_1 = 1$) Folge mit $F_4 = 3$ Elementen auf Band B. Nach dem Mischen steht die sortierte Folge auf Band C.   □

Algorithmus 11.2 Mergesort für extern gespeicherte Daten

MEHRPHASEN-MERGESORT(Bänder A, B, Anzahl (Fibonaccizahl) n, sortierte Länge l)
    Rückgabewert: nichts; Seiteneffekt: sortierte Folge in A, B oder C
1 **if** $n > 0$⌉ schon vollständig sortiert?
2   **then** ⌐ MEHRPHASEN-MISCHEN(A, F_{l+1}, B, F_l, C, F_{n-2}) ⌉ A und B mischen bis B leer ist
3   ZURÜCKSPULEN(B)
4   L MEHRPHASEN-MERGESORT(C, A, $n-1$, $l+1$) ⌉ rekursiv weiter machen

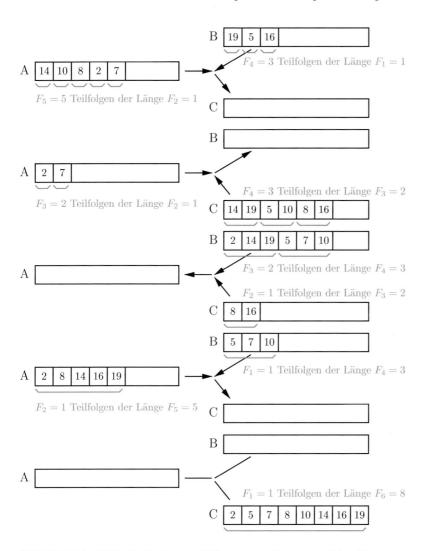

Bild 11.1: Beispiel für das Sortieren mit MEHRPHASEN-MERGESORT (Algorithmus 11.2).

Diese Fibonacci-Zahlen sind dafür echt praktisch! Auf diese Weise passen die Teilfolgen stets optimal zusammen.

Mergesort für drei verschiedene Speicherbänder wurde von Gilstad (1960) als *polyphase merge sort* präsentiert.

11.3   Mengenproblem: B-Bäume

Mit den AVL-Bäumen haben wir in Abschnitt 6.2 bereits eine Variante der balancierten Bäume kennengelernt, die sehr kleinteilig arbeitet und durch Rotationen an einzelnen Knoten des Baums die Struktur anpasst. Dies funktioniert ideal durch reines Ändern der Verzeigerung, wenn alle Elemente im Hauptspeicher liegen. Diese kleinteiligen Änderungen sind allerdings sehr teuer, wenn der Baum in einem externen Speichermedium liegt. Dann möchte man bei jedem Laden eines Blocks auch alle Informationen benutzen und die Anzahl der Speichervorgänge möglichst klein halten.

Dies wird hier in den B-Bäumen dadurch erreicht, dass wir die Tiefe der Bäume verringern, in dem wir sie breiter machen – jeder Knoten erhält eine größere Anzahl an Unterbäumen. Diese Anzahl wird gerade so gewählt, dass die in einem Block speicherbare Information ausreicht, um zu entscheiden, in welchem Unterbaum ein Element als nächstes gesucht werden muss und wo im externen Speicher der zugehörige Block als Wurzel des Unterbaums zu finden ist. Die Grundlage dafür liefert die folgende Definition.

Definition 11.2:   Verallgemeinerter Suchbaum

▶verallgemeinerter Suchbaum

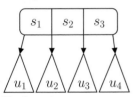

Verallgemeinerte Suchbaumeigenschaft.

Ein verallgemeinerter Suchbaum ist entweder leer oder er besteht aus einem Knoten mit $k > 0$ Schlüsseln $s_1 \leq \ldots \leq s_k$ und $k + 1$ verallgemeinerten Suchbäumen $u_1, \ldots, u_{k+1}$ als Unterbäume, wobei für jeden Schlüssel s_i gilt, dass

- die Schlüssel in u_i kleiner als s_i und
- die Schlüssel in u_{i+1} größer gleich als s_i sind.

Beispiel 11.3:

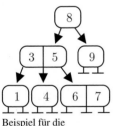

Beispiel für die Suchbaumeigenschaft.

Im nebenstehenden Baum haben die Knoten mit zwei Schlüsseln jeweils drei Unterbäume und die mit einem Schlüssel jeweils zwei Unterbäume. Die Bedingungen für die Schlüssel der Unterbäume sind ebenso erfüllt wie die Sortierung der Schlüssel in allen abgebildeten Knoten.   □

Die verallgemeinerte Suchbaumeigenschaft erlaubt zwar eine geringere Tiefe als bei binären Bäumen; sie reicht jedoch nicht aus, um einen Suchbaum balanciert zu halten und so in der Tiefe zu beschränken, dass alle Operationen in der erwünschten logarithmischen Laufzeit liegen. Es können wieder zu einer Liste »entartete« Bäume vorkommen. Um dies zu vermeiden, müssen wie schon zuvor bei den AVL-Bäumen zusätzliche Bedingungen formuliert werden, was in der folgenden Definition geschieht.

Definition 11.4:   B-Baum

▶B-Baum

Ein B-Baum der Ordnung m mit $m \in \mathbb{N}$ ist ein verallgemeinerter Suchbaum, bei dem

- jeder Knoten höchstens $2 \cdot m$ Schlüssel enthält,
- jeder Knoten unterhalb der Wurzel mindestens m Schlüssel enthält und
- alle Nullzeiger gleich tief im Baum liegen.

Beispiel 11.5:

Nebenstehend ist ein B-Baum der Ordnung $m = 1$ abgebildet. Folglich enthält jeder Knoten im Baum mindestens einen und höchstens 2 Schlüssel. Ferner sind alle Nullzeiger im Baum in der zweiten Ebene verankert. Würde im Baum der Zeiger auf den Knoten mit dem Schlüssel 2 durch einen Nullzeiger ersetzt werden, wäre die Bedingung bezüglich der Nullzeiger nicht erfüllt. □

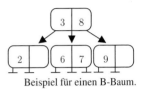

Beispiel für einen B-Baum.

Die Suche nach einem Element im B-Baum gestaltet sich grundsätzlich analog zum einfacheren binären Suchbaum: Beginnend beim Wurzelknoten wird geprüft, ob das gesuchte Element enthalten ist. Falls dies nicht der Fall ist, wird entsprechend der Suchbaumeigenschaft der richtige Unterbaum identifiziert und dort wird rekursiv analog fortgefahren. Die Suche bricht erfolglos ab, wenn der Unterbaum einem Nullzeiger entspricht. Den einzigen Unterschied bildet die Anzahl der Schlüssel im Knoten. Statt eines Vergleichs werden die Schlüssel von vorn nach hinten mit dem gesuchten Wert verglichen. Sobald ein zu großer Schlüsselwert erreicht wird, ist der passende Unterbaum gefunden.

Der zugehörige Ablauf, welcher den richtigen Block identifiziert, ist in Algorithmus 11.3 (SUCHEN-BLOCK-BBAUM) dargestellt. Dieser Algorithmus ist ein Baustein, der ebenfalls zum Löschen und Einfügen von Elementen benutzt wird. Er liefert drei Rückgabewerte: ein Wahrheitswert, ob überhaupt das Element gefunden wurde, den Verweis auf den zuletzt geladenen Datenblock sowie den Index des Schlüssels, falls das Element gefunden wurde.

Der eigentliche Suchalgorithmus SUCHEN-BBAUM (Algorithmus 11.4) wertet lediglich die Rückgabewerte von SUCHEN-BLOCK-BBAUM aus und gibt das gesuchte Element im Erfolgsfall und sonst eine Fehlermeldung zurück.

Beispiel 11.6:

Anhand eines Baums mit Ordnung $m = 2$ wird SUCHEN-BBAUM (Algorithmus 11.4) illustriert. Im Baum in Bild 11.2 wird das Element mit dem Schlüssel 68 gesucht. Der jeweils betrachtete Knoten wird linear durchsucht, bis der richtige Unterbaum identifiziert wurde. □

Haha! Diese Beispiele mit winzigem m sind wirklich putzig. Na gut, zum Verstehen des Konzepts sind sie vielleicht nützlich – aber in der Praxis ist das m doch mindestens 100, oder?

Algorithmus 11.3 Suchen des Datenblocks zu einem Element in einem B-Baum

Suchen-Block-BBaum(Datenblock $e\ell$, Schlüssel $gesucht$)

    Rückgabewert: Info ob Element gefunden, letzter betrachteter Datenblock, Index

1    $index \leftarrow 1$
2   **while** $index \leq e\ell.anzahl$ und $e\ell.s_{index} \leq gesucht$ ⎫ richtigen Unterbaum suchen
3   **do** ⌐ $index \leftarrow index + 1$ ⎭
4   **switch**
5   **case** $e\ell.s_{index} = gesucht$: **return true** , $e\ell$, $index$ ⎤ Element gefunden
6   **case** $e\ell.s_{index} > gesucht$:
7   **if** $e\ell.u_{index} =$ NULL
8   **then** ⌐ **return false** , $e\ell$, $index$ ⎤ Element ist nicht enthalten
9   **else** ⌐ $e\ell' \rightarrow$ Lese-Block($e\ell.u_{index}$) ⎤ den passenden Baum laden
10   **case** $index > e\ell.anzahl$: $e\ell' \rightarrow$ Lese-Block($e\ell.u_{anzahl+1}$) ⎤ Sonderfall: letzter Unterbaum
11   **return** Suchen-Block-BBaum($e\ell'$, $gesucht$)

Algorithmus 11.4 Suchen eines Element in einem B-Baum

Suchen-BBaum(Schlüssel $gesucht$)

    Rückgabewert: gesuchte Daten bzw. Fehler falls nicht enthalten

1    $e\ell \rightarrow$ Lese-Block($wurzel$) ⎤ ersten Block laden
2    $erfolg \leftarrow$ ⎫   Suchen wird deligiert
     $e\ell \rightarrow$ ⎬ Suchen-Block-BBaum($e\ell$, $gesucht$) ⎤ in die Suche nach
     $index \leftarrow$ ⎭   dem Block
3   **if** $erfolg$
4   **then** ⌐ **return** $e\ell.s_{index}$
5   **else** ⌐ **error** "Element nicht gefunden"

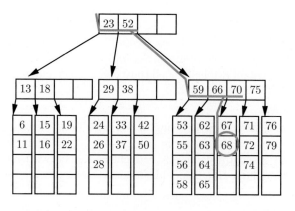

Bild 11.2: Beispielhafter Ablauf von Suchen-BBaum (Algorithmus 11.4).

Das Einfügen eines neuen Elements in einen B-Baum birgt eine neue unerwartete Schwierigkeit, bedingt durch die starren Anforderungen bezüglich der Struktur des Baums – alle Blätter müssen auf derselben Ebene im Baum liegen. So konnte man bisher einen neuen Knoten einfach in der nächsten Ebene unterbringen und im Fall der AVL-Bäume die Gesamttiefe des Baums durch geschickte Rotationen beschränkt halten. Wie soll man jedoch beim B-Baum verfahren, wenn ein Knoten bereits komplett mit Schlüsseln gefüllt ist? Die Lösung ist dabei, dass man neue Schlüssel immer in den Blättern einfügt, ist jedoch ein Knoten überfüllt, werden »Knoten nach oben« gereicht.

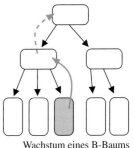

Wachstum eines B-Baums vom Blatt zur Wurzel hin.

Wird allerdings in einem Nicht-Blatt eines B-Baums ein Schlüssel eingefügt, muss auch die Anzahl der Unterbäume um eins vergrößert werden. Sonst wäre die verallgemeinerte Suchbaumeigenschaft nicht mehr erfüllt. Konkret spaltet man einen überfüllten Knoten, der also nach dem Einfügen $2 \cdot m + 1$ Schlüssel enthalten würde, in zwei Knoten mit jeweils m Schlüsseln auf und schiebt den überzähligen mittleren Schlüssel gemeinsam mit dem Verweis auf den zusätzlichen Unterbaum in die nächsthöhere Ebene.

Beispiel 11.7:
Im nebenstehend abgebildeten Beispiel mit Ordnung $m = 1$ wird im Knoten mit den Schlüsseln 6 und 8 der neue Schlüssel 9 eingefügt. Der Knoten ist jetzt überfüllt. Er wird in zwei Knoten aufgeteilt und der mittlere Schlüssel 8 in die nächsthöhere Ebene geschoben. Im dortigen Knoten ist noch Platz, sodass dieser jetzt zwei Schlüssel und drei Unterbäume enthält. □

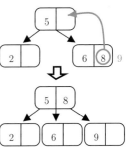

Aufspalten eines überfüllten Knotens.

Falls der Knoten der nächsten Ebene ebenfalls bereits $2 \cdot m$ Schlüssel enthält, muss dieses Aufspalten mehrfach durchgeführt werden. Es bricht genau dann ab, wenn entweder ein Knoten mit weniger als $2 \cdot m$ Schlüsseln erreicht wird, oder man die Wurzel des Baums erreicht hat. Ist der Wurzelknoten überfüllt, muss auch dieser aufgetrennt werden, der Baum wächst um eine Ebene und erhält einen neuen Wurzelknoten mit einem Schlüssel und zwei Unterbäumen. Gemäß der Definition des B-Baums ist die Wurzel der einzige Knoten, der weniger als m Schlüssel enthalten darf.

Eine wichtige Idee der B-Bäume ist, dass sie nicht an den Blättern sondern an der Wurzel wachsen, indem dort eine neue Ebene eingeführt wird.

 Ein Baum, der an der Wurzel wächst! Von so etwas habe ich ja noch nie gehört...

Für die exakte algorithmische Beschreibung werden zwei Teilabläufe separat in den Algorithmen 11.5 (Einfügen-Block-BBaum) und 11.6 (Teile-Block-BBaum) erläutert.

Beim Einfügen-Block-BBaum wird ein neues Element mit seinem Schlüssel in einen Block eingefügt. Dabei wird zunächst so getan, als ob für

---

Algorithmus 11.5 Element im Block eines B-Baums einfügen

EINFÜGEN-BLOCK-BBAUM(Block $e\ell$, Schlüssel $neuerWert$, Unterbaum $e\ell'$)
    Rückgabewert: –; Seiteneffekte
1   $i \leftarrow e\ell.anzahl$
2   **while** $i \geq 1$ und $e\ell.s_i > neuerWert$ ⎤ richtige Stelle suchen und
3   **do** ⌐ $e\ell.s_{i+1} \leftarrow e\ell.s_i$ Elemente nach hinten schieben
4   ∟ $e\ell.u_{i+1} \rightarrow e\ell.u_i$ ⎦
5   $e\ell.s_i \leftarrow neuerWert$ ⎤ neues Element einfügen
6   $e\ell.u_i \rightarrow e\ell'$ ⎦

Algorithmus 11.6 Einen Block im B-Baums in zwei Blöcke aufteilen

TEILE-BLOCK-BBAUM(Block $e\ell$)
    Rückgabewert: Schlüssel, rechter Block
1   $e\ell' \rightarrow$ BLOCK-RESERVIEREN() ⎤ zusätzlichen Block bereitstellen
2   **for** $i \leftarrow 1, \ldots, m$
3   **do** ⌐ $e\ell'.s_i \leftarrow e\ell.s_{m+1+i}$
4   ∟ $e\ell'.u_i \rightarrow e\ell.u_{m+1+i}$ Hälfte der Elemente umkopieren
5   $e\ell'.u_{m+1} \rightarrow e\ell.u_{2 \cdot m+2}$
6   $e\ell'.anzahl \leftarrow m$
7   $e\ell.anzahl \leftarrow m$
8   SCHREIBE-BLOCK($e\ell$)   ⎤ Ergebnis in den Speicher schreiben
9   SCHREIBE-BLOCK($e\ell'$)   ⎦
10 **return** $e\ell.s_{m+1}, e\ell'$

$2 \cdot m + 1$ Elemente Platz ist (was beim in den Hauptspeicher eingelagerten Block ja auch auf jeden Fall gegeben ist). Dies hat den Vorteil, dass auch in einem komplett vollen Block ein Element richtig einsortiert wird.

Ist nach dem Einfügen der Block überfüllt, wird TEILE-BLOCK-BBAUM (Algorithmus 11.6) angewandt. Der Algorithmus belässt die ersten m Elemente im Block und liefert als Rückgabewerte den Schlüssel in der Mitte sowie einen neuen Block mit den hinteren m Elementen.

Im eigentlichen Algorithmus 11.7 (EINFÜGEN-BBAUM) wird zunächst der Block gesucht, in dem das neue Element eingefügt werden muss. Ist der Block bereits voll, arbeitet sich der Algorithmus zur Wurzel hin ebenenweise nach oben, indem er eine (implizite) Verzeigerung $e\ell.vorgänger$ benutzt. Dann werden im Wechsel EINFÜGEN-BLOCK-BBAUM und TEILE-BLOCK-BBAUM aufgerufen – bis die While-Schleife abbricht, weil der überzählige Schlüssel in einem vorhanden Knoten mit freier Kapazität untergebracht wurde oder weil ein neuer Wurzelknoten erzeugt wurde.

Der Vorgängerzeiger muss nicht in jedem Block gespeichert werden, sondern kann beim rekursiven Abstieg im Algorithmus SUCHEN-BLOCK-BBAUM implizit gespeichert werden, worauf wir hier im Detail jedoch nicht genauer eingehen wollen. Alternativ hätte der komplette Algorithmus wie auch die Algorithmen der AVL-Bäume über Aktionen beim rekursiven Wiederauf-

---

Algorithmus 11.7 Einfügen eines Element in einen B-Baum

EINFÜGEN-BBAUM(Schlüssel *neuerWert*)

    Rückgabewert: —; Seiteneffekte

1    $el \rightarrow$ LESE-BLOCK(*wurzel*)

2    $erfolg \leftarrow$ ⎫
    $el \rightarrow$ ⎬ SUCHEN-BLOCK-BBAUM(*wurzel, neuerWert*) ⎤ den richtigen
    $index \leftarrow$ ⎭ ⎦ Block suchen

3   **if** *erfolg*

4   **then** ⎡ **error** "Element bereits enthalten"
                                      Element im

5   **else** ⎡ EINFÜGEN-BLOCK-BBAUM(*el, index, neuerWert*, NULL) ⎤ Block einfügen

6   **while** $el.anzahl > 2 \cdot m$ ⎤ falls aktueller Block überfüllt

7   **do** ⎡ $wert' \leftarrow$ ⎫
                     $el' \rightarrow$ ⎬ TEILE-BLOCK-BBAUM(*el*) ⎤ Knoten auf zwei
                                                ⎦ Blöcke aufteilen

8           $el'' \rightarrow el.vorgänger$

9   **if** $el'' =$ NULL

10   **then** ⎡ $wurzel \rightarrow$ BLOCK-RESERVIEREN() ⎤

11                  $wurzel.s_1 \leftarrow wert$

12                  $wurzel.u_1 \rightarrow el$ ⎬ neuen Wurzel-

13                  $wurzel.u_2 \rightarrow el'$ ⎤ knoten einführen

14   └ $el \rightarrow wurzel$ ⎦

15   **else** ⎡ $el \rightarrow el''$ ⎤ neuen Knoten

16   └   └ EINFÜGEN-BLOCK-BBAUM(*el, wert, el'*) ⎬ in nächster
                                                    ⎦ Ebene einfügen

17   └ SCHREIBE-BLOCK(*el*)

---

stieg formuliert werden können, wogegen wir uns zugunsten einer besseren
Lesbarkeit entschieden haben.

Beispiel 11.8:

In den B-Baum der Ordnung $m = 2$ in Bild 11.3 wird ein Element mit
Schlüssel 57 eingefügt. Gemäß des hellorange markierten Suchpfads wird
der Block mit den Elementen 53, 55, 56 und 58 als zugehöriges Blatt identifiziert, in welches der Schlüssel 57 einsortiert wird. Da der Block damit
überfüllt ist, wird er aufgespalten. Die Schlüssel 53 und 55 verbleiben in
dem bisherigen Block, während 57 und 58 in einem neu allokierten Block
gespeichert werden. Der mittlere Schlüssel 56 wird nach oben gereicht und
im Vorgängerblock einsortiert, in dem noch freier Platz verfügbar ist.   □

Beispiel 11.9:

In den B-Baum der Ordnung $m = 1$ in Bild 11.4 wird das Element mit dem
Schlüssel 35 eingefügt. Wieder ist der Suchpfad in das zugehörige Blatt
hellorange markiert. Der entsprechende Block ist nach dem Einfügen überfüllt und wird aufgeteilt. Der mittlere Schlüssel 33 wird in der darüber liegenden Ebene einsortiert. Da der Knoten mit den Schlüsseln 29 und 36
jedoch bereits voll war, muss auch dieser Knoten aufgeteilt werden. Erneut
liegt der eingefügte Schlüssel 33 in der Mitte und wird nach oben in die darüber liegende Ebene mit dem Wurzelknoten gereicht. Da die Wurzel eben-

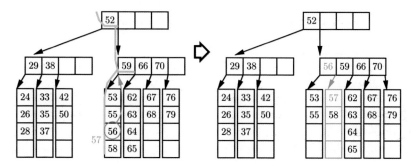

Bild 11.3: Beispielhafter Ablauf von EINFÜGEN-BBAUM (Algorithmus 11.7) aus
          Beispiel 11.8.

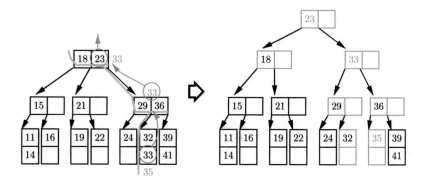

Bild 11.4: Beispielhafter Ablauf von EINFÜGEN-BBAUM (Algorithmus 11.7) aus
          Beispiel 11.9.

falls bereits voll ist, wird auch dieser Knoten aufteilt und es wird ein neuer
Wurzelknoten darüber angelegt, in dem das mittlere Element der bisherigen
Wurzel (mit dem Schlüssel 23) gespeichert wird. Bei diesem Beispiel ist ins-
besondere zu beachten, dass die beiden Knoten, die aus dem ursprünglichen
Knoten mit den Schlüsseln 32 und 33 entstanden sind, durch das Aufteilen
der Ebene darüber in verschiedenen Teilbäumen platziert wurden.   □

Wenden wir uns zum Abschluss des Abschnitts dem Löschen eines Elements zu. Neben den besonderen Eigenschaften der B-Bäume muss der
Algorithmus für das Löschen auch die »üblichen« Schwierigkeiten beim
Löschen in Bäumen lösen.
   So können etwa Schlüssel in inneren Knoten nicht einfach so gelöscht
werden. Dies wird wieder dadurch gelöst, dass ein solcher Schlüssel einfach
durch den Inorder-Nachfolger ersetzt wird, der sicher in einem Blatt liegt.
Der zugehörige Algorithmus 11.8 (SUCHE-NACHFOLGER-BBAUM) arbeitet nach
dem bekannten Schema: In den rechten Unterbaum des Schlüssels gehen,
und dann immer dem ganz linken Unterbaum folgen.

Algorithmus 11.8 Nachfolger eines Elements im B-Baum finden

WWW
BBaum.java

SUCHE-NACHFOLGER-BBAUM(Block $e\ell$, Index *index*)
    Rückgabewert: Block mit dem Nachfolgerelement
1   $e\ell \to$ LESE-BLOCK($e\ell.u_{index+1}$) $\rbrack$ in den rechtesten Unterbaum
2   **while** $e\ell \neq$ NULL immer weiter in den linkesten Unterbaum
3   **do** $\lceil e\ell \to$ LESE-BLOCK($e\ell.u_1$) $\rfloor$
4   **return** $e\ell$

Beispiel 11.10:

Im nebenstehend abgebildeten B-Baum findet man den Schlüssel 28 als Inorder-Nachfolger des Elements mit dem Schlüssel 23 im gekennzeichneten Blatt. $\qquad\square$

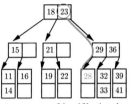

Identifikation des Inorder-Nachfolgers.

In einem Blatt kann ein Schlüssel direkt gelöscht werden, da die Unterbäume Nullzeiger sind, die auch einfach weggelassen werden können. Die Schlüssel müssen nur in der sortierten Reihung die Lücke schließen und nach links kopiert werden. Dies ist in Algorithmus 11.9 (LÖSCHEN-BLOCK-BBAUM) beschrieben und nebenstehend in einem kleinen Beispiel dargestellt. Der Algorithmus wird im Weiteren auch zum Löschen eines Schlüssels in inneren Knoten benutzt – er erhält allerdings nur dann die Suchbaumeigenschaft, wenn neben einem zu entfernenden Schlüssel $e\ell.s_i$ der zugehörige linke Unterbaum $e\ell.u_i$ bereits komplett geleert wurde und somit ebenfalls entfernt werden kann.

Löschen eines Elements in einem Blatt.

    Wird in einem Blatt oder in einem inneren Knoten ein Element mit LÖSCHEN-BLOCK-BBAUM entfernt und der Knoten $e\ell$ enthält danach immer noch wenigstens m Schlüssel, wurde wieder ein gültiger B-Baum hergestellt und der Löschvorgang ist beendet.

    Andernfalls wird von einem Unterlauf gesprochen und wir benötigen eine Umstrukturierung. Es werden nacheinander die folgenden drei Tricks geprüft, mit denen die Mindestanzahl an Schlüsseln in $e\ell$ wieder hergestellt werden kann.

▶Unterlauf

1. Falls der rechte »Geschwister«-Knoten $\geq m + 1$ Schlüssel besitzt, können so Schlüssel verschoben werden, dass in beiden Knoten die Mindestanzahl garantiert ist.
2. War (1) nicht möglich, wird geprüft, ob dieses Vorgehen mit dem linken »Geschwister«-Knoten realisierbar ist.

Algorithmus 11.9 Element im Block eines B-Baums löschen

WWW
BBaum.java

LÖSCHEN-BLOCK-BBAUM(Block $e\ell$, Index *index*)
    Rückgabewert: –; Seiteneffekte
1   **for** $i \leftarrow index + 1, \ldots, e\ell.anzahl$
2   **do** $\lceil e\ell.s_{i-1} \leftarrow e\ell.s_i$ Elemente dahinter nach vorn schieben
3   $ \lfloor e\ell.u_i \to e\ell.u_{i+1}$
4   $e\ell.anzahl \leftarrow e\ell.anzahl - 1$ $\rbrack$ Anzahl aktualisieren

3. Ist auch dies nicht möglich, muss ein Schlüssel aus dem übergeordneten Elternknoten eine Ebene nach unten geschoben werden. Damit wären formal zwar wieder genügend Schlüssel in dem Knoten $e\ell$, aber da sich jetzt auch die Anzahl der Unterbäume des Elternknotens um einen Baum verringern muss, verschmelzen wir den Knoten $e\ell$ mit einem benachbarten Knoten (der ja in jedem Fall genau m Schlüssel besitzt, da sonst die Schritte (1) oder (2) möglich gewesen wären). Stehen zwei »Geschwister«-Knoten zur Verfügung, wird auch hier vorzugsweise der rechte Knoten benutzt. Durch dieses Verschmelzen verliert auch der übergeordnete Elternknoten einen Schlüssel, weswegen auch für diesen Knoten geprüft werden muss, ob noch genügend Schlüssel vorhanden sind.

Bevor wir die einzelnen Techniken erläutern, wollen wir den resultierenden Gesamtalgorithmus Löschen-BBaum (Algorithmus 11.10) vorstellen. Nach dem Löschen des Knotens selbst (oder seines Nachfolgers) in der untersten Ebene im B-Baum, wird solange die While-Schleife durchlaufen, bis entweder der betrachtete Knoten genügend Schlüssel besitzt oder wir bei der Wurzel des Baums angekommen sind. In der Schleife selbst werden nacheinander die oben erläuterten drei Fälle zur Behebung des Unterlaufs geprüft und die erste passende Technik angewandt. Bricht die Schleife erst bei der Wurzel ab und wurde dabei der letzte Schlüssel im Wurzelknoten gelöscht, kann der Wurzelknoten entfernt werden und der Anker wird auf den einzig verbliebenen Unterknoten des bisherigen Wurzelknotens als neue Wurzel gesetzt.

In allen möglichen Fällen müssen wir in oder (im Fall eines Geschwister-Knotens) über den Elternknoten Modifikationen vornehmen, wobei wir in der Hilfsfunktion Index-Des-Unterbaums-BBaum (Algorithmus 11.11) erst die Nummer des Unterbaums ermitteln. (Anmerkung: Dies hätte wie bei den bisherigen Bäumen wieder implizit beim Aufstieg aus einer Rekursion gelöst werden können, hätte allerdings die Darstellung der Algorithmen komplizierter gestaltet.)

Nun zur ersten Technik zur Wiederherstellung der Schlüsselmindestzahl: Ein Schlüssel wird vom rechten Geschwister-Knoten herübergeschoben. Dabei muss die Suchbaumeigenschaft und auch die Bedingung »Anzahl der Schlüssel = Anzahl der Unterbäume +1« erhalten bleiben. Das bedeutet, dass

- nur der kleinste Schlüssel im Geschwister-Knoten in Frage kommt,
- der erste Unterbaum in den Nachbarknoten zu schieben ist und
- der kleinste Schlüssel nicht direkt in den Nachbarknoten geschoben wird, sondern den Schlüssel im Elternknoten zwischen den beiden Unterbäumen ersetzt und dieser in den Knoten mit Unterlauf geschoben wird. Dadurch wird quasi eine Rotation realisiert, wie im Beispiel dargestellt wird.

Algorithmus 11.10 Löschen eines Elements im B-Baum

www
BBaum.java

LÖSCHEN-BBAUM(Schlüssel *löschWert*)

    Rückgabewert: nichts falls erfolgreich bzw. Fehler sonst

1   $e\ell \rightarrow$ LESE-BLOCK(*wurzel*)

2   $\left.\begin{array}{l} \textit{erfolg} \leftarrow \\ e\ell \rightarrow \\ \textit{index} \leftarrow \end{array}\right\}$ SUCHEN-BLOCK-BBAUM($e\ell$, *löschWert*) $\left.\begin{array}{l}\text{Knoten zum}\\ \text{Element suchen}\end{array}\right.$

3   **if** $\neg$*erfolg*

4   **then** $\lceil$ **error** "Element nicht vorhanden"

5   **else** $\lceil$ **if** $e\ell.u_{index} \neq$ NULL

6   **then** $\lceil e\ell' \rightarrow$ SUCHE-NACHFOLGER-BBAUM($e\ell$, *index*) $\left.\begin{array}{l}\text{Löschen im}\\ \text{inneren Knoten}\\ \text{in ein Blatt}\\ \text{verlagern}\end{array}\right.$

7           $e\ell.s_{index} \leftarrow e\ell'.s_1$

8           $e\ell \rightarrow e\ell'$

9         $\llcorner$ *index* $\leftarrow 1$

10 LÖSCHEN-BLOCK-BBAUM($e\ell$, *index*) $\big]$ Element im Block löschen

11 **while** $e\ell$.*anzahl* $< m$ und $e\ell$.*vorgänger* $\neq$ NULL

12 **do** $\lceil e\ell' \rightarrow$ LESE-BLOCK($e\ell$.*vorgänger*)

13   *index* $\leftarrow$ INDEX-DES-UNTERBAUMS-BBAUM($e\ell'$, $e\ell$)

14   **if** *index* $\leq e\ell'$.*anzahl*

15   **then** $\lceil e\ell'' \rightarrow$ LESE-BLOCK($e\ell'.u_{index+1}$) $\left.\begin{array}{l}\text{Schlüssel}\\ \text{von rechts}\\ \text{leihen}\end{array}\right.$

16   **if** $e\ell''$.*anzahl* $> m$

17          $\llcorner$ **then** $\lceil$ LINKS-SCHIEBEN-BBAUM($e\ell'$, *index*)

18   **if** $e\ell$.*anzahl* $< m$

19   **then** $\lceil$ **if** *index* > 1 $\left.\begin{array}{l}\text{Schlüssel}\\ \text{von links}\\ \text{leihen}\end{array}\right.$

20   **then** $\lceil e\ell'' \rightarrow$ LESE-BLOCK($e\ell'.u_{index-1}$)

21   **if** $e\ell''$.*anzahl* $> m$

22          $\llcorner$ $\llcorner$ **then** $\lceil$ RECHTS-SCHIEBEN-BBAUM($e\ell'$, *index*)

23   **if** $e\ell$.*anzahl* $< m$

24   **then** $\lceil$ **if** *index* $\leq e\ell'$.*anzahl*

25   **then** $\lceil$ VERSCHMELZE-BLÖCKE-BBAUM($e\ell'$, *index*)

26         $\llcorner$ **else** $\lceil$ VERSCHMELZE-BLÖCKE-BBAUM($e\ell'$, *index* -1)

27   SCHREIBE-BLOCK($e\ell$)   mit Geschwister-Knoten verschmelzen

28    $\llcorner e\ell \rightarrow e\ell'$

29 **if** $e\ell$.*vorgänger* $=$ NULL und $e\ell$.*anzahl* $= 0$ $\left.\begin{array}{l}\text{Wurzelknoten löschen,}\\ \text{falls dieser jetzt leer ist}\end{array}\right.$

30 **then** $\lceil$ BLOCK-FREIGEBEN(*anker*)

31    $\llcorner$ *anker* $\rightarrow e\ell.u_1$

32 $\llcorner$ **else** $\lceil$ SCHREIBE-BLOCK($e\ell$)

Beispiel 11.11:

Die nebenstehende Abbildung zeigt, wie in einem Baum der Ordnung $m = 1$ der Schlüssel 8 gelöscht wird. Der Knoten enthält anschließend keinen Schlüssel mehr. Vom rechten Geschwister-Knoten kann der kleinste Schlüssel die 15 entnommen werden. Die 15 ersetzt den Schlüssel 12 im Elternknoten und die 12 wird in den Knoten mit Unterlauf geschoben. □

Der entsprechende formale Ablauf ist in Algorithmus 11.12 (LINKS-SCHIEBEN-BBAUM) dargestellt. Dabei entspricht der Parameter $e\ell$ dem übergeordneten

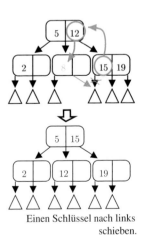

Einen Schlüssel nach links schieben.

Algorithmus 11.11 Berechne den Index des Unterbaums im übergeordneten Knoten

INDEX-DES-UNTERBAUMS-BBAUM(Block $e\ell$, Unterbaum $e\ell'$)

    Rückgabewert: Index

1 $i \leftarrow 1$

2 **while** $i \leq e\ell.anzahl + 1$ und $e\ell.u_i \neq e\ell'$ ⎫

3 **do** $\lceil i \leftarrow i+1$ ⎬ den richtigen Unterbaum suchen

4 **if** $i \leq e\ell.anzahl + 1$ ⎭

5 **then** $\lceil$ **return** i

6 **else** $\lceil$ **error** "Unterbaum existiert nicht"

Algorithmus 11.12 Einen Schlüssel in den linken Nachbarn schieben.

LINKS-SCHIEBEN-BBAUM(Block $e\ell$, Unterbaum-Index $index$)

    Rückgabewert: —; Seiteneffekt

1   $e\ell' \rightarrow e\ell.u_{index}$

2   $e\ell'' \rightarrow e\ell.u_{index+1}$

3   $anz \leftarrow e\ell'.anzahl$

4   $e\ell'.s_{anz+1} \leftarrow e\ell.s_{index}$ ⎫ Element in den linken Knoten schieben

5   $e\ell.s_{index} \leftarrow e\ell''.s_1$ ⎫ Element in den Elternknoten schieben

6   $e\ell'.u_{anz+2} \rightarrow e\ell''.u_1$ ⎫ Unterbaum zum linken Knoten schieben

7   $e\ell'.anzahl \leftarrow e\ell'.anzahl + 1$ ⎫ Anzahl im linken Unterbaum aktualisieren

8   $e\ell''.u_1 \rightarrow e\ell''.u_2$ ⎫

9   LÖSCHEN-BLOCK-BBAUM($e\ell''$,1) ⎬ Schlüssel im rechten Unterbaum löschen

10 SCHREIBE-BLOCK($e\ell''$)

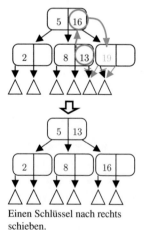

Einen Schlüssel nach rechts
schieben.

Elternknoten und *index* der Nummer des Unterbaums mit zu ändernden Unterlauf.

Ganz analog wird der Fall des Verschiebens eines Schlüssels aus dem linken Geschwister-Knoten gehandhabt. Dabei muss natürlich der größte Schlüssel im Knoten ebenso wie der rechte Unterbaum des Schlüssels herangezogen werden.

Beispiel 11.12:

Im nebenstehenden Beispiel wurde der Schlüssel 19 entfernt. Der Unterlauf des Knotens kann nur vom linken Geschwister-Knoten kompensiert werden. Der größte Schlüssel 13 ersetzt den Schlüssel 16 im Elternknoten, welcher in den zu leeren Knoten geschoben wird.   □

Algorithmus 11.13 (RECHTS-SCHIEBEN-BBAUM) beschreibt diese Vorgehensweise. Da der neue Schlüssel im Knoten mit Unterlauf an der ersten Position eingefügt wird, müssen alle bereits vorhandenen Schlüssel und Unterbäume nach rechts geschoben werden.

Beispiel 11.13:

Für einen B-Baum der Ordnung $m = 2$ wird in Bild 11.5 das Element mit dem Schlüssel 68 gelöscht. Der zugehörige Knoten hat danach einen Un-

---

Algorithmus 11.13 Einen Schlüssel in den rechten Nachbarn schieben.

RECHTS-SCHIEBEN-BBAUM(Block el, Unterbaum-Index $index$)

Rückgabewert: —; Seiteneffekt

1   $el' \rightarrow el.u_{index-1}$
2   $el'' \rightarrow el.u_{index}$
3   **for** $i \leftarrow 1, \ldots, el''.anzahl$
4   **do** $\ulcorner el''.s_{i+1} \leftarrow el''.s_i$ erste Position im rechten Unterbaum
5        $\llcorner el''.u_{i+2} \rightarrow el''.u_{i+1}$ frei schieben
6   $el''.u_2 \rightarrow el''.u_1$
7   $el''.s_1 \leftarrow el.s_{index}$) Element in den rechten Knoten schieben
8   $anz \leftarrow el'.anzahl$
9   $el.s_{index} \leftarrow el'.s_{anz}$) Element in den Elternknoten schieben
10 $el''.u_1 \rightarrow el'.u_{anz+1}$) Unterbaum zum rechten Knoten schieben
11 $el'.anzahl \leftarrow el'.anzahl - 1$) Anzahl der Unterbäume aktualisieren
12 $el''.anzahl \leftarrow el''.anzahl + 1$
13 SCHREIBE-BLOCK(el')

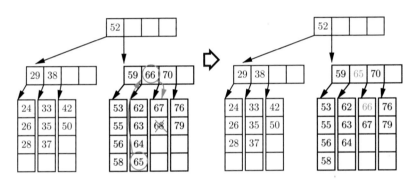

Bild 11.5: Beispielhafter Ablauf von LÖSCHEN-BBAUM (Algorithmus 11.10) aus Beispiel 11.13.

terlauf und es wird geprüft, ob durch Verschieben eines Schlüssels das Problem behoben werden kann. Beim rechten Knoten ist dies nicht möglich, da dieser selbst die Minimalanzahl von $m = 2$ Elementen besitzt. Der linke Geschwister-Knoten kann jedoch sein Element mit dem größten Schlüssel 65 abgeben, welches dann über den Elternknoten verschoben wird – in Algorithmus 11.13 (RECHTS-SCHIEBEN-BBAUM). □

Es bleibt der letzte Fall zur Behebung des Unterlaufs zu betrachten: Es existiert kein Geschwister-Knoten mit $> m$ Schlüsseln. Dann muss es mindestens einen Geschwister-Knoten mit genau m Schlüsseln geben, mit dem wir den unterlaufenden Knoten verschmelzen können. Wie wir bereits oben beschrieben haben, muss im übergeordneten Elternknoten, der Schlüssel zwischen den beiden Unterbäumen ebenfalls in den Knoten einfließen, da sonst die Suchbaumeigenschaft nicht mehr erfüllt ist.

Beispiel 11.14:

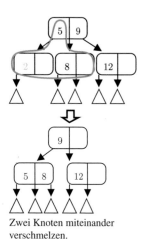

Die nebenstehende Abbildung zeigt einen B-Baum der Ordnung $m = 1$, bei dem das Löschen des Schlüssels 2 nicht durch Verschieben eines Schlüssels ausgeglichen werden kann. Der zu leere Knoten muss mit seinem einzigen Geschwister-Knoten verschmolzen werden. Dadurch entsteht ein gemeinsamer Knoten, in dem auch der Schlüssel 5 aus dem Elternknoten eingebunden wird.   □

Der zugehörige Algorithmus 11.14 (Verschmelze-Blöcke-BBaum) ist so formuliert, dass als Übergabeparameter der Elternblock $e\ell$ und der Index *index* des Schlüssels zwischen den beiden zu verschmelzenden Knoten erwartet wird. Im Gesamtalgorithmus Löschen-BBaum (Algorithmus 11.10) wird vorzugsweise mit dem rechten Geschwister-Knoten des Knotens mit Unterlauf verschmolzen. Dort wird auch die Überprüfung des Elternknotens realisiert, der ja als Ergebnis ebenfalls einen Schlüssel abgegeben hat.

Zwei Knoten miteinander verschmelzen.

Beispiel 11.15:

Für einen B-Baum der Ordnung $m = 2$ wird in Bild 11.6 das Element mit dem Schlüssel 76 gelöscht. Der zugehörige Knoten hat danach einen Unterlauf. Durch Verschieben eines Schlüssels kann das Problem nicht behoben werden. Folglich wird der Knoten mit Unterlauf mit seinem einzigen (linken) Geschwister-Knoten verschmolzen, also Verschmelze-Blöcke-BBaum (Algorithmus 11.14) durchgeführt.   □

Damit ist auch das Löschen im B-Baum vollständig beschrieben und es verbleibt noch, das Zusammenwirken der verschiedenen Techniken beim Löschen eines Knotens in einem größeren Beispiel zu betrachten.

Algorithmus 11.14 Einen Unterblock mit seinem rechen Nachbarn verschmelzen

---

Verschmelze-Blöcke-BBaum(Block $e\ell$, Index *index*)

    Rückgabewert: —; Seiteneffekt: alle Elemente in $e\ell$

1   $e\ell' \rightarrow e\ell.u_{index}$ ⎱ Wurzelknoten der Unterbäume bestimmen
2   $e\ell'' \rightarrow e\ell.u_{index+1}$ ⎰
3   $anz \leftarrow e\ell'.anzahl + 1$
4   $e\ell'.s_{anz} \leftarrow e\ell.s_{index}$ ⎱ trennenden Schlüssel nach unten schieben
5   $i \leftarrow 1$
6   **while** $i \leq e\ell''.anzahl$ Schlüssel und Unterbäume
7   **do** $\ulcorner$ $e\ell'.s_{anz+i} \leftarrow e\ell''.s_i$ vom rechten Knoten
8       $e\ell'.u_{anz+i} \rightarrow e\ell''.u_i$ in den linken Knoten kopieren
9    $\llcorner i \leftarrow i + 1$
10 $e\ell'.u_{anz+i} \rightarrow e\ell''.u_i$
11 $e\ell'.anzahl \leftarrow 2 \cdot m$ ⎱ neue Anzahl speichern
12 Löschen-Block-BBaum($e\ell$, *index*) ⎱ Element aus dem oberen
13 Block-Freigeben($e\ell''$)   Knoten entfernen

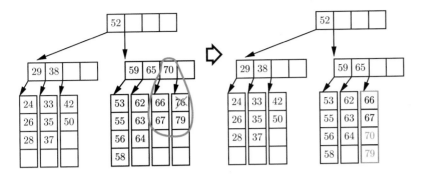

Bild 11.6: Beispielhafter Ablauf von Löschen-BBaum (Algorithmus 11.10) aus Beispiel 11.15.

Beispiel 11.16:

Im in Bild 11.7 dargestellten B-Baum der Ordnung $m = 1$ wird der Knoten mit dem Schlüssel 18 gelöscht. Da es sich um kein Element in einem Blatt handelt, wird das zugehörige Element zunächst durch den Inorder-Nachfolger mit dem Schlüssel 19 ersetzt. Danach liegt ein Unterlauf im entsprechenden Blatt vor. Dieser kann nicht durch ein Element aus einem Geschwister-Knoten ausgeglichen werden. Folglich wird der Knoten mit dem Nachbarknoten verschmolzen, was erneut zu einem Unterlauf in der zweiten Ebene von unten führt. Auf dieser Ebene wiederum kann aus einem Geschwister-Knoten ein Element zum Ausgleich verschoben werden, sodass der im rechten Teil des Bilds dargestellte B-Baum entsteht.   □

Satz 11.17:   **Laufzeit**

Die Laufzeit jeder Operation auf einem B-Baum der Ordnung m ist in $O(\log_{m+1} n)$.

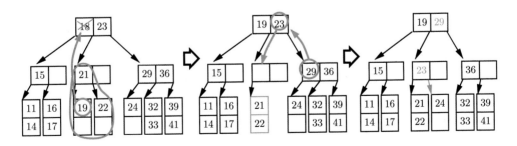

Bild 11.7: Beispielhafter Ablauf von Löschen-BBaum (Algorithmus 11.10) über zwei Baumebenen hinweg aus Beispiel 11.16.

Tabelle 11.3: Maximale Höhe eines B-Baums der Ordnung m und n enthaltenen
Elementen

Anzahl der Elemente	Ordnung $m =$				
$n =$	2	4	10	50	100
100	5	4	3	2	2
1 000	7	5	4	3	3
10 000	9	7	5	4	3
100 000	11	8	6	4	4
1 000 000	13	10	7	5	4
10 000 000	16	11	8	5	5
100 000 000	18	13	9	6	5

Beweis 11.18:

Durch Betrachtung eines B-Baums mit minimal belegten Knoten, kann man
zeigen dass die Höhe h eines Baums mit n Elementen

$$h \le \left\lceil \log_{m+1} \frac{n+1}{2} \right\rceil + 1$$

beträgt. Der Beweis ist als Übung dem Leser überlassen – er orientiert sich
an einem Teilschritt im Beweis von Satz 6.14. Die Laufzeit von Einfügen,
Suchen und Löschen ist für jeden betrachteten Knoten konstant und pro
Ebene wird ein Knoten auf dem Suchpfad betrachtet.   ∎

Beispiel 11.19:

Für verschiedene Ordnungen m und Anzahl der enthaltenen Elemente n werden in Tabelle 11.3 die maximal möglichen Baumhöhen aufgezeigt. Wie
man leicht erkennen kann, werden selbst Bäume mit 100 Millionen Elementen bei einer Ordnung $m = 100$ lediglich höchstens 5 Knoten bei der
Suche nach einem Schlüssel inspiziert.   □

Wow! Das ist ja auch für meine Datenmenge interessant...Bei
$m = 100$ müssen zwar maximal 200 Vergleiche pro Knoten
durchgeführt werden. Doch bekomme ich so eine bequeme Anzahl an Blockzugriffen.

Der B-Baum wurde von Bayer & McCreight (1972) vorgestellt. In
der Literatur (z.B. Knuth, 1998b) bezeichnet die Ordnung m manchmal auch die Anzahl der Unterbäume. Zu den zahlreichen Varianten

zählen auch die B$^+$-Bäume, bei denen Verweise auf Daten nur in den Blättern gespeichert werden und die inneren Knoten Kopien der Schlüssel (quasi als Indexbaum) enthalten. B*-Bäume erreichen durch eine raffinierte Vorgehensweise beim Aufsplitten der Knoten einen minimalen Füllgrad von $\frac{2}{3}$ (Knuth, 1973). Einen Überblick der frühen Entwicklungen bietet der Artikel von Comer (1979).

11.4 Mengenproblem: Erweiterbares Hashing

Ähnlich zu den normalen Sortierbäumen weisen auch die Hash-Tabellen aus Abschnitt 9.4 Probleme mit großen Datenmengen auf, welche nicht in den Hauptspeicher passen. Neben eventuell ineffizienten Speicherzugriffen ist dabei ein noch größeres Problem, dass beim Vergrößern der Hash-Tabelle alle vorhandenen Einträge neu zugeordnet werden müssen.

Um sowohl die Speicherblockzugriffe bei der Suche nach einem Element minimal zu halten als auch die Operationen beim massiven Vergrößern der Datenmenge klein zu halten, wird ein zweistufiger Zugriffsmechanismus vorgestellt. Durch eine raffinierte Nutzung der Hash-Codes kann die Tabelle vergrößert werden, ohne dass die Elemente ihre Position ändern müssen. Das hier vorgestellte erweiterbare Hashing ist eine einfache Variante aus der Klasse der dynamischen Hash-Verfahren.

▸erweiterbares Hashing
▸dynamische Hash-Verfahren

Der generelle Aufbau der Hash-Tabelle wird in der nebenstehenden Abbildung gezeigt: Die Elemente werden in Datenblöcken im Speicher abgelegt, während eine Adresstabelle verzeichnet, welcher Hash-Code in welchem Datenblock enthalten ist. Wir gehen in der Darstellung in diesem Kapitel davon aus, dass die Datenblöcke im externen Speicher liegen und die Adresstabelle im Hauptspeicher gehalten wird. In der Praxis kann die Adresstabelle so groß werden, dass sie aufgeteilt auf mehrere Datenblöcke ebenfalls im externen Speicher abgelegt wird.

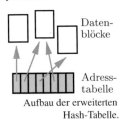

Aufbau der erweiterten Hash-Tabelle.

Jeder Datenblock entspricht einem Block des externen Speichermediums, welcher komplett eingelesen wird und in dem mehrere Elemente enthalten sind.

Die Adresstabelle ordnet jedem möglichen Hash-Code einen Datenblock zu. Hierbei werden die letzten gT Bits des Hash-Codes benutzt – gT steht dabei für die globale Tiefe der Hash-Tabelle, aus der sich auch die Größe der Adresstabelle ergibt.

▸Adresstabelle

▸globale Tiefe

Aus einem Hash-Code *code* errechnet man den Index dadurch, dass die letzten gT Bits des Hash-Codes, der sog. Suffix der Länge gT, als ganzzahliger binär dargestellter Index für die Adresstabelle interpretiert werden. Der Suffix 101 bei $gT = 3$ und *code* $= 1001101$ entspricht also dem Index 5. Dieser Index zeigt, dass in der Adresstabelle an Stelle 5 steht, in welchem Datenblock der Eintrag mit dem Hash-Code 1001101 zu finden ist.

▸Suffix

Ganz bewusst dürfen mehrere Verweise der Adresstabelle auf denselben Datenblock zeigen, um eine hohe Speicherplatzeffizienz zu erzielen. Referenzieren mehrere Einträge der Adresstabelle einen Block, müssen es ge-

▶lokale Tiefe

nau die Indizes mit einem gemeinsamen Suffix in der Binärdarstellung sein,
die darauf verweisen. Die Länge dieses gemeinsamen Suffix wird in einem
Feld ℓT für die Blöcke gespeichert und heißt lokale Tiefe ℓT. Die lokale
Tiefe eines Blocks bezeichnen wir mit ℓ.

Beispiel 11.20:

Bild 11.8 zeigt eine beispielhafte erweiterbare Hash-Tabelle der globalen
Tiefe $gT = 2$. Alle Einträge, die mit einer 1 enden, sind in einem gemein-
samen Block gespeichert. Die Einträge mit dem Suffix 00 sind in einem
Block enthalten, während dem Suffix 10 kein Block zugeordnet ist. Die
Indizes 01 und 11 verweisen auf denselben Block, weswegen die lokale
Tiefe 1 ist. Für 00 und 10 gibt es einen eigenen Block, wobei letzterer gera-
de leer ist. Diese beiden Einträge in der Adresstabelle sind mit der lokalen
Tiefe 2 versehen.   □

Globale Tiefe – lokale Tiefe. Das muss ich mir nochmal in
eigenen Worten klarmachen. Ich nehme den Hash-Code wie
vorher auch. Doch statt eines Hash-Werts berechne ich aus den
letzten gT Bits des Hash-Codes die Stelle in der Adresstabelle,
in der steht, in welchem Datenblock ich das Element finde. Das
ist die globale Tiefe. Und die lokale Tiefe ℓ besagt, wie viele
von den gT Bits am Ende des Hash-Codes eindeutig belegt
sein müssen, um in demselben Datenblock zu landen.

Das Suchen nach einem Eintrag ist folglich, wie in Algorithmus 11.15
(Suchen-Erw-Hashing) dargestellt, ein einfacher zweistufiger Zugriff, bei dem
zunächst über die Adresstabelle *adr* der richtige Block identifiziert und
dann dort der Schlüssel mit linearer Suche gefunden wird.

Beispiel 11.21:

Wird in Bild 11.8 das Element mit dem Schlüssel 11001 gesucht, so wird
bei $gT = 2$ der Index $01_2 = 1$ berechnet. Die dortige Adresse *adr*[1] verweist
auf den gesuchten Block. Die Einträge im Block werden linear durchsucht,
bis das richtige Element gefunden wird.   □

Allerdings kann man sich schnell klar machen, dass die globale Tiefe die
Anzahl der speicherbaren Elemente nach oben beschränkt. Falls ein Datenblock m Elemente speichern kann und jeder möglichen Belegung der gT

Algorithmus 11.15 Suchen eines Elements beim erweiterten Hashing

www
ErwHash.java

Suchen-Erw-Hashing(Schlüssel *gesucht*)

    Rückgabewert: gesuchte Daten bzw. Fehler falls nicht enthalten

1   *hash* ← h(*gesucht*)   ⎤ Index als Binärstring aus
2   k ← Suffix der Länge gT von *hash*   ⎦ dem Hash-Wert bestimmen
3   *block* → Lese-Block(*adr*[k])   ⎤ richtigen Datenblock einlesen
4   **return** lineare Suche nach *gesucht* in *block*

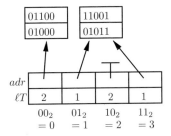

Bild 11.8: Beispiel für eine erweiterbare Hash-Tabelle.

Bits ein eigener Datenblock zugewiesen wird, sind maximal $m \cdot 2^{gT}$ Elemente speicherbar. Folglich muss bei zunehmendem Datenvolumen der Wert gT und damit auch die Länge der Adresstabelle vergrößert werden.

Während beim normalen Hashing eine Änderung der Größe der Hash-Tabelle mit Vergrössern-und-Rehash (Algorithmus 9.8) immer eine Neuverteilung aller Elemente erfordert, soll dies durch die Trennung in Adresstabelle und Datenblöcke vermieden werden. Konkret wird hierfür die bisherige Berechnung des Hash-Werts über die Modulo-Methode durch den Suffix der Binärdarstellung ersetzt. Hierdurch können die Elemente auch bei einer Vergrößerung/Verkleinerung der Adresstabelle in ihrem Datenblock bleiben, wie wir im nächsten Absatz zeigen.

An dieser Stelle können wir die bisher unmotivierte Berechnung des Index über den Suffix der Binärdarstellung trickreich ausnutzen. Ist es durch die Menge der zu speichernden Datenelemente notwendig, die Adresstabelle zu vergrößern, kann diese in ihrer Größe verdoppelt werden, indem gT um 1 erhöht wird (siehe nebenstehendes Bild). Dabei können alle Verweise in der linken Hälfte der Adresstabelle so beibehalten werden wie in der alten Adresstabelle – ihr Index zeichnet sich ja jetzt nur dadurch aus, dass eine 0 vor dem bisherigen Suffix verlangt wird. Für die Indizes in der rechten Hälfte gilt eine interessante Eigenschaft: Das Suffix beginnt mit einer 1 und, wenn man 2^{gT-1} Felder nach links geht, befindet man sich an dem Index der demselben Suffix entspricht – nur dass diese erste 1 durch eine 0 ersetzt wird. Wenn den Datenblöcken die Elemente nur auf der Basis des Suffix der Länge $gT-1$ zugeordnet wurden, enthalten die Blöcke also potentiell Elemente der entsprechenden Suffixe der Länge gT mit 0 und mit 1. Das bedeutet, dass wir beim Verdoppeln der Adresstabelle nur die kompletten Einträge der alten Adresstabelle nochmals verschoben in den rechten Teil der neuen Adresstabelle kopieren müssen. Dies ist wesentlich weniger aufwendig, als die Neusortierung aller Hash-Einträge.

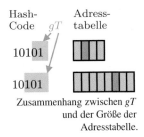

Zusammenhang zwischen gT und der Größe der Adresstabelle.

Beispiel 11.22:
Bild 11.9 zeigt ein Beispiel, wie die Adresstabelle durch Kopieren der Verweise auf die Datenblöcke verdoppelt wird. Dadurch ändert sich die lokale Tiefe bei keinem der Einträge der Adresstabelle. □

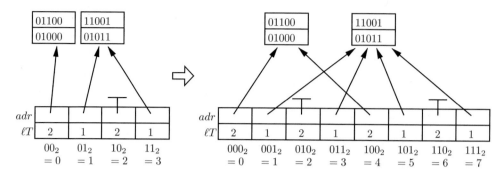

Bild 11.9: Die Adresstabelle wird verdoppelt, indem alle Einträge kopiert werden.

Der zugehörige Ablauf für das Verdoppeln der Adresstabelle ist in Algorithmus 11.16 (VERDOPPLE-ADRESSTABELLE) dargestellt.

Das Zusammenspiel zwischen globaler Tiefe gT und der lokalen Tiefe ℓ eines Blocks bestimmt direkt die Anzahl der Verweise auf einen Block: $2^{gT-\ell}$ Einträge in der Adresstabelle verweisen auf den Block. Gilt also $\ell < gT$, kann innerhalb der Adresstabelle genauer differenziert werden und ein solcher Block kann durch zwei Blöcke ersetzt werden – jeweils mit halb so vielen Verweisen darauf.

Beispiel 11.23:
In der erweiterbaren Hash-Tabelle in Bild 11.8 ist $gT = 2$. Der Block mit lokaler Tiefe $\ell = 2$ hat genau einen Verweis in der Adresstabelle. Beim Block mit lokaler Tiefe $\ell = 1$ sind es zwei Verweise.   □

Da häufig mehrere Einträgen in der Adresstabelle auf denselben Datenblock zeigen sollen, bietet es sich an, einen eigenen kleinen Algorithmus für die Speicherung aller solcher Verweise zu beschreiben. Dadurch wird der

---

Algorithmus 11.16 Adresstabelle des erweiterbaren Hashings wird verdoppelt

VERDOPPELE-ADRESSTABELLE()
   Rückgabewert: –; Seiteneffekte
1   $adr' \rightarrow$ **allokiere** Tabelle der Größe 2^{gT+1} neue Tabelle   Inhalt
2   $\ell T' \rightarrow$ **allokiere** Tabelle der Größe 2^{gT+1} mit doppelter   doppelt
                                                    Größe anlegen   kopieren
3   $adr'[0,\ldots,2^{gT}-1] \leftarrow$ kopiere Speicher von $adr[0,\ldots,2^{gT}-1]$
4   $adr'[2^{gT},\ldots,2^{gT+1}-1] \leftarrow$ kopiere Speicher von $adr[0,\ldots,2^{gT}-1]$
5   $\ell T'[0,\ldots,2^{gT}-1] \leftarrow$ kopiere Speicher von $\ell T[0,\ldots,2^{gT}-1]$
6   $\ell T'[2^{gT},\ldots,2^{gT+1}-1] \leftarrow$ kopiere Speicher von $\ell T[0,\ldots,2^{gT}-1]$
7   $gT \leftarrow gT+1$ neue globale Tiefe speichern
8   $adr \rightarrow adr'$ neue Tabelle (mit lokaler Tiefe) übernehmen
9   $\ell T \rightarrow \ell T'$

nachfolgend erklärte Algorithmus für das Einfügen von Elementen leichter verständlich. Die obige Berechnung wird exakt in Algorithmus 11.17 (VERLINKE-BLOCK) umgesetzt. Dabei werden in der Indizierung ℓ Bits fest gewählt und für $gT - \ell$ Bits alle Kombinationen ergänzt. Im Algorithmus werden mittels des Operators ∘ für die Aneinanderkettung von Zeichenketten alle Indizes ermittelt, die auf denselben Block verweisen.

Beispiel 11.24:
Nebenstehend ist eine Adresstabelle der globalen Tiefe $gT = 3$ skizziert. Jetzt soll für den Schlüssel 001 und die lokale Tiefe $\ell = 2$ ein neuer Block in der Adresstabelle eingeführt werden, da es bisher keine Einträge mit dem Suffix 01 gab. Durch die lokale Tiefe werden die letzten beiden Bits Index (01) fest gelegt. Das erste Bit kann frei gewählt werden, wodurch sich die Verweise in $001_2 = 1$ und $101_2 = 5$ ergeben. Wäre die lokale Tiefe $\ell = 1$, müssten die vier markierten Einträge gesetzt werden (nämlich alle Varianten von 3 Bits mit einer 1 am Ende).   □

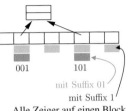

001   101

mit Suffix 01

mit Suffix 1

Alle Zeiger auf einen Block setzen.

Soll ein neues Element in einen Block eingefügt werden und ist in diesem Block kein freier Platz verfügbar, muss die lokale Tiefe vergrößert werden, sodass sich die Elemente des Blocks auf mehr Datenblöcke aufteilen, die durch wenigstens ein zusätzliches Bit unterschieden werden. Dabei gehen wir wie folgt vor:

1. Gilt $\ell = gT$, muss die Adresstabelle verdoppelt und gT um 1 erhöht werden. Danach kann in jedem Fall der nächste Schritt durchgeführt werden.

2. Der betroffene Block wird durch zwei Blöcke ersetzt – beide mit einer um 1 erhöhten lokalen Tiefe – und die Elemente werden den Blöcken neu zugeordnet.

Der Ablauf für die Veränderung der lokalen Tiefe ist detailliert in Algorithmus 11.18 (ERHÖHE-LOKALE-TIEFE) dargestellt. Bei allen entsprechenden Verweisen wird in der Tabelle ℓT der erhöhte Wert eingetragen.

Die einmalige Erhöhung der lokalen Tiefe auf ℓ muss nicht zwingend das Problem lösen, dass im gewünschten Block kein freier Platz verfügbar ist. Falls alle bisherigen Einträge im Block denselben Suffix der ver-

---

Algorithmus 11.17 Für einen Block werden alle Verweise in der Adresstabelle eingetragen

VERLINKE-BLOCK(Bitstring *bits*, lokale Tiefe ℓ, Speicheradresse *adresse*)
    Rückgabewert: –; Seiteneffekte

1   *freieBits* ← $gT - \ell$ ⎤ Anzahl der frei wählbaren Bits
2   k' ← Suffix der Länge ℓ von *bits* ⎤ gemeinsame Bits der Verweise
3   **for** alle Zeichenketten $s \in \{0,1\}^{freieBits}$ ⎤ alle Verweise auf die
4   **do** [*adr*[$s \circ k'$] ← *adresse* ⎦ externe Speicheradresse setzen

WWW
ErwHash.java

Algorithmus 11.18 Lokale Tiefe der Verweise auf einen Block im erweiterbaren Hashing erhöhen

ERHÖHE-LOKALE-TIEFE(Bitstring *bits*, lokale Tiefe ℓ)
　　Rückgabewert: –; Seiteneffekte
1　*freieBits* $\leftarrow gT - \ell$ ⎤ Anzahl der frei wählbaren Bits
2　$k' \leftarrow$ Suffix der Länge ℓ von *bits* ⎤ gemeinsame Bits der Verweise
3　**for** alle Zeichenketten $s \in \{0,1\}^{freieBits}$ ⎤ in allen Verweisen die
4　**do** ⎡ $\ell T[s \circ k'] \leftarrow \ell + 1$ ⎦ lokale Tiefe erhöhen

---

größerten Länge ℓ besitzen, werden sie bei der erneuten Zuordnung ebenfalls wieder im selben Block gespeichert. Folglich müssen diese Schritte solange wiederholt werden, bis das neue Element Platz im entsprechenden Block findet. Der entsprechende Ablauf EINFÜGEN-ERW-HASHING ist in Algorithmus 11.19 dargestellt.

Algorithmus 11.19 Einfügen eines Elements beim erweiterten Hashing

EINFÜGEN-ERW-HASHING(Schlüssel *neuerWert*, Daten *neueDaten*)
　　Rückgabewert: –; Seiteneffekte
1　*hash* $\leftarrow h(neuerWert)$
2　$k \leftarrow$ Suffix der Länge gT von *hash*
3　**if** $adr[k] =$ NULL
4　**then** ⎡ *neueAdresse* $\leftarrow$ BLOCK-RESERVIEREN() ⎤ neuen
5　　　⎣ *block* $\leftarrow$ **allokiere** leeren Block im Hauptspeicher ⎦ Block anlegen
6　**else** ⎡ *adresse* $\leftarrow adr[k]$ ⎤ richtigen Block
7　　　*block* $\leftarrow$ LESE-BLOCK(*adresse*) ⎦ laden
8　　　**while** kein freier Platz in *block*
9　　　**do** ⎡ **if** $\ell T[k] = gT$ ⎤ ggf. mehr Bits
10　　　　**then** ⎡ VERDOPPLE-ADRESSTABELLE() ⎦ berücksichtigen
11　　　　　⎣ $k \leftarrow$ Suffix der Länge gT von *hash*
12　　　　ERHÖHE-LOKALE-TIEFE($k, \ell T[k]$) ⎤ Platz für zwei
13　　　　*block'*[0] $\rightarrow$ **allokiere** leeren Block im Hauptspeicher ⎤ Blöcke
14　　　　*block'*[1] $\rightarrow$ **allokiere** leeren Block im Hauptspeicher ⎦ anlegen
15　　　　**for** alle Elemente (*wert, daten*) $\in block$ ⎤ alle Elemente
16　　　　**do** ⎡ $b \leftarrow (\ell T[k])$-tes Bit von $h(wert)$ ⎤ des Blocks
17　　　　　⎣ (*wert, daten*) in Block *block'*[b] einfügen ⎦ neu zuordnen
18　　　　$b \leftarrow (\ell T[k])$-tes Bit von *hash* ⎤ zunächst alle
19　　　　**if** kein freier Platz in *block'*[b] ⎦ Verweise löschen
20　　　　**then** ⎣ VERLINKE-BLOCK($k, \ell T[k] - 1$, NULL) ⎤
21　　　　**else** ⎡ VERLINKE-BLOCK($k, \ell T[k] - 1, adresse$) ⎤ den alten
22　　　　　SCHREIBE-BLOCK(*adresse, block'*[$b-1$]) ⎦ Block speichern
23　　　　　⎣ *neueAdresse* $\leftarrow$ RESERVIERE-BLOCK-IM-SPEICHER()
24　　　⎣ ⎣ *block* $\rightarrow block'$[b] ⎦ aktuellen Block merken
25　　VERLINKE-BLOCK($k, \ell T[k], neueAdresse$) ⎤ Element
26　　TRAGE-ELEMENT-IN-BLOCK-EIN(*block, neuerWert, neueDaten*) ⎦ eintragen
27　　SCHREIBE-BLOCK(*neueAdresse, block*) ⎦ und Block speichern

---

Beispiel 11.25:

Bild 11.10 zeigt die Nacheinanderausführung mehrerer Einfügeoperationen in eine erweiterbare Hash-Tabelle mit $m = 2$. Zunächst wird 00111 erfolgreich im zugehörigen Block gespeichert. Danach sind beide Datenblöcke komplett gefüllt, sodass jede weitere Einfügeoperation zum Aufspalten eines Datenblocks und damit in diesem Beispiel auch zur Verdoppelung der Adresstabelle führen muss.

Konkret wird der Schlüssel 10100 eingefügt. Da nun im betroffenen Block alle Schlüssel mit 00 enden, reicht es nicht aus, die Adresstabelle einmal zu verdoppeln, da auch dann nur die letzten $gT = 2$ Bits berücksichtigt werden und alle Elemente wieder im selben Block liegen. Erst bei $gT = 3$ ist ausreichend viel Information vorhanden, damit die drei Schlüssel auf zwei Datenblöcke verteilt werden können. So entsteht nach zweifacher Verdoppelung eine Adresstabelle der Länge 8. Da der Datenblock für Elemente mit dem Suffix 010 bzw. 110 nach der ersten Verdoppelung leer wäre, wird er durch einen Nullzeiger ersetzt, die lokale Tiefe beträgt $\ell = 2$ und der Nullzeiger wird beim zweiten Verdoppeln der Tabelle kopiert. Der Datenblock für die Schlüssel mit Suffix 1 bleibt unverändert und der Verweis auf den Datenblock ist wegen seiner lokalen Tiefe $\ell = 1$ in 4 Einträgen enthalten. Der bisherige Datenblock mit dem Suffix 0 wird durch die zweifache Verdopplung der Adresstabelle und das Einfügen des Elements 10100 aufgespalten in zwei Datenblöcke jeweils mit lokaler Tiefe 3, da alle drei Bits zur Differenzierung benötigt werden.

Wird nun ein Element mit dem Schlüssel 10010 eingefügt, wird der bisher durch einen Nullzeiger dargestellte Datenblock der lokalen Tiefe $\ell = 2$ durch einen realen Block ersetzt und das Element darin gespeichert. Die dafür notwendige Aktualisierung an beiden Stellen in der Adresstabelle wird über Algorithmus 11.17 (Verlinke-Block) sicher gestellt.

Abschließend wird das Element mit dem Schlüssel 10101 eingefügt. Dadurch muss der volle Datenblock der lokalen Tiefe $\ell = 1$ aufgespalten werden und wir erhalten zwei neue Datenblöcke der Tiefe $\ell = 2$. □

Auf die konkrete Darstellung des Algorithmus für das Löschen verzichten wir an dieser Stelle. In einer einfachen ersten Version können die betroffenen Schlüssel einfach aus dem Datenblock entfernt werden. Bei stark anwachsenden und wieder schrumpfenden Datenmengen kann es jedoch auch ratsam sein, leere Datenblöcke wieder frei zu geben und ggf. die Adresstabelle auch wieder zu verkleinern.

Das erweiterbare Hashing stammt von Fagin et al. (1979) und hat ursprünglich rückwärts gelesene Präfixe der Hash-Codes als Hash-Werte benutzt. Der Artikel von Enbody & Du (1988) gibt einen Überblick über verschiedene in der Folge entwickelte dynamische Hash-Techniken mit verbesserten Mechanismen zur Indexierung der Einträge.

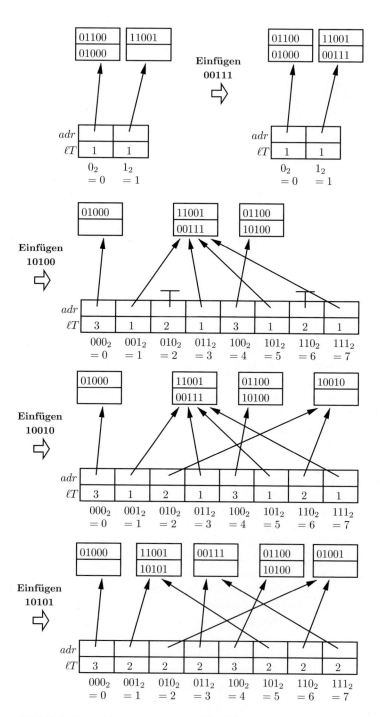

Bild 11.10: Der Ablauf des externen Hashings aus Beispiel 11.25 wird illustriert.

In diesem Kapitel wurden typische Probleme bei der Speicherung und Verarbeitung von Daten auf externen Datenträgern betrachtet. Hierfür wurde die Pseudo-Notation um entsprechende Sprachelemente erweitert und typische Lösungsansätze präsentiert.

Übungsaufgaben

Aufgabe 11.1: **Mehrphasen-Mergesort**

Führen Sie MEHRPHASEN-MERGESORT (Algorithmus 11.2) für die folgenden Elementen durch: 4, 28, 21, 15, 7, 12, 22, 20, 16, 24, 3, 8, 26, 19, 2, 11, 25, 23, 14, 27 und 1.

Aufgabe 11.2: **B-Baum**

Fügen Sie der Reihe nach die Schlüssel 1, 2, 3, ... 14 in einen anfangs leeren B-Baum der Ordnung 1 ein. Löschen Sie nun die Schlüssel in der folgenden Reihenfolge: 12, 6, 9, 10, 13, 5, 1, 14, 4, 2 und 11. Dokumentieren Sie alle Zwischenresultate. Wiederholen Sie die Aufgabe für einen B-Baum der Ordnung 2.

Aufgabe 11.3: **Erweiterbares Hashing**

Fügen Sie in eine anfangs leere erweiterbare Hash-Tabelle mit Blockgröße $b = 2$ die folgenden Schlüssel ein: 001011, 011101, 101001, 000111, 110010, 010101, 010110, 001101, 011111, 101101

Aufgabe 11.4: **Löschen im erweiterbaren Hashing**

Formulieren Sie auf hohem Abstraktionsniveau, d.h. in Worten und nicht in Pseudo-Code, wie man beim Löschen von Elementen im erweiterbaren Hashing vorgehen kann. Formulieren Sie insbesondere,

- wann und wie Blöcke zusammengelegt werden können und

- wann die Adresstabelle wieder verkleinert werden kann.

Bei einem ihrer zahlreichen Ausflüge in die Natur grübelt Algatha darüber, wie sie das letzte verbleibende Problem – einen Algorithmus für das Rundreiseproblem hinbekommen kann, der auch für eine große Anzahl an Knoten gute Lösungen liefert. So beobachtet sie bei einer Pause einen kleinen Ameisenstaat, der auf komplexe Art und Weise Futter und Eier entlang verschiedener Wege hin- und hertransportiert. Sie ist fasziniert davon, wie diese einfachen Lebewesen ein komplexes Verhalten ihres Staats organisieren können. Ohne eine zentrale Kontrollinstanz organisieren sich die einzelnen Ameisen auf geradezu magische Weise selbst.

Den restlichen Tag sinniert Algatha darüber nach, wie sich die Natur überhaupt solche seltsamen Problemlösungen »ausdenken« kann. Und so kommt sie am Ende des Tages bei der Schlussfolgerung an, dass die gesamte natürliche Evolution letztendlich auch ein selbstorganisierender Prozess ist. Sie beschließt zu prüfen, inwieweit selbstorganisierende und insbesondere auch an der Evolution angelehnte Vorgänge geeignet sein können, die fünf Grundprobleme zu lösen.

12 Selbstorganisation

Dory: Give it up old man, you can't fight evolution,
I was built for speed!
(Finding Nemo, 2003)

12.1 Mengenproblem: Selbstorganisierende Liste

Für das Mengenproblem haben wir mit dynamischen Feldern, Listen und verschiedenen Bäumen passende Datenstrukturen kennengelernt, wobei zunächst die Grundannahme galt, dass alle Elemente mit der gleichen Wahrscheinlichkeit gelesen, geschrieben oder gelöscht werden. In Abschnitt 8.3 wurde mit den optimalen Suchbäumen eine Technik vorgestellt, Elemente mit bekannten Zugriffswahrscheinlichkeiten in einem binären Baum so anzuordnen, dass die erwartete Zugriffszeit insgesamt minimal ist.

In diesem Abschnitt wollen wir eine einfache Technik vorstellen, die durch Selbstorganisation Elemente mit vorab unbekannter Zugriffswahrscheinlichkeit so anordnet, dass sich eine möglichst effiziente Laufzeit ergibt.

Die Basis der Datenstruktur ist dabei eine unsortierte verkettete Liste (vgl. Abschnitt 3.1.2). Der einzige Unterschied ergibt sich beim Suchen nach einem Element: Das gefundene Element wird aus der Liste entfernt und am Beginn der Liste wieder eingefügt, wie es nebenstehend skizziert ist. Auf diese Weise stehen Elemente, die häufiger gesucht werden, weiter vorn als andere, die selten benötigt werden.

Der Ablauf SUCHEN-SoLISTE ist in Algorithmus 12.1 dargestellt.

Ablauf beim Suchen nach
einem Element.

Beispiel 12.1:

Wir betrachten eine sortierte Liste mit den Elementen 1, 2, 3, 4 und 5. Auf dieser Liste werden nun die folgenden Suchanfragen ausgeführt: 3, 2, 4, 3, 4 und 3. Die Liste ändert sich dabei wie nebenstehend veranschaulicht. Das jeweils gesuchte Element ist orange markiert. So ergeben sich für die Suchanfragen insgesamt die Kosten 17. In einer sortierten Liste wären die Kosten 19 angefallen. □

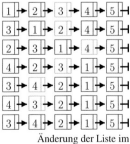

Änderung der Liste im
Beispiel.

---

www
SoListe.java

Algorithmus 12.1 Suchen in einer selbstorganisierten Liste

Suchen-SoListe(Schlüssel *gesucht*)
 Rückgabewert: gesuchte Daten bzw. Fehler falls nicht enthalten
1 **switch**
2 **case** *anker* = NULL : **error** "Element nicht enthalten"
3 **case** *anker* ≠ NULL und *anker.wert* = *gesucht* : ⎤ erstes Element
4 **return** *anker.daten*   ⎦ wurde gesucht
5 **case** *anker* ≠ NULL und *anker.wert* ≠ *gesucht* :
6 *el* → *anker*   ⎤ Vorgänger-
7 **while** *el.nächstes* ≠ NULL und *el.nächstes.wert* ≠ *gesucht* ⎬ element
8 **do** ⌈ *el* → *el.nächstes*   ⎦ suchen
9 **if** *el.nächstes* ≠ NULL
10 **then** ⌈ *ergebnis* → *el.nächstes*   ⎤ Element hinten
11   *el.nächstes* → *el.nächstes.nächstes* ⎦ aushängen
12   *el.nächstes* → *anker*   ⎤
13   *anker* → *el*   ⎬ Element an den Anfang der Liste
14   ⌊ **return** *el*   ⎦
15 **else** ⌈ **error** "Element nicht gefunden"

Eine Liste, die sich selbst an die Häufigkeit der Anfragen anpasst. Das ist eine nette Idee. Dann würde mein Lieblingsfilm
in der DVD-Sammlung immer fast vorn stehen!

Wie schon im Beispiel betrachten wir die Laufzeit für n gespeicherte Elemente immer bezüglich einer festen, a-priori unbekannten Folge $a_1, \ldots, a_m$
mit m Suchanfragen. Wir vergleichen die Umsortierung durch Suchen-SoListe (Algorithmus 12.1) mit der Suche auf einer unveränderlichen Liste.

Satz 12.2:
Die Laufzeit (als Anzahl der Schlüsselvergleiche) von Suchen-SoListe *ist ma-*
ximal doppelt so groß wie auf einer unveränderlichen Liste.

Beweis 12.3:

▶amortisierte Analyse

Wir benutzen eine Beweistechnik, die als amortisierte Analyse bezeichnet
wird. Die Idee dabei ist, Kosten für verschiedene Suchvorgänge miteinander zu verrechnen. Die unveränderliche Liste sei die Ausgangssituation für
die selbstorganisierende Liste. Wir nehmen an, dass ein gesuchtes Element
in der unveränderlichen Liste an Position i steht und in der selbstorganisierenden Liste an Position p steht. Dann wird in der selbstorganisierenden Liste das Element nach p Vergleichen gefunden und an den Anfang
der Liste geschoben. Dadurch erhöht sich die Suchzeit der $p - 1$ Elemente,
die bisher vor dem verschobenen Element standen, um jeweils 1 Vergleich.
Wir bezahlen diese Kosten gleich für diejenigen Elemente, die in der unveränderlichen Liste vor der Position i stehen (und damit auch ursprünglich

vor dem gesuchten Element in der selbstorganisierten Liste standen). Dabei kann es sich um maximal $i-1$ Elemente handeln. Dies wurde bei allen Suchvorgängen vorher so gehandhabt. Deshalb haben die Elemente, die in der unveränderlichen Liste nach i und direkt vor der Suchanfrage vor p in der selbstorganisierten Liste standen, bereits für jeweils einen Vergleich der Suche nach p vorab bezahlt. Da dies mindestens $p-i$ Elemente sind, können wir diese Kosten wieder abziehen.

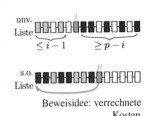

Beweisidee: verrechnete Kosten.

Die nebenstehende Skizze verdeutlicht obige Ausführungen. Es ergeben sich für die Suche nach einem Element die Kosten:

$$Kosten \le p + (i-1) - (p-i) = 2 \cdot i - 1$$

Da die Kosten in der unveränderlichen Liste i betragen, folgt insgesamt die zu beweisende Aussage. ∎

Dieser Satz gilt für jede beliebige Anordnung der Elemente in der unveränderlichen Liste – insbesondere also auch für die optimale Anordnung, in der die Elemente mit absteigender Zugriffswahrscheinlichkeit angeordnet sind.

Im nächsten Satz zeigen wir für eine spezielle Verteilung der Zugriffswahrscheinlichkeiten die Effizienz der selbstorganisierten Liste.

Satz 12.4:
Für n Elemente mit den Zugriffswahrscheinlichkeiten $p_i = \frac{1}{2^i}$ ($1 \le i \le n$) ergibt sich bei der Suche mit Suchen-SoListe *(Algorithmus 12.1) für m Suchanfragen eine Laufzeit von $O(m)$.*

Beweis 12.5:
Wir zeigen zunächst für die bestmögliche Anordnung der Elemente in einer unveränderlichen Liste, dass deren Laufzeit linear in der Anzahl der Suchanfragen m ist. Die erwartete Anzahl der Schlüsselvergleiche für eine Suchanfrage ergibt sich als Summe der Produkte von der Zugriffswahrscheinlichkeit mit der Position in der Liste (für jedes Element in der Liste). Die bestmögliche Anordnung ist diejenige, in der das am häufigsten angefragte Element ganz vorn steht etc. Für alle m Anfragen berechnet sich die Anzahl der Schlüsselvergleiche wie folgt.

$$m \cdot \sum_{i=1}^{n} i \cdot \frac{1}{2^i}$$

$$< m \cdot \sum_{i=1}^{\infty} i \cdot \frac{1}{2^i} = m \cdot \frac{1}{2} \cdot \sum_{i=0}^{\infty} (i+1) \cdot \frac{1}{2^i} = m \cdot \frac{1}{2} \cdot \frac{1}{(1-\frac{1}{2})^2} \quad \text{(wegen (B.4))}$$

$$= 2 \cdot m$$

Mit Satz 12.2 folgt die gewünschte Aussage: die Suche mit der selbstorganisierten Liste ist für jede anfängliche Anordnung der Elemente in $\Theta(m)$. ∎

Das bedeutet, dass die Selbstorganisation für die gegebenen Zugriffswahrscheinlichkeiten die Elemente so anordnet, dass in der Gesamtbilanz jedes Element mit konstantem Aufwand $\Theta(1)$ gefunden wird. Dem steht bei einer zufälligen festen Anordnung in der Liste ein Aufwand von $\Theta(n)$ gegenüber.

Die Wahrscheinlichkeitsverteilung in Satz 12.4 bevorzugt sehr stark einige wenige Elemente, woraus sich die prinzipiell konstante Suchzeit für jede Suchanfrage ergibt. Auch für weniger konzentrierte Verteilungen der Suchwahrscheinlichkeiten lassen sich ähnlich gute Suchzeiten zeigen. So ergibt sich bei einer sog. Zipf-Verteilung, bei der die Zugriffswahrscheinlichkeiten im Verhältnis $n : (n-1) : \cdots : 2 : 1$ vorliegen, eine asymptotische Suchzeit von $O(\frac{n}{\log n})$.

Gerade bei vorher unbekannten, aber nicht gleichverteilten Zugriffswahrscheinlichkeiten überzeugt die selbstorganisierte Liste, da sie an eine optimal sortierte Liste herankommt.

Dabei ist es hier wichtig festzuhalten, dass die gute Laufzeit durch einen einfachen, fast trivialen Mechanismus und die Kraft der Selbstorganisation unter geeigneten Randbedingungen entsteht. Es werden keine komplexe Algorithmen oder Prognosemodelle unter Verwendung von zusätzlichem Speicherbedarf wie z.B. Zählern benötigt.

 Die selbstorganisierenden Listen wurden erstmals von McCabe (1965) vorgestellt und analysiert. Der hier präsentierte Beweis der Laufzeit stützt sich auf den Artikel von Bentley & McGeoch (1985). Ein jüngerer empirischer Vergleich verschiedener Varianten wurde von Bachrach & El-Yaniv (1997) präsentiert. Der Beweis für die Laufzeit bei der Zipf-Verteilung kann beispielsweise (Knuth, 1998b) entnommen werden. Mit den Splay-Bäumen wurde ein ganz ähnlicher Ansatz für binäre Bäume von Sleator & Tarjan (1985) vorgestellt.

12.2 Rundreiseproblem: Evolutionäre Algorithmen

In diesem Abschnitt soll eine stark vereinfachte Grundidee davon vermittelt werden, wie ein Prozess – etwa die natürliche Evolution – durch einen Algorithmus simuliert werden kann, um ein Optimierungsproblem zu lösen. Dies wird am Beispiel des Rundreiseproblems durchgeführt, da dies das schwierigste der hier im Buch betrachteten Probleme ist. Aufgrund der NP-Vollständigkeit ist kein exakter Lösungsalgorithmus mit einer polynomiellen Laufzeit bekannt. Im Abschnitt 5.4 wurden eine Heuristik und ein Approximationsalgorithmus präsentiert, deren Näherungslösungen qualitativ nur bedingt überzeugen konnten.

Es werden einige wenige zentrale Begriffe der natürlichen Evolution entlehnt und auf einen Ablauf für die Optimierung übertragen. Dabei steht

▶Individuum   der Begriff Individuum für einen kompletten Lösungskandidaten aus dem

Suchraum – also im Fall des Rundreiseproblems mit n Städten für eine Permutation der Elemente $\{1, \ldots, n\}$. Das Konzept der Population fasst wiederum mehrere Individuen zusammen, die dann miteinander in Konkurrenz stehen. Eine solche Population erfährt in vielen Iterationen Veränderungen, die sich vor allem durch das Prinzip des Darwinismus begründen lassen: einen Wechsel zwischen Variation vorhandener Individuen und der Selektion aus der Menge der vorhandenen Individuen. ◄Population

Der Ablauf ist auf hoher Abstraktionsebene in Bild 12.1 dargestellt. Die Variationsoperationen sind die Rekombination und die Mutation. Die Rekombination empfindet zwei Effekte der natürlichen Evolution nach, nämlich die Vermischung vom Erbgut der Eltern bei der Fortpflanzung und sog. Crossing-Over-Effekten in der Genetik. Die Mutation entspricht einer kleinen Veränderung an einem Individuen, die in der natürlichen Evolution durch einen Fehler bei der Replikation des Erbguts verursacht wird. Die Bewertung der Individuen ist ein Aspekt, der in der natürlichen Evolution fehlt, da dort die Selektion, die natürliche Auswahl, durch internen Wettbewerb innerhalb der Population um Ressourcen sowie die Interaktion mit Individuen anderer Arten wie z.B. Fressfeinden bestimmt wird. In einem evolutionären Algorithmus reflektiert die Bewertung in einem skalaren Wert, wie gut das Individuum als Lösungskandidat für das Optimierungsproblem geeignet ist – im Falle des Rundreiseproblems könnte beispielsweise die Länge der vollständigen Rundreise gewählt werden, welcher minimiert werden soll. Die Selektion wählt dann in dem hier präsentierten Ansatz diejenigen Individuen aus, welche die besten Bewertungen erhalten haben; die übrigen werden nicht weiter berücksichtigt. ◄Rekombination ◄Mutation ◄Selektion

Für das Rundreiseproblem sollen im Weiteren konkrete Operationen entwickelt werden. Dabei verzichten wir hier auf einen Rekombinationsoperator und werden nur die Initialisierung der Individuen, die Mutation und die Selektion berücksichtigen.

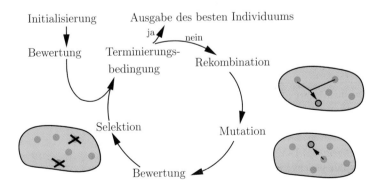

Bild 12.1: Schematisch dargestellter Ablauf eines evolutionären Algorithmus. Die hellorangen Gebilde symbolisieren dabei Populationen, die orangefarbigen Kreise Individuen.

Individuum

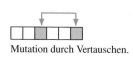

Aufbau eines Individuums.

Ein Individuum speichert als Datenstruktur einerseits im sog. *genotyp* den repräsentierten Punkt aus dem Suchraum, hier: eine Rundreise als Permutation, und andererseits die zugehörige Qualität *fitness*, hier: die Länge der Rundreise. Die Permutation wird in einem Feld der Länge n gespeichert.

Algorithmus 12.2 (INIT-INDIVIDUUM) beschreibt die Initialisierung eines Individuums. Die Länge der Rundreise wird zunächst mit ∞ auf den schlechtmöglichsten Wert eingestellt. Der Rest der Initialisierung erzeugt eine zufällige Permutation.

Mutation durch Vertauschen.

Die Variation soll in unserem beispielhaften Algorithmus ausschließlich über die Mutation erreicht werden – wir verzichten auf die Rekombination. Hierfür muss eine Permutation durch eine kleine Veränderung in eine neue Permutation überführt werden. Vielleicht die erste intuitive, leicht zu realisierende Idee ist das Vertauschen von zwei Zahlen in der Permutation wie es nebenstehend veranschaulicht wird. Der Ablauf VERTAUSCHENDE-MUTATION ist in Algorithmus 12.3 dargestellt.

Beispiel 12.6:
Für den links in Bild 12.2 dargestellten Graphen stellt das Individuum $(v_1, v_2, v_3, v_4, v_6, v_5)$, in der Mitte des Bilds, eine mögliche Rundreise dar.

Algorithmus 12.2 Ein zufälliges Individuum eines evolutionären Algorithmus wird für das Rundreiseproblem erzeugt.

www
IndEaTsp.java

INIT-INDIVIDUUM(Problemgröße n)
    Rückgabewert: nichts; Seiteneffekt: Permutation in A
1   *fitness* $\leftarrow \infty$
2   *genotyp* $\leftarrow$ **allokiere** Feld der Länge n
3   **for** $k \leftarrow 1, \ldots, n$ ⎤ mit Identitätspermutation belegen
4   **do** ⌊ *genotyp*[k] $\leftarrow k$ ⎦
5   **for** $k \leftarrow 1, \ldots, n-1$ ⎤ durch Vertauschen eine zufällige Permutation erzeugen
6   **do** ⌈ $m \leftarrow$ wähle gleichverteilte Zufallszahl aus $k+1, \ldots, n$
7   ⌊ VERTAUSCHE(*genotyp*, k, m) ⎦

Algorithmus 12.3 Ein Individuum wird durch Vertauschen zweier Werte in der Permutation verändert.

www
IndEaTsp.java

VERTAUSCHENDE-MUTATION()
    Rückgabewert: neues Individuum
1   *ind* $\rightarrow$ **allokiere** Individuum für A.*länge* Knoten
2   **for** $i \leftarrow 1, \ldots, genotyp.länge$ ⎤ Permutation kopieren
3   **do** ⌊ *ind.genotyp*[i] $\leftarrow genotyp$[i] ⎦
4   $u_1 \leftarrow$ wähle gleichverteilte Zufallszahl aus $1, \ldots, genotyp.länge$ ⎤ zwei Zahlen der Permutation vertauschen
5   $u_2 \leftarrow$ wähle gleichverteilte Zufallszahl aus $1, \ldots, genotyp.länge$
6   *ind.genotyp*[u_1] $\leftarrow genotyp$[u_2]
7   *ind.genotyp*[u_2] $\leftarrow genotyp$[u_1]
8   **return** *ind*

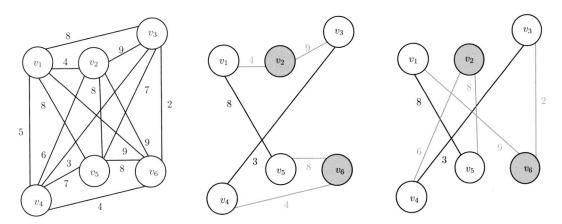

Bild 12.2: Beispiel für die Mutation durch VERTAUSCHENDE-MUTATION (Algorithmus 12.3): der Graph des Optimierungsproblems (links), das Ausgangsindividuum (mitte) und das mutierte Individuum (rechts).

Die beiden orange markierten Knoten v_2 und v_6 werden durch die Mutation getauscht, sodass die Permutation $(v_1, v_6, v_3, v_4, v_2, v_5)$ im neuen Individuum entsteht. Dies ist rechts im Bild visualisiert. Die orange markierten Kanten ändern sich dabei, da für beide betroffenen Knoten der Vorgänger- und Nachfolgerknoten des anderen Tauschknotens in der Rundreise übernommen werden. □

Die Population realisieren wir in unserem Beispielalgorithmus durch ein Feld von Individuen. Dabei soll die Größe der Population der Eltern 10 Individuen umfassen und in jeder Iteration werden 40 neue Individuen als Kinder erzeugt – man spricht bei einem evolutionären Algorithmus auch von einer Generation. Alle Individuen wollen wir hier in einem gemeinsamen Feld ablegen, wobei die ersten 10 Individuen den Eltern entsprechen. Dies erlaubt uns eine einfach Umsetzung der Selektion, bei der wir die besten 10 Individuen der Eltern und Kinder als neue Eltern für die nächste Generation benutzen wollen. Dabei muss man lediglich das Feld aufsteigend bezüglich der *fitness* sortieren.

▶Generation

Der so resultierende Gesamtablauf EA-HANDLUNGSREISENDENPROBLEM ist in Algorithmus 12.4 dargestellt.

Beispiel 12.7:
Der Algorithmus 12.4 (EA-HANDLUNGSREISENDENPROBLEM) wird auf die Benchmark-Probleminstanz mit 101 Knoten angewandt, die aus Beispiel 5.15 bereits bekannt ist. Bild 12.3 zeigt im linken Teil mit der schwarzen Kurve den Verlauf der besten gefundenen Rundreisen pro Generation für den bisher entwickelten evolutionären Algorithmus. Das beste gefundene Individuum, also die als Ergebnis gelieferte Rundreise, ist im rechten Teil des

---

Algorithmus 12.4 Evolutionärer Algorithmus für das Rundreiseproblem mit vertauschender Mutation.

EA-Handlungsreisendenproblem(Graph G mit n Knoten)
    Rückgabewert: Reihenfolge der Knoten

1   $pop \rightarrow$ **allokiere** Feld für 50 Individuen   ⎤ Population
2   **for** $i \leftarrow 1, \ldots, 10$ initialisieren
3   **do** ⌐ $pop[i] \rightarrow$ **allokiere** Individuum
4       $pop[i]$.Init-Individuum()
5   ⌐ $pop[i]$.*fitness* $\leftarrow$ Kosten von $pop[i]$.*genotyp*   Evolutions-
                                              Schleife
6   **for** *generation* $\leftarrow 1, \ldots, 2000$
7   **do** ⌐ **for** $i \leftarrow 1, \ldots, 40$ 40 Kindindividuen
8   **do** ⌐ $ind \rightarrow$ wähle gleichverteilt zufällig aus $pop[1] \ldots pop[10]$
9          $pop[i + 10] \rightarrow ind$.Vertauschende-Mutation()
10   ⌐ $pop[i + 10]$.*fitness* $\leftarrow$ Kosten von $pop[i + 10]$.*genotyp*
11   ⌐ Heapsort(pop)   beste Individuen nach vorn schieben
12 **return** $pop[1]$.*genotyp*

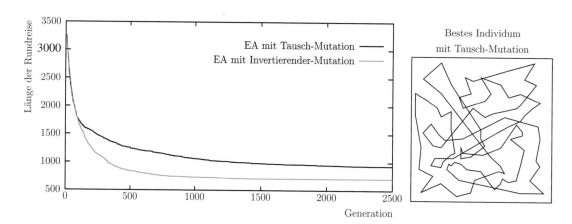

Bild 12.3: Die Länge der besten gefundenen Rundreise aufgetragen über die Generationen des Algorithmus 12.4 (EA-Handlungsreisendenproblem) mit zwei unterschiedlichen Mutationsoperatoren (links) und die beste gefundene Rundreise der Vertauschende-Mutation (rechts).

Bilds dargestellt. Sie hat eine Länge von 915,26 und bleibt damit unter den Ergebnissen der Greedy-Heuristik in Beispiel 5.15 wie auch der Approximation mit dem minimalen Spannbaum in Beispiel 5.28 zurück. Da das Ergebnis des Algorithmus stark vom Zufall abhängt, haben wir insgesamt 100 Berechnungen durchgeführt, die im Durchschnitt zu Rundreisen der Länge 979,40 geführt haben. Es handelt sich bei dem Beispiel in Bild 12.3 also noch um eines der besseren Beispiele.   ☐

Werfen wir nochmals einen Blick auf die Arbeitsweise eines evolutionären Algorithmus, um am Ende zu einem verbesserten Algorithmus zu gelangen.

Anstatt eine Population als einfache Ansammlung von Lösungskandidaten aufzufassen, ist es sinnvoller, die Mutation und die Selektion mit zu berücksichtigen. Dann ergibt sich aus allen Faktoren eine Wahrscheinlichkeitsverteilung (oder mögliche Punktwolke) für die Population der jeweils nächsten Generation. Durch die Wahl der Eltern und die Mutation werden einige zufällige Vertreter der Punktwolke gezogen, die dann wieder (nach der Selektion) als Basis für die nächste Wahrscheinlichkeitsverteilung dienen. Der Erfolg eines evolutionären Algorithmus hängt davon ab, wie Mutation und Selektion die Entwicklung dieser Wahrscheinlichkeitsverteilung beeinflussen. Sie darf nicht zu schnell zu eng werden, muss aber dennoch fokussiert genug bleiben. Um dies zu erreichen, können Veränderungen an zahlreichen Parametern des Algorithmus vorgenommen werden – so bestimmt etwa das Verhältnis der Anzahl der Eltern zur Anzahl der Kindindividuen, wie stark die Selektion wirkt.

Für unseren Algorithmus wollen wir jedoch den Algorithmus an einer anderen Stelle beeinflussen. Die bisher betrachtete Vertauschende-Mutation (Algorithmus 12.3) bewirkt zwar eine kleine Veränderung auf einer Permutation, aber es werden dennoch vier Kanten aus einer bestehenden Rundreise entfernt und vier neue Kanten hinzugefügt, wie in Beispiel 12.6 illustriert wurde. Unter der Voraussetzung, dass das Rundreiseproblem auf einem ungerichteten Graphen definiert ist, in dem es auch für das Kantengewicht egal ist, in welcher Richtung eine Kante durchlaufen wird, lässt sich ein Mutationsoperator konstruieren, der wenig Kanten in einer Rundreise verändert.

Die Kernidee ist die folgende: nicht nur zwei zufällig gewählte Zahlen der Permutation werden vertauscht, sondern auch die Zahlen dazwischen. Das Ergebnis davon ist, dass der komplette Teil der Permutation zwischen den gewählten Zahlen umgedreht bzw. invertiert wird. Dies ist nebenstehend illustriert. Der Ablauf von Invertierende-Mutation ist in Algorithmus 12.5 dargestellt.

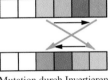

Mutation durch Invertieren

Beispiel 12.8:

Für das links in Bild 12.4 dargestellte Rundreiseproblem wird das Individuum $(v_1, v_2, v_3, v_4, v_6, v_5)$, im Bild in der Mitte, durch Invertierende-Mutation (Algorithmus 12.5) so mutiert, dass der Teil der Permutation zwischen v_2 und v_6 invertiert wird. Es entsteht die rechts im Bild dargestellte Permutation $(v_1, v_6, v_4, v_3, v_2, v_5)$. Die orange markierten Kanten ändern sich, die gestrichelten Kanten werden umgekehrt durchlaufen.   □

Wie das Beispiel veranschaulicht, werden aus der bestehenden Rundreise lediglich zwei Kanten entfernt und zwei neue Kanten werden hinzugefügt. Das bedeutet, dass der Eingriff in die Rundreise nur halb so groß wie bei Vertauschende-Mutation ist. Damit bleibt auch die Wahrscheinlichkeit größer, dass eine Mutation eine Verbesserung erreichen kann.

Algorithmus 12.5 Ein Individuum wird durch Umkehren eines Teilabschnitts der Permutation verändert.

INVERTIERENDE-MUTATION()

    Rückgabewert: neues Individuum

1   *ind* → **allokiere** Individuum für *genotyp.länge* Knoten

2   **for** $i \leftarrow 1, \ldots, genotyp.länge$

3   **do** $\lceil ind.genotyp[i] \leftarrow genotyp[i]$ Permutation kopieren

4   $u_1 \leftarrow$ wähle gleichverteilte Zufallszahl aus $1, \ldots, genotyp.länge$ zufällige Indizes

5   $u_2 \leftarrow$ wähle gleichverteilte Zufallszahl aus $1, \ldots, genotyp.länge$ wählen

6   **if** $u_1 > u_2$

7   **then** $\lceil h \leftarrow u_1$ gewährleisten, dass $u_1 \leq u_2$

8        $u_1 \leftarrow u_2$

9        $\llcorner u_2 \leftarrow h$

10 **for** $j \leftarrow u_1, \ldots, u_2$ Abschnitt der

11 **do** $\lceil ind.genotyp[u_2 + u_1 - j] \leftarrow genotyp[j]$ Permutation umdrehen

12 **return** *ind*

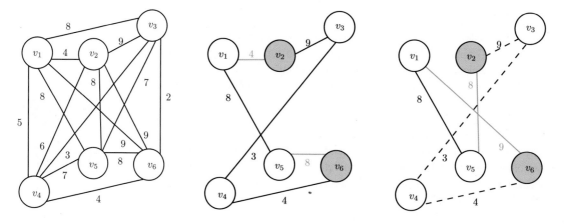

Bild 12.4: Beispiel für die Mutation durch INVERTIERENDE-MUTATION (Algorithmus 12.5): der Graph des Optimierungsproblems (links), das Ausgangsindividuum (mitte) und das mutierte Individuum (rechts).

Beispiel 12.9:

Es wird das Experiment aus Beispiel 12.7 analog durchgeführt – lediglich mit dem Mutationsoperator INVERTIERENDE-MUTATION (Algorithmus 12.5) als einzige Veränderung. Wie bereits in der orangefarbigen Linie im linken Teil des Bildes 12.3 zu sehen war, erzielt dieser Algorithmus ein wesentlich besseres Ergebnis. Bild 12.5 zeigt wie sich die Rundreisen über die verschiedenen Generationen entwickeln. Mit einer Länge von 685,37 erzielt dieser Algorithmus das bisher beste Ergebnis auf diesem Benchmark-Problem. Der Durchschnitt über 100 Optimierungen ergibt den ebenfalls sehr guten Wert

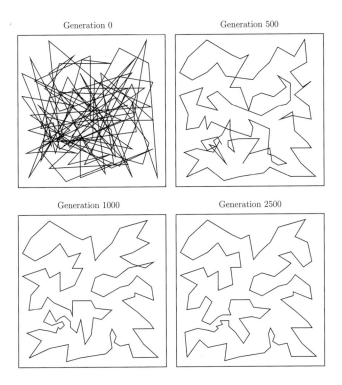

Generation 0   Generation 500

Generation 1000   Generation 2500

Bild 12.5: Ergebnisse des evolutionären Algorithmus mit INVERTIERENDE-MUTATION
          (Algorithmus 12.5)

698,70. Verglichen zur optimalen Rundreise der Länge 642,31 kann man
also sagen, dass im Durchschnitt eine nur etwa 9% längere Rundreise gefunden wird. Die Ergebnisse sind deutlich besser als die der Heuristik bzw.
des Approximationsalgorithmus in Abschnitt 5.4, die über dem Wert 800
lagen.   □

Beispiel 12.10:
In diesem Beispiel wenden wir EA-HANDLUNGSREISENDENPROBLEM mit INVERTIE-
RENDE-MUTATION auf den Graphen aus den Beispielen 5.16 und 5.29 an. Das
Ergebnis ist die in Bild 12.6 dargestellte Rundreise der Länge 187,87. In Anbetracht der optimalen Rundreise der Länge 177,44 ist dies ein erstaunlich
gutes Ergebnis, das die bisherigen Algorithmen auch auf diesem Beispiel
deutlich übertrifft. Dabei handelt es sich auch um keinen Einzelfall: In 56
von 100 Optimierungen wurde sogar das Optimum gefunden. Die durchschnittliche Länge der Rundreise beträgt 202,46 und die Länge des besten
Individuums der schlechtesten Optimierung ist 257,37. Auch für diese Probleminstanz wird durchschnittlich eine kürzere Rundreise als mit dem Approximationsalgorithmus gefunden.   □

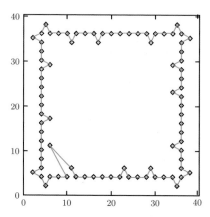

Bild 12.6: Optimierung eines Graphen mit INVERTIERENDE-MUTATION (Algorithmus 12.5).

Diese Beispiele illustrieren schön, dass evolutionäre Algorithmen häufig hinreichend gute Lösungsversuche für NP-vollständige Probleme erzeugen können. Allerdings haben wir keinerlei Garantie dafür, wie gut ein solcher Lösungsversuch ausfällt und wie häufig gute bzw. weniger gute Ergebnisse erzeugt werden. Daher werden evolutionäre Algorithmen zur Klasse der probabilistischen Algorithmen gerechnet. Durch den massiven Einsatz von Zufallszahlen gehören sie ebenfalls zu den randomisierten Algorithmen.

 Die evolutionären Algorithmen haben verschiedene Ursprünge in den genetischen Algorithmen (Holland, 1975), den Evolutionsstrategien (Rechenberg, 1973) und dem evolutionären Programmieren (Fogel et al., 1965). Mehr Informationen können aktuellen Lehrbüchern entnommen werden – z.B. von Michalewicz & Fogel (2004) oder Weicker (2007).

 Die Beispiele sind je recht überzeugend. Evolutionäre Problemlösung... Da geht bestimmt noch mehr.
Auf der anderen Seite sieht man an den verschiedenen Mutationen wie viele Ideen und Konzepte auch hier hineingesteckt werden müssen. Zusätzlich gibt es keine Garantie für die optimale Lösung. Damit werde ich dies wohl hauptsächlich für richtig schwierige Probleme wie die NP-vollständigen nutzen.

Dieses Kapitel hat zwei Konzepte der Selbstorganisation in Datenstrukturen bzw. Algorithmen mit einfachen Beispielen eingeführt. Wesentliches Ziel ist dabei die Einsicht, wie Algorithmik noch funktionieren kann. Für einen produktiven Einsatz in Anwendungen sollte sich der Leser wesentlich fortgeschrittenere Varianten aneignen.

Übungsaufgaben

Aufgabe 12.1:   Selbstorganisierende Liste

In eine selbstorganisierende Liste werden nacheinander die Elemente 5, 4, 3, 2 und 1 eingefügt. Vergleichen Sie die Anzahl der benötigten Schlüsselvergleiche zwischen der selbstorganisierenden Liste und einer normalen (sortierten) Liste für die folgenden sequentiellen Suchanfragen.

   a) Suche nach 5, 4, 5, 3, 3, 5, 4, 2, 4, 1, 5
   b) Suche nach 1, 4, 1, 3, 3, 1, 4, 2, 4, 5, 1

Aufgabe 12.2:   Evolutionärer Algorithmus

Es soll durch Mutationen die linke in die rechte Permutation überführt werden.

$$(8,5,6,3,4,2,1,7) \text{ und } (8,5,4,2,1,3,6,7),$$

   a) Geben Sie eine dafür notwendige Folge von Mutationen der VERTAUSCHENDE-MUTATION (Algorithmus 12.3) an.
   b) Geben Sie analog eine Folge von Mutationen der INVERTIERENDE-MUTATION (Algorithmus 12.5) an.

Das Projekt hat einen stabilen Zwischenstatus erreicht und ist grundsätzlich inzwischen so aufgestellt, dass es den prognostizierten Wachstum der Unternehmensdaten mitmachen wird. Algatha kann sich etwas zurücklehnen und genießt es, dass ihre Freizeit wieder Normalniveau erreicht hat. Bei langen Puzzle-Abenden entspannt sie und kommt dabei fast auf andere Gedanken. Fast... Sie grinst und kann sich des Vergleichs nicht verwehren, dass sie es auch im Projekt geschafft hat, all die einzelnen Bestandteile an den richtigen Platz zu bringen – genau wie bei ihrem abendlichen Vergnügen zur Entspannung.

13   Zusammenfassung

Hiccup: Thank you for summing that up.
(How to Train Your Dragon, 2010)

13.1   Mengenproblem

Zur Verwaltung von Datenmengen wurden verschiedene, konzeptionell z.T. sehr unterschiedliche Datenstrukturen präsentiert. Tabelle 13.1 vergleicht die Laufzeiten für die drei wichtigsten Operationen: Suchen, Einfügen und Löschen.

Wir möchten abschließend noch ein paar wenige Daumenregeln liefern, die dem Leser eventuell helfen, für die jeweils aktuelle Anwendungssituation eine passende Datenstruktur zu finden. Wir strukturieren diese Handreichung anhand einiger weniger Fragen.

Wie groß ist die Datenmenge? Falls die Größe der Datenmenge...

- sehr klein ($<$ ca.100) ist: Ein unsortiertes Feld kann reichen; sonst: ein binärer Suchbaum.

- moderat ($<$ ca.1 000 000) ist: Balancierte Bäume, z.B. AVL-Bäume, oder Hash-Tabellen.

- sehr groß ($\geq$ ca.1 000 000) ist und ggf. nicht in den Hauptspeicher passt: B-Bäume oder erweiterbares Hashing.

Wie groß ist die Dynamik der gespeicherten Elemente? Bei einer hohen Dynamik sind Bäume den Hash-Tabellen vorzuziehen, um Rehashing bzw. teure Re-Organisation einer erweiterbaren Hash-Tabelle zu vermeiden. Liegt gar keine Dynamik vor, kann die Datenstruktur für den Zugriff optimiert werden, z.B. als balancierter Baum, optimaler Suchbaum oder durch Anpassung der Hash-Funktion zum perfekten Hashing ohne Kollisionen.

Tabelle 13.1: Laufzeitenvergleich der Datenstrukturen für das Mengenproblem

Datenstruktur	Suchen	Einfügen	Löschen	Anmerkung
unsortiertes Feld	$O(n)$	$\Theta(1)$	$O(n)$	gilt auch für dynamische Felder
sortiertes Feld	$O(\log n)/$ $O(\log\log n)^{1}$	$\Theta(n)$	$\Theta(n)$	[1] bei Interpolationssuche und Gleichverteilung
unsortierte Liste	$O(n)$	$\Theta(1)$	$O(n)$	
sortierte Liste	$O(n)$	$O(n)$	$O(n)$	
Skipliste	avg.: $O(\log n)$	avg.: $O(\log n)$	avg.: $O(\log n)$	Worst-Case: $O(n)$
binärer Suchbaum	avg.: $O(\log n)$	avg.: $O(\log n)$	avg.: $O(\log n)$	Worst-Case: $O(n)$; dieser tritt bei vorsortierten Daten ein
AVL-Baum	$O(\log n)$	$O(\log n)$	$O(\log n)$	
Hash-Tabelle	vorhandener Schlüssel: $\Theta(1)$, neuer Schlüssel: $\frac{1}{1-\alpha}$			bei Brent's-Algorithmus und Füllgrad α
B-Baum	$O(\log n)$	$O(\log n)$	$O(\log n)$	Konstante der Laufzeit hängt von der Baumtiefe und damit von der Ordnung m ab
Erweiterbares Hashing	$\Theta(1)$	$\Omega(1)$ [2]	$\Theta(1)$ [3]	[2] wegen der Vergrößerung der Adresstabelle [3] ohne Verschmelzen von Blöcken und Verkleinern der Adresstabelle
selbstorganisierte Liste	avg.: $\Theta(1)$ [4]	$\Theta(1)$	avg.: $\Theta(1)$ [4]	[4] amortisierte Laufzeit

Was ist über Zugriffswahrscheinlichkeiten der Elemente bekannt?
Liegen stark ungleichgewichtige Zugriffswahrscheinlichkeiten für die einzelnen Elemente vor, können sich Techniken wie die selbstorganisierte Liste oder für unveränderliche Datenmengen die optimalen Suchbäume lohnen.

Müssen alle Elemente ausgegeben werden?   Dann sind Hash-Tabellen kritisch zu hinterfragen – insbesondere wenn eine sortierte Reihenfolge der Daten erwartet wird.

Wie wird auf die Elemente zugegriffen? Besondere Regeln, auf welche Elemente zugegriffen wird, wie oft zugegriffen wird und wann Elemente entfernt werden, kann andere Datenstrukturen nahe legen. Einmaliger Zugriff mit Entfernen des Elements entsprechend irgendwelcher Vorgaben kann beispielsweise durch eine Prioritätswarteschlange noch besser erfüllt werden.

13.2   Sortieren

Die verschiedenen behandelten Sortieralgorithmen werden mit ihren Laufzeiten im Best-, Average- und Worst-Case in der Tabelle 13.2 dargestellt.

Auch bei den Sortieralgorithmen soll mit einigen knappen Fragen eine Handreichung für die Wahl des passenden Algorithmus geliefert werden.

Wie viele Elemente werden sortiert? Ist die Anzahl der zu sortierenden Datenelemente...

- klein (< ca. 100): Insertionsort oder Bubblesort.

- groß (< ca. 2 000 000): Quicksort oder Heapsort sind eine gute Wahl, aber auch Shellsort oder Radix-Sort können berücksichtigt werden.

- sehr groß ($\geq$ ca. 2 000 000) und kann nicht im Hauptspeicher gehalten werden: Mehrphasen-Mergesort, evtl. reicht auch Einfügen in einen B-Baum und anschließende sortierte Ausgabe aller Elemente

Sind die Daten vorsortiert? Insertionsort hat Vorteile gegenüber anderen Verfahren. Bei Standard-Quicksort kann evtl. der Worst-Case eintreten, was durch Randomisierung, d.h. die zufällige Wahl eines Elements im Feld als Pivot verhindert werden kann.

Tabelle 13.2: Laufzeitenvergleich der Sortieralgorithmen

Algorithmus	Best-Case	Avg.-Case	Worst-Case	Anmerkung
Bubblesort	$\Theta(n)$	$\Theta(n^2)$	$\Theta(n^2)$	stabil
Insertionsort	$\Theta(n)$	$\Theta(n^2)$	$\Theta(n^2)$	stabil, ordnungsverträglich
Shellsort	$\Omega(n \cdot \log n)$	—	$O(\sqrt{n^3})$ [1]	[1] mit Schrittweiten ($2^{i+1} - 1$); mit anderen Schrittweiten ist $O(\sqrt[3]{n^4})$ möglich
Selectionsort	$\Theta(n^2)$	$\Theta(n^2)$	$\Theta(n^2)$	
Insertionsort (AVL)	$O(n \cdot \log n)$	$O(n \cdot \log n)$	$O(n \cdot \log n)$	großer zusätzlicher Speicherbedarf
Mergesort	$\Theta(n \cdot \log n)$	$\Theta(n \cdot \log n)$	$\Theta(n \cdot \log n)$	zusätzlicher Speicherbedarf, stabil
Quicksort	$\Theta(n \cdot \log n)$	$\Theta(n \cdot \log n)$	$\Theta(n^2)$	Worst-Case tritt sogar bei sortierten Daten ein
Heapsort	$O(n \cdot \log n)$	$O(n \cdot \log n)$	$O(n \cdot \log n)$	leicht höhere Konstante als bei Quicksort
Straight-Mergesort	$\Theta(n \cdot \log n)$	$\Theta(n \cdot \log n)$	$\Theta(n \cdot \log n)$	bessere Laufzeitkonstante als Mergesort, stabil
Countingsort	$\Theta(n+k)$	$\Theta(n+k)$	$\Theta(n+k)$	mit der Anzahl k der verschiedenen Schlüssel, stabil
Radix-Sort	$\Theta(d \cdot (n+k))$	$\Theta(d \cdot (n+k))$	$\Theta(d \cdot (n+k))$	mit d-stelligen Schlüssel über einem k-elementigen Alphabet, stabil
Mehrphasen-Mergesort	$\Theta(n \cdot \log n)$	$\Theta(n \cdot \log n)$	$\Theta(n \cdot \log n)$	

Muss der Algorithmus stabil sein? Muss bei gleichen Datenschlüsseln eine vorhandene Vorsortierung gemäß anderer Kriterien erhalten bleiben, sollten stabile Sortieralgorithmen wie Insertionsort, Radix-Sort Mergesort oder Straight-Mergesort genutzt werden.

Wie wichtige ist optimale Laufzeit? Handelt es sich um eine Anwendung mit extremen Anforderungen bezüglich der Laufzeit, kann Quicksort über die Wahl des Pivotelements und mit Insertionsort für kleine Teilfelder noch weiter optimiert werden. Muss jedoch eine $\Theta(n^2)$-Laufzeit in jedem Fall verhindert werden, sollte stattdessen Heapsort, Shellsort oder Radix-Sort berücksichtigt werden.

13.3   Kürzeste Wege

Zur Berechnung der kürzesten Wege in einem Graphen wurden drei verschiedene Algorithmen vorgestellt, wobei die Fragestellung jeweils eine andere war. So kann mit der Breitensuche nur in Graphen ohne Kantengewichte der kürzeste Weg bestimmt werden. Ferner wurde in die Suche nach allen kürzesten Wegen der Knotenpaare mit einem gemeinsamen Startknoten (Dijkstra-Algorithmus) und in die Betrachtung der kürzesten Wege zwischen allen Knotenpaaren (Floyd-Warshall-Algorithmus und #V-fache Anwendung des Dijkstra-Algorithmus) unterschieden. Die resultierenden Laufzeiten aller betrachteten Varianten sind in Tabelle 13.3 dargestellt.

Abhängig von den Eigenschaften des Graphen können die folgenden Hinweise die Wahl eines Algorithmus beeinflussen.

Wie dicht ist der Graph? Für dünne Graphen mit vergleichsweise wenigen Kanten, genauer: $\#E \in O(\frac{(\#V)^2}{\log(\#V)})$, sollte der Dijkstra-Algorithmus mit dem Heap als Prioritätswarteschlange benutzt werden. Dies gilt sowohl für den Vergleich zum Dijkstra-Algorithmus mit dem Feld als auch, mit Einschränkungen aufgrund der Laufzeitkonstanten, für den Vergleich mit dem Floyd-Warshall-Algorithmus für alle Knotenpaare.

Tabelle 13.3: Laufzeitenvergleich der Kürzeste-Wege-Algorithmen

Algorithmus	ein Startknoten	alle Knotenpaare	Anmerkung
Breitensuche mit Adjazenzliste	$O(\#V + \#E)$	$O((\#V)^2 + \#V \cdot \#E)$	mit Anzahl der Kanten als Distanz
Breitensuche mit Adjazenzmatrix	$O((\#V)^2)$	$O((\#V)^3)$	mit Anzahl der Kanten als Distanz
Dijkstra mit Feld	$O((\#V)^2)$	$O((\#V)^3)$	
Dijkstra mit Heap	$O((\#V + \#E) \cdot \log(\#V))$	$O((\#V + \#E) \cdot \#V \cdot \log(\#V))$	
Floyd-Warshall	—	$\Theta((\#V)^3)$	wesentlich kleinere Laufzeitkonstante

Gelten Eigenschaften bezüglich der Gewichte? Bezüglich der Kantengewichte sei darauf hingewiesen, dass der Dijkstra-Algorithmus falsche
Ergebnisse bei negativen Gewichten liefern kann. Hier sollte auf den
Floyd-Warshall-Algorithmus oder hier nicht vorgestellte Algorithmen
wie den Bellman-Ford-Algorithmus zurückgegriffen werden. Für sehr
große Graphen, deren Gewichte alle sehr ähnlich sind, kann es sinnvoll sein, über die Breitensuche eine Näherungslösung zu erzeugen.

Weist der Graph andere Besonderheiten auf? Für verschiedene Graph-
eigenschaften existieren schnellere Algorithmen als die hier präsentierten. Ein Beispiel wurde in Aufgabe 5.3 für azyklische Graphen
thematisiert.

 Der Bellman-Ford-Algorithmus hat die Laufzeit $O(\#V \cdot \#E)$ und geht
auf die Veröffentlichungen von Bellman (1958) und Ford & Fulkerson
(1962) zurück.

13.4 Rundreise

Das Rundreiseproblem ist das schwierigste der in diesem Buch betrachteten
Problem. Tatsächlich ist es NP-vollständig. Daher wird in der Tabelle 13.4
neben der Laufzeit auch die Genauigkeit der Algorithmen verglichen.

Eine Entscheidung, welcher Algorithmus genutzt wird, hängt in der Regel von der Größe der betrachteten Probleminstanz und der verfügbaren
Zeit bzw. der gewünschten Genauigkeit des Ergebnisses ab.

Auch hier gibt es teilweise verblüffende Algorithmen für Spezialfälle.
So wurde beispielsweise für zweidimensionale geometrische Rundreiseprobleme in Aufgabe 8.6 ein Algorithmus mit Laufzeit $O(n^2)$ skizziert, der die
kürzeste bitonische Rundreisen berechnet (vgl. Seite 224).

Tabelle 13.4: Vergleich der Algorithmen für das Rundreiseproblem

Algorithmus	Laufzeit	Genauigkeit	Anmerkung
Backtracking	$\Theta((n-1)!)$	exakt	durch Branch-and-Bound sind bessere Lauf-zeiten möglich
Einfache Greedy-Heuristik	$\Theta(n^2)$	keine Garantie	
MSB-Approximation	$O(n^2)$	maximal doppelte Länge	nur falls die Dreiecksungleichung für die Gewichte gilt
Evolutionärer Algorithmus	keine Garantie	keine Garantie	in der Praxis oft die besten Ergebnisse

13.5   Maximaler Fluss

Für das Problem des maximalen Flusses wurden lediglich zwei Varianten desselben Algorithmus vorgestellt, die in Tabelle 13.5 verglichen werden. Es wird jeweils eine Speicherung des Graphen als Adjazenzliste vorausgesetzt.

Tabelle 13.5: Vergleich der Laufzeiten der Maximaler-Fluss-Algorithmen

Algorithmus	Laufzeit	Anmerkung
Ford-Fulkerson	$O(f_{max} \cdot \#E)$	problematisch ist der Einfluss des maximalen Flusses auf die Laufzeit
Edmonds-Karp	$O(\#V \cdot (\#E)^2)$	

Für die zunächst betrachteten Flussprobleme unter Berücksichtigung der Übermittlungsdauer/Reisezeit pro Kante sind die Laufzeiten der obigen Algorithmen allerdings kaum akzeptabel, da bei der Umwandlung des Problems allein schon die Anzahl der Knoten auf $t_{max} \cdot \#V$ anwächst (mit dem Zeithorizont t_{max}).

Es gibt eine Vielzahl an wesentlich schnelleren Algorithmen. So erreichen Varianten der Push-Relabel-Algorithmen Laufzeiten wie $\Theta((\#V)^3)$.

 Die Push-Relabel-Algorithmen wurden von Goldberg & Tarjan (1988b) eingeführt, wobei insbesondere die Heuristiken nach (Cherkassky & Goldberg, 1997) für die Laufzeit hilfreich sind.

So. Das war's. Alle Konzepte des Buchs wurden in diesem Kapitel nochmals in einen problembezogenen Zusammenhang gebracht und um Empfehlungen für die Auswahl der passenden Datenstruktur bzw. des passenden Algorithmus ergänzt.

Anhang

A   Notation des Pseudo-Code

In diesem Abschnitt wird die Notation der Algorithmen kompakt erläutert und vorgestellt.

Die einzelnen Algorithmen entsprechen Funktionen oder Methoden in realen Programmiersprachen. Dabei gibt die erste Zeile den Namen der Methode und die formalen Parameter für den Aufruf an, die zweite Zeile spezifiziert den/die Rückgabewert(e) genauer und ab der dritten Zeile beginnt die Beschreibung des schrittweisen Ablaufs des Algorithmus.

N-ÜBER-2(Wert n)
    Rückgabewert: Wert von $\binom{n}{2}$
1    $produkt \leftarrow n \cdot (n-1)$
2   **return** $\frac{produkt}{2}$

Dabei verzichten wir in den Beschreibungen auf eine genaue Angabe der Datentypen – so wäre beim obigen Algorithmus eine Angabe $n \in \mathbb{N}$ sinnvoll. Dies ergibt sich jedoch aus dem Kontext der Algorithmen.

Der »$\leftarrow$« steht für eine Wertzuweisung. Der mathematische Ausdruck rechts vom Pfeil wird berechnet und der Variablen mit dem links vom Pfeil angegebenen Namen zugewiesen. Dabei erlauben wir in den mathematischen Ausdrücken alle üblichen Funktionen und Notationen der Mathematik.

Der Rückgabewert des Algorithmus wird mit dem letzten ausgeführten Befehl »**return**« angezeigt. Auch hier wird der Ausdruck berechnet und der resultierende Wert ist das Ergebnis des Algorithmus. Unabhängig davon, wo das »**return**« im Algorithmus steht, sobald es ausgeführt wird, ist der Ablauf des Algorithmus erfolgreich beendet.

Die formalen Parameter zeigen an, mit welchen Werten der Algorithmus aufgerufen werden muss und unter welchem Namen diese Werte dann im Algorithmus benutzt werden können. Dabei handelt es sich um sog. Call-By-Value-Parameter: Es wird lediglich ein Wert in den Algorithmus hinein übergeben – eine Zuweisung zum Namen des Wertes im Algorithmus hat keine Auswirkung außerhalb des Algorithmus.

Ein solche Funktionsaufruf wird dann beispielsweise wie im folgenden Beispiel notiert.

MÖGLICHKEITEN-2-KUGELN-ZU-ZIEHEN(Anzahl der Kugeln n)
    Rückgabewert: Anzahl der Möglichkeiten
1    $ergebnis \leftarrow$ N-ÜBER-2(n)
2   **return** $ergebnis$

Verlangt ein Algorithmus mehrere Werte als formale Parameter, werden diese per Komma voneinander getrennt.

Sollte in der Ausführung des Algorithmus ein Fehler auftreten und er kann nicht zu einem erfolgreichen Abschluss geführt werden, kann dies mit dem Befehl »**error**« und einer entsprechenden Fehlermeldung veranlasst werden. Die folgende Variante des obigen Algorithmus zeigt dies.

N-ÜBER-2(Wert n)
 Rückgabewert: Wert von$\binom{n}{2}$
1 **if** $n > 1$
2 **then** $\ulcorner$ *produkt* $\leftarrow n \cdot (n-1)$
3   $\llcorner$ **return** $\frac{produkt}{2}$
4 **error** "zu kleiner Wert"

Die »**if**«-Anweisung gibt dabei an, dass die hinter dem »**then**« eingerückten Anweisungen nur dann ausgeführt werden, wenn die Bedingungen nach dem »**if**« wahr ist. Der Beginn der Anweisungen wird zusätzlich durch $\ulcorner$ und das Ende durch $\llcorner$ markiert. Ferner können zusätzlich auch mit dem Schlüsselwort »**else**« zusätzliche Anweisungen angegeben werden, die genau dann ausgeführt werden, wenn die Bedingung falsch ist. Ein Beispiel ist im nächsten Algorithmus enthalten.

Ein Feld ist eine Datenstruktur, in der mehrere Elemente gleichen Datentyps gespeichert werden. Die Anzahl der speicherbaren Elemente ist durch die feste Größe des Felds begrenzt, die für ein Feld A durch $A.länge$ abgefragt werden kann. Auf die einzelnen Elemente kann über den Index $1 \leq i \leq A.länge$ lesend und schreibend mit $A[i]$ zugegriffen werden.

Die zuletzt eingeführten Konzepte werden im folgenden Algorithmus veranschaulicht, der eine Binärzahl in der Darstellung des Zweierkomplements in eine ganze Zahl umrechnet – bitte nicht so nachprogrammieren, da dies nicht wirklich effizient ist.

DEKODIERE-ZWEIERKOMPLEMENT(Feld mit binären Werten *bits*)
 Rückgabewert: durch die Bits dargestellte ganze Zahl
1 $n \leftarrow bits.länge$
2 *wert* $\leftarrow$ ALS-GANZE-ZAHL($bits, 2, n$)
3 **if** $bits[1] = 0$
4 **then** $\ulcorner$ **return** *wert* $\rangle$ Zahl ist positiv
5 **else** $\ulcorner$ *maxwert* $\leftarrow 2^{n-1}$
6   $\llcorner$ **return** *wert* $-$ *maxwert* $\rangle$ Zahl ist negativ

Die orangefarbige Klammerung und der zugehörige Text stellen Kommentare dar, welche in der Regel die konkreten Anweisungen des Quelltexts auf einer leichter verständlichen Ebene erläutern.

Für die wiederholte Ausführung eines Abschnitts des Algorithmus stehen insgesamt drei verschiedene Schleifenarten zur Verfügung, wobei es von einer Schleife noch zwei Varianten gibt.

In der sog. While-Schleife wird immer wieder die Bedingung nach dem Schlüsselwort »**while**« überprüft und, falls die Bedingung wahr ist, die Anweisungen nach dem »**do**« ausgeführt. Dies endet erst dann, wenn die Bedingung zu falsch ausgewertet wird. Danach setzt die Abarbeitung des Algorithmus bei der Anweisung hinter der While-Schleife fort.

ALS-GANZE-ZAHL(Feld mit binären Werten *bits*, Index ℓ, Index r)
    Rückgabewert: durch die Bits dargestellte ganze Zahl
1   *wert* $\leftarrow 0$
2   *index* $\leftarrow r$
3   **while** *index* $\geq \ell$
4   **do** $\ulcorner$ *wert* $\leftarrow 2 \cdot wert + bits[index]$
5      $\llcorner$ *index* $\leftarrow index + 1$
6   **return** *wert*

Ist bereits vor dem Betreten der Schleife bekannt, wie oft diese durchlaufen werden soll, wird meist eine sog. For-Schleife benutzt. In der ersten nachfolgend dargestellten Variante werden die Iterationen durch eine Zuweisung und den Wertebereich festgelegt.

ALS-GANZE-ZAHL(Feld mit binären Werten *bits*, Index ℓ, Index r)
    Rückgabewert: durch die Bits dargestellte ganze Zahl
1   *wert* $\leftarrow 0$
2   **for** $i \leftarrow 0, \ldots, (r - \ell)$
3   **do** $\llcorner$ *wert* $\leftarrow 2 \cdot wert + bits[r + i]$
4   **return** *wert*

In einer zweiten Variante der For-Schleife werden die angegeben Anweisungen für alle Elemente einer Menge durchgeführt. Das nachfolgende Beispiel illustriert dies.

DURCHSCHNITT(Menge von ganzen Zahlen *M*)
    Rückgabewert: Durchschnitt der Zahlen
1   *summe* $\leftarrow 0$
2   **for** alle $x \in M$
3   **do** $\llcorner$ *summe* $\leftarrow summe + x$
4   **return** $\frac{summe}{\#M}$

Als letzte Schleifenart stellen wir die Repeat-Until-Schleife vor, bei der in jeder Iteration die hinter dem »**repeat**« eingerückten Anweisungen ausgeführt werden und danach geprüft wird, ob die Bedingung zum Abbruch der Schleife, nach dem »**until**« erfüllt ist. Bei dieser Schleifenart werden die Anweisungen immer mindestens einmal ausgeführt.

SUMME-GROSS-GENUG(Feld mit Zahlen A, Zielwert *wert*)
    Rückgabewert: Index, ab dem die Summe den Zielwert erreicht
1   *summe* $\leftarrow 0$
2   *index* $\leftarrow 0$
3   **repeat** $\ulcorner$ *index* $\leftarrow$ *index* $+ 1$
4         $\llcorner$ *summe* $\leftarrow$ *summe* $+ A[index]$
5   **until** *summe* $\geq$ *wert*
6   **return** *index*

Falls mehrere zueinander in Bezug stehende If-Verzweigungen benötigt werden, kann der Algorithmus wesentlich leichter lesbar sein, wenn man stattdessen das Switch-Statement benutzt. Nach dem Schlüsselwort »**switch**« werden die verschiedenen Fälle jeweils mit »**case**« und einer Bedingung eingeführt. Nach dem Doppelpunkt stehen jeweils die auszuführenden Anweisungen.

FAKULTÄT(Zahl n)
    Rückgabewert: Fakultät von n
1   **switch**
2   **case** $n < 1$: **error** "falsches Argument"
3   **case** $n = 1$: **return** 1
4   **case** $n > 1$: **return** $b \cdot$ FAKULTÄT$(n - 1)$

Weil im Switch-Statement beliebige Bedingungen formuliert werden können, weicht es stark von gleichnamigen Sprachelementen z.B. in der Programmiersprache Java ab, bei denen nur einzelne Werte eines Aufzählungsdatentyps als Fall formuliert werden können.

Im Hauptteil des Buchs spielen dynamische Datenstrukturen eine große Rolle, bei denen immer wieder Speichereinheiten aus dem freien Hauptspeicher reserviert wird. Auf diesen Speicher kann nur durch sog. Zeigervariablen zugegriffen werden. Diese Zeiger erlauben u.a. die beliebige strukturelle Anordnung der Speichereinheiten. Daher unterscheidet sich eine Zuweisung zu einer Zeigervariablen auch von einer Wertzuweisung zu einer normalen Variablen. Bei der Wertzuweisung erhält die Variable eine Kopie des Werts und kann diesen beliebig ändern. Bei der Zeigervariablen können mehrere Variablen auf dasselbe Objekt im Speicher zeigen – werden also Änderungen im Objekt vorgenommen, sind diese über alle Zeigervariablen sichtbar. Dies ist ausführlicher ab Seite 45 erläutert. Um Missverständnissen vorzubeugen, machen wir die Art der Zuweisung in der Syntax deutlich. Sind a und b zwei Zeigervariablen, ist »$a \rightarrow b$« zu lesen als, »a verweist jetzt auf dasselbe Objekt wie b«.

Liste-Initialisieren()
  Rückgabewert: –; Seiteneffekt: Anker wird gesetzt
1 *anker* → **allokiere** Element()
2 *anker.nächstes* → NULL
3 *anker.bemerkung* ← »Blindelement«

Neuer Speicher für Objekte wird über den Befehl »**allokiere**« angefordert, welcher einen Zeiger auf den Speicher zurück liefert. Nach der ersten Zeigerzuweisung verweist *anker* auf das neu angelegte Objekt der Datenstruktur Element. Auf den Inhalt eines solchen Objekts kann man über den Namen einer Zeigervariablen, einen anschließenden ».« sowie den Namen eines Attributs der Datenstruktur zugreifen. Ist das Attribut ebenfalls eine Zeigervariablen, gelten auch dafür die Regeln bezüglich Zugriff und Zuweisung. Ist das Attribut keine Zeigervariable, kann sein Inhalt per Wertzuweisung geändert werden, wie in der dritten Zeile des obigen Algorithmus. Ein besonderer Zeigerwert ist der Verweis auf Nichts, der durch »NULL« bezeichnet wird. Bei der Speicherallokation werden oft Vorbelegungen der Attribute direkt in der Klammer nach dem Namen der Datenstruktur angegeben.

Die vorher bereits angesprochenen Felder sind in unserer Notation ebenfalls eine Datenstruktur, deren Instanzen im freien Speicher abgelegt werden müssen. Daher werden neue Felder auch mit dem Befehl »**allokiere**« erzeugt.

Eine weitere Besonderheit unserer Pseudo-Code-Notation ist die Möglichkeit, dass ein Algorithmus mehr als einen Rückgabewert hat (wie dies beispielsweise auch in der Sprache Lua möglich ist). Hierfür müssen in dem Algorithmus nach einem »**return**« mehrere durch Komma getrennte Werte angegeben werden. Beim Aufruf des Algorithmus wird durch mehrere Zuweisungen und eine große geschweifte Klammer angezeigt, welchen Variablen das Ergebnis zugewiesen wird und vor allem auch durch die Art des Zuweisungspfeils, ob es sich um eine Wert- oder eine Zeigerzuweisung handelt.

Minimum-und-Maximum(Liste *eℓ*)
  Rückgabewert: minimaler und maximaler Wert in der Liste
1 **if** *eℓ.nächster* = NULL
2 **then** ⌐ **return** *eℓ.wert*, *eℓ.wert*
3 **else** ⌐ *min* ← ⎱ Minimum-und-Maximum(*eℓ.nächster*)
         max ← ⎰
4   **if** *eℓ.wert* < *min*
5   **then** ⌐ *min* ← *eℓ.wert*
6   **if** *eℓ.wert* > *max*
7   **then** ⌐ *max* ← *eℓ.wert*
8   ⌐ **return** *min, max*

In Abschnitt 11.1 werden über die normalen Sprachelemente hinaus mehrere Befehle eingeführt, die für das Lesen und Schreiben auf externen Speichermedien benötigt werden.

B   Mathematische Grundlagen

In diesem Abschnitt werden sehr knapp einige mathematische Ergebnisse aufgelistet, die in verschiedenen Beweisen und Beispielen des Buches benutzt werden. Beweise finden sich in Lehrbüchern oder Vorlesungen zur Analysis.

B.1   Summen und Reihen

Summen und Reihen, d.h. Summen unendlich vieler Werte, sind eine wichtige Grundlage bei der konkreten Analyse der Laufzeit von Algorithmen.

Satz B.1:   **Arithmetische Reihe**

Die n-te Partialsumme der arithmetischen Reihe lässt sich wie folgt darstellen:
$$\sum_{i=0}^{n} i = \sum_{i=1}^{n} i = \frac{n \cdot (n+1)}{2}.$$

Satz B.2:   **Endliche Teilsumme der geometrische Reihe**

Für die n-te Partialsumme der geometrischen Reihe gilt (mit $q \neq 1$):
$$\sum_{i=0}^{n} q^i = \frac{q^{n+1} - 1}{q - 1}.$$

Satz B.3:   **Geometrische Reihe**

Für die geometrische Reihe gilt (mit $|q| < 1$): $\sum_{i=0}^{\infty} q^i = \frac{1}{1-q}.$

Satz B.4:   **Abgeleitete geometrische Reihe**

Sei $|q| < 1$, dann gilt: $\sum_{i=0}^{\infty} (i+1) \cdot q^i = \frac{1}{(1-q)^2}.$

B.2   Fibonacci-Zahlen

Die Fibonacci-Zahlen werden einerseits als einfaches Beispiel für die Einführung der dynamischen Programmierung benutzt (Abschnitt 8.1). Andererseits werden sie in der Analyse der maximalen Baumtiefe (Seite 164) sowie auch konstruktiv im Sortieralgorithmus für externen Speicher (Abschnitt 11.2) benötigt.

Definition B.5:   Fibonacci-Folge
Die Fibonacci-Folge $F_0, F_1, F_2, \ldots$ ist definiert durch   ►Fibonacci-Folge

- $F_k = F_{k-1} + F_{k-2}$ für $k \geq 2$ und
- $F_0 = 0$ sowie $F_1 = 1$.

Beispiel B.6:
$$F_0 = 0,\ F_1 = F_2 = 1,\ F_3 = 2,\ F_4 = 3,\ F_5 = 5,\ F_6 = 8,\ \dots \qquad \square$$

Satz B.7:   **Theorem von Moivre-Binet**
$$F_n = \frac{1}{\sqrt{5}} \cdot \left(\left(\frac{1 + \sqrt{5}}{2} \right)^n - \left(\frac{1 - \sqrt{5}}{2} \right)^n \right).$$

B.3   Logarithmen

Logarithmen sind bei vielen algorithmischen Techniken essentieller Bestandteil der asymptotischen Laufzeit. An einigen Stellen muss in den Beweisen explizit mit Logarithmen zu einer festen Basis gearbeitet werden.

Satz B.8:   **Rechnen mit Logarithmen**
Seien $x, y, b, b', r \in \mathbb{R}$ mit $x > 0$, $y > 0$, $r \neq 0$, $b > 1$ und $b' > 1$ dann gilt:

$$\log_b(x \cdot y) = \log_b x + \log_b y \qquad\qquad \log_b \frac{x}{y} = \log_b x - \log_b y$$

$$\log_b(x^r) = r \cdot \log_b x \qquad\qquad\qquad \log_b x = \log_b b' \cdot \log_{b'} x.$$

B.4   Fakultät

Sobald kombinatorische Probleme betrachtet werden, spielt die Fakultät eine große Rolle. So gibt es beispielsweise $n!$ Anordnungen (Permutationen) von n verschiedenen Zahlen.

Definition B.9:   **Fakultät**

▶Fakultät

Die Fakultät $n!$ einer Zahl $n \in \mathbb{N}$ ($n > 0$) ist definiert als

$$n! = \begin{cases} 1, & \text{falls } n = 1 \\ n \cdot (n-1)!, & \text{sonst.} \end{cases}$$

Satz B.10:
Es gilt für $n \geq 1$: $n! \geq \left(\frac{n}{2} \right)^{\frac{n}{2}}.$

Literaturverzeichnis

Adelson-Velskii GM & Landis EM (1962). An algorithm for the organization of information, *Soviet Mathematics Doklady*, 3, S. 1259–1263.

Aho AV, Hopcroft JE & Ullman JD (1974). *The Design and Analysis of Computer Algorithms*, Addison-Wesley, Reading, MA.

Akra M & Bazzi L (1998a). On the solution of linear recurrence equations, *Computational Optimization and Applications*, 10(2), S. 195–210.

— (1998b). On the solution of linear recurrence equations, *Computational Optimization and Applications*, 10(2), S. 195–210.

Astrachan OL (2003). Bubble sort: an archaeological algorithmic analysis, in: S Grissom, D Knox, D Joyce & W Dann (Hrsg.), *Proc. of the 34th SIGCSE Technical Symposium on Computer Science Education*, S. 1–5, ACM, New York, NY.

Bachmann P (1894). *Die analytische Zahlentheorie*, Teubner, Leipzig.

Bachrach R & El-Yaniv R (1997). Online list accessing algorithms and their applications: Recent empirical evidence, in: ME Saks (Hrsg.), *Proc. of the Eighth Annual ACM-SIAM Symposium on Discrete Algorithms*, S. 53–62, ACM, New York.

Bayer R (1972). Symmetric binary b-trees: Data structure and maintenance algorithms, *Acta Informatica*, 1, S. 290–306.

Bayer R & McCreight EM (1972). Organization and maintenance of large ordered indexes, *Acta Informatica*, 1(3), S. 173–189.

Bellman R (1957). *Dynamic Programming*, Princeton University Press, Princeton, NJ.

— (1958). On a routing problem, *Quarterly of Applied Mathematics*, 16(1), S. 87–90.

Bentley JL & McGeoch CC (1985). Amortized analyses of self-organizing sequential search heuristics, *Comm. of the ACM*, 28(4), S. 404–411.

Bentley JL & McIlroy MD (1993). Engineering a sort function, *Software: Practice and Experience*, 23(11), S. 1249–1265.

Blum M, Floyd RW, Pratt V, Rivest RL & Tarjan RE (1973). Time bounds for selection, *Journal of Computer and System Sciences*, 7(4), S. 448–461.

Brent RP (1973). Reducing the retrieval time of scatter storage techniques, *Comm. of the ACM*, 16(2), S. 105–109.

Carlsson S (1987). A variant of heapsort with almost optimal number of comparisons, *Information Processing Letters*, 24(4), S. 247–250.

Cherkassky BV & Goldberg AV (1997). On implementing the push-relabel method for the maximum flow problem, *Algorithmica*, 19, S. 390–410.

Christofides N (1976). Worst-case analysis of a new heuristic for the traveling salesman problem, Technischer Bericht 388, Carnegie Mellon University, Graduate School of Industrial Administration, Pittsburgh.

Christofides N & Eilon S (1969). An algorithm for the vehicle dispatching problem, *Operational Research Quaterly*, 20, S. 309–318.

Comer D (1979). The ubiquitous b-tree, *Computing Surveys*, 11(2), S. 121–137.

Cormen TH, Leiserson CE & Rivest RL (1990). *Introduction to Algorithms*, MIT Press, Cambridge, MA.

Davis M (1982). *Computability and Unsolvability*, Dover, New York.

de Balbine G (1968). *Computational analysis of the random components induced by a binary equivalence relation*, Doktorarbeit, California Institute of Technology.

Diestel R (2006). *Graphentheorie*, Springer, Berlin, 3. Auflage.

Dijkstra EW (1959). A note on two problems in connexion with graphs, *Numerische Mathematik*, 1, S. 269–271.

— (1976). *A Discipline of Programming*, Prentice Hall, Englewood Cliffs, NJ.

Dreyfus S (2002). Richard Bellman on the birth of dynamic programming, *Operations Research*, 50(1), S. 48–51.

Edmonds J & Karp RM (1972). Theoretical improvements in the algorithmic efficiency for network flow problems, *Journal of the ACM*, 19, S. 248–264.

Enbody RJ & Du HC (1988). Dynamic hashing schemes, *ACM Computing Surveys*, 20(2), S. 85–113.

Fagin R, Nievergelt J, Pippenger N & Strong HR (1979). Extendible hashing – a fast access method for dynamic files, *ACM Trans. on Database Systems*, 4(3), S. 315–344.

Floyd RW (1962). Algorithm 97: Shortest path, *Comm. of the ACM*, 5(6), S. 345.

Fogel LJ, Owens AJ & Walsh MJ (1965). Artificial intelligence through a simulation of evolution, in: M Maxfield, A Callahan & LJ Fogel (Hrsg.), *Biophysics and Cybernetic Systems: Proc. of the 2nd Cybernetic Sciences Symposium*, S. 131–155, Spartan Books, Washington, D.C.

Ford LR Jr. & Fulkerson DR (1956). Maximal flow through a network, *Canadian Journal of Mathematics*, 8, S. 399–404.

— (1958). Constructing maximal dynamic flows from static flows, *Operations Research*, 6(419–433).

— (1962). *Flows in Networks*, Princeton University Press, New Jersey.

Fredman ML, Sedgewick R, Tarjan RE & Sleator DD (1986). The pairing heap: a new form of self-adjusting heap, *Algorithmica*, 1(1), S. 111–129.

Fredman ML & Tarjan RE (1987). Fibonacci heaps and their uses in improved network optimization algorithms, *Journal of the ACM*, 34(3), S. 596–615.

Friend EH (1956). Sorting on electronic computer systems, *Journal of the ACM*, 3, S. 134–168.

Garey MR & Johnson DS (1979). *Computers and Intractability: A Guide to the Theory of NP-Completeness*, Freeman, New York.

Gilstad RL (1960). Polyphase merge sorting: an advanced technique, in: *Proc. Eastern Joint IRE-AIEE-ACM Computer Conference 18*, S. 143–148, ACM, New York.

Gödel K (1931). Über formal unentscheidbare Sätze der Principia Mathematica und verwandter Systeme I, *Monatshefte für Mathematik und Physik*, 38, S. 173–198.

Goldberg AV & Tarjan RE (1988a). A new approach to the maximum flow problem, *Journal of the ACM*, 35, S. 921–940.

— (1988b). A new approach to the maximum flow problem, *Journal of the ACM*, 35, S. 921–940.

Goldstine HH (1972). *The computer from Pascal to von Neumann*, Princeton University Press, Princeton, New Jersey.

Goldstine HH & von Neumann J (1948). Planning and coding of problems for an electronic computing instrument, Part II, Volume II, Technischer Bericht, The Institute for Advanced Study, Princeton, New Jersey.

Golomb SW & Baumert LD (1965). Backtrack programming, *Journal of ACM*, 12(4), S. 516–524.

Heap BR (1963). Permutations by interchanges, *Computer Journal*, 6, S. 293–294.

Hibbard TN (1963). An empirical study of minimal storage sorting, *Comm. of the ACM*, 6(5), S. 206–213.

Hoare CAR (1961). Algorithm 63: partition, algorithm 64: Quicksort, algorithm 65: find, *Comm. of the ACM*, 4(7), S. 321–322.

— (1962). Quicksort, *Computer Journal*, 5(1), S. 10–15.

Holland JH (1975). *Adaptation in Natural and Artifical Systems*, University of Michigan Press, Ann Arbor, MI.

Hopcroft JE, Motwani R & Ullman JD (2003). *Einführung in die Automatentheorie, Formale Sprachen und Komplexitätstheorie*, Addison-Wesley Longman Verlag, München, 2. Auflage.

Isaac EJ & Singleton RC (1956). Sorting by address calculation, *Journal of the ACM*, 3(3), S. 169–174.

Khreisat L (2007). Quicksort: A historical perspective and empirical study, *Int. Journal of Computer Science and Network Security*, 7(12), S. 54–65.

Knuth DE (1970). Von Neumann's first computer program, *ACM Computing Surveys*, 2(4), S. 247–260.

— (1973). *The Art of Computer Programming: Sorting and Searching*, Band 3, Addison-Wesley, Reading MA.

— (1976). Big omicron and big omega and big theta, *ACM SIGACT News*, 8(2), S. 18–24.

— (1997). *The Art of Computer Programming: Fundamental Algorithms*, Band 1, Addison-Wesley, Reading MA, 3. Auflage.

— (1998a). *The Art of Computer Programming: Seminumerical Algorithms*, Band 2, Addison-Wesley, Reading MA, 3. Auflage.

— (1998b). *The Art of Computer Programming: Sorting and Searching*, Band 3, Addison-Wesley, Reading MA, 2. Auflage.

Krumke SO & Noltemeier H (2005). *Graphentheoretische Konzepte und Algorithmen*, Teubner, Wiesbaden.

Landau E (1909). *Handbuch der Lehre von der Verteilung der Primzahlen*, Teubner, Leipzig.

Leighton T (1996). Notes on better master theorems for divide and conquer recurrences, unpublished manuscript.

Maurer WD (1968). An improved hash code for scatter storage, *Comm. of the ACM*, 11(1), S. 35–37.

McCabe J (1965). On serial files with relocatable records, *Operations Research*, 13, S. 609–618.

McIlroy MD (1999). A killer adversary for quicksort, *Software Practice and Experience*, 29(4), S. 341–344.

Michalewicz Z & Fogel DB (2004). *How to Solve It: Modern Heuristics*, Springer, Berlin, 2. Auflage.

Moore EF (1959). The shortest path through a maze, in: *Proc. of the Int. Symposium on the Theory of Switching*, S. 285–292, Harvard University Press, Cambridge, MA.

Munro JI, Papadakis T & Sedgewick R (1992). Deterministic skip lists, in: *Proc. of the third annual ACM-SIAM symposium on Discrete algorithms*, S. 367–375, Society for Industrial and Applied Mathematics, Philadelphia, PA.

Nievergelt J & Reingold EM (1973). Binary search trees of bounded balance, *SIAM Journal on Computing*, 2(1), S. 33–43.

Padberg M & Rinaldi G (1991). A branch-and-cut algorithm for the resolution of large-scale symmetric traveling salesman problems, *SIAM Review*, 33, S. 60–100.

Peczarski M (2004). New results in minimum-comparison sorting, *Algorithmica*, 40(2), S. 133–145.

Perl Y, Itai A & Avni H (1978). Interpolation search – a $\log \log n$ search, *Comm. of the ACM*, 21(7), S. 550–553.

Perlman R (1985). An algorithm for distributed computation of a spanning tree in an extended lan, *ACM SIGCOMM Computer Communication Review*, 15(4), S. 44–53.

Peterson WW (1957). Addressing for random-access storage, *IBM Journal of Research and Development*, 1(2), S. 131–146.

Pratt VR (1971). *Shellsort and Sorting Networks*, Doktorarbeit, Standford University.

Prim RC (1957). Shortest connection networks and some generalizations, *Bell System Technical Journal*, 36, S. 1389–1401.

Pugh W (1990). Skip lists: a probabilistic alternative to balanced trees, *Comm. of the ACM*, 33(6), S. 668–676.

Rawlins GJE (1992). *Compared To What?: An Introduction to The Analysis of Algorithms*, W. H. Freeman, New York.

Rechenberg I (1973). *Evolutionsstrategie: Optimierung technischer Systeme nach Prinzipien der biologischen Evolution*, frommann-holzbog, Stuttgart.

Reinelt G (1991). TSPLIB – a traveling salesman problem library, *ORSA Journal on Computing*, 3(4), S. 376–384.

Reischuk R (1990). *Einführung in die Komplexitätstheorie*, Teubner Verlag, Stuttgart.

Rice HG (1953). Classes of recursively enumerable sets and their decision problems, *Trans. of the AMS*, 74, S. 358–366.

Rosenkrantz DJ, Stearns RE & Lewis PM (1977). An analysis of several heuristics for the traveling salesman problem, *SIAM Journal on Computing*, 6, S. 563–581.

Samelson K & Bauer FL (1959). Sequentielle Formelübersetzung, *Elektronische Rechenanlagen*, 1(4), S. 176–182.

Schöning U (2008). *Theoretische Informatik – kurz gefasst*, Spektrum Akademischer Verlag, Heidelberg, 5. Auflage.

Schrijver A (2002). On the history of the transportation and maximum flow problems, *Mathematical Programming*, 91, S. 437–445.

Sedgewick R (1977). The analysis of quicksort programs, *Acta Informatica*, 7, S. 327–355.

— (1978). Implementing quicksort programs, *Comm. of the ACM*, 21(10), S. 847–857.

— (1986). A new upper bound for shellsort, *Journal of Algorithms*, 7(2), S. 159–173.

— (1996). Analysis of shellsort and related algorithms, in: J Díaz & MJ Serna (Hrsg.), *Algorithms – ESA '96, Fourth Annual European Symposium*, S. 1–11, Springer, Heidelberg.

— (2003). *Algorithmen in Java: Grundlagen, Datenstrukturen, Sortieren, Suchen*, Pearson Studium, München, 3 Auflage.

Seward HH (1954). Information sorting in the application of electronic digital computers to business operations, Technischer Bericht R-232, Massachusetts Institute of Technology, Digital Computer Laboratory, Cambridge, MA.

Shell DL (1959). A high-speed sorting procedure, *Comm. of the ACM*, 2(7), S. 30–32.

Singleton RC (1969). Algorithm 347: An efficient algorithm for osrting with minimal storage, *Comm. of the ACM*, 12(13), S. 186–187.

Sleator DD & Tarjan RE (1985). Self-adjusting binary search trees, *Journal of the ACM*, 32(3), S. 652–686.

Turing A (1936). On computable numbers, with an application to the entscheidungsproblem, *Proc. Lond. Math. Soc.*, 42(2), S. 230–265.

Walker RJ (1960). An enumerative technique for a class of combinatorial problems, *Proc. of Symposia in Applied Mathematics*, 10, S. 91–94.

Warshall S (1962). A theorem on boolean matrices, *Journal of the ACM*, 9, S. 11–12.

Wegener I (1990). Bottom-up-heap sort, a new variant of heap sort beating on average quick sort (if n is not very small), in: B Rovan (Hrsg.), *Mathematical Foundations of Computer Science 1990, MFCS'90*, S. 516–522, Springer, Heidelberg.

Weicker K (2007). *Evolutionäre Algorithmen*, Vieweg+Teubner, Wiesbaden, 2. Auflage.

Weiss MA (2007). *Data Structures and Algorithm Analysis in Java*, Pearson, Boston, 2. Auflage.

Williams FA (1959). Handling identifies as internal symbols in language processors, *Comm. of the ACM*, 2(6), S. 21–24.

Williams JWJ (1964). Algorithm 232 (heapsort), *Comm. of the ACM*, 7, S. 347–348.

Liste der Algorithmen

Stichwortverzeichnis